夏奈尔女

(Chanel)

瓦伦蒂诺女装

(Valentino)

撒丽女装

(Sarli)

图伦泰女装

(Torrente)

森英惠女装

(Hanae Mori)

夏奈尔礼服裙

(Chanel)

雪莱礼服裙

(Jean-Louis Scherrer)

纪梵希女装

(Givenchy)

意大利立体裁剪

尤珈 著

ITALY

中国纺织出版社

内 容 提 要

本书以意大利立体裁剪基础知识为主要内容，深入浅出地讲解了各种服装立体裁剪的操作过程，并对一些流行持久的经典款式的重点部位与重要组成进行了讲解。其临摹篇选用国外最新的流行资讯，以2003～2005年世界顶级大师的高级成衣作品进行分析讲解，使读者既学到立裁知识，又了解时尚。调整篇则详细介绍了一些修板的基本方法，帮助读者在实践中不断积累、提高操作技能。

本书不仅是制板技术人员不可缺少的工具书，而且也将为服装设计专业人士提高设计能力、开拓思维想象提供有益帮助。

图书在版编目（CIP）数据

意大利立体裁剪/尤珈著.—北京：中国纺织出版社，2006.3
（2014.1重印）
ISBN 978—7—5064—3697—7
Ⅰ.意…　Ⅱ.尤…　Ⅲ.服装量裁　Ⅳ.TS941.631
中国版本图书馆CIP数据核字(2000)第158440号

策划编辑：郭慧娟　责任编辑：魏　萌　责任校对：陈　红
责任设计：何　建　责任印制：何　艳

中国纺织出版社出版发行
地址：北京市朝阳区百子湾东里A407号楼　邮政编码：100124
邮购电话：010—67004461　传真：010—87155801
http://www.c-textilep.com
E-mail：faxing@c-textilep.com
北京通天印刷有限责任公司印刷　各地新华书店经销
2006年3月第1版　2014年1月第5次印刷
开本：889×1194　1/16　印张：13
字数：238千字　定价：38.00元

序一

L'Accademia Koefia, fondata a Roma nel 1951, è sempre all'avanguardia nel risolvere tutti i problemi dell'istruzione e preparazione dei giovani.

In oltre 50 anni di attività, ha formato più di 10. 000 professionisti sviluppando le doti naturali dell' allievo per dargli una completa formazione di manualità, cultura e creatività.

Il libro che You Jia pubblica fa riferimento al corso di modello che lei stessa ha frequentato presso di noi.

Vengono qui, infatti, illustrati tutti i vari passaggi lavorativi dalla fase più elementare fino all'esecuzione dei modelli più complessi.

Degna di lode è la parte conclusiva in cui l'autrice di questo manuale ripropone alcuni modelli di sarti famosi ognuno dei quali presenta una caratteristica particolare.

Questi modelli vengono trattati come work in progress accompagnati da specifiche annotazioni.

GIOVANNI DI PASQUALE

2005 年 8 月

科菲亚国际时装学院于 1951 年在罗马成立,致力于培养年轻的职业服装设计师。

在过去的 50 年中，科菲亚国际时装学院培养了一万多名具有良好动手能力、深厚文化底蕴和丰富创造力的青年设计师。目前,他们正服务于世界各大服装品牌。

尤珈通过在科菲亚两年的系统学习，总结了意大利的立体裁剪方法并集结成书，详细介绍了科菲亚国际时装学院的立体裁剪课程，从基本的部位部件纸样设计到复杂的款式变化一一讲解。特别是在本书的后几章，她对国际著名设计大师的作品进行了详细、专业的讲解，其中的每一件作品不仅目前仍在引领潮流，而且都有独特的代表性，这对读者学习大师作品、提升自己的设计能力具有极大的帮助。

希望本书的出版能让更多的人了解意大利立体裁剪方法。

科菲亚国际时装学院院长 乔万尼

2005 年 8 月

序二

优秀的服装设计师无不以深厚的造型基础为依托，立体裁剪是实现各种服装造型的重要手段，使设计创作更具合理性与时代美感。在立体裁剪的操作过程中，设计师能更加深刻理解人体与服装的关系，从而丰富自身的创作手法和提高创作水平。随着我国人民群众物质文化水平的日益提高以及世界经济一体化的加速，市场要求中、高档服装有更多的设计含量和更精准的造型特点，因此，国内的服装设计与技术人员越来越认识到立体裁剪技术对服装创作的重要性。目前国内对日本立体裁剪技术的介绍较为完善和详尽，教育教学与实际运用都以此为蓝本展开，而对于其他国家的立体裁剪技术却鲜有涉及。中国要培养世界级服装品牌和设计师，就必须在国际交流中博采众家之长，将国外先进国家的服装理论与技术消化吸收，为我国的服装发展服务。

本书作者尤珈在意大利罗马科菲亚国际时装学院深造期间，系统学习了意大利立体裁剪，借此书将这一成熟的技术介绍给国内服装界。意大利立体裁剪是一项很有实用价值的技术，从工具、材料的具体操作技巧和规则都是全新的，对完善我国的立体裁剪体系有积极的借鉴意义。同时，本书也凝聚了尤珈近年来教学经验的总结，根据最新的人体数据统计，将基本原理与操作范例相结合，深入浅出、直观易懂，具有很强的可操作性，相信对高等院校服装专业的学生以及具有一定经验的服装设计师、裁剪师都有参考价值。

希望读者开卷有益，同时也希望尤珈在今后的工作学习中百尺竿头，更进一步。

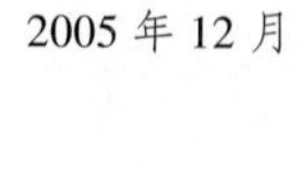

2005 年 12 月

引入意大利立体裁剪的必要性

意大利是世界时装之都，也是高级成衣的出口大国，成衣业一直为国家的支柱行业，意大利成衣以其设计优美、制作优良享誉世界。意大利制造已经在人们的心目中成为优良品质的标志。经过近百年发展，意大利不但培养了一批优秀制板和制作人员，而且也成为世界服装设计师的摇篮。日本立体裁剪也是由早期留学意大利、法国的专业人士在其基础上改良发展适应日本成衣的一项技术，目前仍有许多设计师正扎根于意大利、法国，继续学习其先进技术，并已取得令人瞩目的成绩。

国内立体裁剪类书多以日本文化服装教材或留日学者出版的立体裁剪书为主，因为我国服装类专业人士大多留学日本，所以引进了日本式立体裁剪；另外还有中国纺织出版社引进的美国 FIT(Fashion Institute of Technology，纽约时装工艺学院）的立体裁剪教材，而对于服装发展历史最悠久的欧洲则尚无人对其立体裁剪进行介绍。《意大利立体裁剪》一书正填补了我国在这个领域的空白。由于日本立体裁剪已在国内专业人士中普及，业内人士渴望更新知识体系。国内社会办学已大量引进意大利立体裁剪，且意大利、法国著名教授、设计师和学者多次来我国进行学术交流，人们已经对其裁剪技术有了初步了解。希望本书的出版能为今后的学术交流提供一个良好的理论基础。

本人因获联合国教科文组织的服装设计国际金奖被选送到意大利科菲亚国际时装学院学习。在意大利两年期间，系统地学习了意大利的制板技术，并对世界各大品牌的板型进行了研究分析，积累了大量资料。希望通过本书的编写，将在意大利所学的先进技术贡献于社会。

自序

意大利立体裁剪与日本立体裁剪的比较

1. 运用的材料不同

意大利立体裁剪的材料为纸，成本一开约 0.5 元（人民币）；日本立体裁剪的材料为白棉布，1m 约 5～10 元（人民币，依面料幅宽大小而定）。两者在制作成本上相差悬殊。

2. 前期准备工作不同

意大利立体裁剪所用白纸无需整理，人台只有前后中心线需要矫正；日本立体裁剪所用白布需要先整烫，将布料丝缕归正，在制作中白布上需标出制作所需的结构线，人台要标出前后中心线、腰节线、前后公主线、臀围线、肩线、侧缝线等，前期准备工作繁琐。

3. 成衣纸样的后期整理不同

意大利立体裁剪把纸样从人台上取下，经过修整可直接制成成衣净板；日本立体裁剪需要把面料取下拓在白纸上，重新画板，工作重复。

4. 难易程度不同

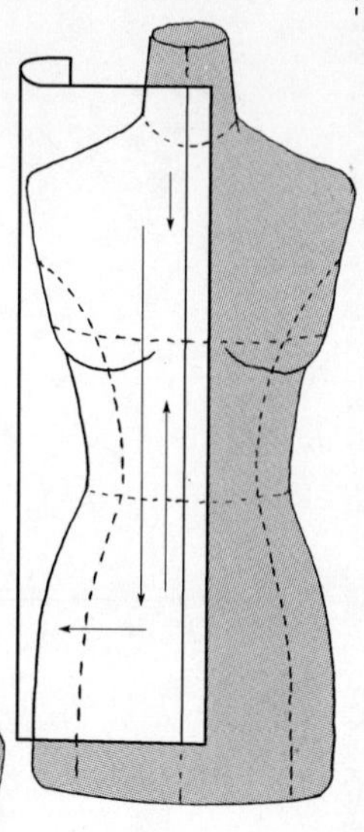

对初学者而言，意大利立体裁剪操作简单、易理解，操作发生错误时可在原基础上修改，无需重新制作；日本立体裁剪在操作时考虑的元素过多，如丝缕正斜、布料的松紧等，一旦操作出现错误往往要重新制作，无法弥补。

意大利立体裁剪在制作的过程中多以制作者的审美为依托，无需过多的尺寸与辅助，这样制作出来的款式更加人性化，可更大地发挥制作者的设计力与想象力。因此意大利立体裁剪对于服装设计专业学生来说，更省钱、更能发挥其专业特点。

作者

2005 年 12 月

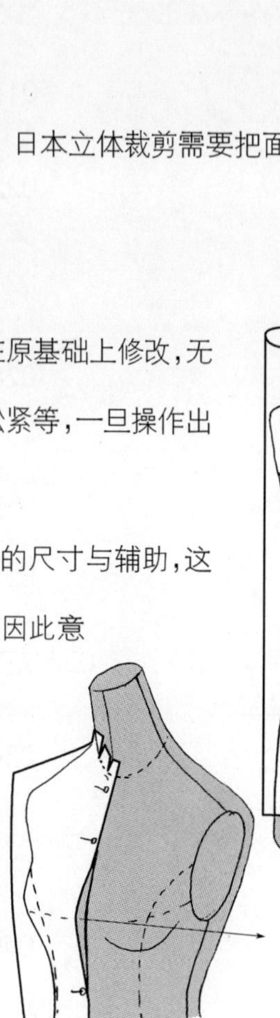

目录

目录

目录

目录

第一章

立体裁剪的准备

人台的标准及工具

市场上有许多类型的人台，法式人台、美式人台、日本文化式人台及国内诸多厂家生产的无统一标准的中国式人台等。每种类型的人台整体造型、三围尺寸略有不同。制作者可根据需要选择合适的人台。人台是立体裁剪的主要工具，所以人台的比例、尺寸是否合理，决定了最终的服装效果。本书使用的意大利标准人台，胸围 90cm，腰围 68cm，臀围 92cm，腰节长 42cm。

按照一般惯例，服装款式为左右对称式，在进行立体裁剪时用人台的前右侧及后左侧进行操作。

人台的修正

意大利式立体裁剪无须标出辅助线，只要矫正人台的前、后中心线。

方法：在人台颈部的前、后中心线上插一珠针，并将缝纫线系在人台的珠针上，线的另一端系一重物。以悬挂重物的线为准，校对人台的前、后中心线是否垂直。

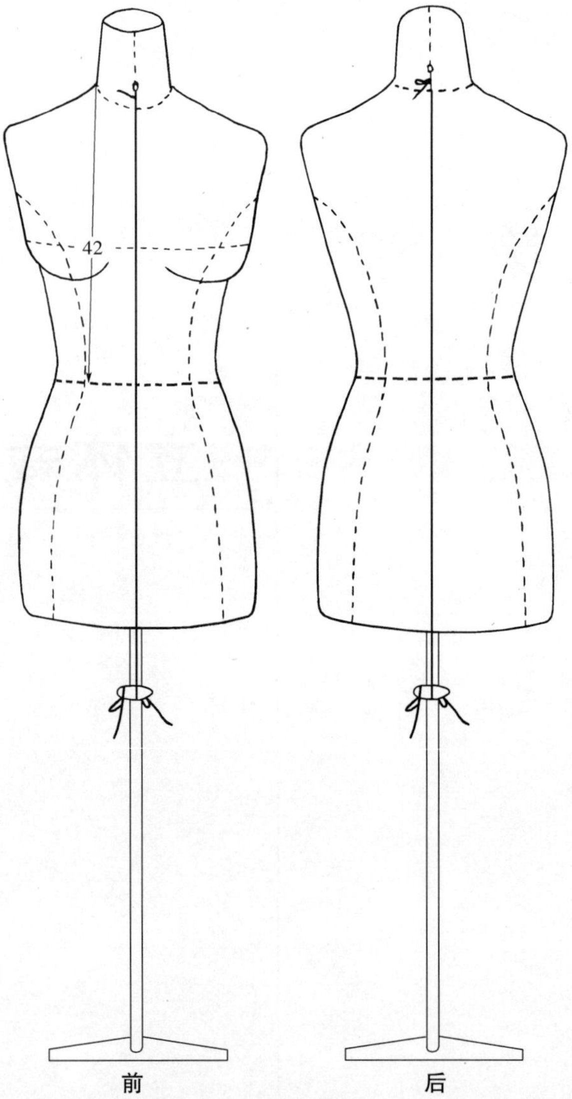

图中的虚线为制作人台的结构线，与立体裁剪操作无任何关系，学习者不必在人台上标注，只标出前、后中心线即可。

立裁用具

直尺：普通塑料或钢制尺，长 1 ~ 1.5m，用于画长直线或从地面向上测量衣长或裙长。

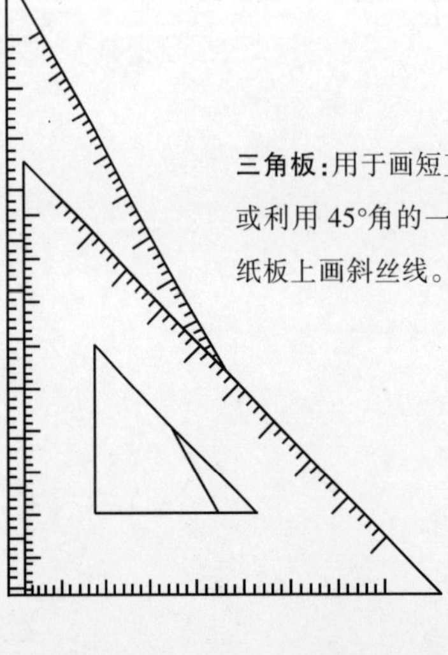

三角板：用于画短直线、修板或利用 45°角的一边在平面纸板上画斜丝线。

软尺：用于人台上或人体上的测量。

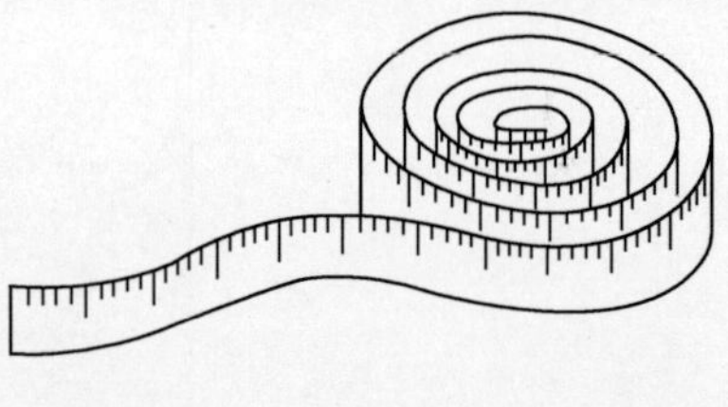

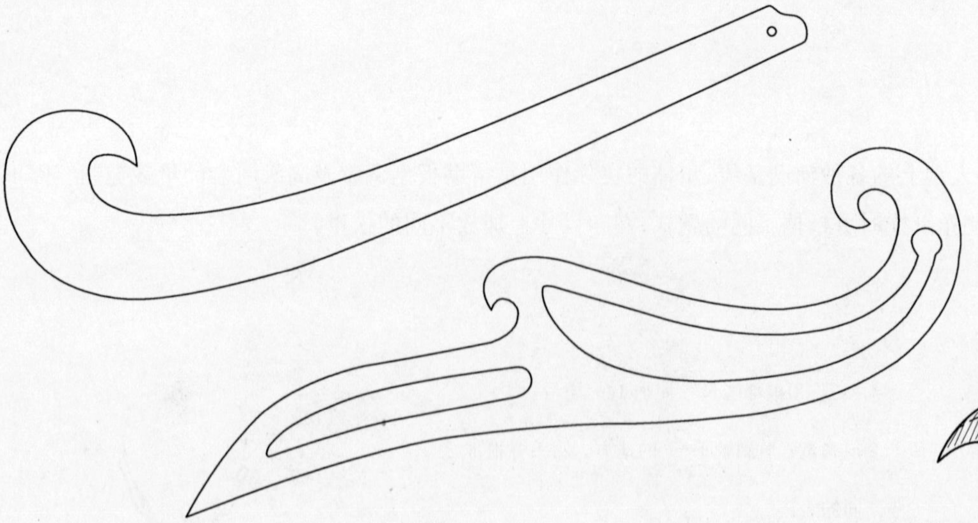

曲线尺：用于修板时画曲线，特别是领口、袖山和袖窿弧线。

垫肩：用于在制作有垫肩的服装时，根据款式的需要，垫在人台的肩部。

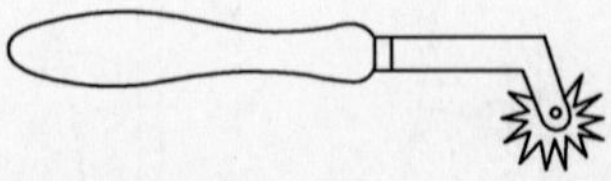

滚轮：用于在人台纸样分割线上做对位标记或多层纸做同一线迹标记。

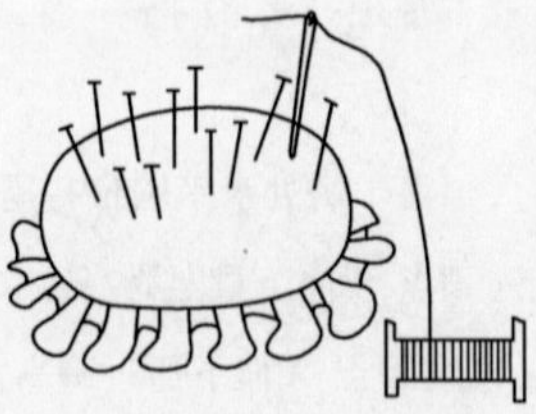

针插：用于插珠针或缝纫针，操作时可戴在手腕或挂在人台上。

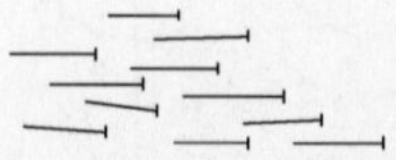

珠针：用于立裁操作，最好是细长有韧性、无珠子顶的珠针。

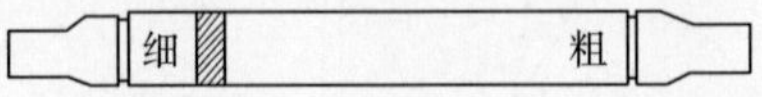

麦克笔：用于在人台上画服装细节，如领口、袖口、袖窿、分割线等，可依据需要选择粗细。

胶棒：用于制作过程中，纸样的纸量不够，可用其他的纸粘上补出。

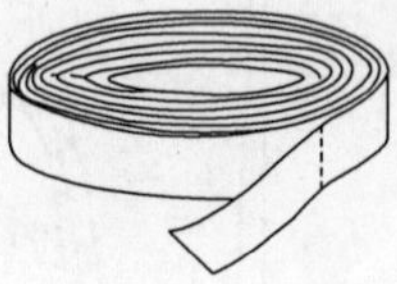

单面粘纸：用于固定纸样的剪口处或去掉无用的省。

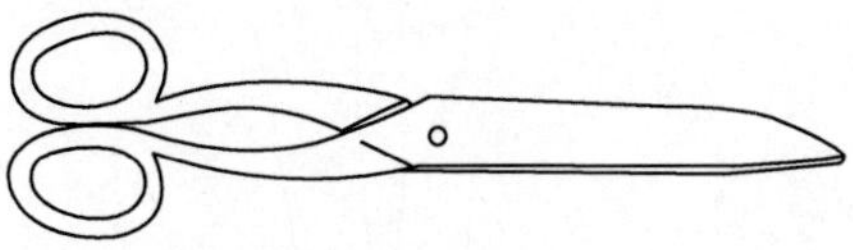

剪刀：用于立体裁剪操作过程中剪裁纸张。

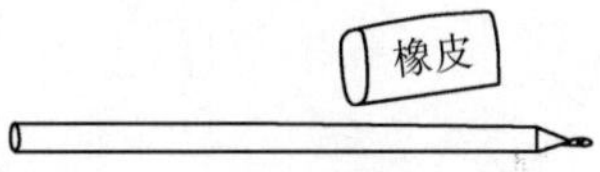

铅笔（2B）、橡皮：用于在纸样上做板型记号、修板、画板等。

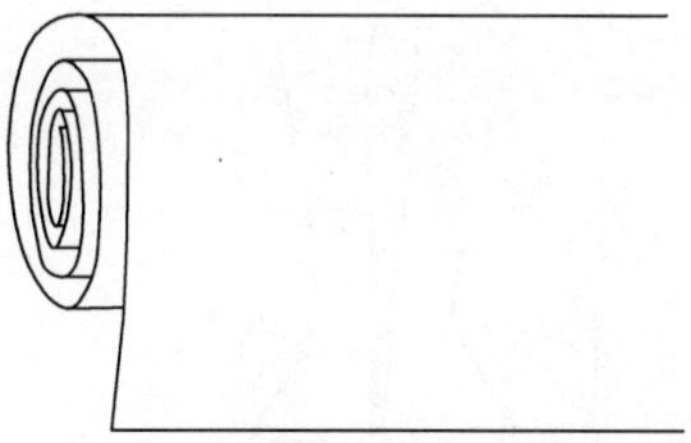

打板用白纸：厚薄适中，棉纤维较长，鉴定方法用手撕比较有韧性，用珠针扎纸张不会裂开，可以熨烫。

人体测量

意大利立体裁剪无须准备人台上的各种辅助基线，量体的实际作用是帮助板型调整及高级时装的量裁定制。以下测量方法得到人体的净尺寸，制作纸样时可根据不同的款式，在净尺寸上加放不同的松量。

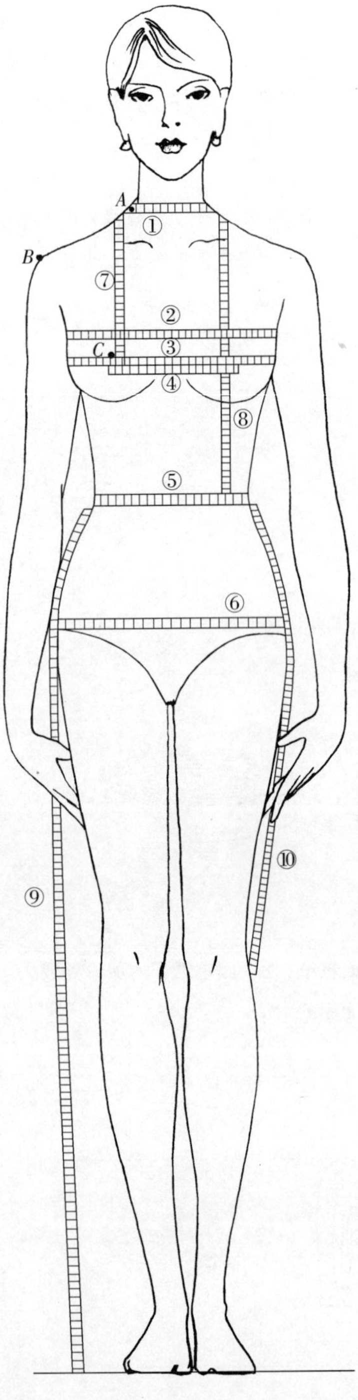

①领围：颈根部围量一周加 1cm 松量。

②前胸宽：肩到腋下$\frac{2}{3}$的地方，两手臂根部之间的距离。

③胸围：手持软尺通过胸高点水平绕胸和后背一周，放两手指的松量。

④胸距：胸前两胸高点之间的距离。

⑤腰围：在腰部最细处水平围量一周，并放两手指的松量。

⑥臀围：在臀部最丰满处水平围量一周。

⑦胸高：由肩颈点 *A* 向下量至胸高点 *C*。

⑧前腰长：从肩颈点 *A* 向下通过胸高点量至腰节处。

⑨裤长：从腰节处沿侧中向下量至所需裤长位置。

⑩膝长：从腰节处沿侧中向下量至膝盖位置。

⑪肩宽：背部的上方量左右两肩端点的距离。

⑫后背宽：从肩到腋下$\frac{2}{3}$的地方，水平量出背部的宽度。

⑬后腰长：从肩颈点 *A* 至腰围线的长度。

⑭臀高：从后腰围线到臀部最丰满处的距离。

A 点：肩颈点

B 点：肩端点

C 点：胸高点

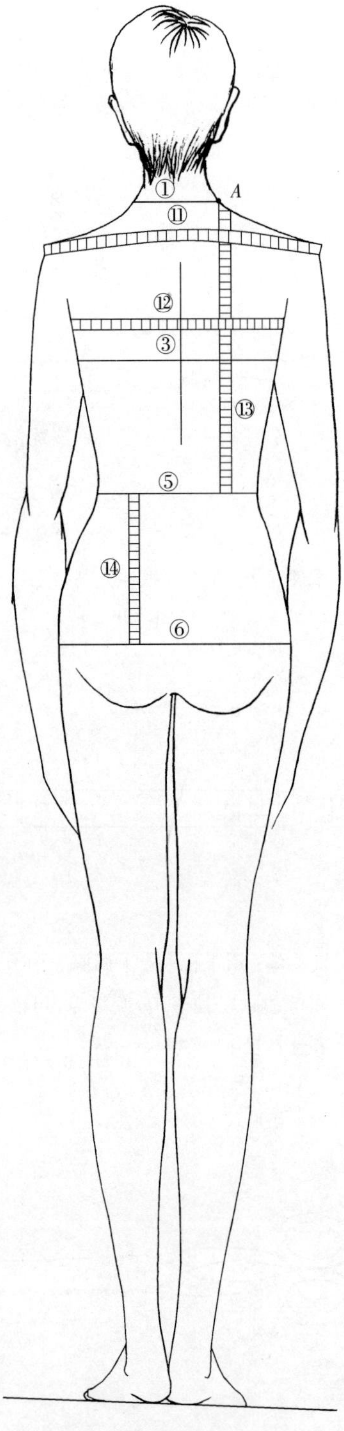

⑮**臂长**：从肩端点到手腕处的距离，注意测量时手臂弯曲，软尺过肘点。

⑯**袖肘长**：从肩端点到肘点的距离。

⑰**上臂围**：手臂根部水平围量一周的尺寸。

⑱**袖口**：手腕部位水平围量一周的尺寸。

⑲**大腿围**：大腿根部水平围量一周的尺寸。

⑳**膝围**：膝盖部位水平围量一周的尺寸。

㉑**小腿围**：小腿部位水平围量一周的尺寸。

㉒**裤口**：脚踝部位水平围量一周的尺寸。

㉓**袖窿深**：肩端点到腋下的直线长度。

㉔**立裆高**：从腰围线到裆底的长度（或人坐在椅子上，从腰围线沿侧中垂直向下量到凳面的长度）。

㉕**立裆长**：从前腰节沿前裆向下量，过裆底一直沿后裆向上量到后腰节的长度。

㉖**身高**：站直时的身体高度。

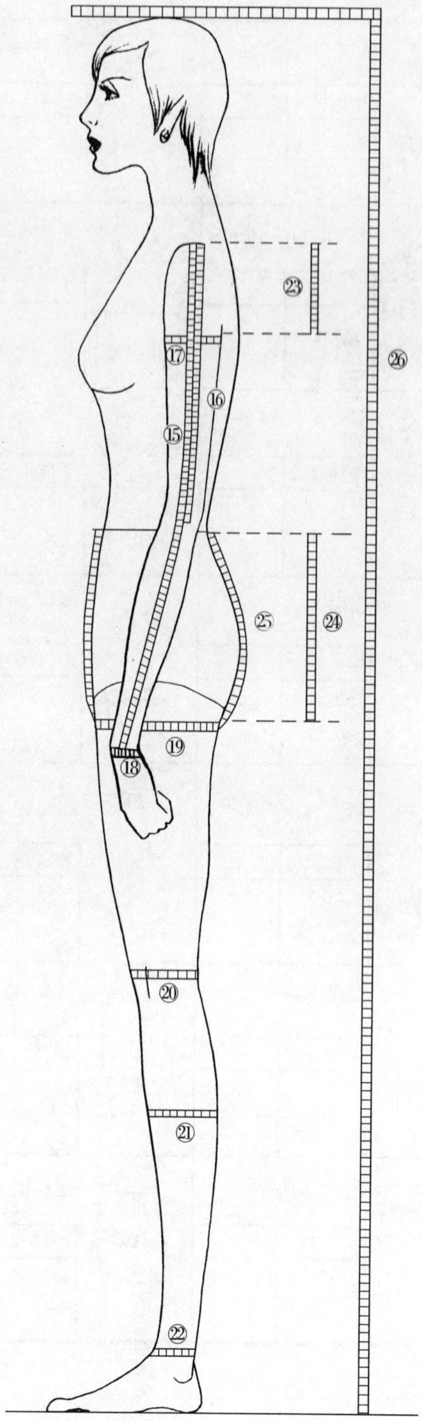

测量尺寸的记录

衣长 Length of Sack 净体尺寸	肩宽 Shoulder Length 净体尺寸	前腰节 Front Waist 净体尺寸	臂长 Hip Height 净体尺寸
胸围 Chest Girth 净体尺寸	肩斜 Shoulder Slope 净体尺寸	后腰节 Back Waistline 净体尺寸	袖长 Length of Sleeve 净体尺寸
上胸围 Chest Under 净体尺寸	后背宽 Back Width 净体尺寸	腰围 Waist 净体尺寸	袖窿弧线 Armscyo 净体尺寸
前胸宽 Chest Width Line 净体尺寸	胸高点 Breast Line 净体尺寸	腹围 Belly Size 净体尺寸	臂根围 Armscyo Girth 净体尺寸
领围 Neck Size 净体尺寸	胸距 Nipple Breath 净体尺寸	臀围 Hip 净体尺寸	腕围 Wrist Girth 净体尺寸
裙长 Skirt Length 净体尺寸	裤长 Trousres Length 净体尺寸	膝围 Knee Girth 净体尺寸	裤口 Leg Opening Width 净体尺寸
腰围 Waist 净体尺寸	臀高 Hip Height 净体尺寸	臀围 Hip 净体尺寸	大腿围 Thigh 净体尺寸
腹围 Belly 净体尺寸	腿根围 Thith-high 净体尺寸	立裆 Rise 净体尺寸	净体尺寸

珠针与纸样的固定方法

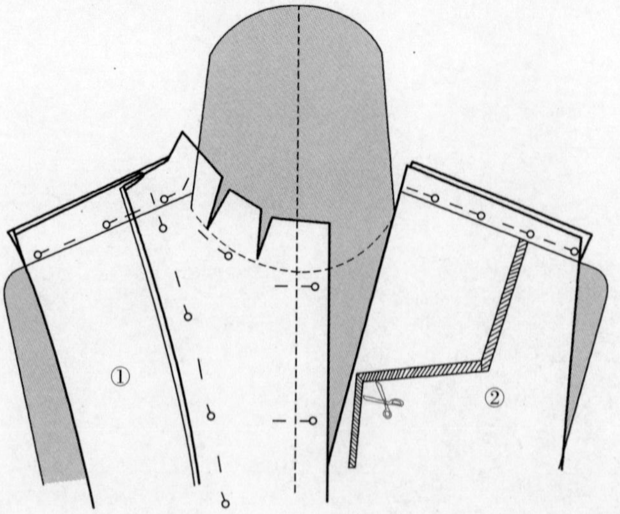

方法①：将两片纸样捏合起来，在分割线处将纸样顺齐固定。注意所有的珠针固定都是将针尖挑出，不要插进人台。

方法②：服装上的分割线或装饰条可用麦克笔画上去，或将 0.5cm 的彩色纸条用珠针固定在纸样上。

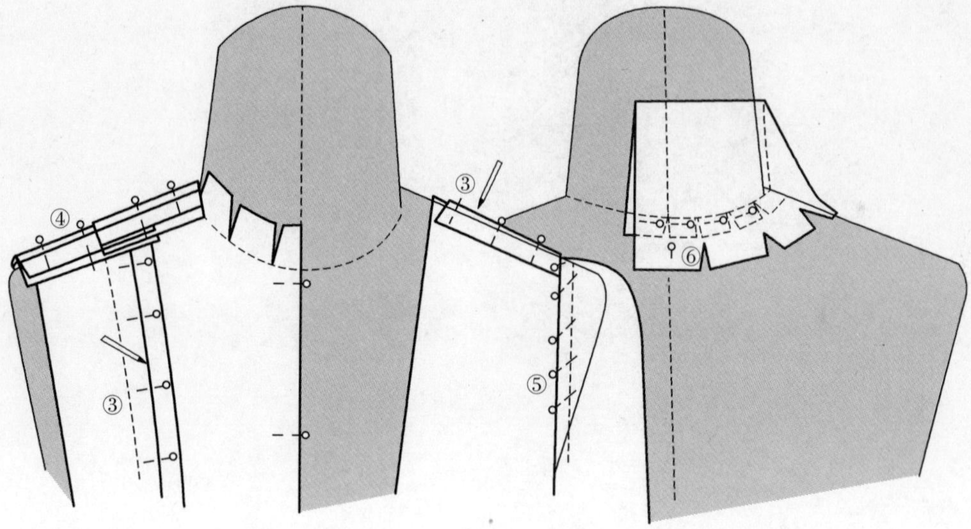

方法③：两片纸样也可重叠搭在一起用珠针固定，然后用笔在纸样上画出分割线。

方法④：两片纸样可先捏合再同时折向前边，用珠针在上面将折倒的纸样部分与人台固定。

方法⑤：如纸样的曲线弧度较大时，可将此部分折成净样后，用珠针沿净样边固定，如袖山部分。

方法⑥： 如纸样只需暂时固定观察效果或辅助下一步操作，可用珠针直接将纸样插在人台上。如后领、侧腰节等。

第二章

基础学习篇

本章主要讲解立体裁剪的基础造型，学习者可根据图中标注的数字和箭头的指向，结合文字说明来完成整个纸样的制作过程。服装基本造型以系列的形式出现，举一反三,学习者通过学习后面的服装组成部分,可自主设计,自由组合款式,既扩大了款式内容,又避免了重复,做到活学活用。

上装

【直身型】

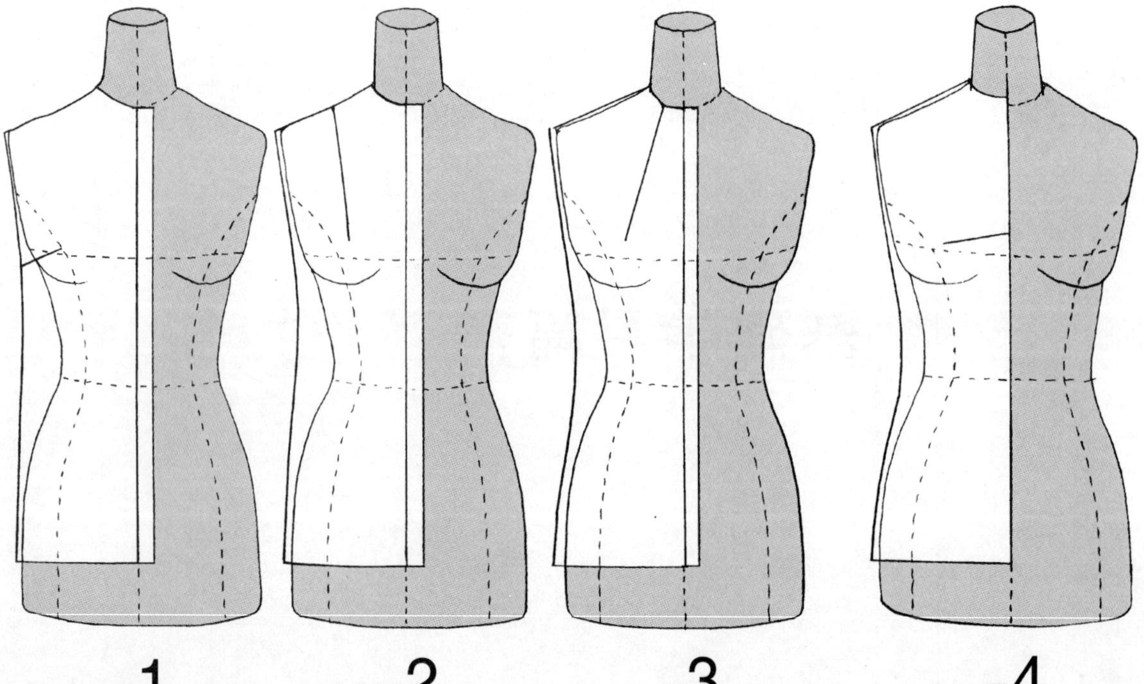

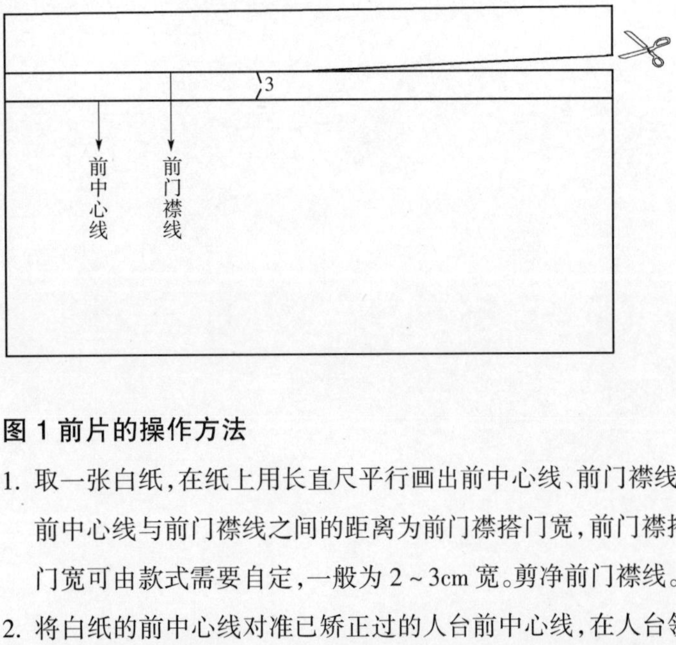

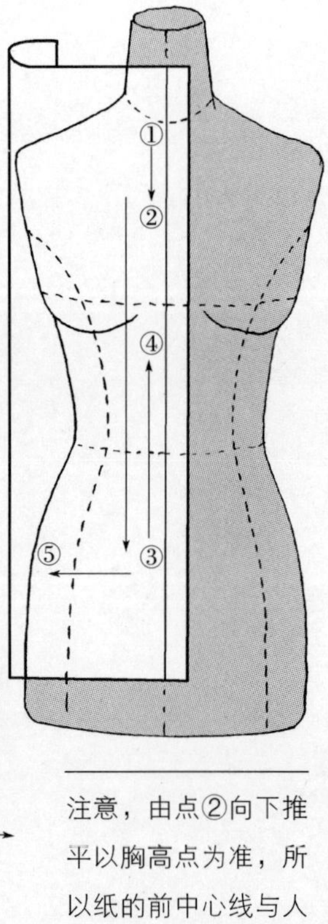

图 1 前片的操作方法

1. 取一张白纸，在纸上用长直尺平行画出前中心线、前门襟线，前中心线与前门襟线之间的距离为前门襟搭门宽，前门襟搭门宽可由款式需要自定，一般为 2～3cm 宽。剪净前门襟线。
2. 将白纸的前中心线对准已矫正过的人台前中心线，在人台领围线下1cm 处用珠针固定点①，纸的上端过人台肩部 4～5cm。
3. 由点①沿前中心线向下推平至人台胸围线以上位置固定点②，注意此处纸的前中心线与人台的前中心线始终重合。
4. 由点②通过胸高点向下推平至下摆处固定点③。
5. 由点③沿前中心线向上推平至胸围下固定点④。
6. 由点③向侧边推平或依据款式需要留稍许松量后固定点⑤。

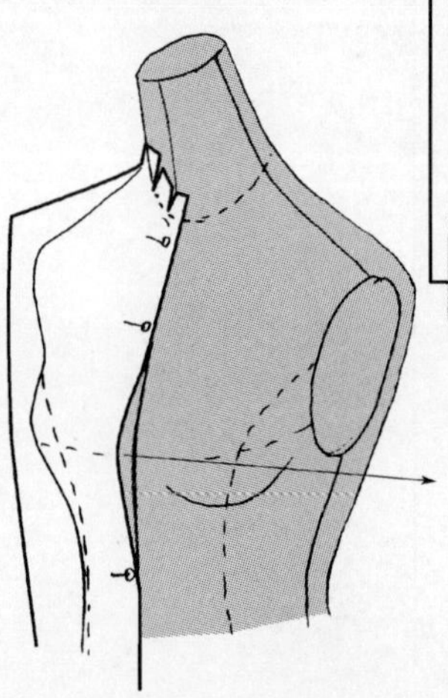

注意，由点②向下推平以胸高点为准，所以纸的前中心线与人台前中心线不能贴合，前胸窝处有稍许的余量，如图所示。

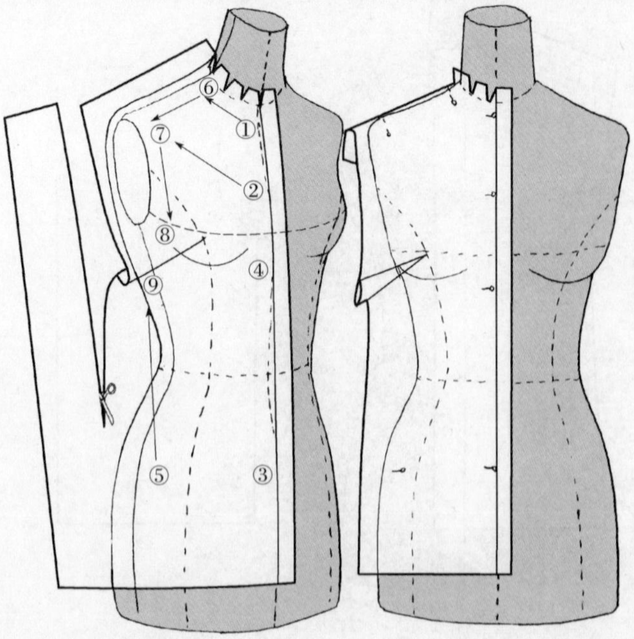

7. 由点⑤向上抻直至腋下固定点⑨。
8. 纸样过人台领围线留 2cm 缝份，将颈部多余纸量剪去，并沿人台领围线打剪口，使颈部平整，由点①沿领围线向肩颈处推平固定点⑥。
9. 由点⑥沿肩线向肩端处推平固定点⑦。
10. 由点⑦把多余的纸量向下推，在腋下固定点⑧。
11. 将点⑧与点⑨之间多余的纸量捏出腋下省。腋下省的位置和角度可自定，但省尖应指向胸高点。腋下省的大小因胸围大小的不同而变化。
12. 将前片侧边多余的纸量剪掉，注意留出缝份和 2～3cm 板型调整量。

图 2 前片的操作方法→

1. 点①至点④的操作方法与图 1 中点①至点④的操作方法相同。
2. 剪出前领口并在前领口处打剪口，由点①沿领围线向肩颈点推平固定点⑧。
3. 由点③向侧边推平或留稍许松量后固定点⑤。
4. 由点⑤向上抻直到侧臂固定点⑥。
5. 由肩端点沿肩线向里推至约肩部的$\frac{1}{2}$处固定点⑦。
6. 将点⑦与点⑧之间的余量捏成肩省，省尖指向胸高点。肩省位置可根据设计自定。
7. 剪掉侧边多余的纸量，留出缝份和 2～3cm 的调整量。

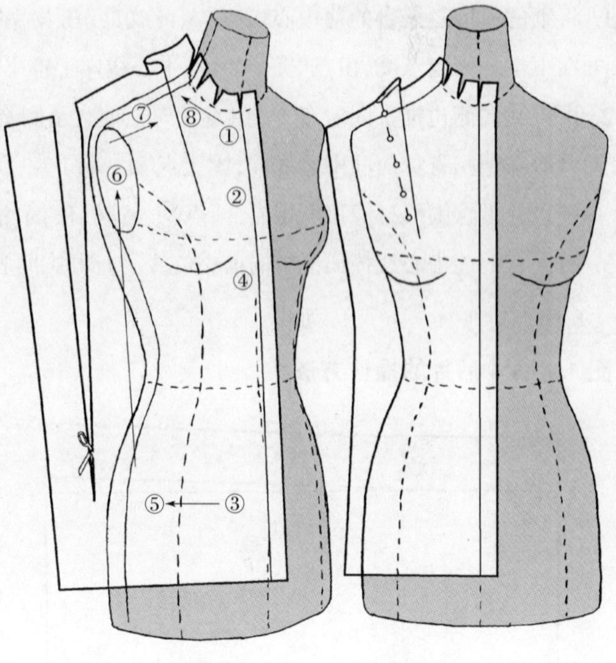

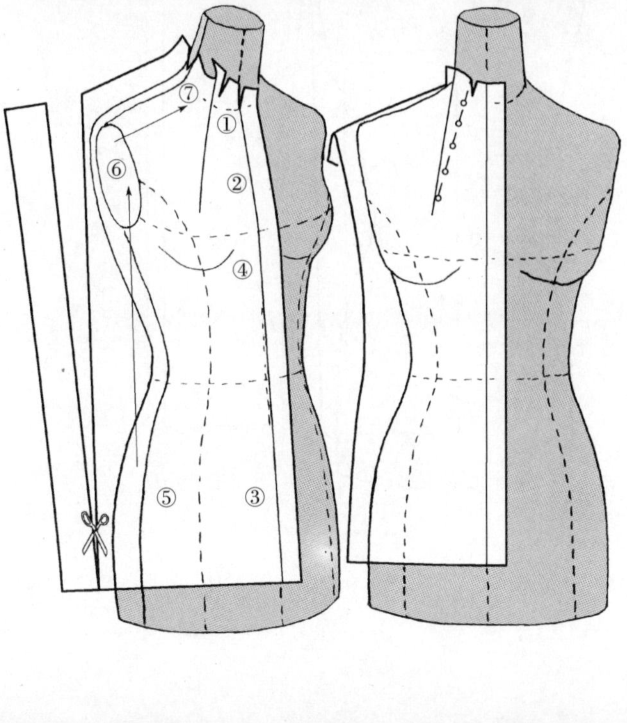

图 3 前片的操作方法←

1. 点①至点④的操作方法与图 1 的操作方法相同。
2. 由点⑤向上抻直至侧臂处固定点⑥。
3. 由肩端点沿肩线向肩颈点推平固定点⑦。
4. 在领口留 2cm 的缝份，剪去多余部分，并沿人台的领围线打剪口。
5. 将点①和点⑦之间的多余量捏成一个省，省尖指向胸高点。
6. 侧边留出缝份和调整量，多余纸量剪去。

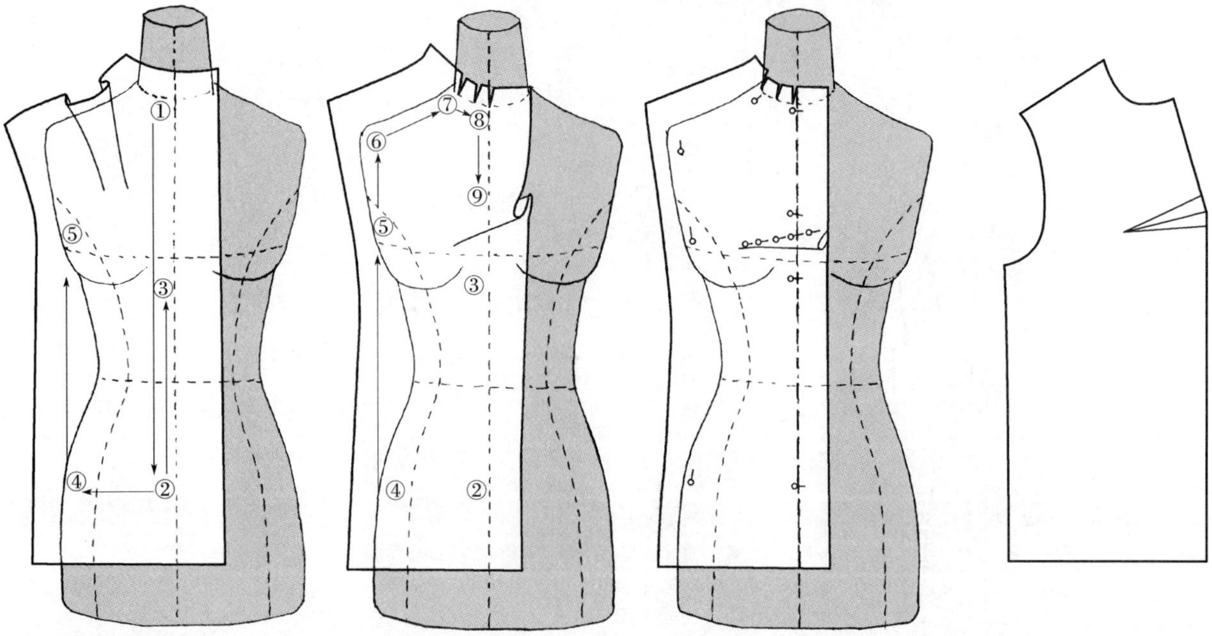

图 4 前片的操作方法↑

1. 将纸的一边过人台的前中心线 2～3cm 放置，在人台颈部的前中心线上固定点①，由点①沿人台前中心线向下抻直，在下摆处固定点②，由点②沿人台前中心线向上推平至胸围线下固定点③。
2. 由点②向侧边推平固定点④，由点④向上抻直至侧胸围线处固定点⑤，由点⑤向上推平至肩端点固定点⑥，由点⑥沿肩部把胸省量向前中心线推，固定点⑦。取下点①，由点⑦沿人台领围线、前中心线将多余纸量推至胸部，剪出前领口并沿领围线打剪口固定点⑧、点⑨，将胸口的余量捏成胸间省。
3. 按人台的前中心线描出纸样的前中心线。打开胸间省后，纸样的前中心线如图所示不是直线。

图 1～图 4 后片的操作方法

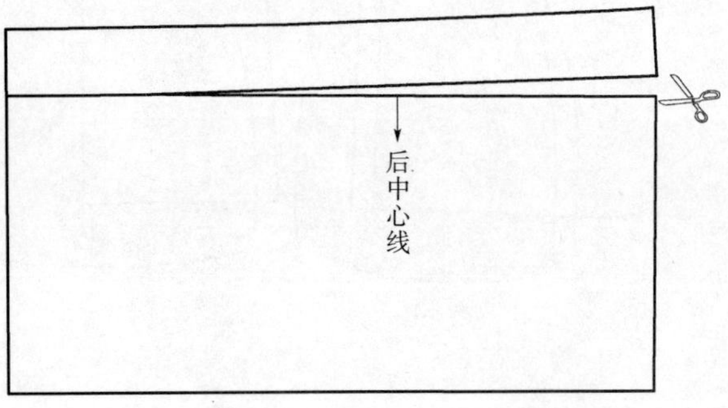

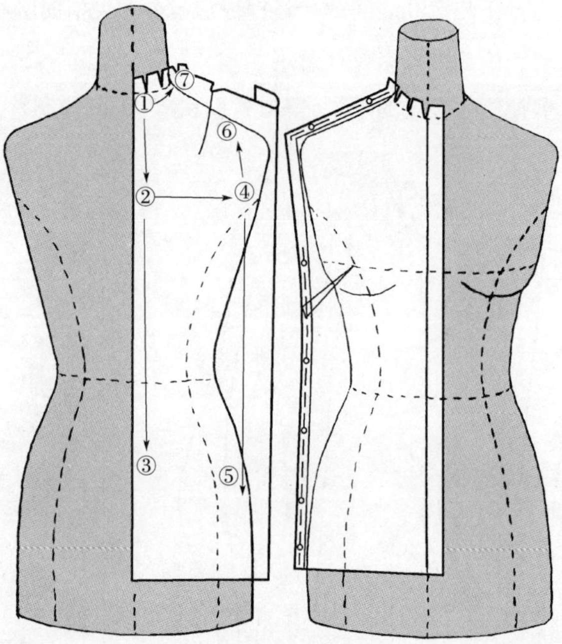

1. 在纸上用直尺画出后中心线，并将后中心线剪净。
2. 将纸的后中心线对准人台的后中心线，在人台的后领围下 1cm 处固定点①，纸的上端过人台肩部 4～5cm。
3. 由点①向下推平至背宽处固定点②，由点②向下抻直至臀围处固定点③。注意纸的后中心线始终与人台后中心线重合。
4. 由点②沿背宽向侧边推平固定点④，由点④向下抻直至臀围处固定点⑤，点③与点⑤之间稍有松量。
5. 由点④向肩端点推平，固定点⑥。

6. 剪出后领口留出 2cm 的缝份，并沿人台后领围线打剪口。由点①向后肩颈点推平固定点⑦。
7. 将点⑦与点⑥之间的余量约 0.7～1cm 捏出一个小肩省，此肩省制作时作为吃势，归烫吃缝进去。
8. 将前、后片的侧边拼合起来，按意大利的裁剪方式，一般前片的胸围、腰围、下摆围各比后片的胸围、腰围、下摆围大 2cm。然后将前、后片肩部拼合起来，注意在侧面远距离看，肩缝居中，肩缝与侧缝线在一条直线上。

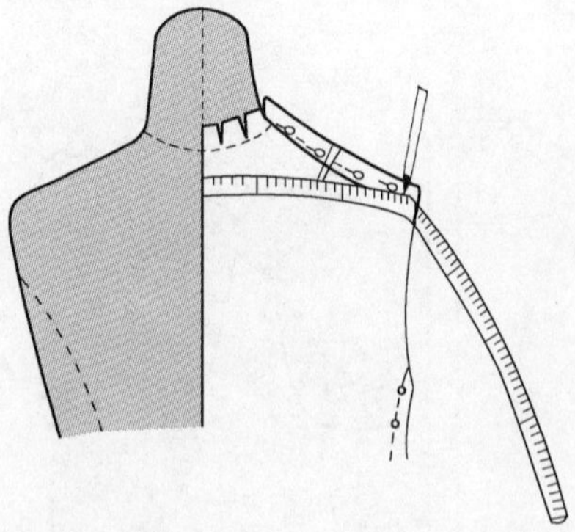

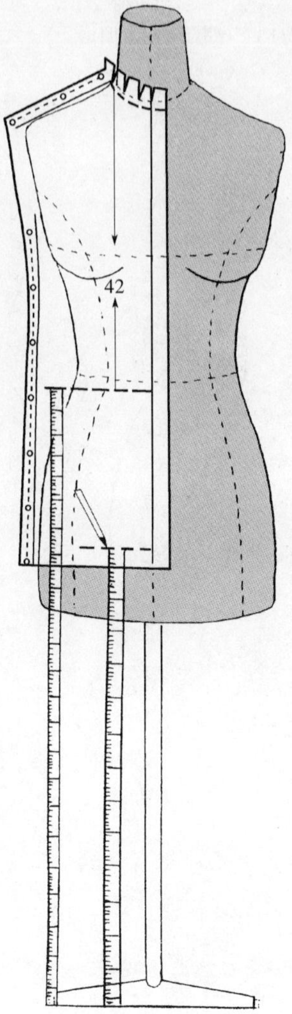

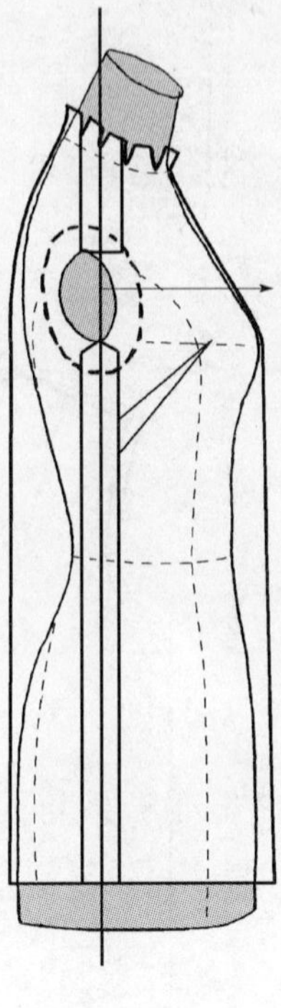

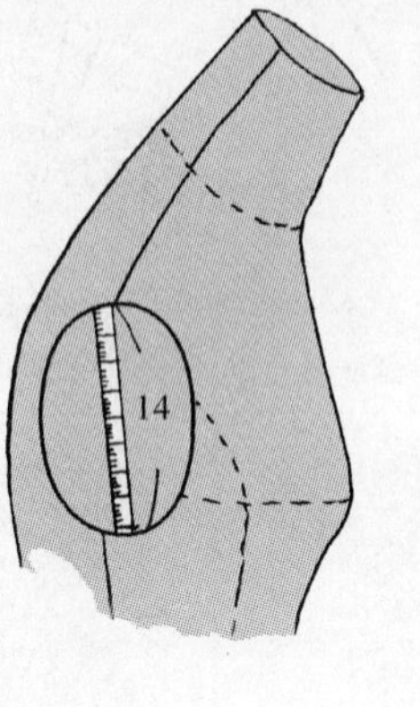

9. 从后中心线向肩端点量出所需肩宽，做出记号。
10. 从肩宽记号点向下量 14cm，画出袖窿弧线。
11. 从肩颈点向下过胸高点量出 42cm 做记号，注意 42cm 长是设定的前腰节长，用直尺从地面向上量至记号点，平行移动直尺画出前、后腰节线。
12. 从肩颈点向下通过胸高点量出衣长，同上方法画出底摆线。
13. 设计画出领口线。

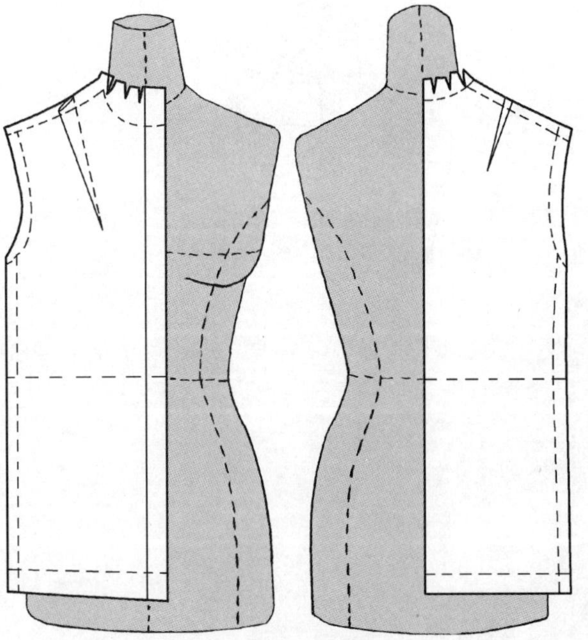

样板的整理

1. 在人台上纸样的拼合部位按珠针固定的位置做记号。例如前肩省处左右两边、前后肩缝拼合部位、前后片侧缝拼合部位做记号。
2. 将纸样从人台上取下来展开，在平面上将前、后片腰节线对齐，拼合侧缝，用弧线尺将袖窿弧线画圆顺。按记号点画出底摆线。
3. 将前、后衣片的中心线对齐，修正前领口与后领口宽度。
4. 捏合前片肩部胸省和后片肩省，拼合前、后肩部，用弧线尺将前、后领口和袖窿弧线画圆顺。

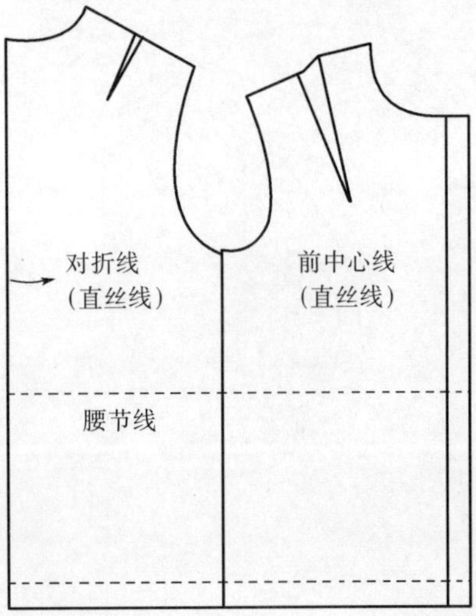

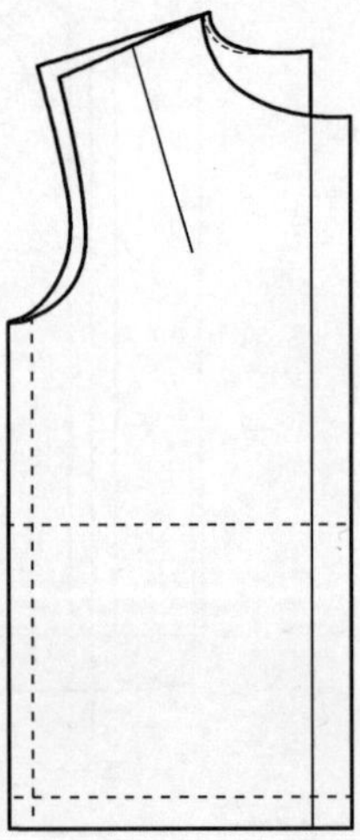

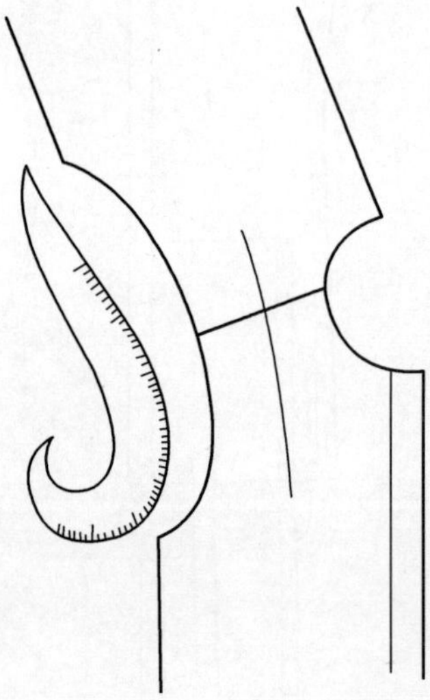

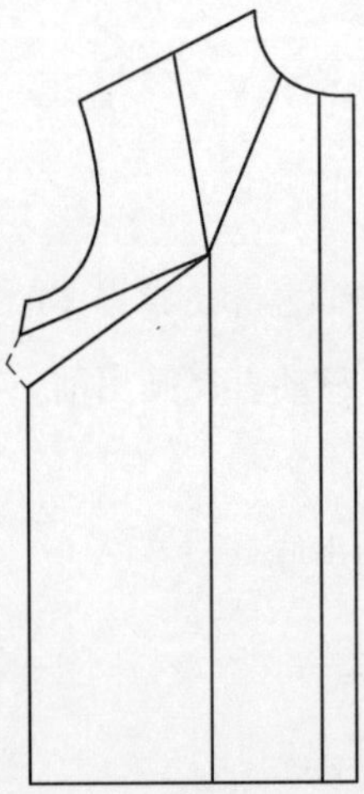

5. 以胸高点为中心，前片肩部胸省可转移到衣片的任何部位。

【收腰型】

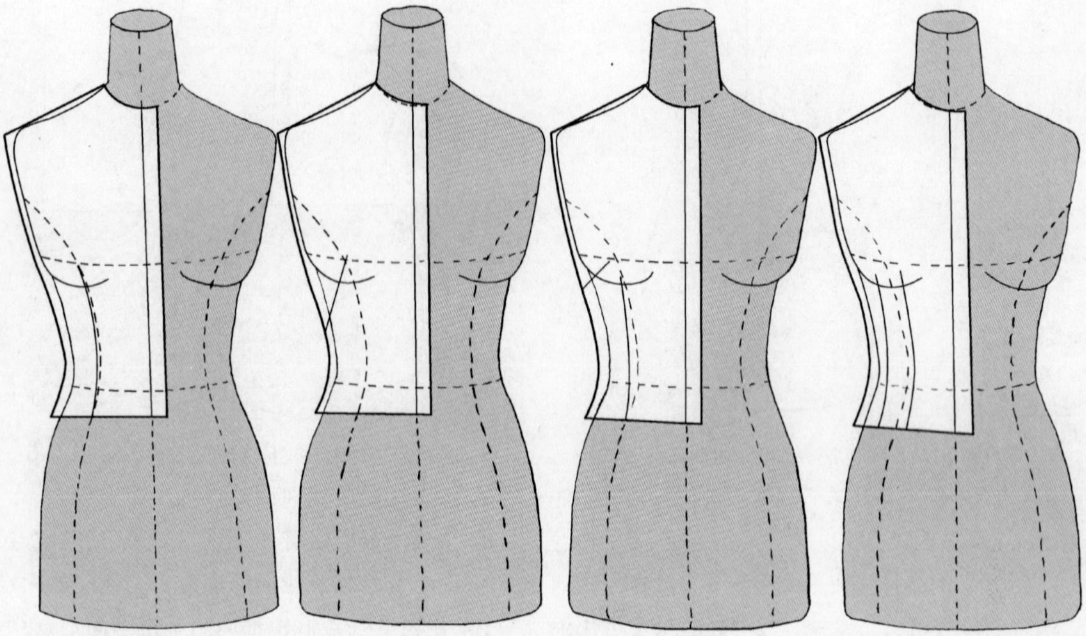

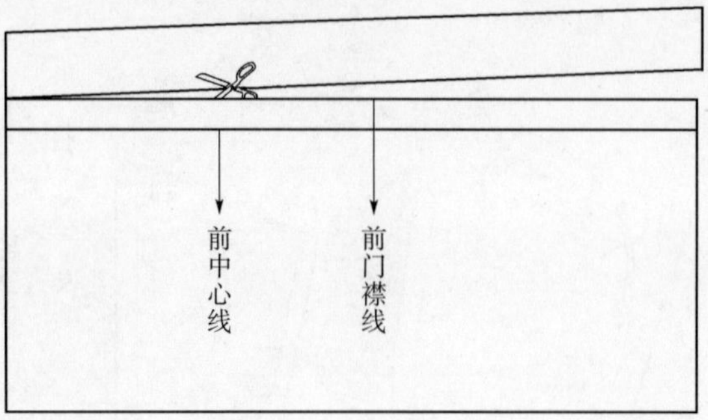

图 1 ~ 图 4 前片的操作方法，前 5 步骤操作相同，其余步骤见每个图例下面文字说明。

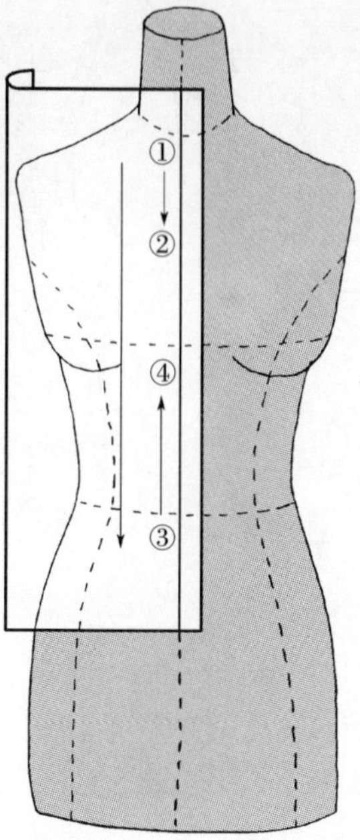

图 1 ~ 图 4 前片的操作方法(1 ~ 5 步骤)

1. 用直尺平行画出前中心线和前门襟线，前门襟线用剪刀剪净，搭门宽 2 ~ 3cm，根据款式自定。
2. 将纸的前中心线对准人台的前中心线，在人台领围线下 1cm 处固定点①，纸的上端过人台肩部 4 ~ 5cm。
3. 由点①向下推平固定点②。
4. 由点②通过胸高点向下抻平至前中心线腰围部位固定点③，由点③沿前中心线向上推平至胸围下，固定点④，始终保持纸的前中心线与人台的前中心线重合。
5. 剪出前领口，留 2cm 的缝份，并在缝份上打剪口。

图1

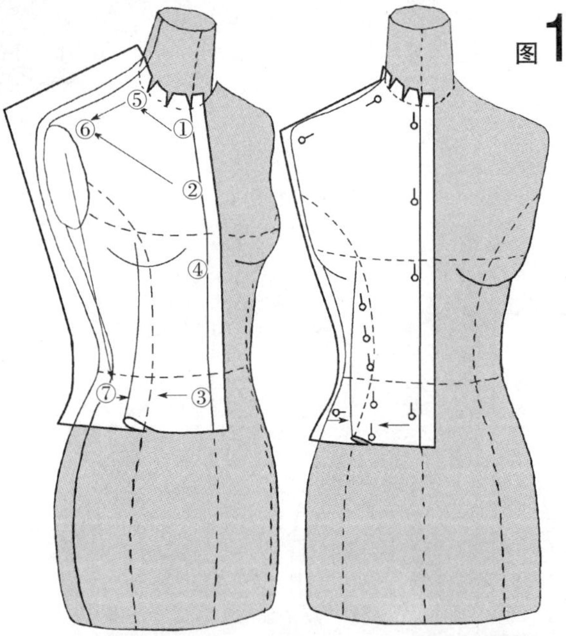

6. 由点①、点②向肩部推平固定肩颈点⑤和肩端点⑥。
7. 由肩端点⑥向下沿侧缝线推平至侧腰围处固定点⑦，注意胸围处无余量。
8. 将点③与点⑦之间的余量捏成一个腰省，注意省尖指向胸高点，腰省的位置可自行设计，腰围处的松量可用缩放腰省大小来调节。
9. 剪去侧边多余纸量，留出缝份和 2 ~ 3cm 的纸样调整量。

图3

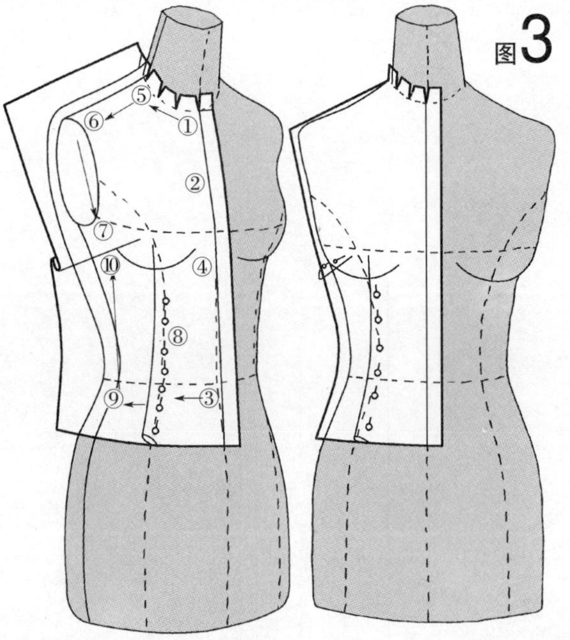

6. 由点①向肩颈点推平固定点⑤，再由点⑤沿肩线向肩端点推平固定点⑥。
7. 由肩端点向下推平至腋下固定点⑦。
8. 在腰围线的 $\frac{1}{2}$ 处捏出一个腰省(图中点⑧)，省量约 2cm。
9. 由点③通过腰省沿腰围线向侧缝推平固定点⑨。
10. 由点⑨沿侧缝线向上推平至腋下，固定点⑩。
11. 将点⑦与点⑩之间的余量捏成腋下省。
12. 留出缝份和调整余量，将侧边剪净。

图2

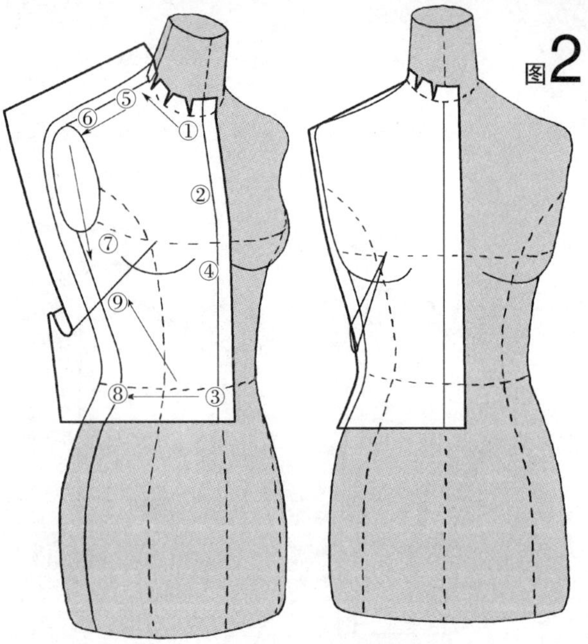

6. 由点①沿领围线向肩颈点推平固定点⑤。
7. 由点⑤沿肩线向肩端点推平固定点⑥。
8. 由肩端点沿侧臂向下推平至腋下，固定点⑦。
9. 由点③沿腰节线向侧边推平至侧缝处固定点⑧。
10. 由点③与点⑧中部向腋下推平固定点⑨。
11. 将点⑦与点⑨之间的余量捏成腋下省，省尖指向胸高点。
12. 剪去侧边多余纸量，留出调整量和缝份。

图4

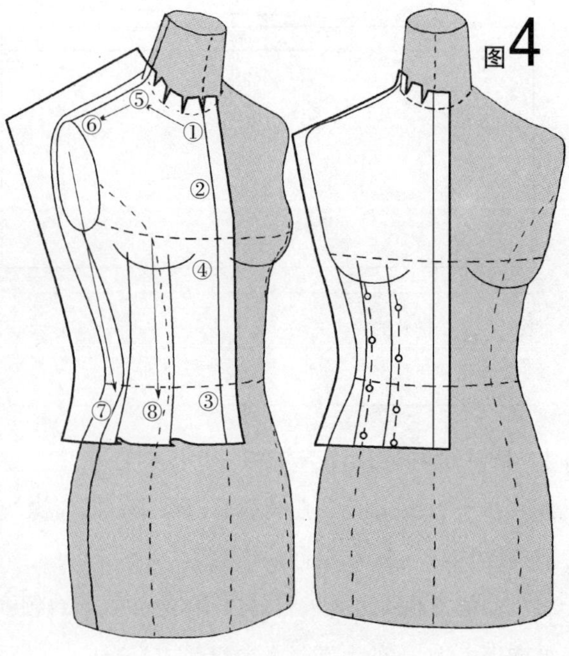

6. 图 4 中点①至点⑦的操作方法同图 1 中点①至点⑦的操作方法。参照上图。
7. 将点③与点⑦之间的余量处理为两个腰省，注意两省平行，省量大小均等。
8. 留出缝份和调整量剪去侧边余量。

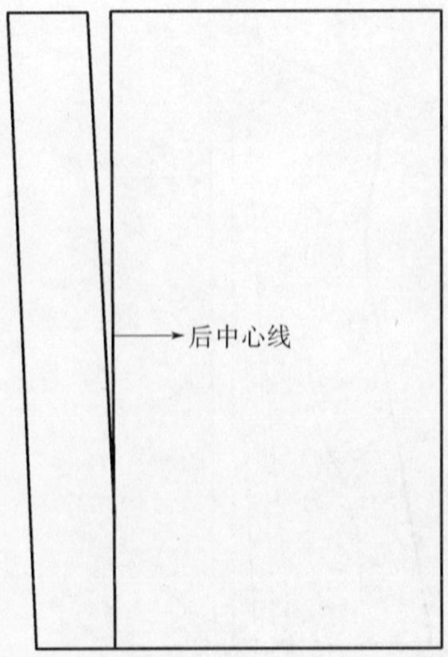

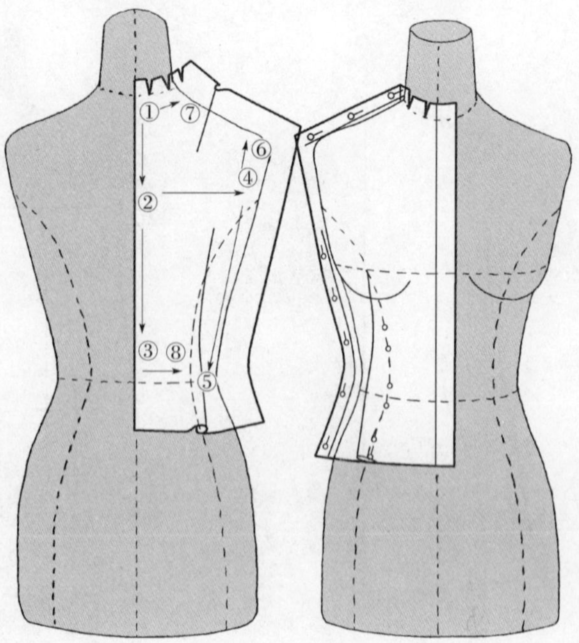

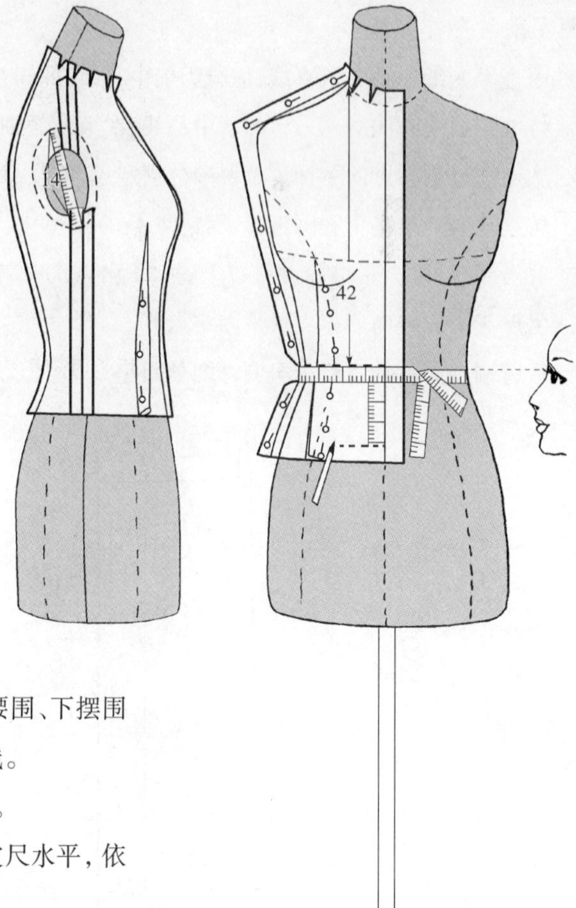

图 1 ~ 图 4 后片操作方法

1. 用直尺在纸上画出后中心线，并用剪刀沿后中心线剪净，注意后中心线在制作时为对折线。
2. 将纸的后中心线与人台的后中心线重合，在人台的后领围线下 1cm 处固定点①。
3. 由点①沿人台后中心线向下推平至背宽处，固定点②。
4. 由点②沿人台后中心线向下推平至腰围处，固定点③。
5. 由点②沿背宽向侧臂推平固定点④。
6. 由点④向下沿侧边推平至腰围处固定点⑤，再由点④向上推平至肩端点固定点⑥。
7. 由点①沿人台后领围线推平至肩颈点固定点⑦。
8. 将点⑥与点⑦之间捏出肩省，省量 0.7 ~ 1cm。
9. 拼合前、后片，前片的胸围、腰围、下摆围各大于后片的胸围、腰围、下摆围 2cm。拼合肩部，肩线居中，肩线与侧缝线从远处看成一条直线。
10. 量出肩宽，从肩端点向下量 14cm 画出袖窿弧线，画出领口线。
11. 从肩颈点向下量 42cm 做记号，用皮尺系在做记号处，注意皮尺水平，依此画出前、后片腰节线。
12. 从腰节线向下量出衣长线，水平画出下摆线。

【喇叭型】

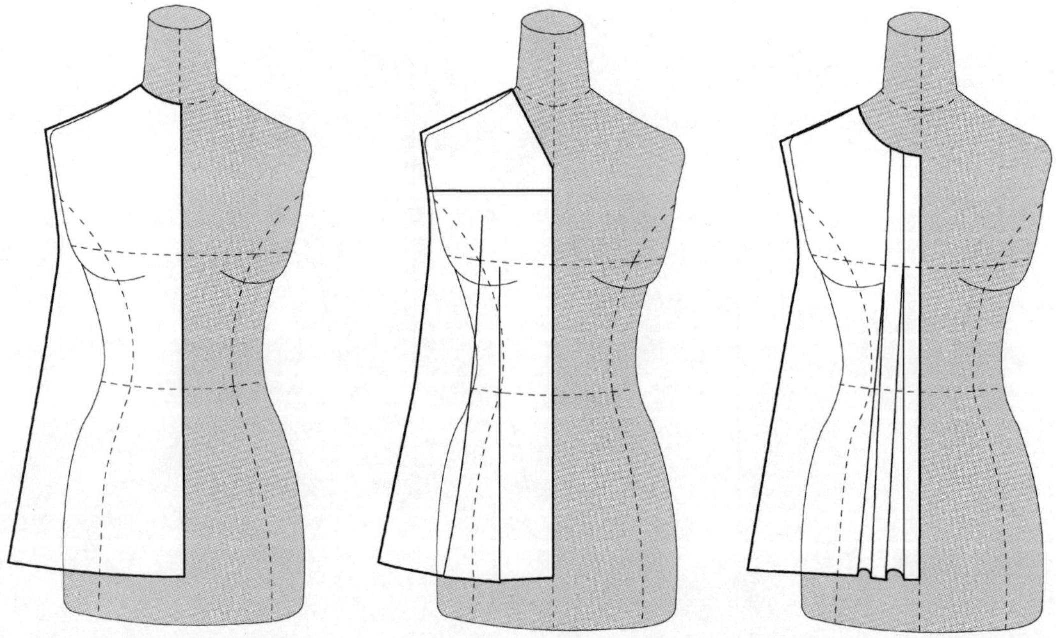

图1 图2 图3

图 1 前片操作方法

1. 用直尺在纸上画一条直线，该线为前中心线，此线在制作时为对折线(同前)。
2. 将纸的前中心线对准人台的前中心线，在人台领围线下 1cm 处固定点①，由点①沿人台前中心线向下推平至点②。
3. 从点②过胸高点向下抻直至臀围处固定点③，注意纸的前中心线与人台前中心线始终重合。
4. 从点③向上推平至胸围下部，固定点④。
5. 剪出领口，留 2cm 缝份并打若干剪口。由点①向肩颈点推平固定点⑤。
6. 由点⑤沿肩线向肩端点推平固定点⑥。
7. 从肩端点向下抻直纸板至侧臀围处固定点⑦，点⑦与点③之间有许多余量。

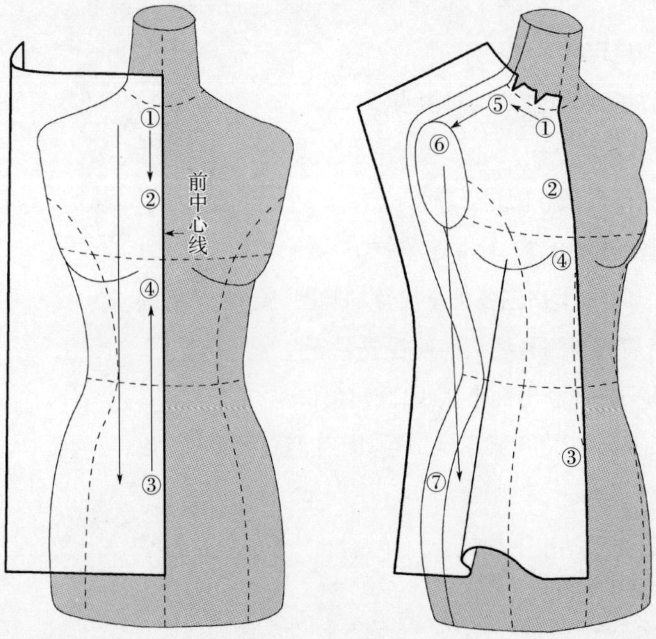

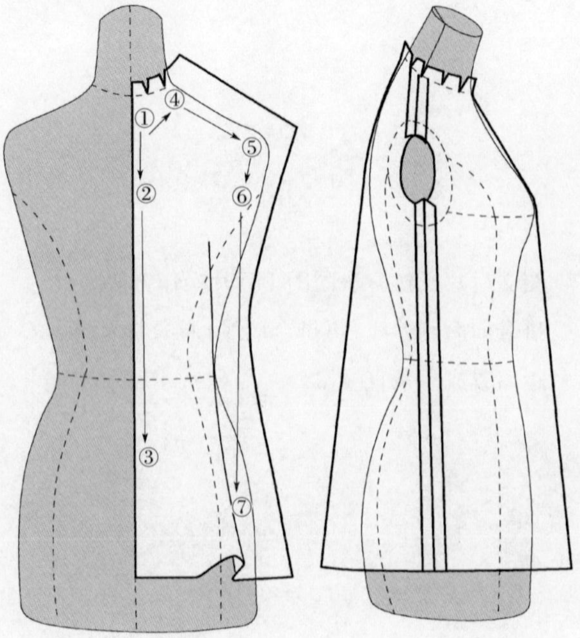

图 1 后片操作方法←

1. 用直尺在纸上画一条直线，该线为后中心线，此线在制作时为对折线。
2. 将纸的后中心线对准人台的后中心线，在人台后领围线下 1cm 处固定点①。由点①向下分别固定点②、点③。
3. 剪出后领口，并打若干剪口，由点①向肩颈点推平固定点④。
4. 从点④沿肩线向肩端点推平固定点⑤。
5. 从点⑤向下推平至背宽处固定点⑥。
6. 从点⑥向下抻直至侧臀处固定点⑦。
7. 在人台侧缝处垂直拼合前后片以后，再拼合肩缝。注意肩线与侧缝线远距离看在同一直线上。

图 2 的纸样准备

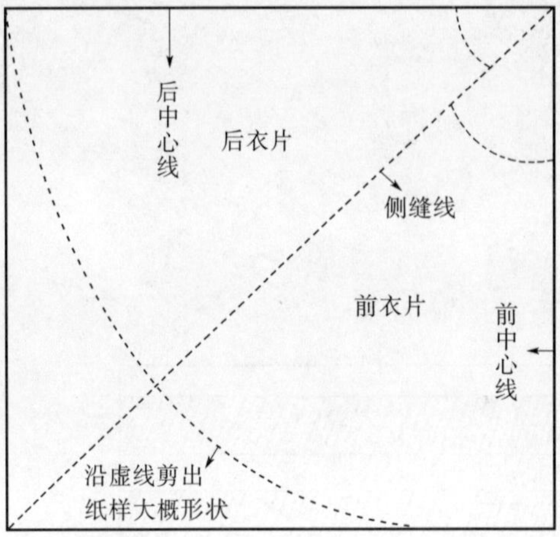

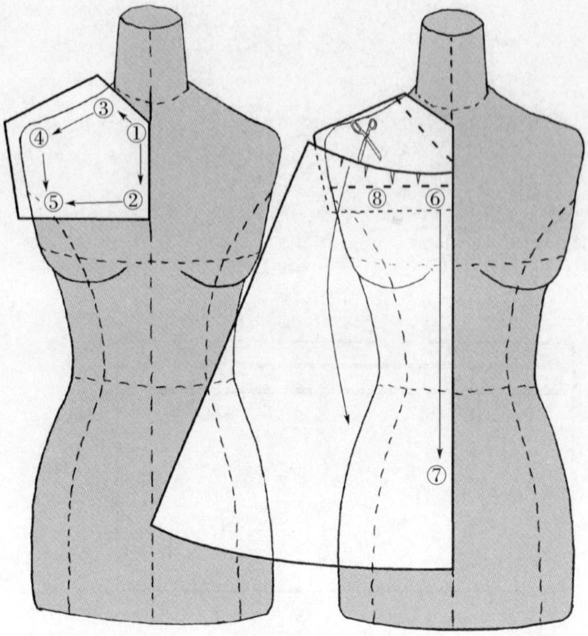

图 2 的操作方法

1. 在一张小纸上剪出一条直线边，以直线边对准人台前中心线，固定点①，再由点①向下推平固定点②。
2. 剪出前领口，由点①向上推平至肩颈点固定点③，由点③沿肩线向肩端点推平固定点④，由点④向下、由点②向臂根推平固定点⑤。
3. 画出领口线和肩育克线。
4. 以前育克线为准，将前衣片纸样的前中心线对准人台前中心线，在前育克线上固定点⑥，由点⑥向下抻直，在下摆处固定点⑦。
5. 下摆拉出所需的摆量，同时由点⑥沿前育克分割线边打剪口边向臂根推平，在育克线上固定点⑧。
6. 由侧边向下抻平至臀围处固定点⑨，剪去侧片多余的纸量。

7. 图 2 后片操作方法同图 1 后片操作方法。
8. 拼合前后侧缝线，再拼合肩线，肩线与侧缝线从远距离看成一条直线。

图 3 的纸样准备

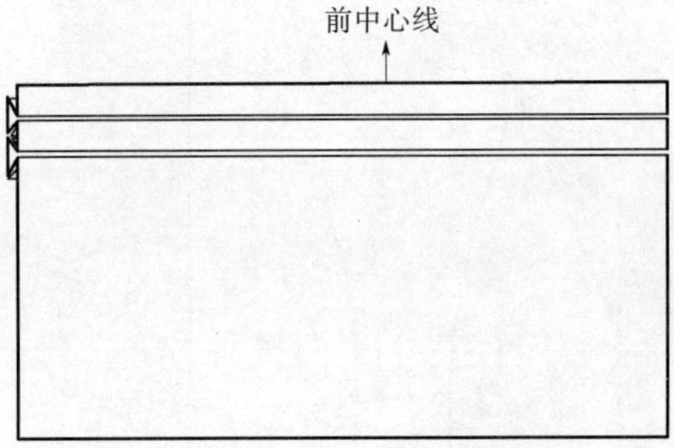

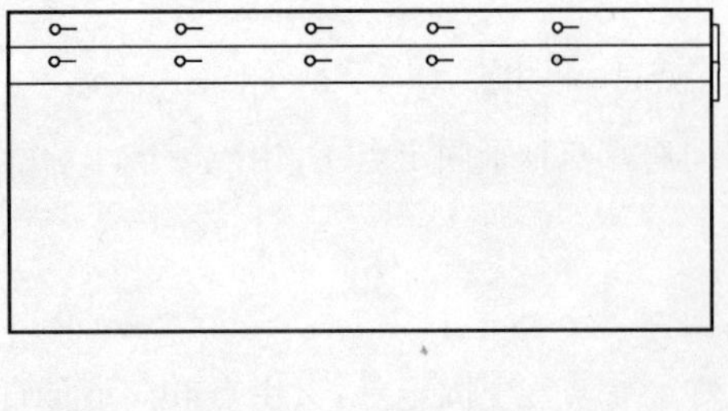

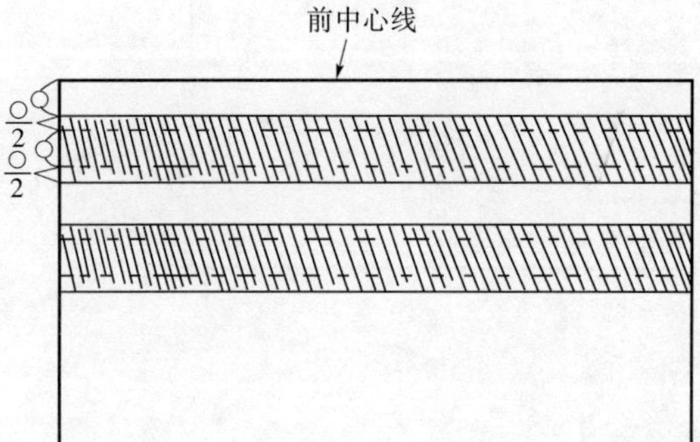

折出所需的褶裥，并用珠针将褶裥固定

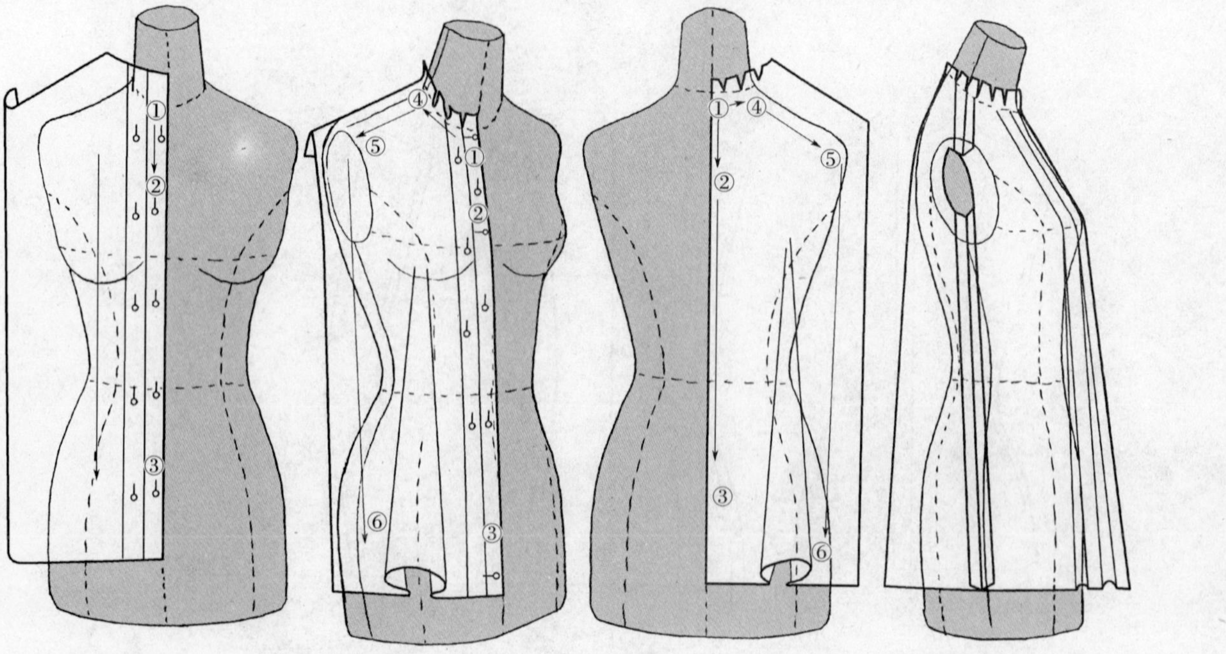

图 3 的操作方法

1. 如图所示，画出前中心线剪净，以前中心线为准折出所需要的活褶，并用珠针固定。
2. 将带活褶的前片前中心线对准人台的前中心线，其余操作步骤同图 1 的操作方法。
3. 在人台上设计活褶打开的位置，并做明显标记。
4. 打开活褶部分，观看服装整体效果，如未达到预期效果，可在平面修板时调整褶量的大小。
5. 在人台的纸样上画出领口线，按前面的方法画出袖窿弧线。
6. 设定衣长，用长直尺从地面向上平行量出衣长线，可隔一段距离做一个记号，在平面修板时用直尺画圆顺。
7. 纸样的侧缝线自然垂下时，与肩线在远距离看成直线，侧缝线居纸样侧面中间位置。

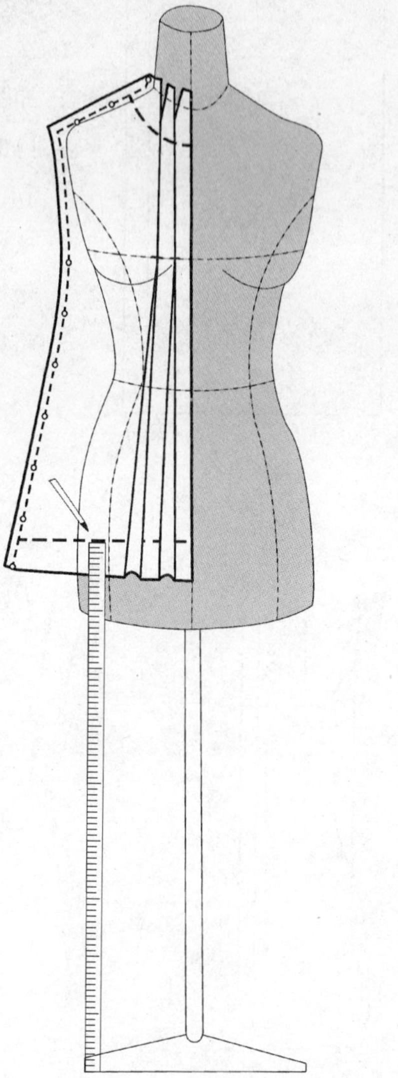

【四开身型】

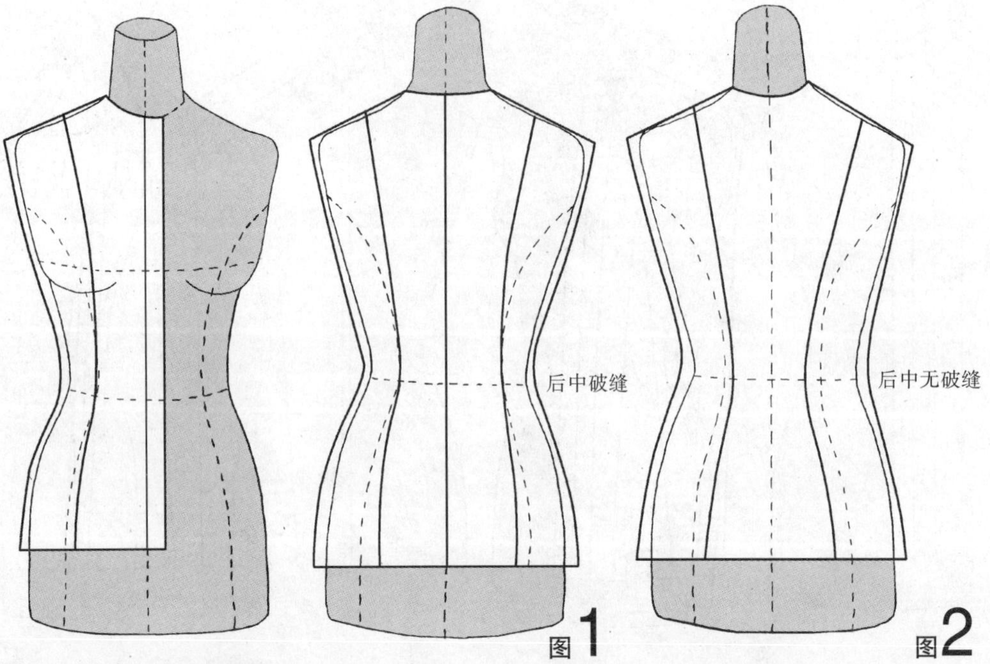

图1　　图2

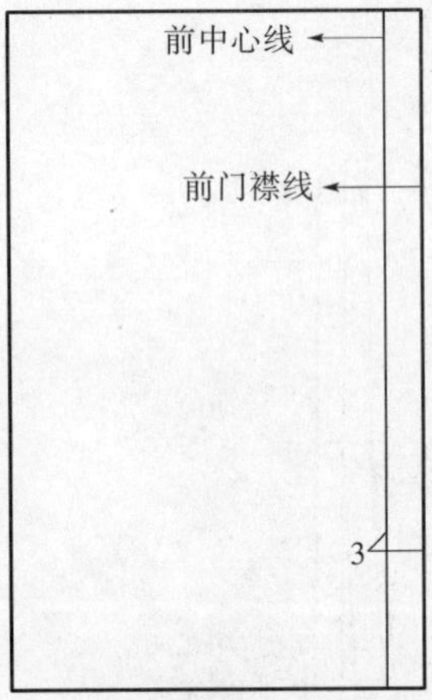

前片的操作方法

1. 在纸上平行画出前中心线与前门襟线，前门襟宽设定3cm。
2. 如图所示，操作方法与前面款式相同，依次固定点①、点②、点③、点④、点⑤。
3. 剪出前领口，留出2~3cm的缝份，并沿领围线打剪口。由点①向肩颈点推平固定点⑥，再由点⑥沿肩部推平固定点⑦。
4. 从肩颈点沿肩线量出5~6cm做前片分割线起点，腰节部从前中心线向侧边量出8cm，做记号。将两点通过胸高点的连线作为前片分割线。
5. 将另一张纸放在侧胸处，在腋下固定点⑧，由点⑧向肩端点推平固定点⑨，向下推平至腰节固定点⑩，由点⑩向下推平至侧胯固定点⑪。

6. 沿已画的前片分割线拼合前中片与前侧片，留2cm调整量，剪去多余纸量，侧边过人台侧缝线留3~4cm的纸量。

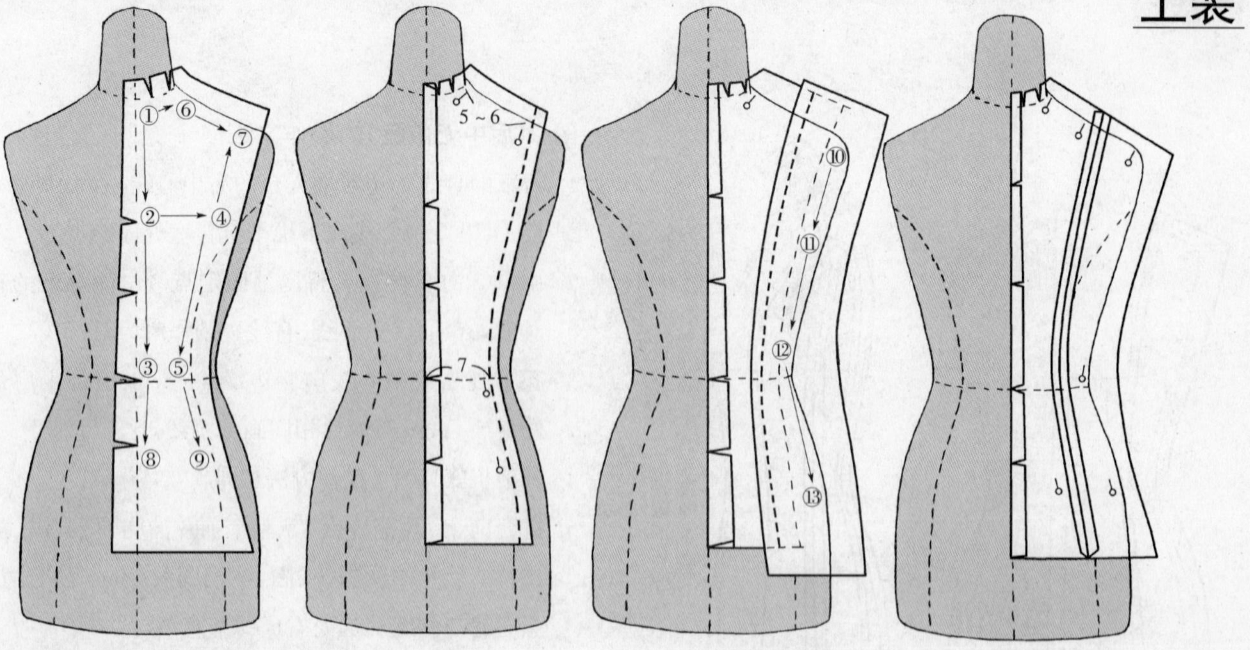

图 1(后中破缝)的操作方法↑

1. 将纸的一边过人台后中心线 2～3cm 放置，于人台后领围线下 1cm 处固定点①。
2. 由点①沿人台后中心线向下推平至背宽处固定点②,由点②向下推平至腰节处固定点③。
3. 由点②沿背宽向侧臂推平固定点④。
4. 由点④向侧腰节处推平固定点⑤,然后将纸板的另一边沿人台后中心线打若干剪口。
5. 由点③和点⑤分别向臀部推平固定点⑧与点⑨。
6. 剪出后领口,并沿后领围线打剪口。由点①向肩颈点推平固定点⑥。
7. 由点⑥沿肩线向肩端点推平，同时由点④向上推至肩端点,交叉处固定点⑦。
8. 沿人台后中心线折出后片的后中心线。
9. 从肩颈点沿肩线量出 5～6cm,与前片相同。腰节处从后中心线向侧边量出 7cm 做记号,此点与起点连接，画出后片分割线，后中片腰节宽可设计在 7～8.5cm 范围内。
10. 将另一张纸放置在后侧边,固定后肩侧点⑩,由点⑩向下推平至点⑪，由点⑪向下推至腰节处固定点⑫,由点⑫向下推平至侧臀处固定点⑬。
11. 按已画的后侧分割线拼合后中片与后侧片，留 2cm 调整量,剪去多余纸量。

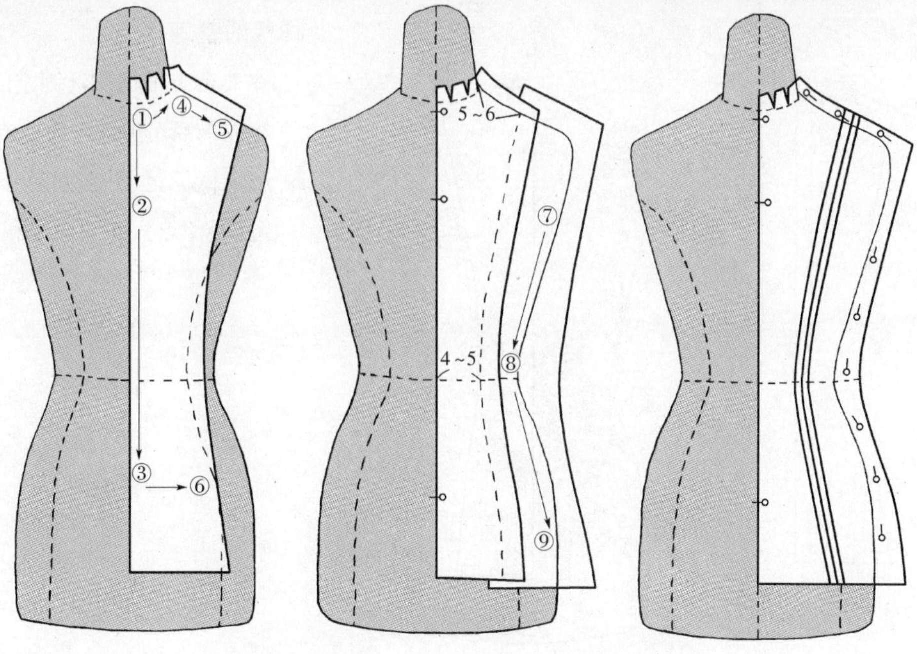

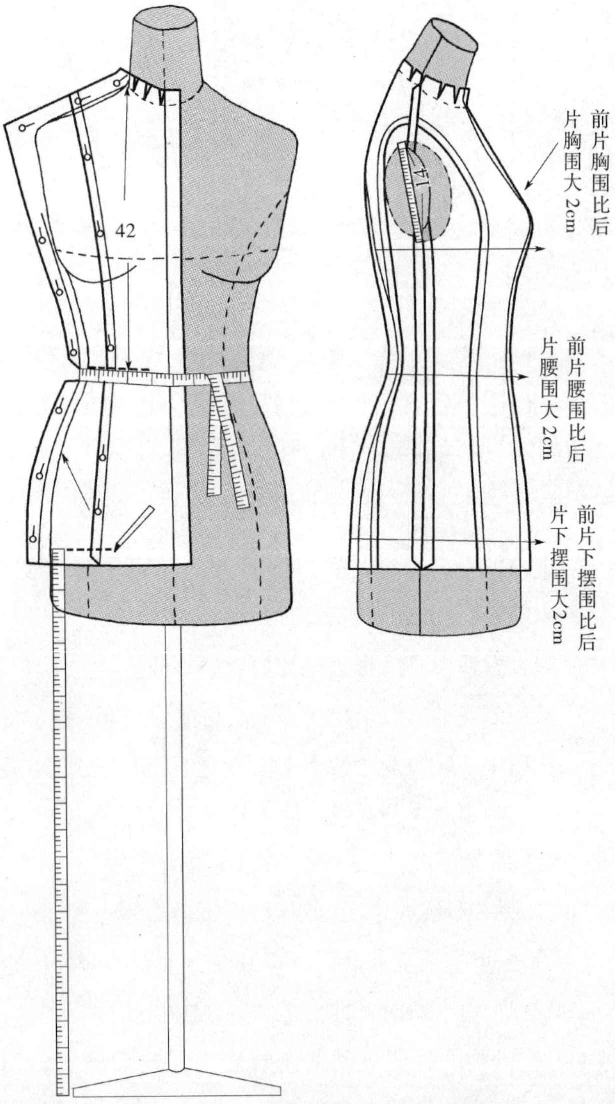

图2(后中无破缝)的操作方法←

1. 将纸的直线一边对准人台的后中心线，在后领围下固定点①，沿后中心线向下推平至背宽处固定点②。
2. 由点②向下抻直至臀围处固定点③。注意纸的直线边对准人台的后中心线，直线边制作时为对折线。
3. 腰节处从后中心线向侧边量4～5cm，肩部由肩颈点向外量5～6cm与前片相同画分割线。
4. 其他步骤与图1操作方法相同。
5. 拼合前、后片侧缝，注意整个前片的胸围、腰围、下摆围比整个后片的胸围、腰围、下摆围大2cm。拼合肩缝，注意肩缝与侧缝从远处看成一条直线。
6. 量出肩宽、腰节长、下摆长，水平画出腰节线、下摆线。
7. 肩端点向下量14cm画出袖窿弧线。在人台上直接画出领口线。

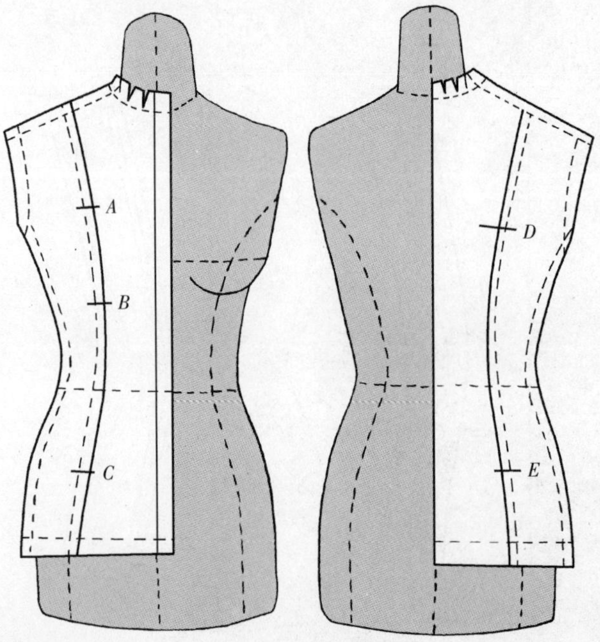

样板的整理

1. 在人台上根据珠针固定的拼合部位，用铅笔在前后分割线、前后侧缝线、前后肩缝线上做标记，并在前后分割线上做对位标记(合印点)，如图虚线和字母所示。

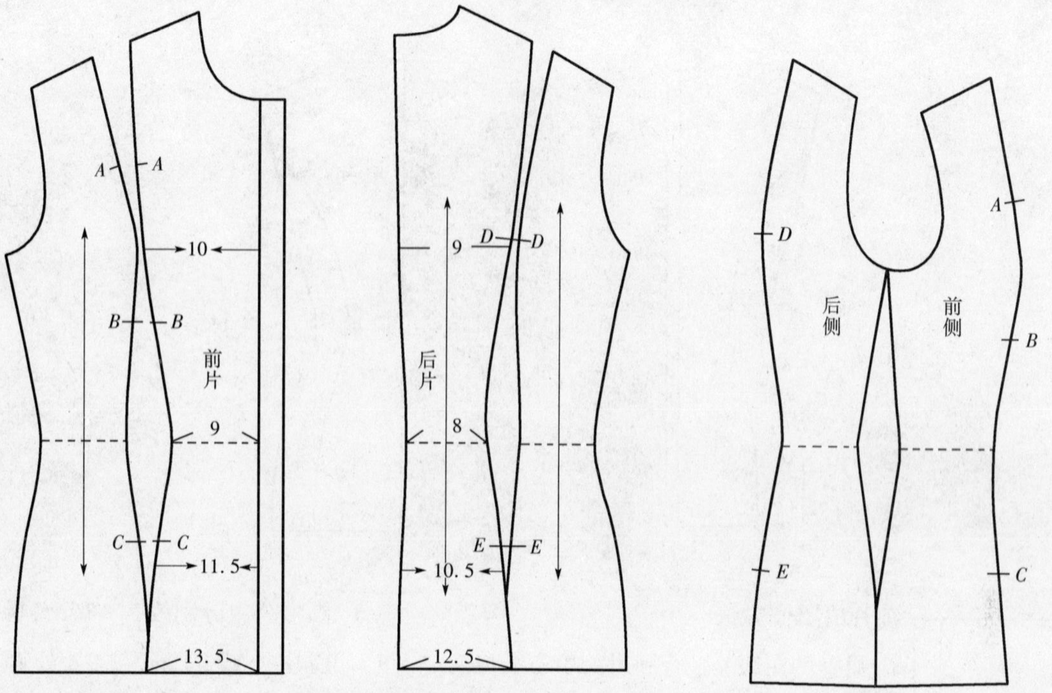

2. 根据铅笔标记用直尺和曲线尺将各片整理成净板，前后片尺寸比例关系如图所示为宜(图中数据并不为定数，仅做参考之用)，也可根据不同的款式要求自由设计。
3. 对齐腰节线拼合前中片与前侧片下摆处、后中片与后侧片下摆处、前侧片与后侧片下摆处，根据在人台上画的衣长标记画出完整的衣长线。
4. 拼合前片与后片的肩缝，圆顺袖窿弧线和领口弧线。
5. 拼合前侧片与后侧片，圆顺下袖窿弧线。
6. 与腰节线垂直画出直丝线，前中片直丝线为前中心线。

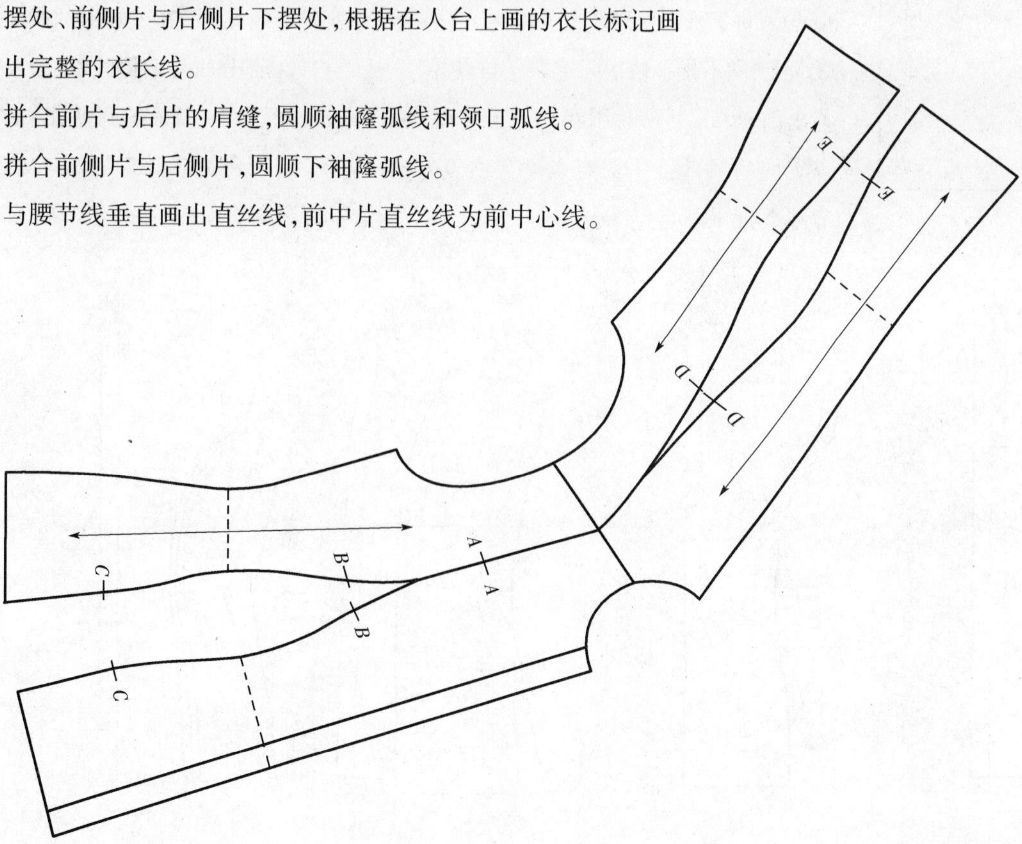

【公主线型】

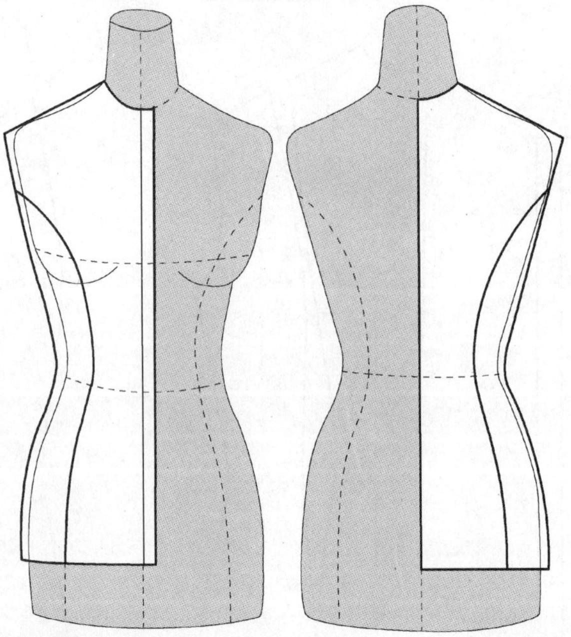

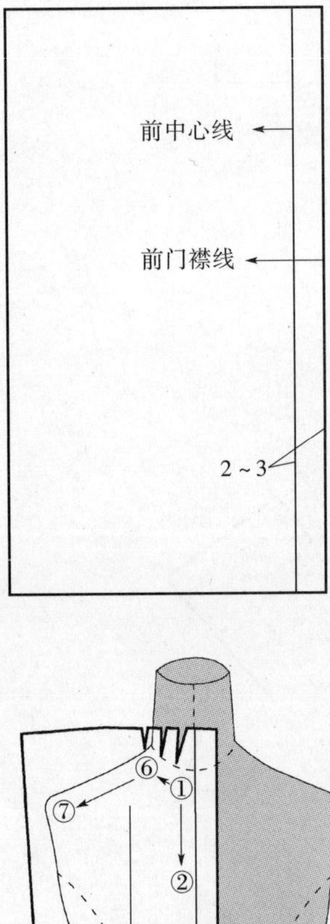

前片的操作方法

1. 用直尺在纸上平行画出前中心线与前门襟线，前门襟宽自定（2 ~ 3cm）。
2. 将纸的前中心线对准人台的前中心线，在人台领围线下 1cm 处固定点①。
3. 由点①向下推平至点②，纸样的前中心线与人台的前中心线重合，通过胸高点由点②向下推平至腰节处固定点③，由点③向上、向下推平依次固定点④与点⑤。
4. 剪出前领口，并沿领围线打若干剪口，由点①向肩颈部推平固定点⑥，由点⑥向肩端点推平固定点⑦。
5. 画出公主分割线，一般分割线上胸点距前中心线 11cm，腰节处距前中心线 8cm。留出 2 ~ 3cm 的调整量，将多余的纸量剪去。
6. 用另一张纸放置在侧边，如图所示先在腋下固定点⑧，由点⑧沿侧边向下推平，在腰节处固定点⑨，由点⑨向侧胯部推平固定点⑩，按照已画的公主分割线拼合前中片与前侧片，剪去前侧片多余的部分，留 2 ~ 3cm 的调整量。
7. 过人台侧缝线 2 ~ 3cm，将纸样多余的部分剪去。

胸高点处做两个对位点（合印点），缝合时参照此点。

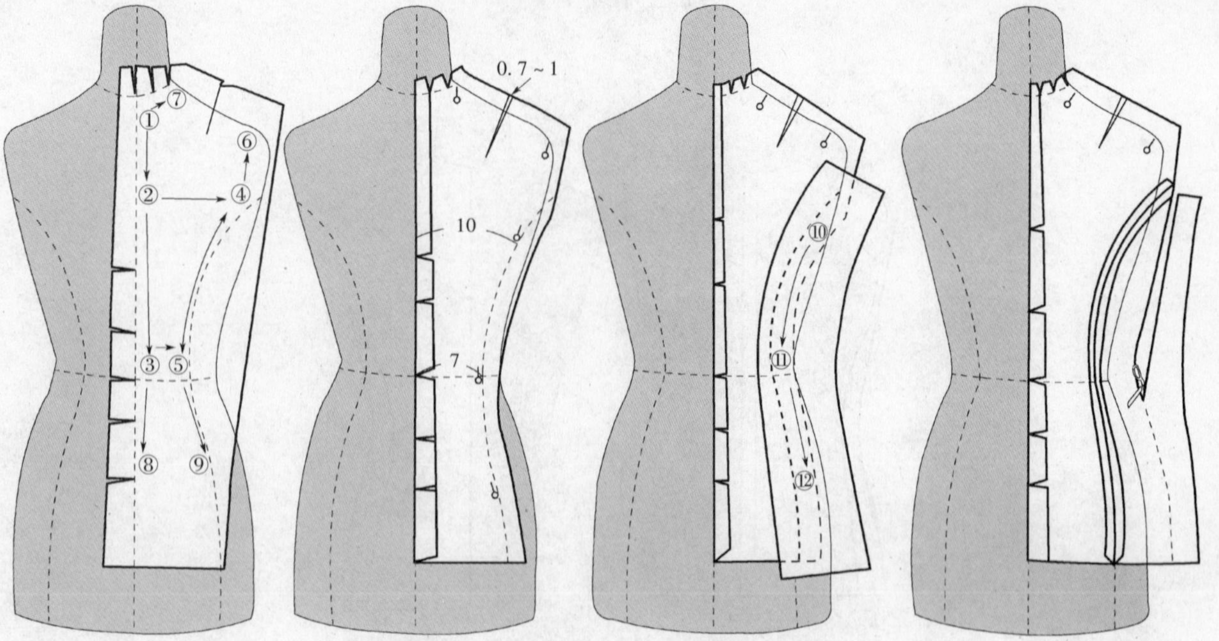

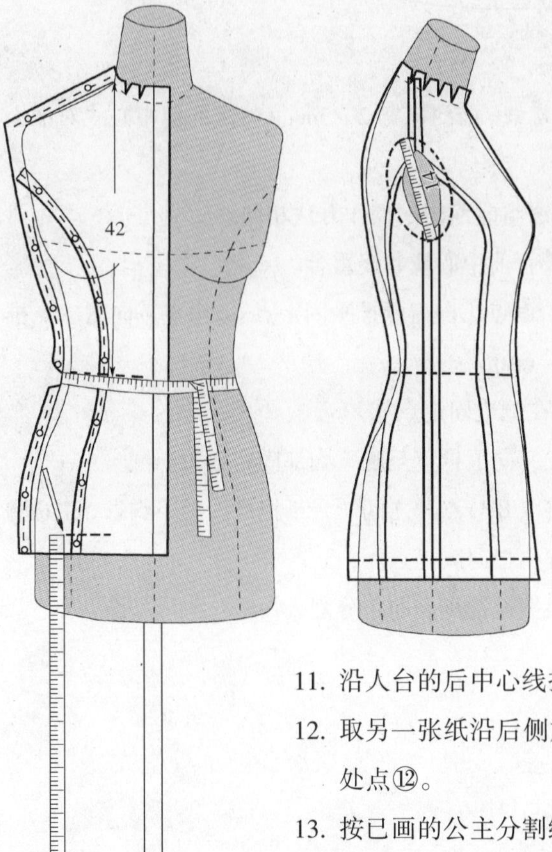

后片的操作方法

1. 如图所示，将纸的一边过人台后中心线 2～3cm 放置，于人台后领围下 1cm 处固定点①。
2. 由点①沿人台后中心线向下推平于背宽处固定点②。
3. 由点②向下推平至腰节处固定点③，将过人台后中心线的纸边打若干剪口，剪口剪至后中心线上。
4. 由点②沿背宽线向侧臂推平固定点④。
5. 由点③向侧边推平在腰节上固定点⑤。
6. 由点③、点⑤分别向下推平在臀围处固定点⑧与点⑨。
7. 剪出领口，并沿后领围线打剪口，由点①向肩颈点推平固定点⑦。
8. 由点④向肩端点推平固定点⑥。
9. 将点⑥与点⑦之间余量做一个 0.7～1cm 的肩省。
10. 画出后片公主分割线，胸围处距后中心线 10cm，腰节处距后中心线 7cm，留 2～3cm 的调整量，剪去多余纸量。
11. 沿人台的后中心线折出纸样的后中心线。
12. 取另一张纸沿后侧放置，在腋下固定点⑩，由点⑩依次向下推平固定腰节上点⑪、臀围处点⑫。
13. 按已画的公主分割线拼合后中片与后侧片，侧缝留 2cm 的调整量，将多余纸量剪去。
14. 拼合前、后侧片（整个前衣片的胸围、腰围、下摆围均比整个后衣片的胸围、腰围、下摆围大 2cm）、拼合肩缝，肩缝与侧缝从远处看在一条直线上。
15. 从肩颈点向下量出腰节长 42cm，用皮尺系在腰节长 42cm 处，依此水平画出前、后腰节线。
16. 量出衣长，并如图水平画出衣长线。
17. 量出肩宽，由肩端点向下量 14cm，依此画袖窿弧线，在人台上画出领口线。

【三开身型】

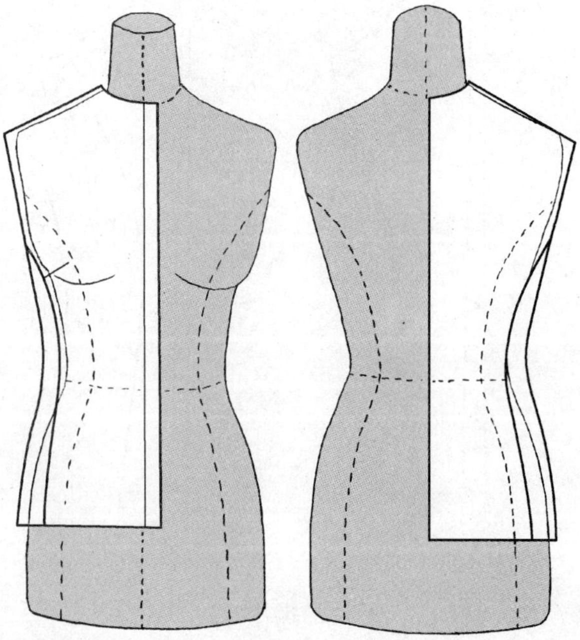

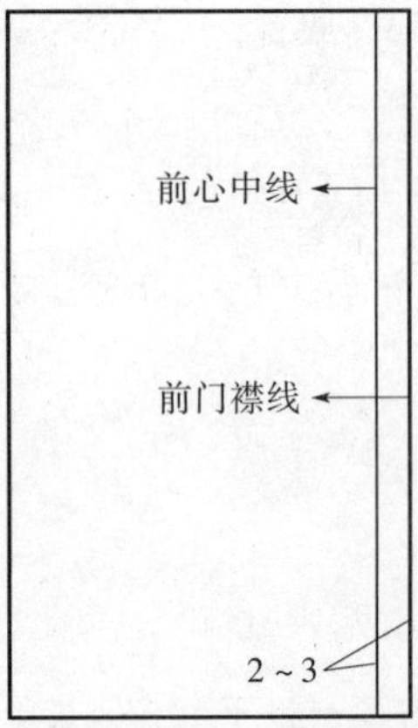

前片的操作方法

1. 在纸上平行画出前片的前中心线与前门襟线，前门襟宽 2～3cm。将纸的前中心线对准人台的前中心线。
2. 依次固定点①、点②、点③、点④，操作方法与前面图例操作方法相同。
3. 由点③向下推平固定点⑤，前中心线与人台前中心线始终重合。
4. 剪出前领口，并沿前领围线打若干剪口。由点①向肩颈推平固定点⑥，由点⑥向肩端点推平固定点⑦，由点⑦向下推平在腋下固定点⑧。
5. 由点⑤向侧边推，可根据需要留出松量，在侧边固定点⑨。
6. 点⑨向上抻直至腋下胸部固定点⑩。
7. 将点⑧与点⑩之间的余量捏成一个小胸省，注意胸省尖指向胸高点。
8. 根据设计画出前片分割线。

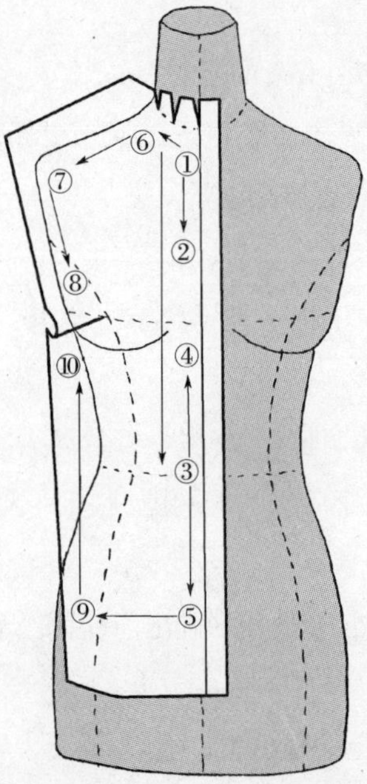

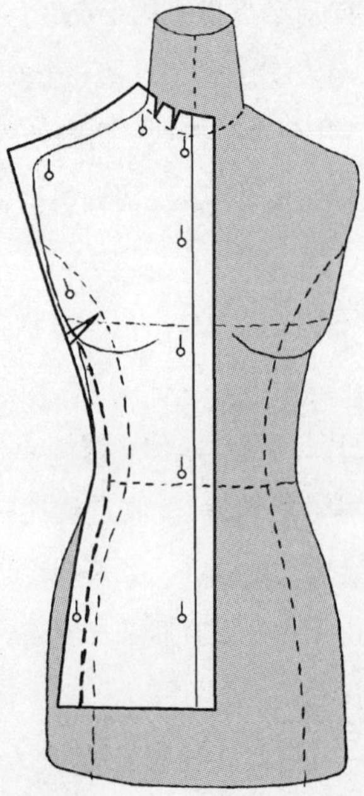

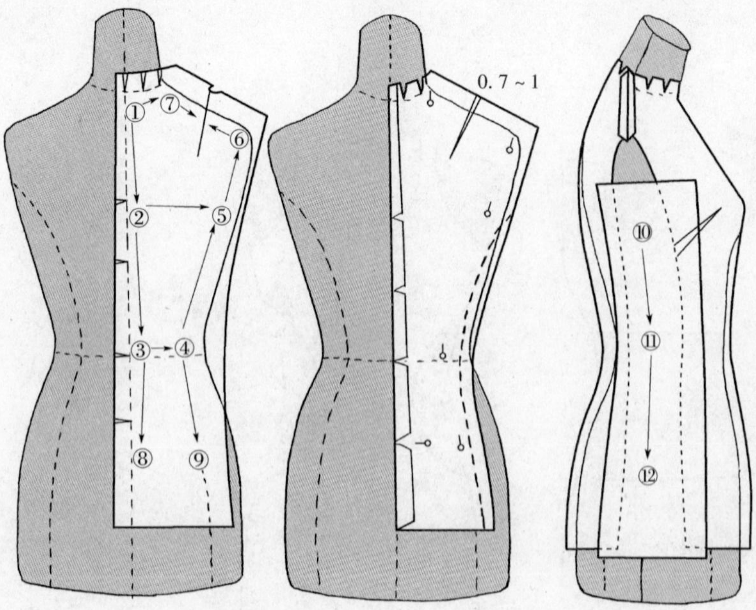

后片的操作方法

1. 将纸的一边过人台后中心线 2~3cm 放置，于人台后领围线下 1cm 处固定点①。
2. 沿人台后中心线向下推平，至背宽处固定点②，至腰节处固定点③。将过人台后中心线的一边剪开，剪至人台后中心线处止。
3. 由点③向侧腰节处推平固定点④。
4. 由点④向上推平，同时点②向侧臂推平，交叉处固定点⑤。
5. 剪出后领口，并沿人台后领围线打若干剪口，由点①向肩颈点推平固定点⑦，点⑤向上推平至肩端点固定点⑥，点⑥与点⑦之间的余量固定成一个 0.7~1cm 的肩省。
6. 点③、点④分别向下推平固定点⑧、点⑨。
7. 依设计画出后片分割线，前片比后片的胸围、腰围、下摆尺寸均各大 1cm。

侧中片的操作方法

1. 将另一张纸放置在侧臂下，腋下侧缝处固定点⑩，由点⑩沿人台侧缝线向下推平至腰节处固定点⑪。
2. 由点⑪向下推平至胯部固定点⑫。
3. 依照前片分割线，拼合前片与侧中片。
4. 依照后片分割线，拼合后片与侧中片，调节纸样的宽松量。
5. 拼合肩缝，肩缝在侧面看居中。
6. 量出腰节长，并水平画出前、后腰节线。
7. 量出衣长，并水平画出衣长线。
8. 量出肩宽，做肩宽标记，肩端点向下量出 14cm，画袖窿弧线。
9. 在人台上画出领口线。

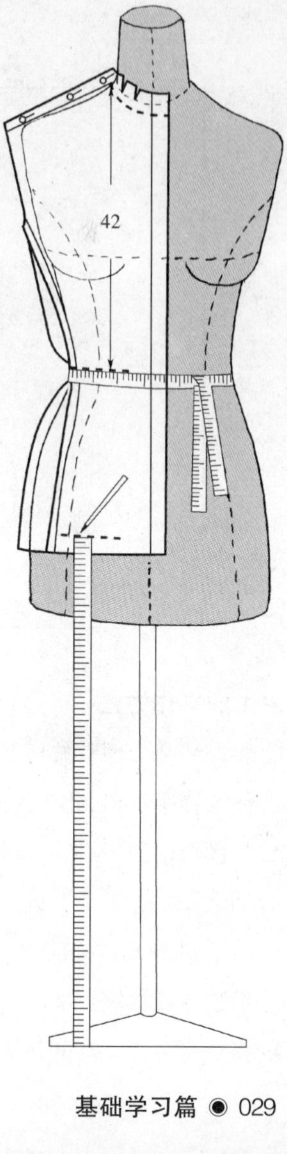

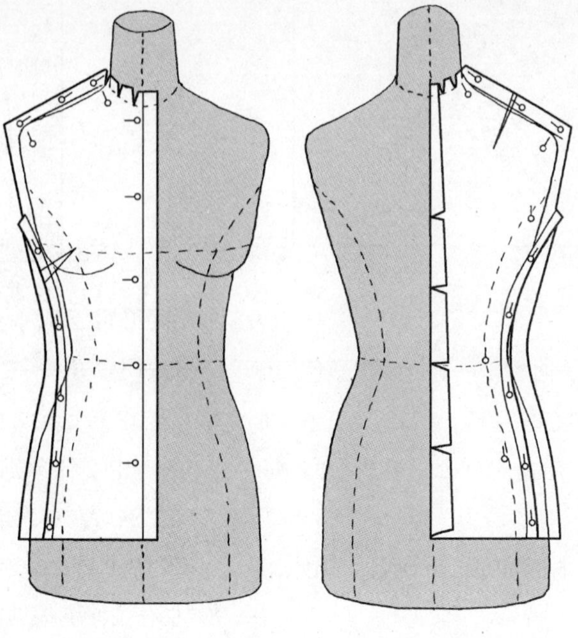

【泳装】

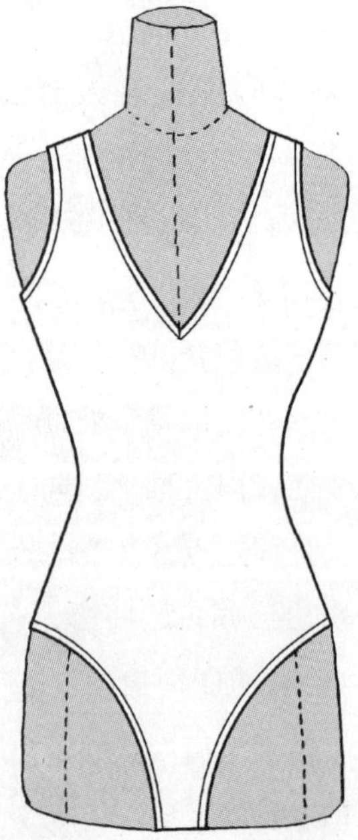

图1

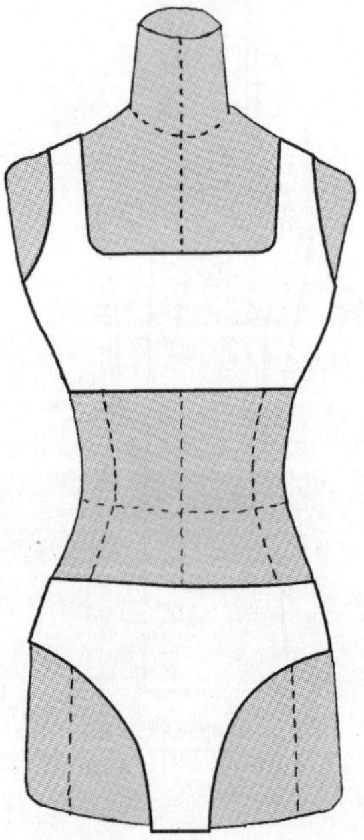

图2

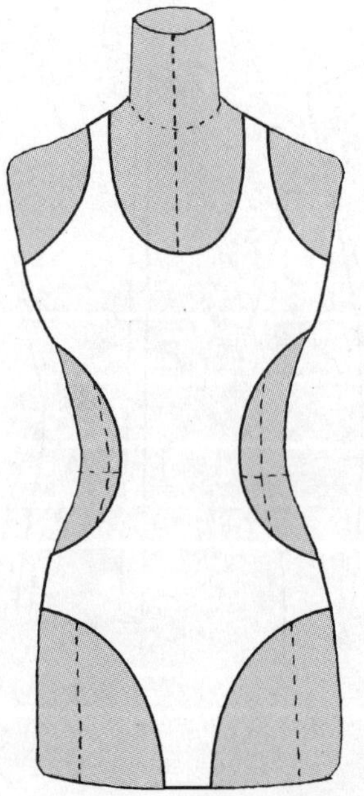

图3

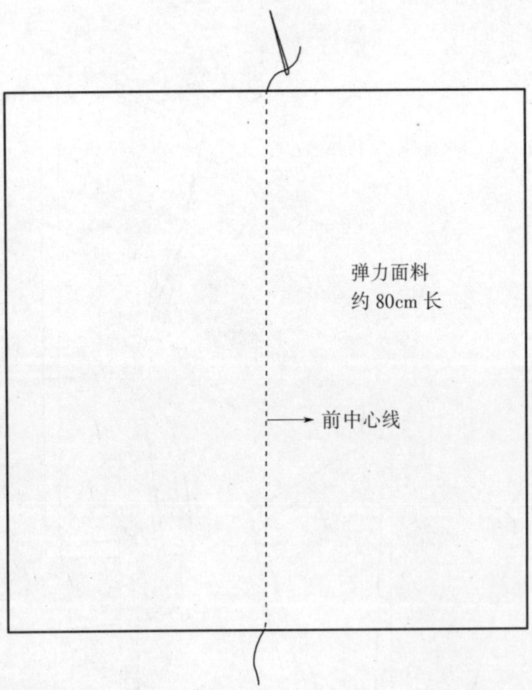

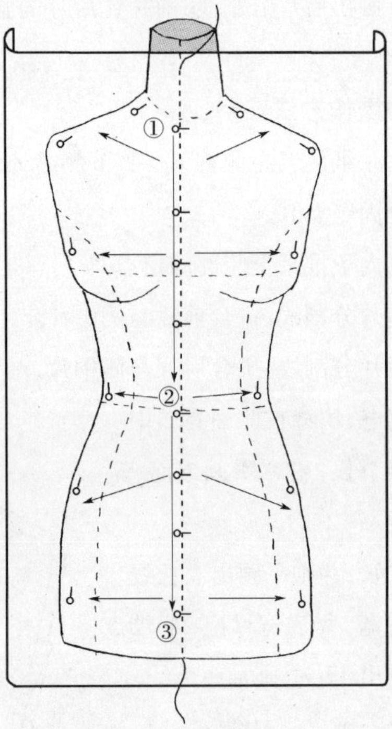

图 1 的操作方法

1. 将一块弹力面料按纬纱的方向对折，对折线用彩色棉线大针距标出，此线为前中心线。
2. 将面料的前中心线对准人台的前中心线，在人台的领围下 1cm 处固定点①。
3. 将面料沿人台的前中心线向下推平，并确认无拉伸，至腰节处固定点②。
4. 将点①与点②之间每隔 5cm 左右用珠针固定。
5. 由点②沿人台前中心线向下推平，无拉伸，至人台底部固定点③。
6. 将点②与点③之间每隔 5cm 左右用珠针固定。
7. 由前中心线分别向左右两侧固定，先固定左右肩颈点，然后左右肩端点、左右侧胸、左右侧腰节、左右胯部、左右臀部。
8. 左右拉伸度根据面料弹性，确定面料完全附着在人台表面并无任何褶皱和余量即可。

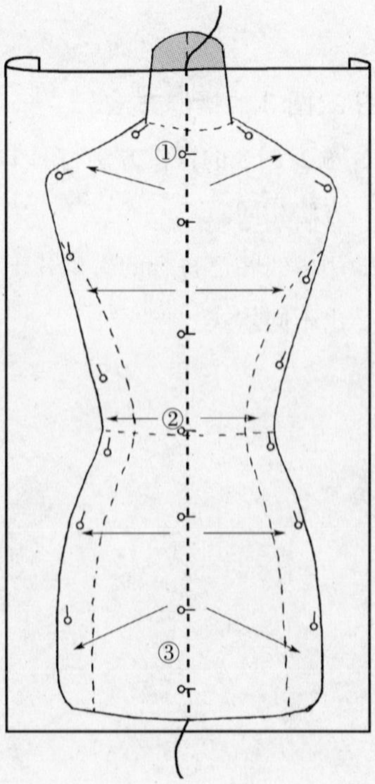

9. 后片操作方法与前片操作方法相同。

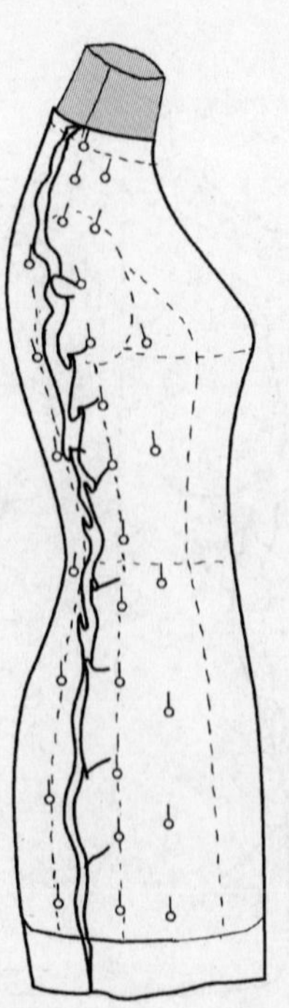

10. 拼合右侧缝，且前、后片紧附人台无任何余量。

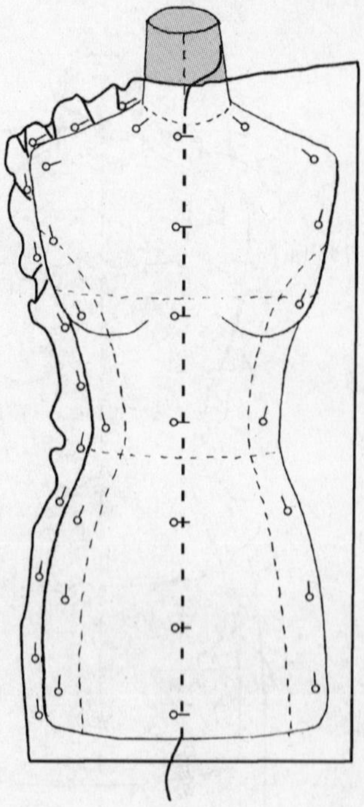

11. 拼合右边袖窿部与肩部，如图所示。

12. 用彩色线大针距标出领口线、袖窿线、腰节线、腿围线及前片的侧缝线等，注意彩线上、下两端留有余量。

13. 在面料自然下垂的情况下，从腰节线向下量（$\frac{1}{2}$裆长－1cm）为前裆长，裆宽 3cm，用彩线做标记。

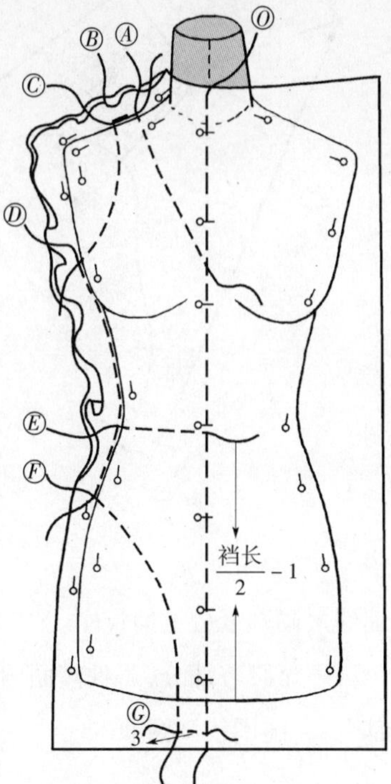

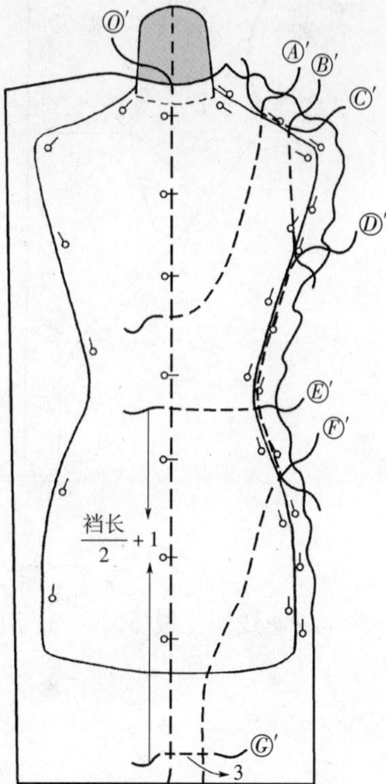

14. 参照前片各标记点，用彩线标出后片领口线、袖窿线、侧缝线、腰节线、腿围线等。

15. 在面料自然下垂的情况下，从腰节线向下量（$\frac{1}{2}$裆长＋1cm）为后裆长，裆宽 3cm 与前片相同。注意后腿围线略向外包臀。

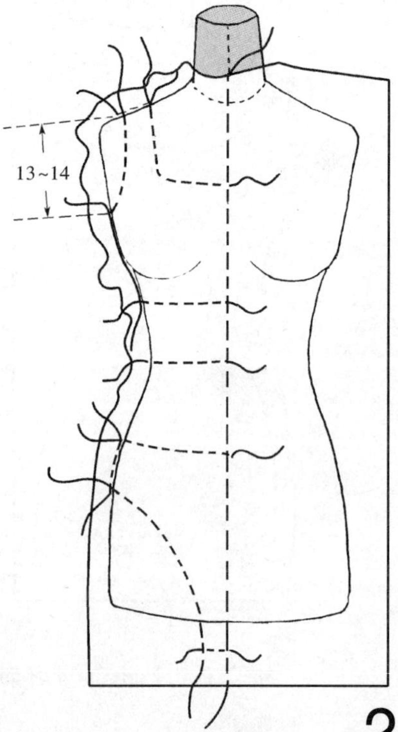

图2

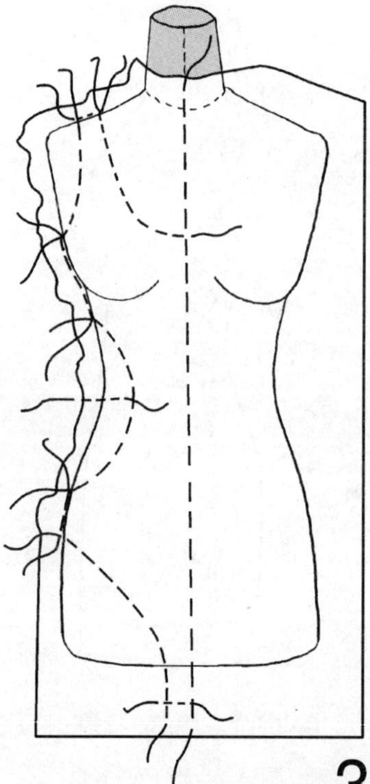

图3

图 2、图 3 的操作方法

1. 图 2、图 3 的操作方法与图 1 操作方法相同。
2. 用彩线在已拼合的右侧片上设计出不同款式。

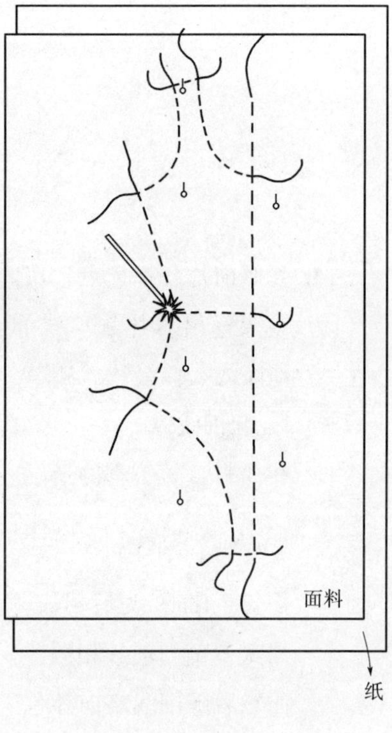

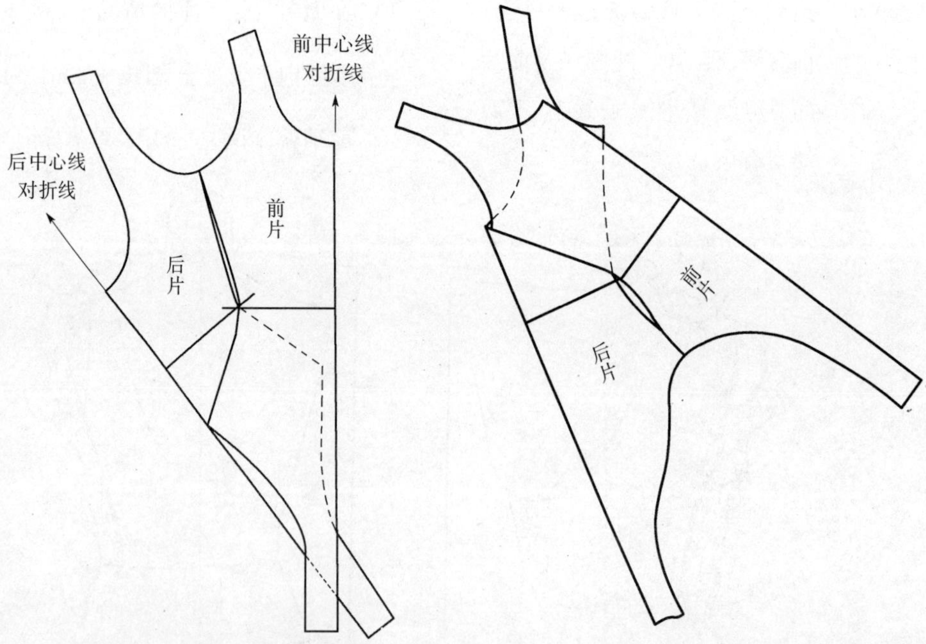

3. 将面料取下，拉平各部位彩线，面料上的彩线即将板型轮廓显现出来。
4. 在面料下面覆上打板纸，用滚轮沿彩线线迹一一压过，纸板上显现出纸样轮廓。
5. 用直尺和曲线尺画顺纸板上的板样。
6. 拼合侧缝的腋下至腰节部分，将袖窿画圆顺，拼合腰节至侧胯部分，将腿围线画圆顺。

【胸衣】

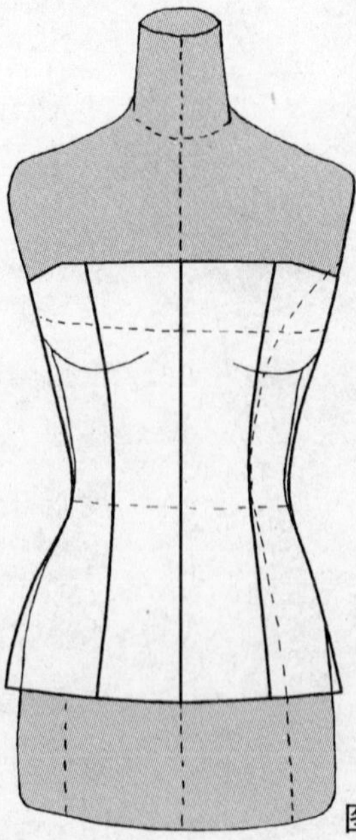
图1

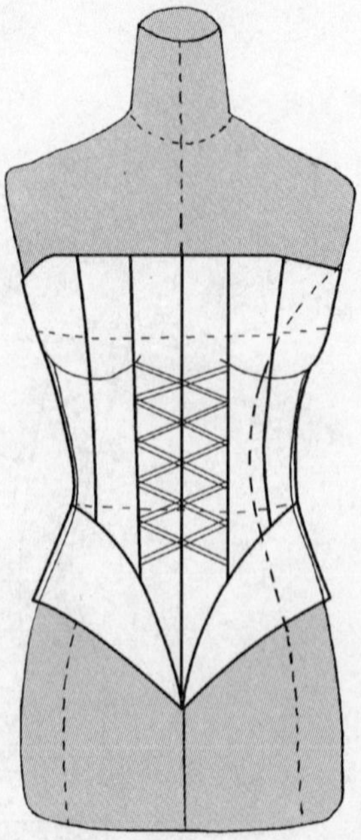
图2

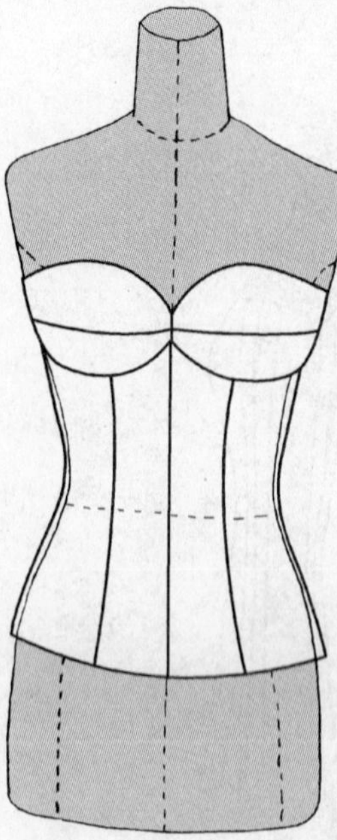
图3

图 1 的操作方法↓

1. 将纸的一边过人台的前中心线 3～4cm 放置，在人台的前中心线腰节处固定点①，将过人台前中心线的纸边打几个剪口，剪口剪至人台的前中心线止。
2. 由点①向上推平至胸围下固定点②，由点②沿胸部向上推平固定点③。
3. 由点①向腹部推平固定点④。
4. 按人台的前中心线折出纸样的前中心线，此折线为曲线形。
5. 放置另一张纸于侧胸部，在侧胸处固定点⑤，由点⑤向下推平至腰节处固定点⑥。由点⑥向胯部推平固定点⑦。
6. 将纸的一边过人台的后中心线 3～4cm 放置，在背宽处固定点⑧，由点⑧沿人台后中心线向下推平固定点⑨，由点⑨向腰节推平固定点⑩。
7. 由点⑩向侧边推平固定点⑪。将过人台后中心线的纸边打几个剪口，剪口剪至人台的后中心线止。
8. 由点⑩与点⑪中部向下推平，在后中心线处固定点⑫。

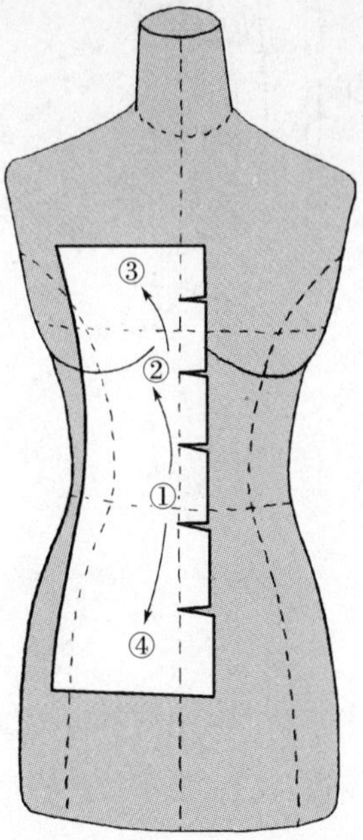

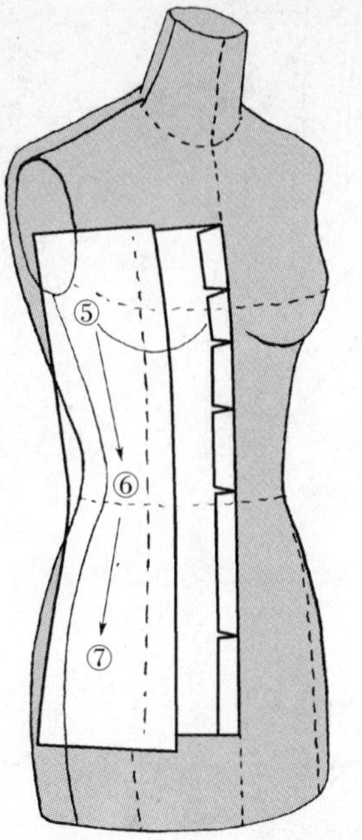

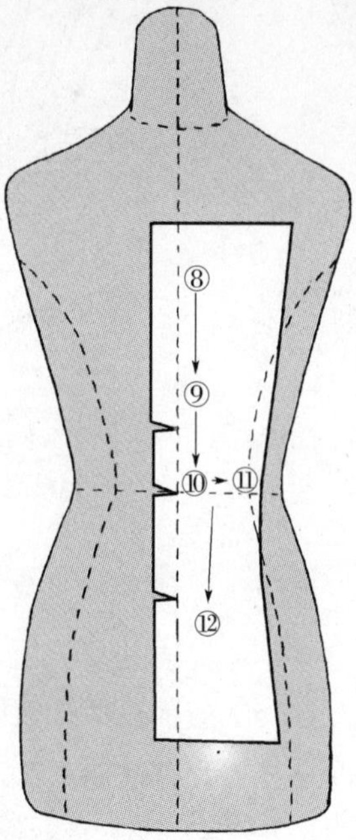

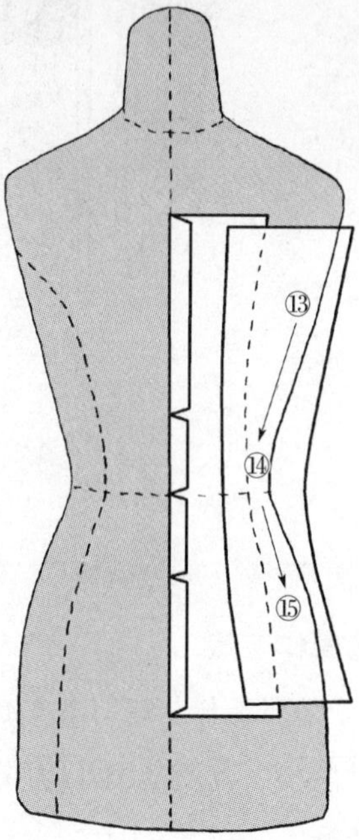

9. 按人台的后中心线折出纸样的后中心线，此折线为曲线形。
10. 将另一张纸放置在后侧边，在后侧背宽处固定点⑬。
11. 由点⑬向下推平至腰节处固定点⑭，由点⑭向臀部推平固定点⑮。

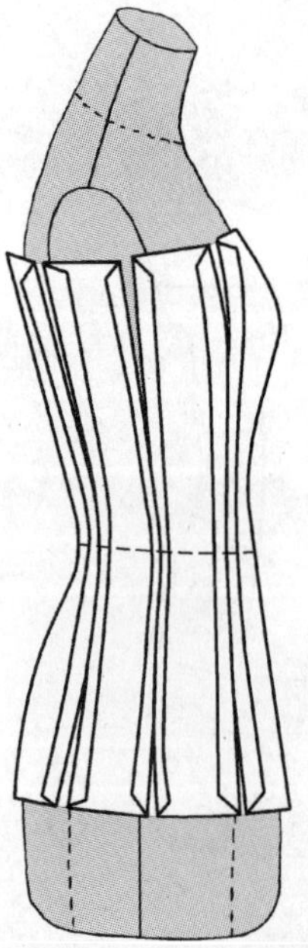

12. 拼合前中片与前侧片、前侧片与后侧片、后侧片与后中片。各裁片胸围、腰围、下摆围的尺寸均相等。
13. 调整松紧量，一般制作紧身胸衣无松量。

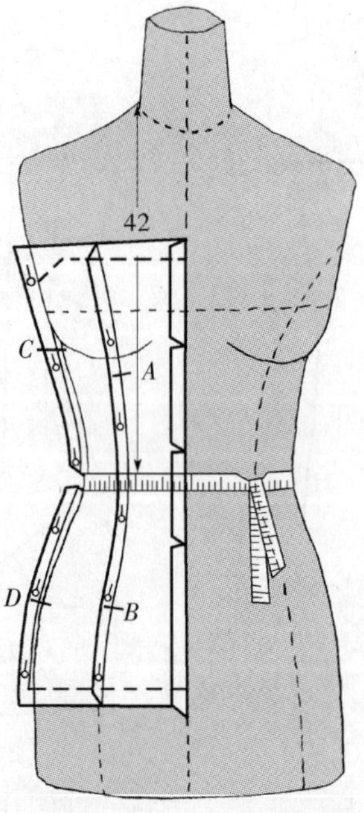

14. 从人台的肩颈点向下量腰节长42cm，用皮尺系在42cm处，水平画出腰节线。
15. 根据设计画出胸上围的造型，注意腋下上围高度低于或等于袖窿深点。
17. 水平画出下摆线，在胸衣每片纸样的拼合处做对位记号(合印点)。如图中 *A* 点、*B* 点、*C* 点、*D* 点。

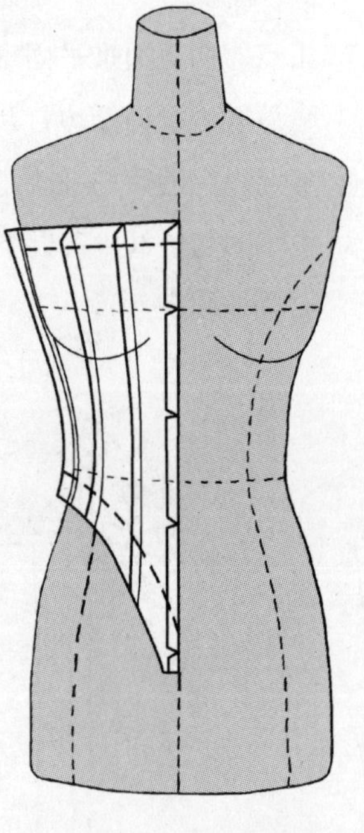

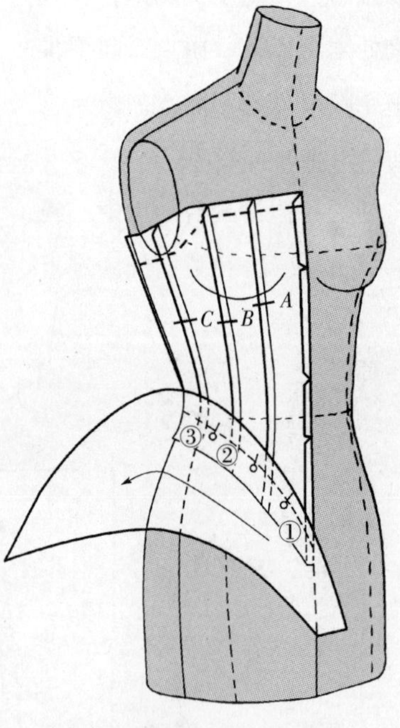

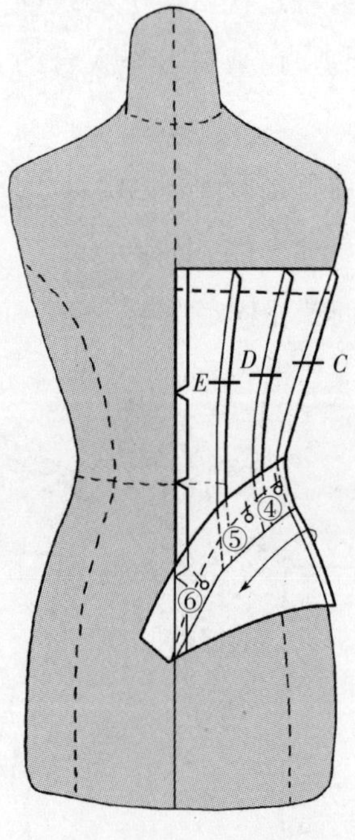

图 2 的操作方法

1. 图2 胸衣的操作步骤与图 1 相同。
2. 设计胸部上方的造型及胯部的曲线造型。
3. 剪出近似或大于胯部造型的纸板。
4. 胯部造型纸板如图放置，纸的上端过已画的胸衣胯部分割线 3 ~ 4cm，固定分割线下端点①。
5. 沿胯部分割线向上推平，在胯部分割线上固定点②。
6. 操作同点②，沿胯部分割线继续向侧边及后片推平，依次固定点③、点④、点⑤、点⑥。
7. 胯部纸样侧缝无拼接，下摆略有松量。

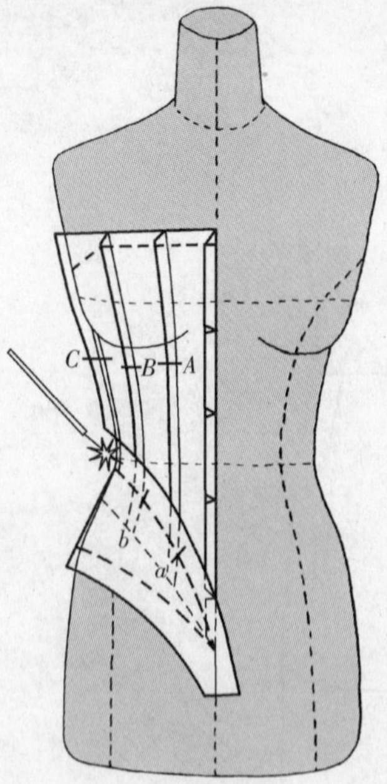

8. 画出下摆弧线，剪去多余纸量。
9. 在人台上用滚轮沿胯部分割线压过，使上下纸板的分割线相同。
10. 在胯部纸样的分割线上标出胸衣各裁片的拼合部位，如图 *a* 点、*b* 点为制作时的对位点（合印点）。
11. 同图 1 方法相同画出腰节线，在胸衣每片纸样的拼合处做对位记号（合印点），如图中 *A* 点、*B* 点、*C* 点、*D* 点、*E* 点。

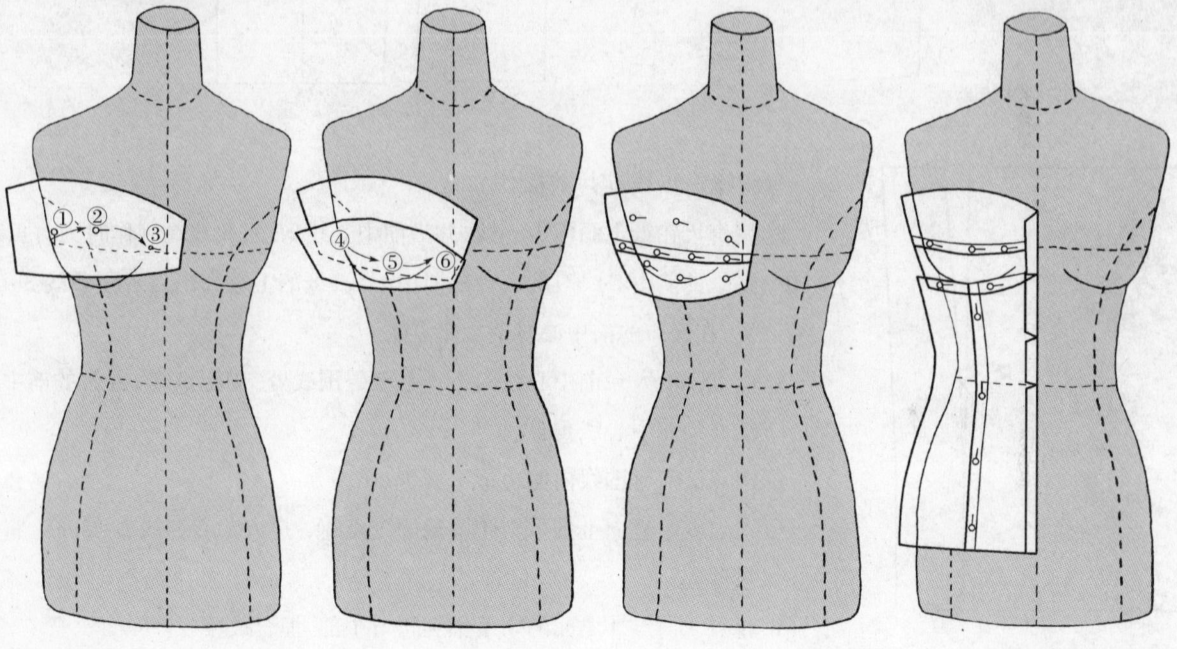

图 3 的操作方法↑

1. 将一块小纸放置人台上胸围处，在侧胸位置固定点①。
2. 由点①沿上胸围向人台前中心线推平固定点②，靠近前中心线处固定点③。
3. 将另外一张小纸，放置于下胸围处，在侧胸下固定点④。
4. 由点④沿下胸围向人台前中心线推平固定点⑤和点⑥。
5. 将上、下胸的纸板拼合起来，拼合线过人台胸高点。
6. 按照图 1 的操作方法制作胸下各裁片。
7. 拼合胸杯与胸下的裁片。
8. 按人台的前中心线折出胸衣的前中心线。
9. 后片操作方法与图 1 后片的操作方法相同。
10. 拼合前、后侧缝，设计出胸上止口弧线。
11. 与图 1 的操作方法相同，画出腰节线、下摆线，在每片纸样的拼合处做对位记号（合印点），如图中 *A* 点、*B* 点、*C* 点、*D* 点。

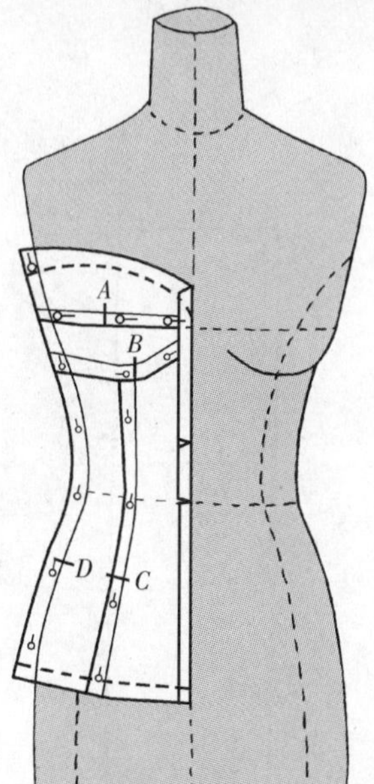

【有侧缝一步裙】

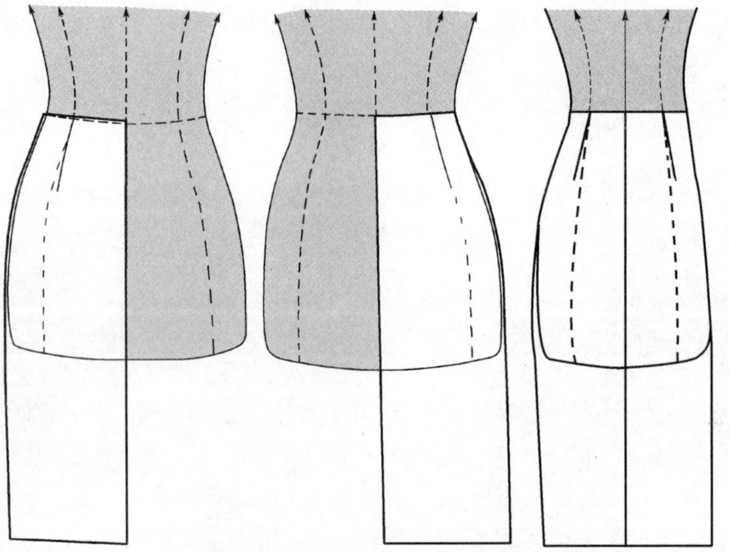

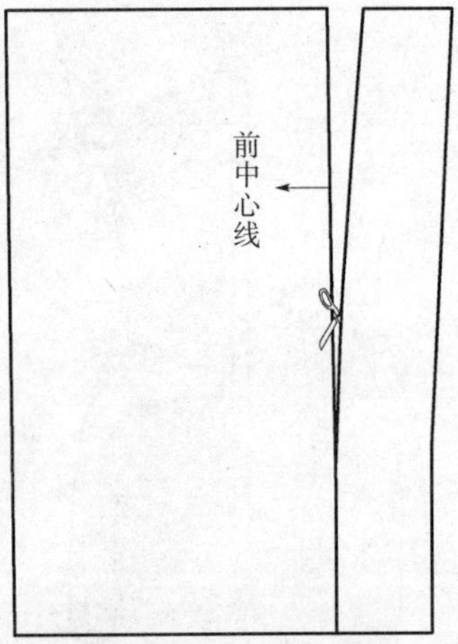

有侧缝一步裙前片的操作方法

1. 用直尺在纸上画前中心线，并沿前中心线剪净，此线在制作时为对折线。
2. 将纸的前中心线对准人台的前中心线，纸的上端高出人台腰节线 3 ~ 4cm 放置，在腰节的前中心线上固定点①。
3. 由点①沿人台前中心线向下推平至臀围线处，固定点②，人台的前中心线与纸样的前中心线重合。
4. 由点②沿臀围线向侧边推平固定点③。
5. 由点③垂直向上推平至腰节处固定点④，过人台侧缝线 2 ~ 3cm，将多余纸量剪去。
6. 将点①与点④之间的余量推到腰节中部，捏合成腰省。

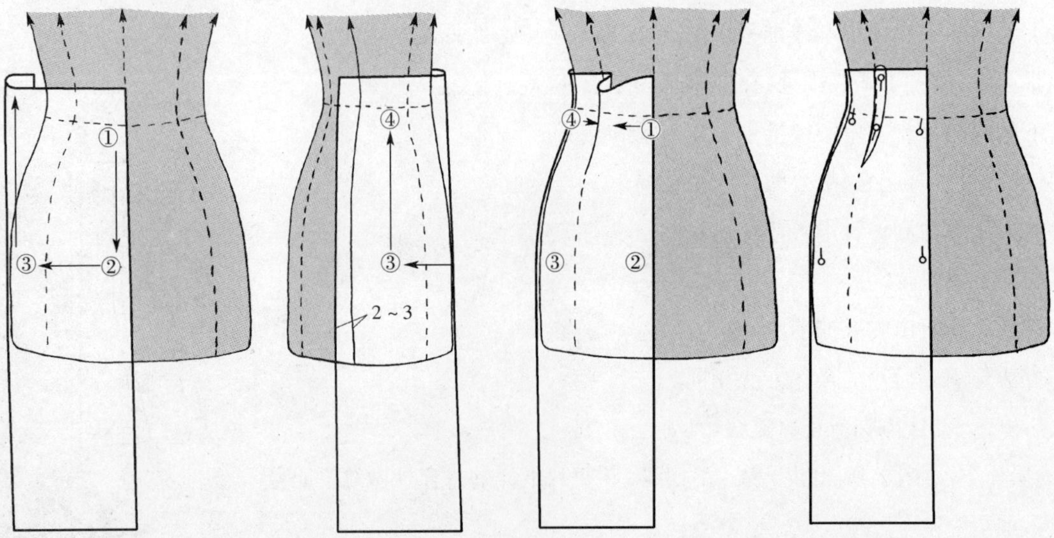

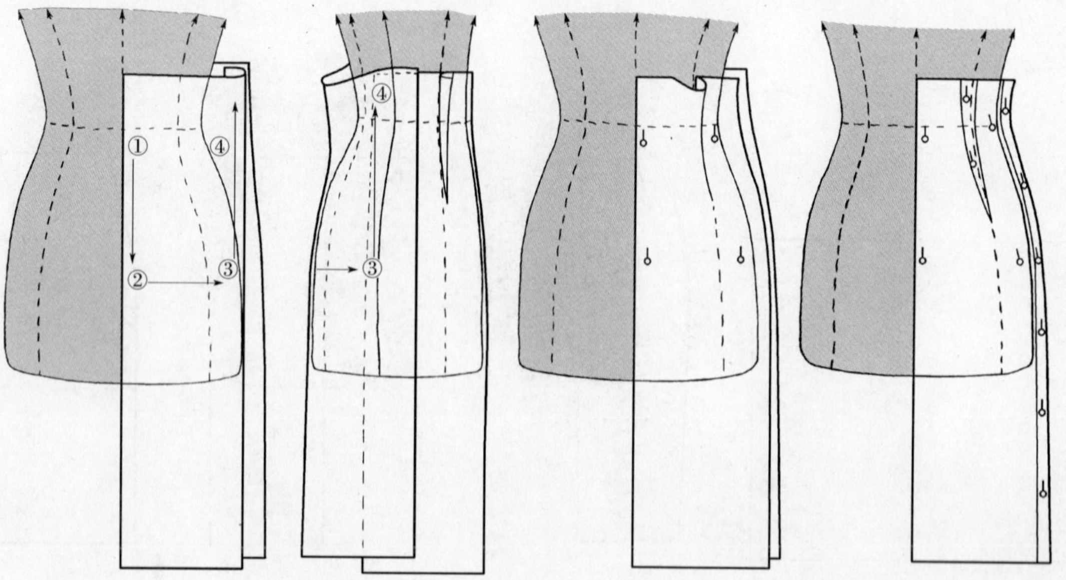

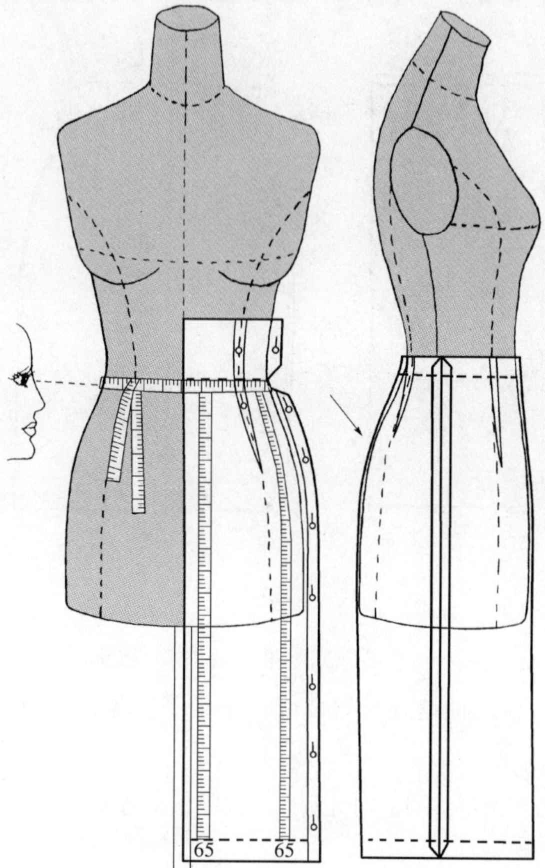

后片的操作方法

1. 用直尺在纸上画后中心线，并沿后中心线剪净，此线为对折线，将纸的后中心线对准人台的后中心线。
2. 纸的上端高出人台腰节线 3 ~ 4cm，在腰节的后中心线上固定点①，人台的后中心线与纸样的后中心线重合。
3. 由点①向下推平至后臀围线处固定点②。
4. 由点②沿后臀围线向侧边推平固定点③。
5. 由点③垂直向上推平至腰节处固定点④。
6. 将点①与点④之间的余量推到腰节中部，捏合成一个腰省。
7. 拼合前、后裙片，前裙片的腰围、臀围、下摆尺寸比后裙片的腰围、臀围、下摆尺寸均各大 2cm。
8. 从侧面看侧缝居中，为垂直线。
9. 将皮尺系在腰节处，水平画出腰节线。
10. 从腰节向下量出裙长，画出裙下摆线。

【无侧缝一步裙】

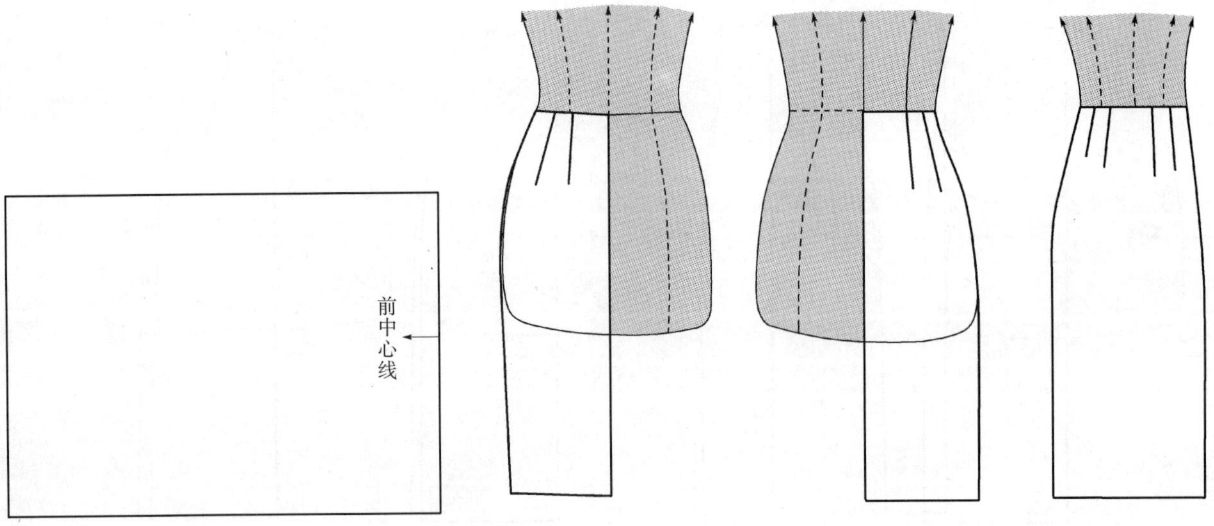

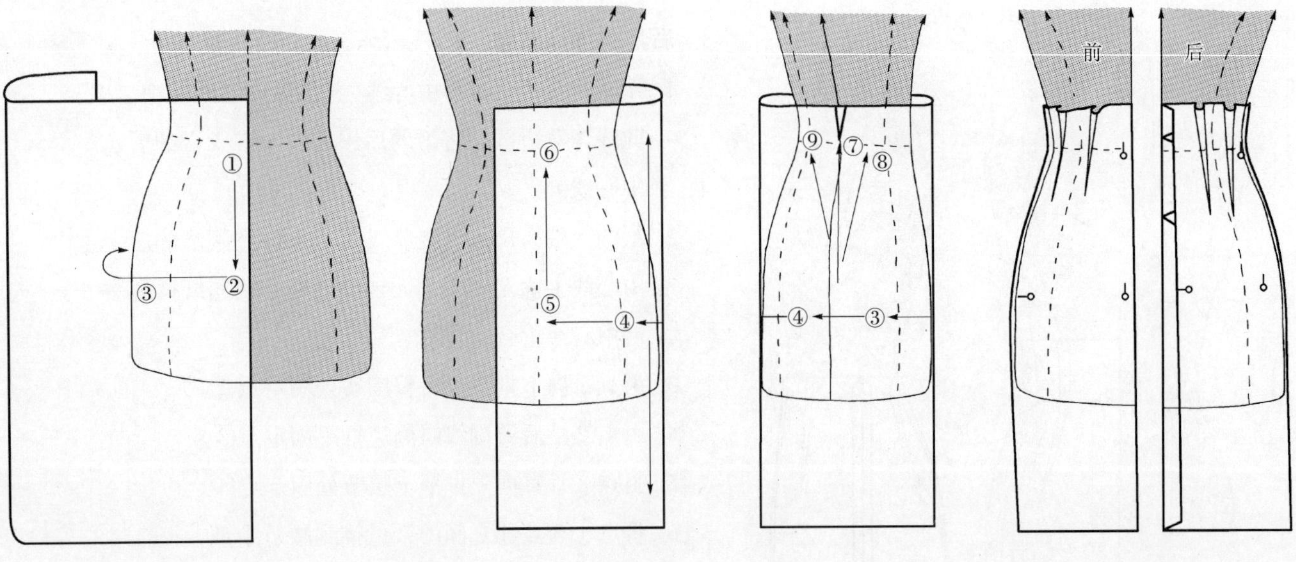

无侧缝一步裙操作方法

1. 用直尺在纸上画出前中心线，并沿前中心线剪净，将纸的前中心线对准人台的前中心线，纸的上端高出人台腰节 3～4cm。
2. 在腰节处的前中心线上固定点①，由点①沿前中心线向下推平固定点②。
3. 由点②沿臀围线向侧臀推平固定点③。
4. 由点③将纸沿臀围线推到后臀，并上下抻直纸板，在后侧臀固定点④。
5. 由点④沿臀围线向人台后中心线推平，在人台后中心线上固定点⑤。
6. 由点⑤沿人台后中心线向上推平至后腰节处固定点⑥。
7. 沿人台的侧缝线从臀围线向上推平至腰节处固定点⑦。
8. 由人台侧缝线斜方向分别向上推平，如图所示固定点⑧与点⑨。
9. 分别将前腰节、后腰节腰间的余量固定成一个或两个腰省，注意如捏成两个腰省，两个腰省省宽大致相同。
10. 按人台的后中心线折出纸样的后中心线。
11. 同前面有侧缝一步裙的操作方法画出腰节线、裙长线。

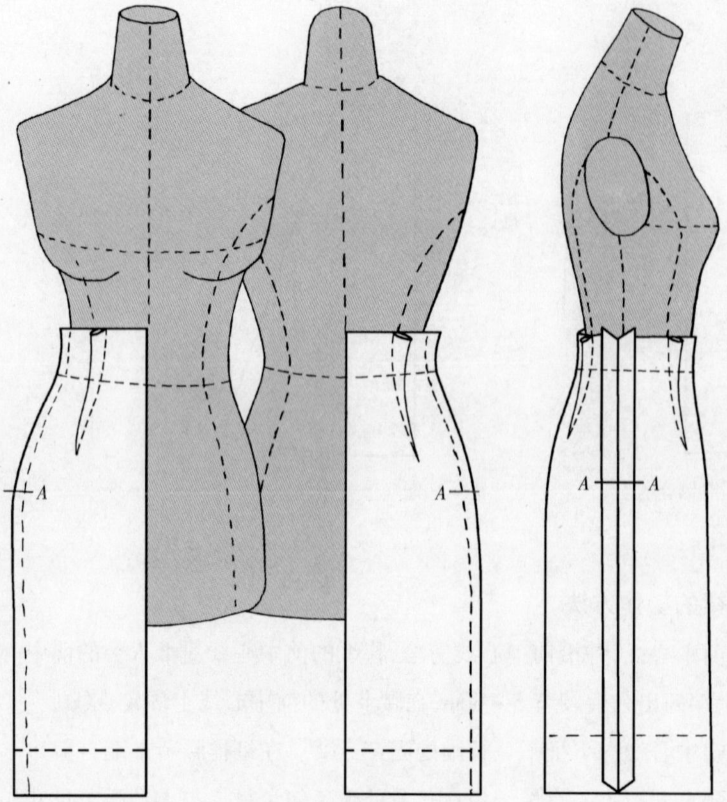

样板的整理

1. 在人台上按珠针拼合的位置用铅笔在纸样上做标记，例如，前后片侧缝、前后腰省，并在侧胯做对位标记（合印点）*A*。
2. 将纸板从人台上取下来，在平面上按照标记线用直尺或曲线尺将裙板整理圆顺。

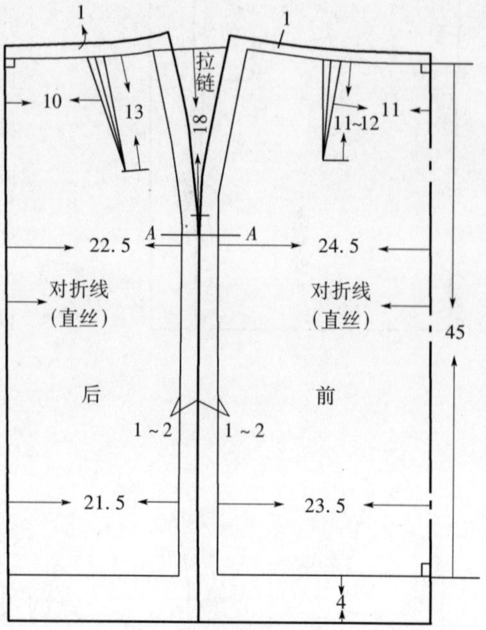

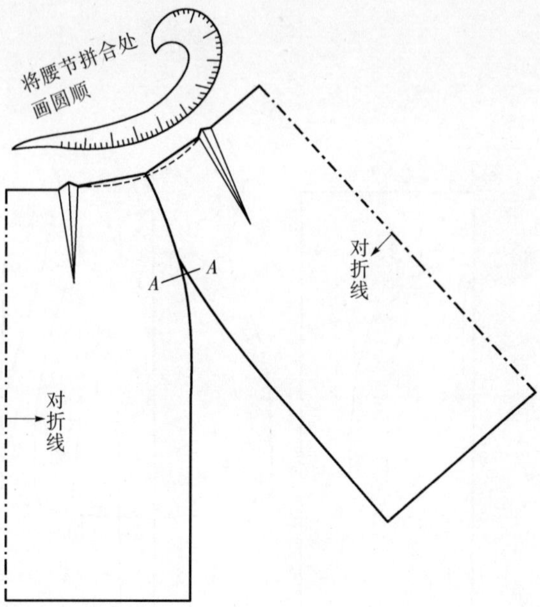

3. 拼合对位点（合印点）*A* 至腰节部位，用曲线尺将腰节拼合处画圆顺。
4. 拼合对位点（合印点）*A* 至裙摆的侧缝部位，根据标记画出统一的裙长。
5. 调整裙子各部位尺寸，图例中各尺寸仅供参考。
6. 腰节处放 1cm 缝份，侧缝放 1～2cm 缝份，下摆放 4cm 缝份。

【喇叭裙】

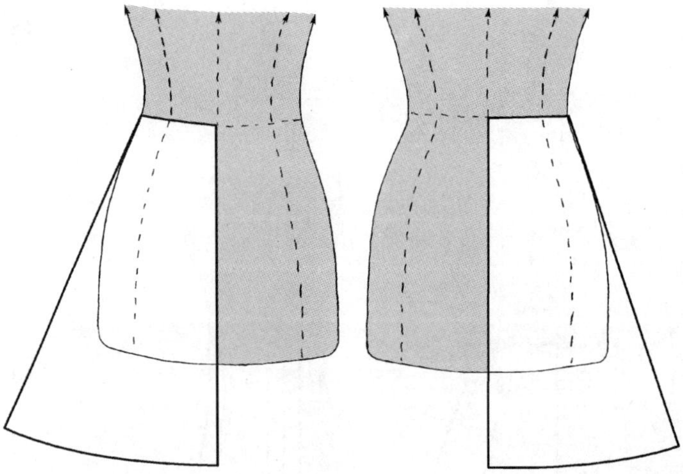

有侧缝　　无侧缝

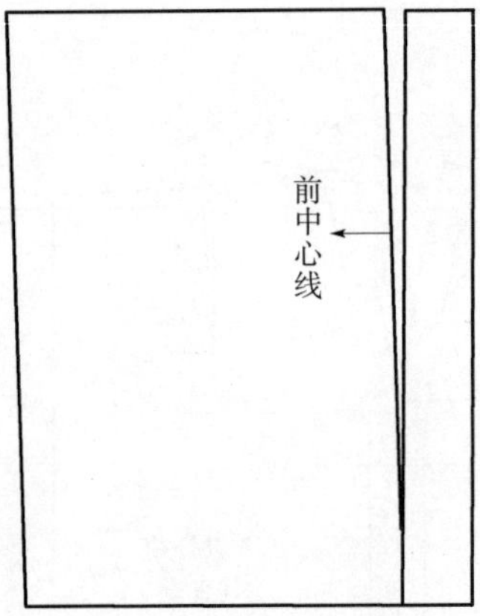

有侧缝喇叭裙的操作方法

1. 在纸上画前中心线，并沿前中心线剪净，将纸的前中心线对准人台的前中心线，纸的上端高出人台腰节 5 ~ 6cm，在腰节处的前中心线上固定点①。
2. 由点①沿前中心线向下推平至臀围处固定点②。在纸样腰节上端打剪口。
3. 由点①沿腰节向下推，直至纸板在腰节处无任何余量，与人台腰节尺寸相同。在侧腰节线上固定点③，由点③向下沿人台侧缝线推平至臀围处固定点④。
4. 后片的操作方法与前片的操作方法相同。
5. 剪去前、后片侧边多余的纸量，留出缝份和 2 ~ 3cm 的调整量。

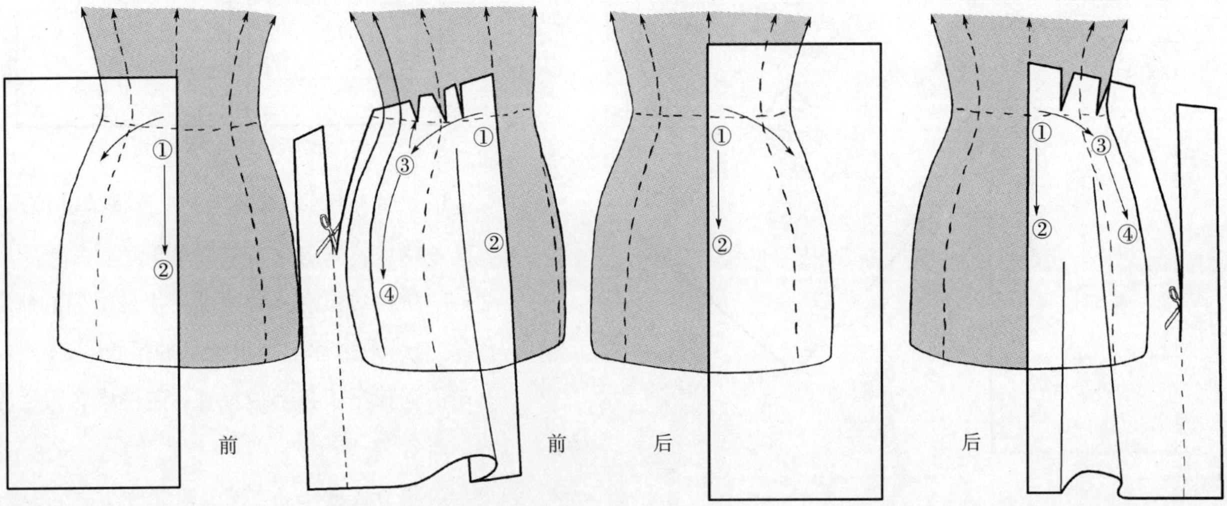

6. 拼合前、后裙片，在侧面看侧缝线居中，为垂直线。前腰围尺寸比后腰围尺寸大 2cm。
7. 与前面图例操作方法相同，画出裙的腰围线、下摆线。

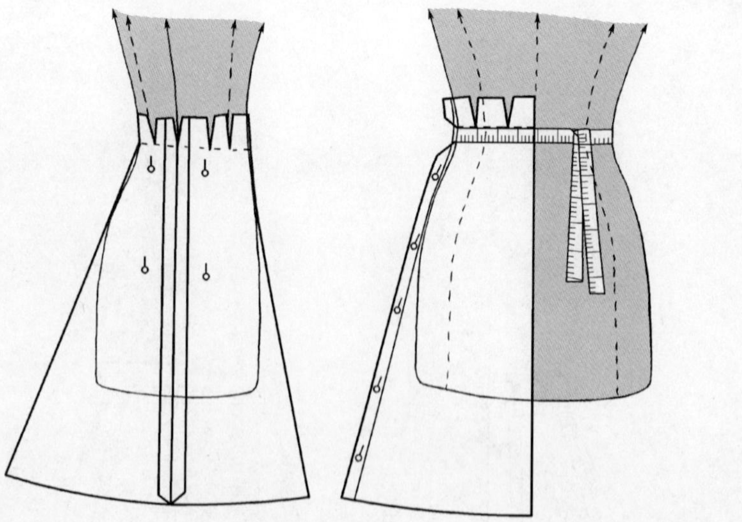

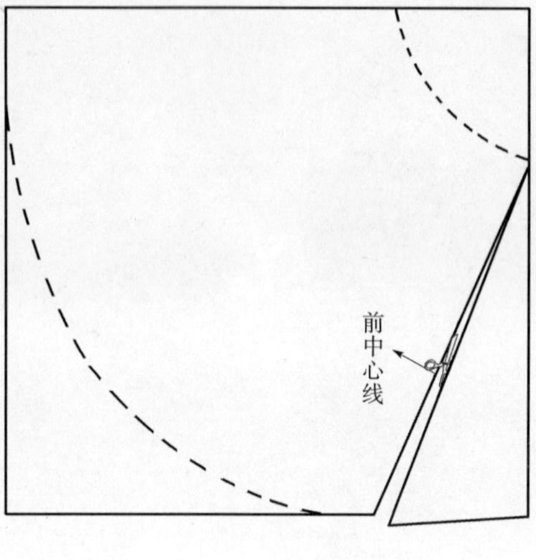

无侧缝喇叭裙的操作方法

1. 根据裙长，剪一扇形纸板，并在纸的一边画前中心线并剪净，将纸的前中心线对准人台的前中心线。
2. 纸板的上端高出人台腰围线 5～6cm。
3. 在腰围处的前中心线上固定点①，由点①沿人台前中心线向下推平至臀围处，固定点②。
4. 在腰围上端的纸板上打剪口，剪至腰围线处，将纸向下推，使腰部平顺，用珠针固定，再继续在腰部打剪口，依照上面操作步骤，直至人台后腰节中心线。在侧臀处固定点③。
5. 裙下摆成喇叭形，裙腰部位无余量。
6. 由后腰节中心线上的点④沿人台后中心线向下推平，至臀围处固定点⑤，按人台的后中心线折出或描出裙板的后中心线。
7. 如纸板围到后片纸量不够，可用胶棒粘连另一张纸继续操作。

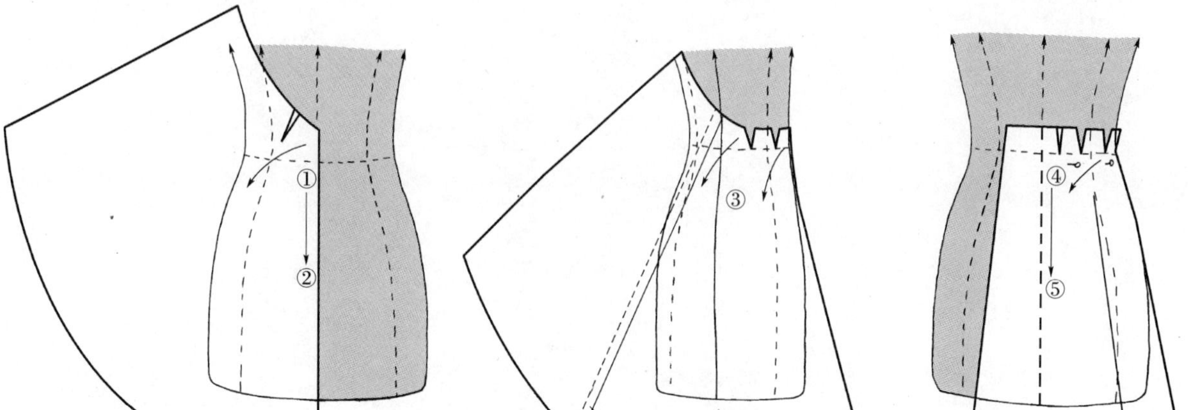

8. 将软尺系在腰节上，水平画出腰围线。
9. 从腰围线向下量出裙长。

【褶裙】

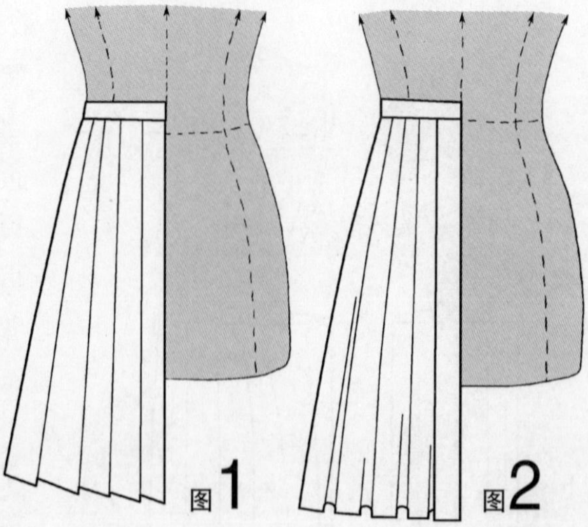

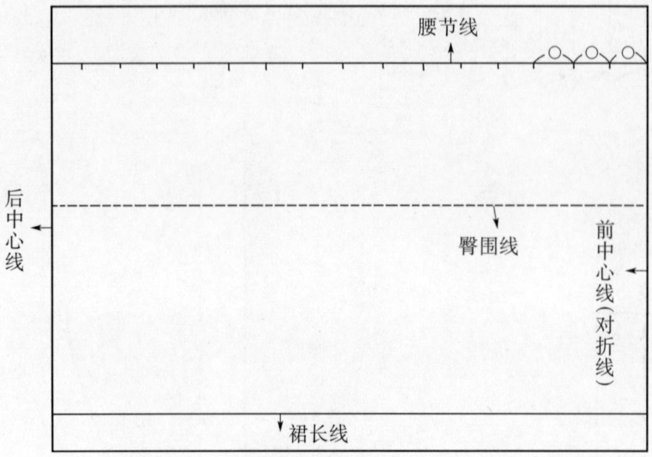

图 1(叠褶裙)的操作方法

1. 先在纸上画出腰节线、臀围线、裙长线。
2. 根据臀围尺寸设计裙褶数及每个褶的间距。例如，臀围 100cm，设计全裙共叠 20 个褶，那么每个褶间距 5cm，设计每个叠褶量 10cm。
3. 在腰节线上标出褶宽及叠褶量，右前片加左后片共计 10 个褶，标出并折出 10 个叠褶，在臀围线以下用珠针将叠褶固定。
4. 纸的两边分别为前中心线、后中心线。

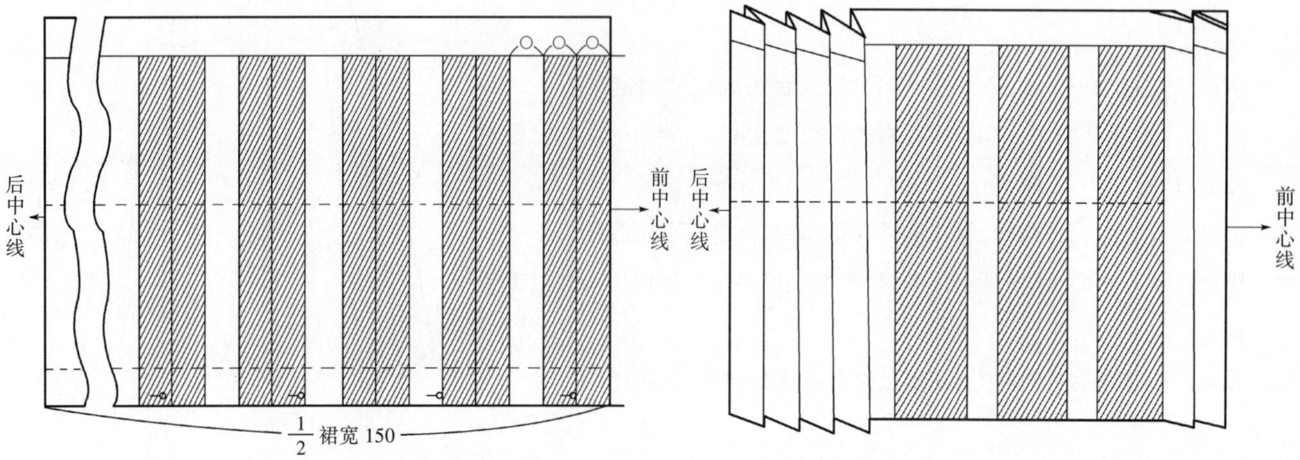

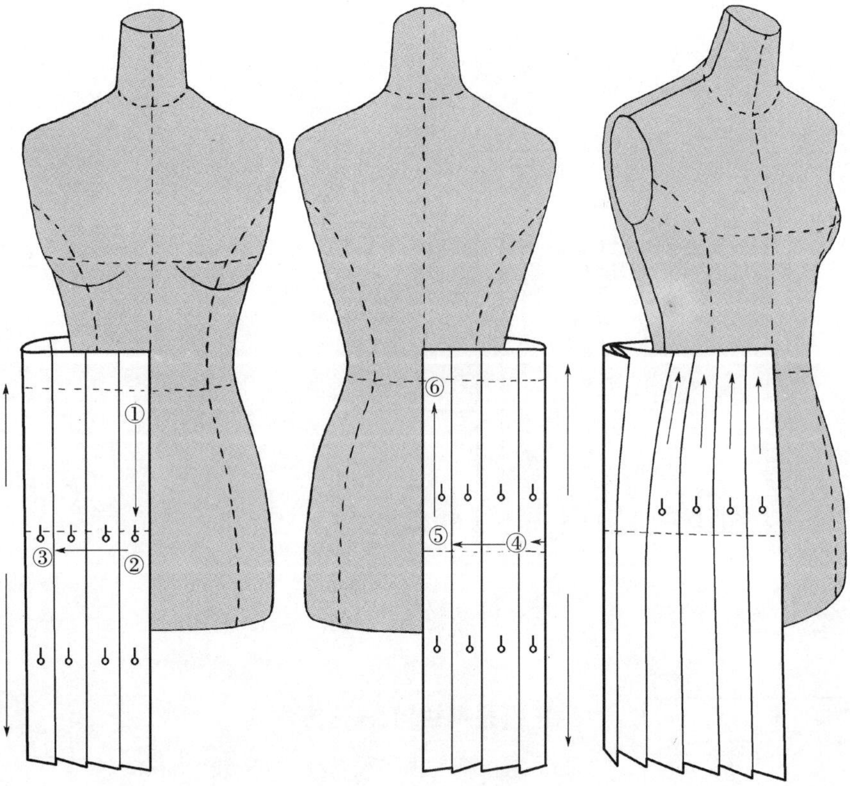

5. 将已折好裙褶的纸板前中心线对准人台的前中心线，腰围线与人台的腰节线重合，于腰节处的前中心线上固定点①。
6. 由点①沿人台前中心线向下推平至臀围线处固定点②。
7. 由点②沿臀围线向侧边推平固定点③,由点③将纸板向后推,在侧边将纸板上下抻直。
8. 由点③沿臀围线向后侧推平固定点④，由点④沿后臀围线推平至人台后中心线，纸板的后中心线与人台的后中心线重合,固定点⑤。
9. 由点⑤沿人台后中心线向上推平至腰节处固定点⑥。

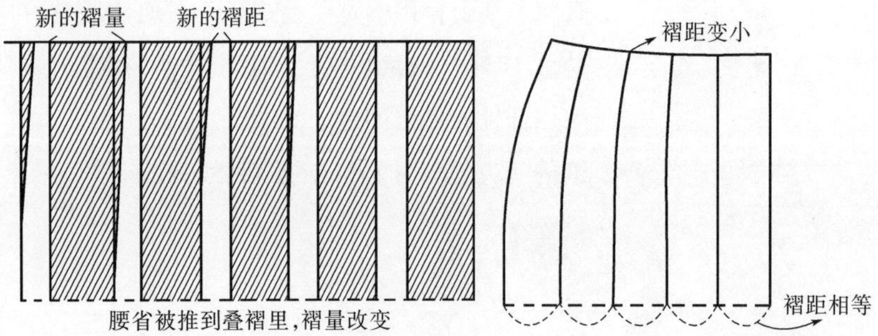

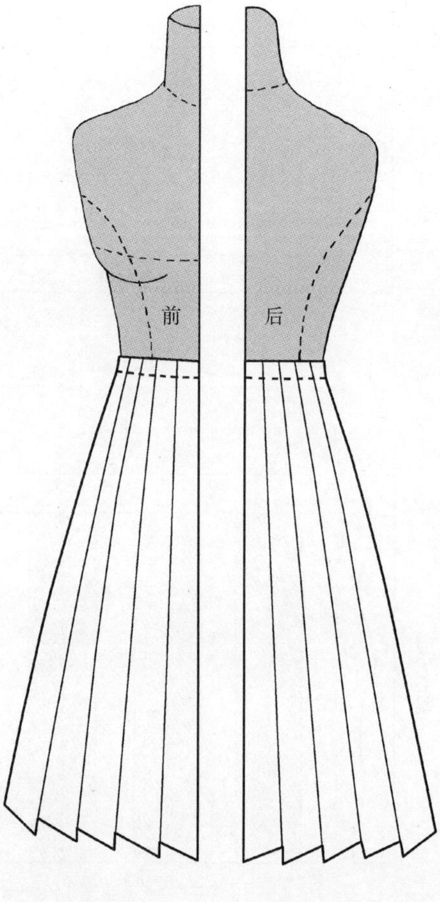

10. 由前中心线第一个褶开始由下向上按人台腰围尺寸固定腰节上的各褶。注意因腹部略平前中心线处褶的褶距变化不大,侧边的褶因腰臀差较大,褶距变小,见图。
11. 裙腰省量分散到各褶中,胯部裙子合体(略有松量),下摆散开。
12. 用软尺系在腰间,水平画出腰围线,腰围上的叠褶重新标出新的褶距和褶量。
13. 如面料幅宽不够,可在第五个褶处断开分成前裙片、后裙片。

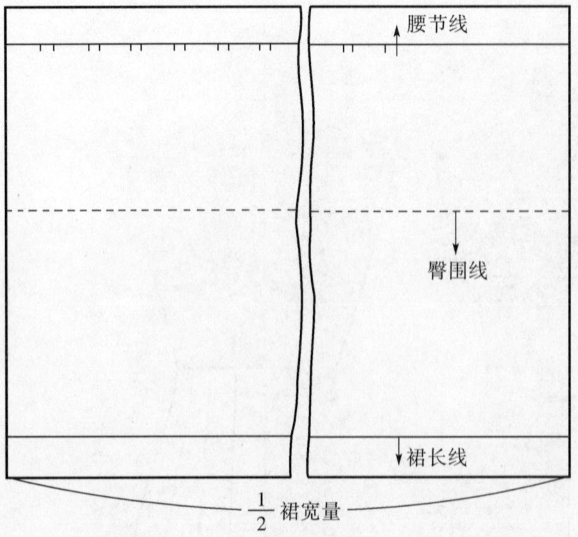

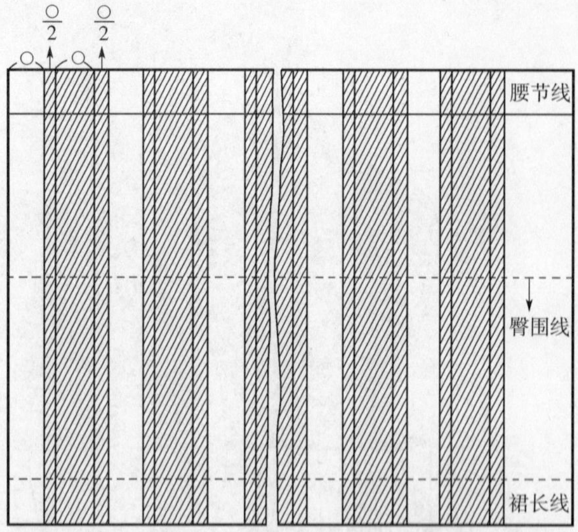

图 2(对褶裙)的操作方法

1. 先在纸上画出腰节线、臀围线、裙长线。
2. 根据臀围尺寸设计裙褶数及每个褶间距，例如臀围 100cm，设计全裙共 20 个对褶，每个褶距 5cm，对褶量 10cm。
3. 在腰节线上标出褶距及对褶量，前片加后片共计 10 个对褶，折出 10 个对褶。

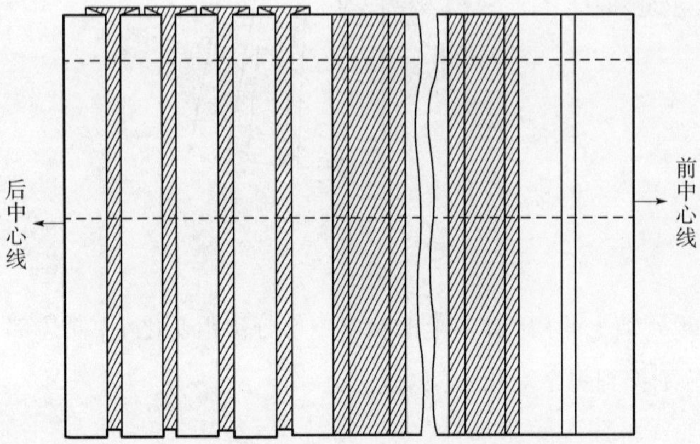

4. 将折好的对褶臀围线以下部分用珠针固定。
5. 纸的两边分别为前中心线和后中心线。
6. 与图 1 操作方法相同，将纸板的前中心线对准人台的前中心线，腰节线与人台的腰节线重合，在人台前中心线上固定点①、点②。
7. 由点②沿臀围线向侧边推平依次固定点③、点④至人台后中心线点⑤。
8. 由点⑤沿人台后中心线向上推平至腰节处，固定点⑥。
9. 裙子的侧边上下抻直。

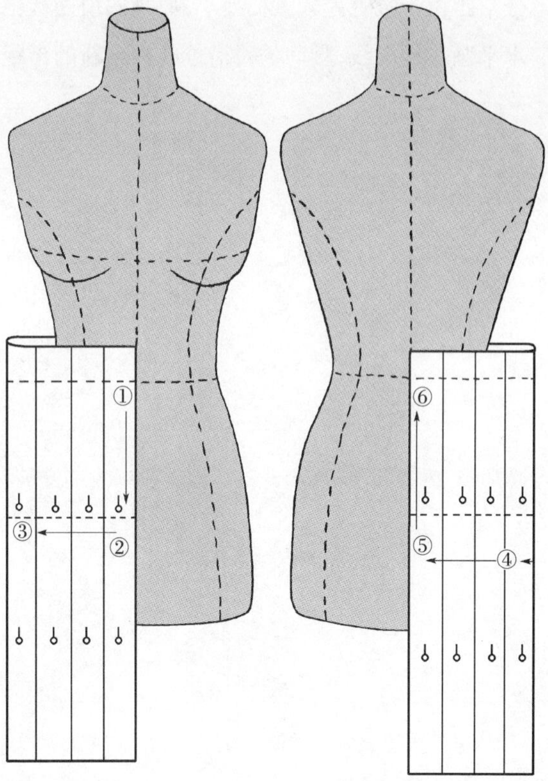

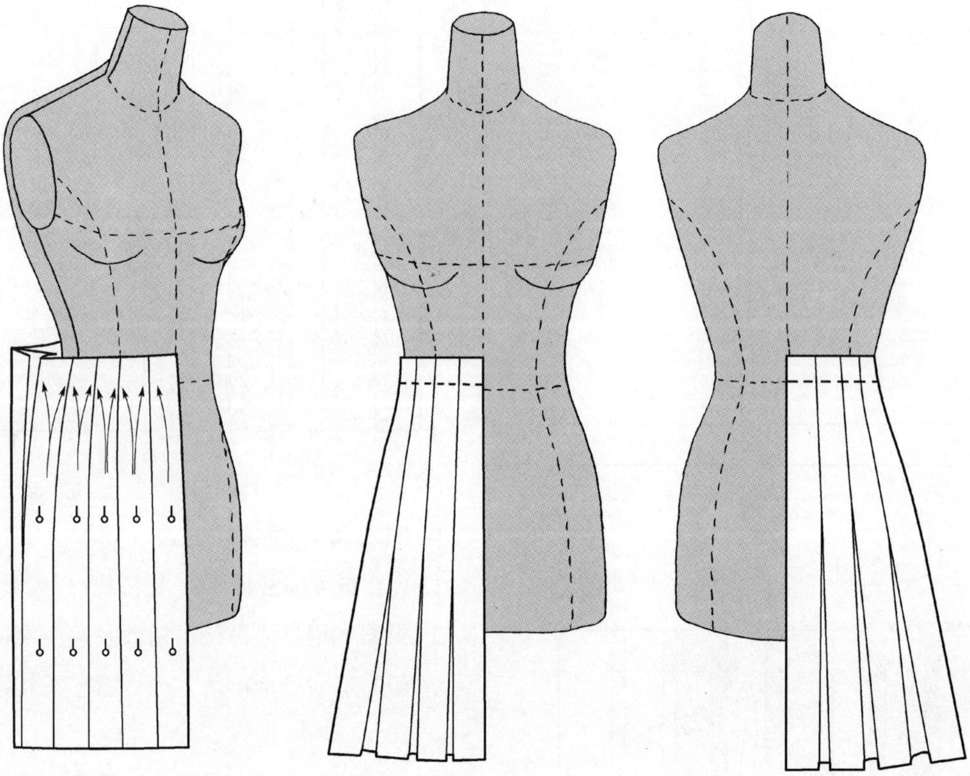

10. 与前面图例相同，由邻近前中心线的褶开始，由下向上固定腰节上的褶，腰节上的褶前中部分褶距变化小，侧边部分褶距由于腰臀差较大而变小，原理同前面褶裙，将腰省分别推到每个对褶中间。
11. 水平画出腰围线，腰间的对褶重新标出新的褶距和褶量。

【法式裙】

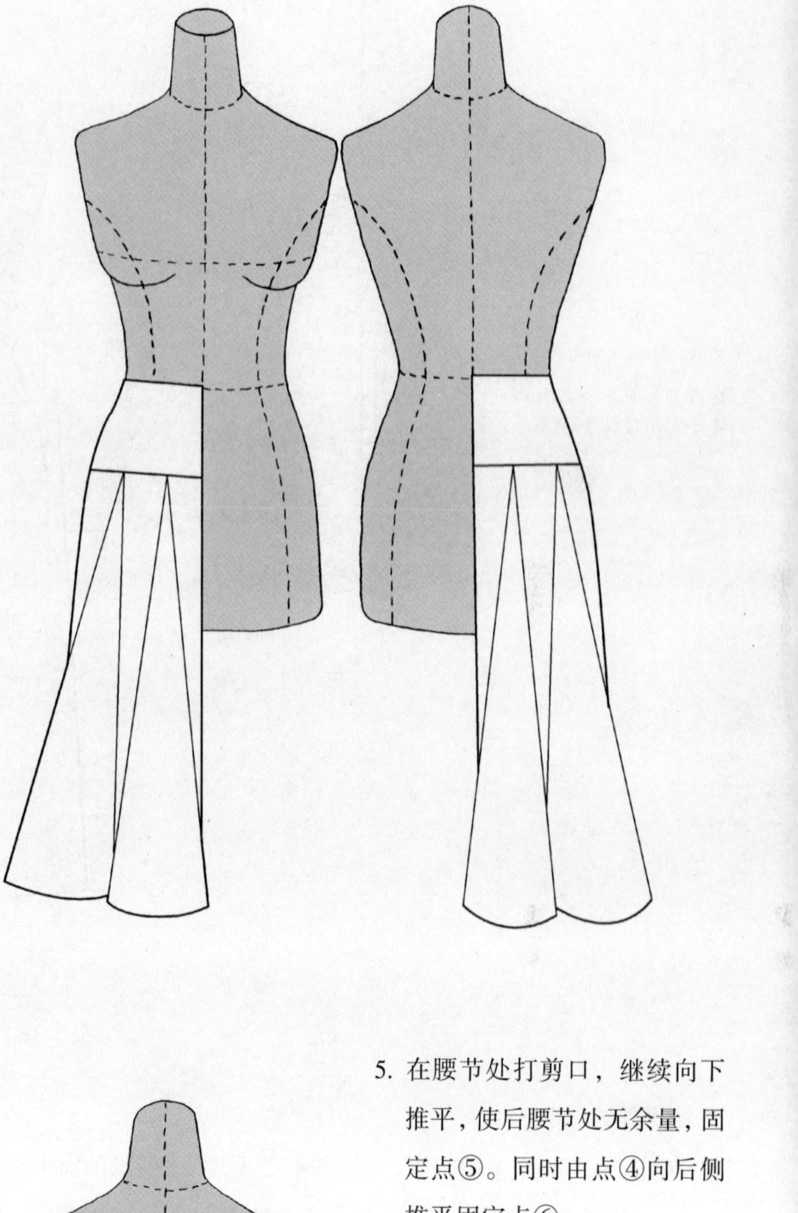

裙育克的操作方法

1. 将纸的一边过人台前中心线 2 ~ 3cm 放置，纸的上端过人台腰节线 4 ~ 5cm。
2. 在腰节处的前中心线上固定点①，点①沿人台前中心线向下推平固定点②。
3. 在腰节处边打剪口边沿腰节向下推平，使腰节处无余量，并用珠针在腰节上固定点③。
4. 由点②向侧边推平固定点④，将纸推至后侧。

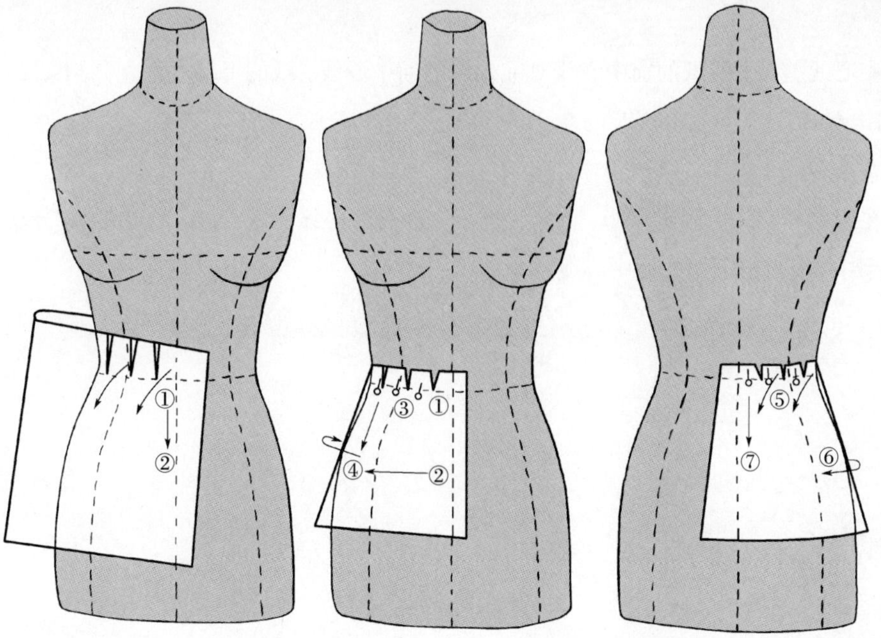

5. 在腰节处打剪口，继续向下推平，使后腰节处无余量，固定点⑤。同时由点④向后侧推平固定点⑥。
6. 由腰节按人台后中心线向下推平固定点⑦。
7. 按人台前中心线折出裙育克的前中心线，按人台后中心线折出裙育克的后中心线。
8. 水平画出腰围线，由腰围线向下量 12cm，水平画出裙育克分割线。此尺寸可根据设计自定。

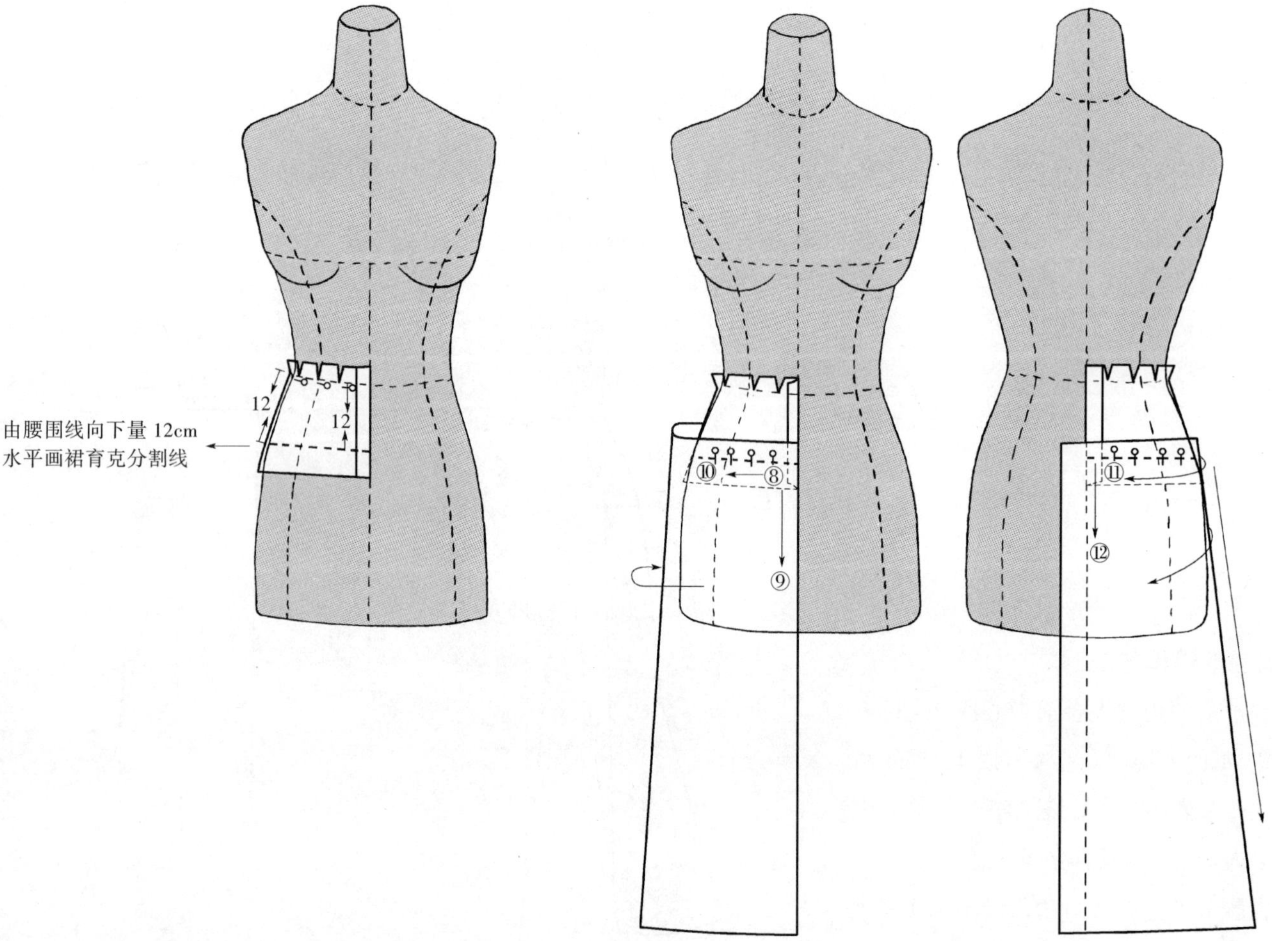

下裙操作方法(一)

1. 取另一张纸画出前中心线，并沿前中心线剪净，将纸的前中心线对准人台的前中心线，纸的上端过育克分割线 2～3cm,在育克线与前中心线交叉处固定点⑧。
2. 由点⑧沿人台前中心线向下推平固定点⑨。
3. 由点⑧沿育克分割线向侧边推平，在育克分割线上固定点⑩，再向后推至人台后中心线固定点⑪，由点⑪沿人台后中心线向下推平固定点⑫,按人台后中心线折出下裙的后中心线。

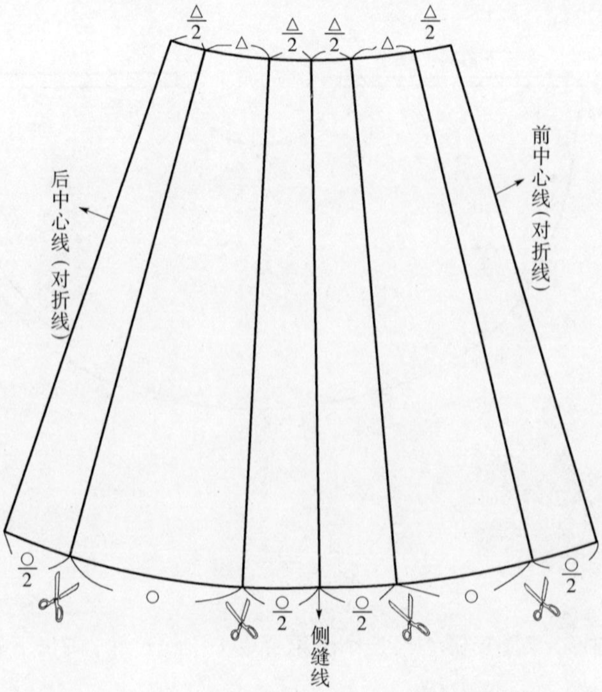

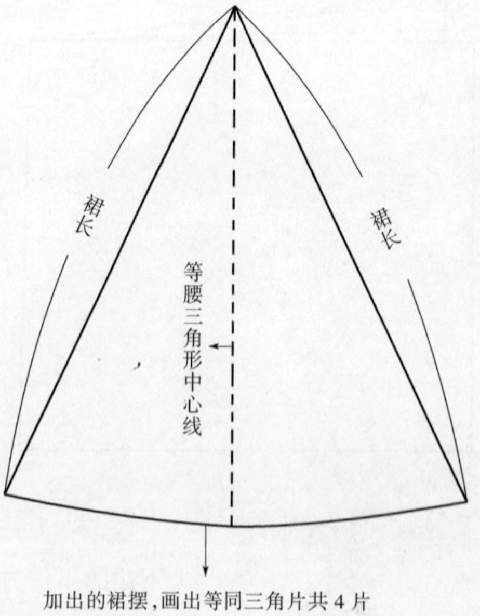

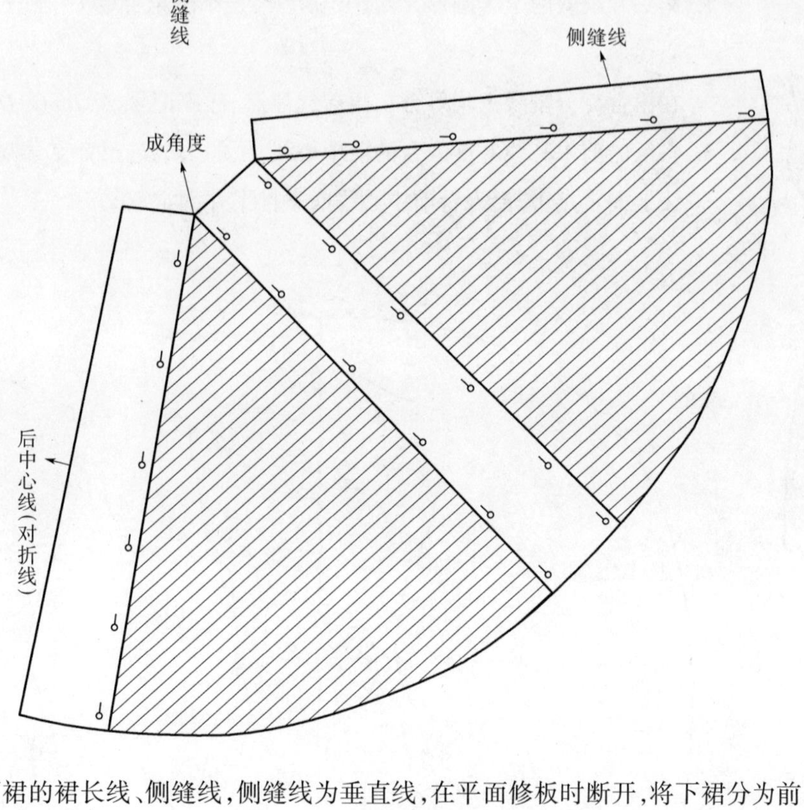

4. 在人台上画出下裙的裙长线、侧缝线，侧缝线为垂直线，在平面修板时断开，将下裙分为前、后两片。
5. 在人台上用滚轮在裙育克分割线上压过，使上下纸板的分割线相同。取下下裙，按滚轮的痕迹和裙长标记将下裙修整成净板。
6. 分别在裙上端和裙下摆画出裙褶起伏点，每个裙褶距离相等，如图所示，并将上端与下摆裙褶起伏点连线。
7. 在另一张纸上画出裙褶加量，共4片，每片裙褶加量相同。
8. 剪开裙褶起伏的连线，裙上端不断开，将三角形的裙褶加量固定在裙子断开部位。
9. 注意裙子腰口处每个裙褶起伏成角度状，不要修圆顺。
10. 按原有的裙长将下摆画圆顺。

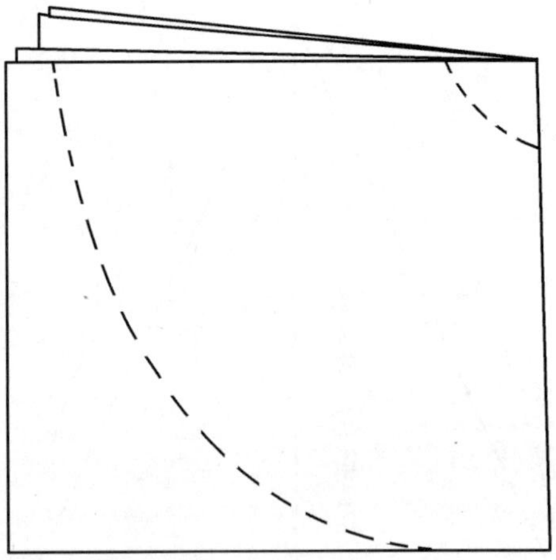

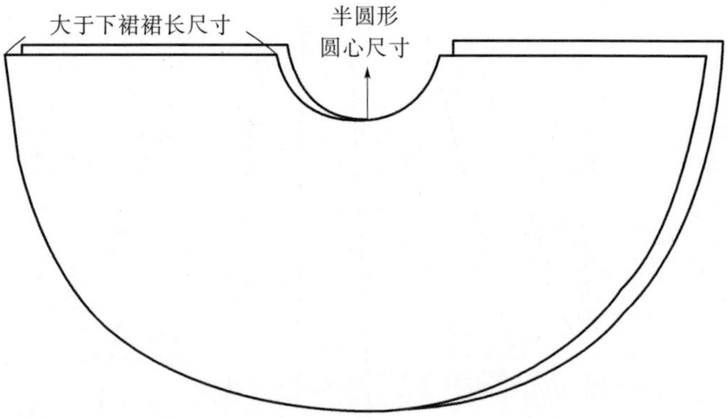

下裙的操作方法（二）

1. 用一开纸剪两个半圆形，半圆形圆心尺寸小于裙育克分割线尺寸，画出下裙前中心线。
2. 在裙育克分割线上均等分出裙褶起浮点，标出记号 *A*、*B*、*C*、*D*。
3. 将纸的前中心线对准人台的前中心线，纸的上端过裙育克分割线 2 ~ 3cm。在分割线上固定点①，沿人台前中心线向下推平并固定点②。

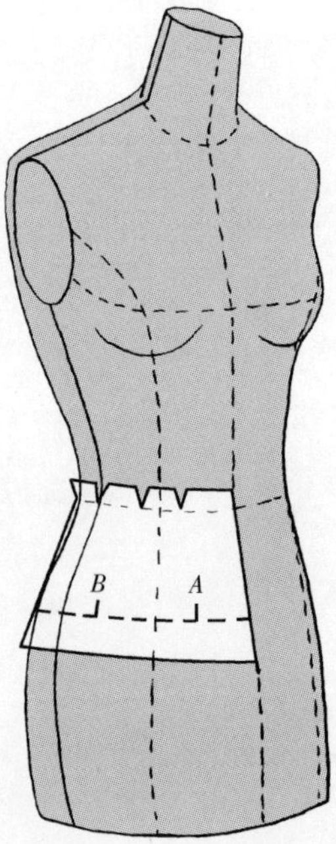

量出裙育克分割线总长，均等份分出褶的位置并用字母做记号。

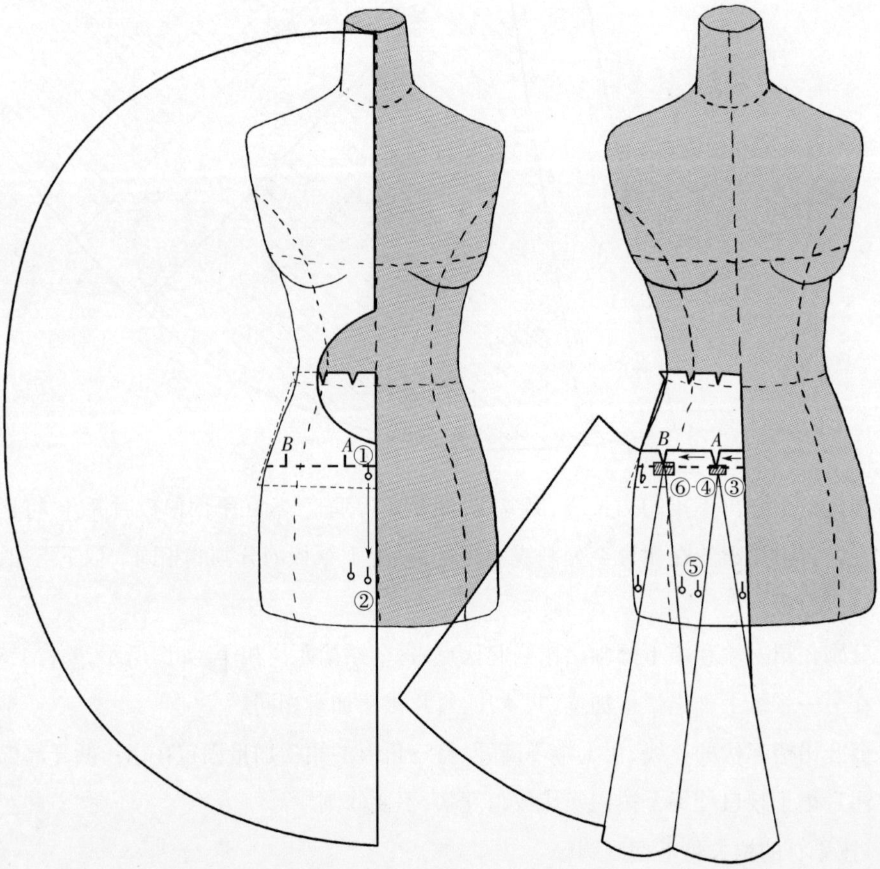

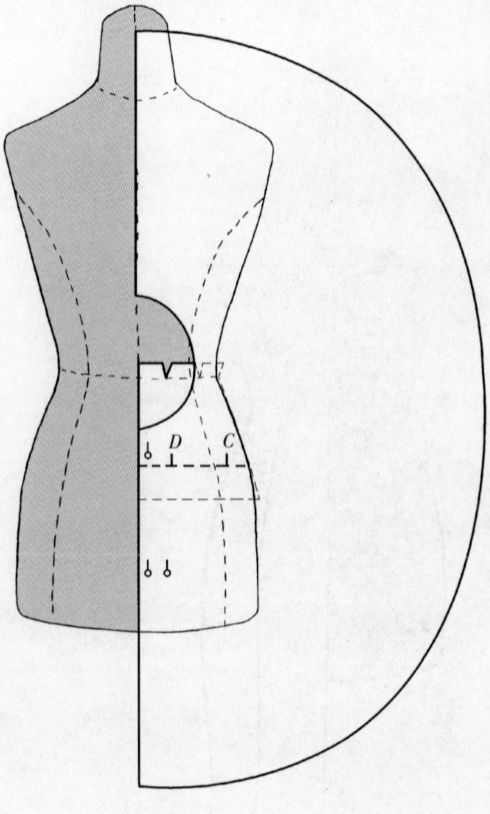

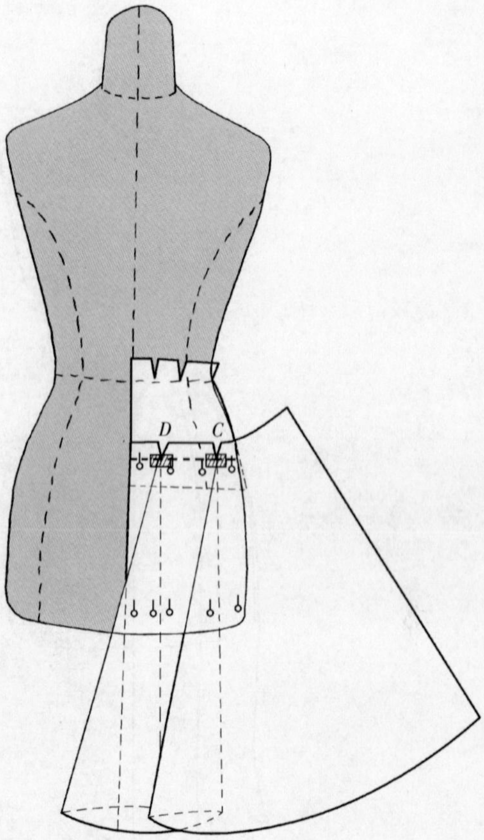

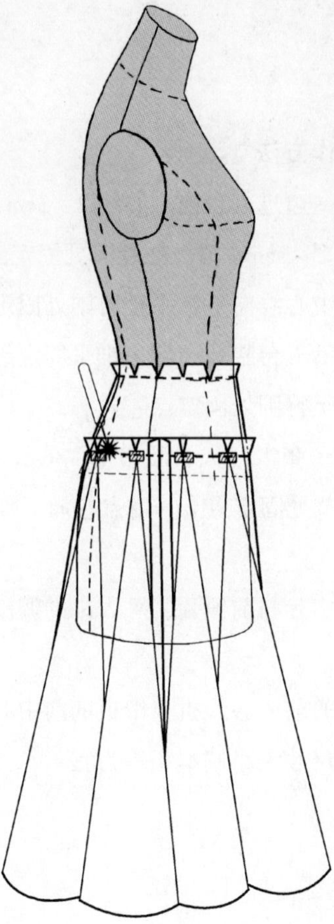

4. 由前中心线沿育克分割线向裙褶起伏点 *A* 推平固定点③，在起伏点 *A* 的上端打剪口，剪口剪至裙育克分割线处，为防止剪口向下撕开，将剪口终点用胶纸封上。
5. 拉出所需的裙褶量，在裙起伏点 *A* 两端固定点④，将拉出的裙褶量两边固定在人台上点⑤。
6. 由起伏点 *A* 沿裙育克分割线向起伏点 *B* 推平固定点⑥，同上操作方法拉出其他裙褶，注意操作时拉出的每个裙褶量相等。
7. 剪去前片侧边多余的纸量，留 2cm 的调整量。
8. 后片操作方法与前片操作方法相同。
9. 拼合前片与后片，侧缝线为垂直线。
10. 用滚轮沿裙育克分割线压过，并在裙褶起伏点做对位记号(合印记号)。
11. 同前面图例的操作方法画腰围线、裙长线。

【八片裙】

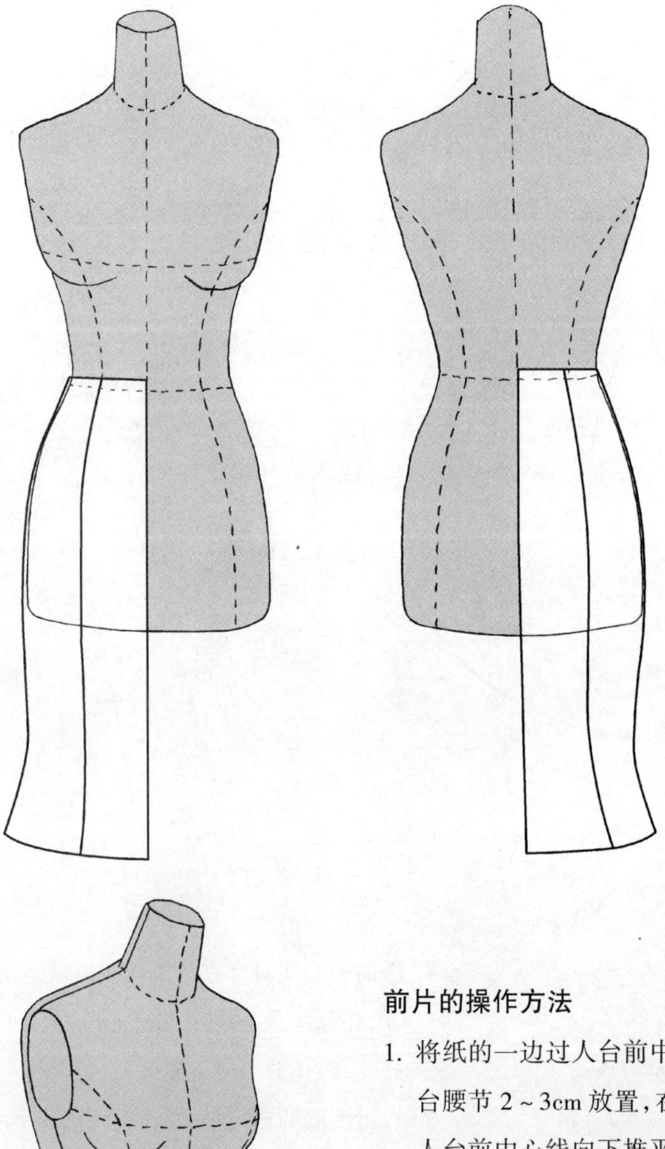

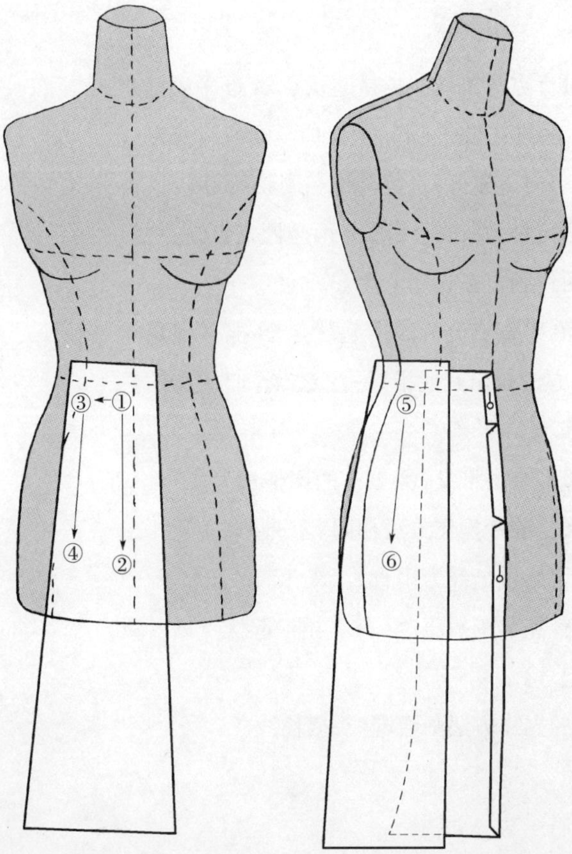

前片的操作方法

1. 将纸的一边过人台前中心线 2 ~ 3cm，纸的上端过人台腰节 2 ~ 3cm 放置，在腰节处固定点①，由点①沿人台前中心线向下推平至臀围处固定点②。
2. 由点①沿人台腰节向侧边推平固定点③，由点③向下推平至臀围处固定点④。
3. 取另外一张纸过人台腰节 2 ~ 3cm，在人台前侧放置，腰节处固定点⑤，由点⑤向下推平至臀围处固定点⑥。
4. 拼合前中片与前侧片，留 2cm 的调整量，剪去多余的纸量。
5. 按人台的前中心线折出纸板的前中心线。前中片与前侧片尺寸大小基本相等为宜。

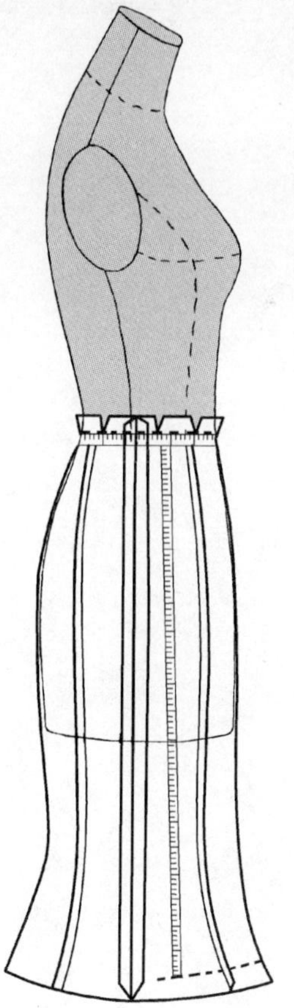

后片的操作方法

1. 将纸的一边过人台的后中心线 2～3cm，纸的上端过人台腰节 2～3cm 放置，于腰节处固定点①，由点①沿腰节线向侧边推平固定点②。
2. 将过人台后中心线的一边在腰节、臀围处打剪口，剪口剪至后中心线。
3. 由点①沿人台后中心线向下推平至臀围处固定点③。
4. 由点②向下推平至臀围处固定点④，量前中片尺寸，前中片的腰围、臀围尺寸比后中片的腰围、臀围尺寸各大 1cm，画出后片分割线。
5. 将另一张纸过人台腰节 2～3cm 放置，在人台后侧处，在腰节上固定点⑤，由点⑤向下推平至臀围固定点⑥。
6. 按已画的后片分割线拼合后中片和后侧片。
7. 拼合前侧片与后侧片，前侧片的腰围、臀围、下摆围尺寸各比后侧片的腰围、臀围、下摆围尺寸大 1cm，侧缝线为垂直线。
8. 同前面图例操作方法画出腰围线、裙长线。

【直筒裤】

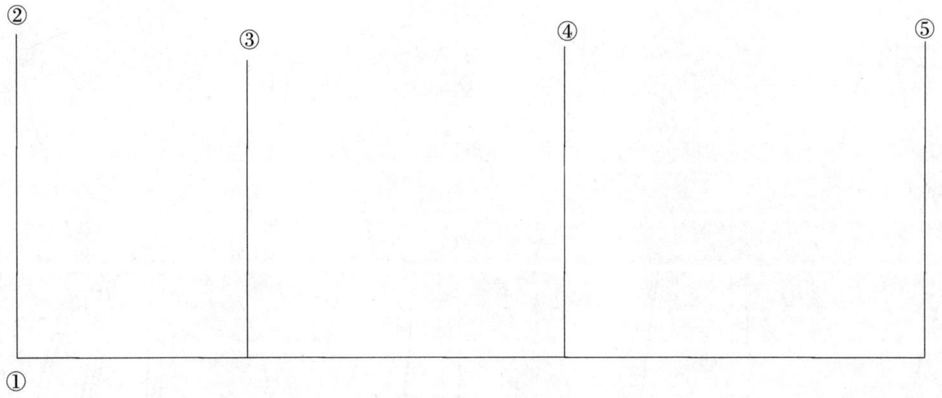

①裤长线

②腰围线

③立裆深线

④膝围线

⑤裤口线

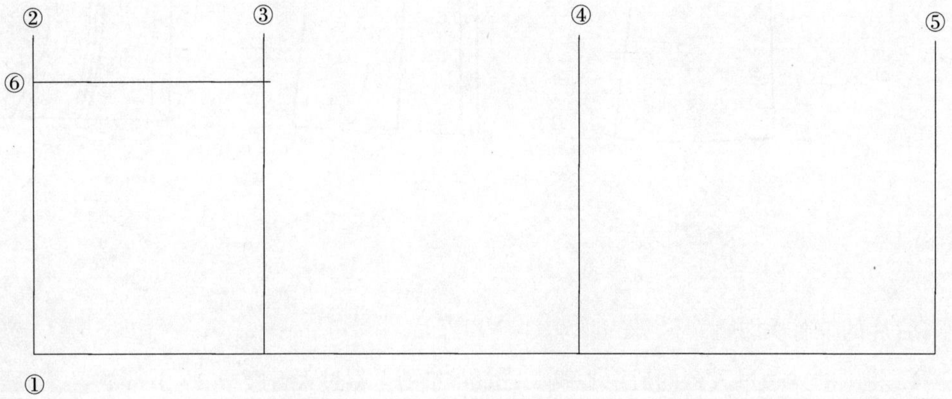

⑥ $\frac{臀围}{4}-1$

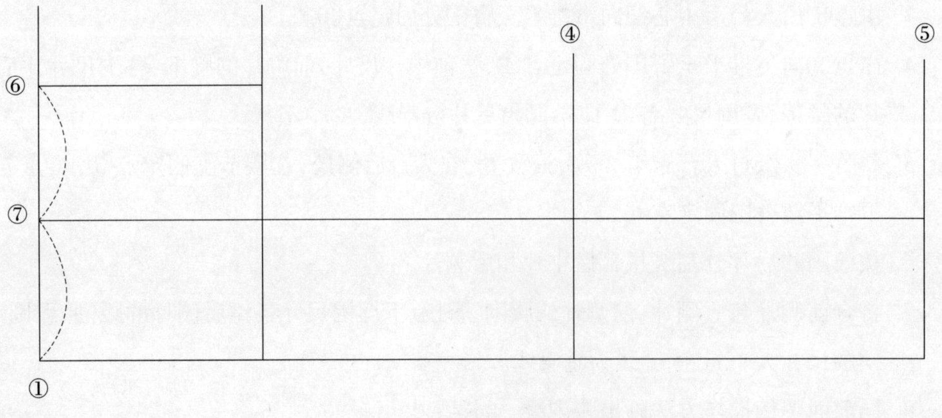

⑦裤中线

⑧点 C 在⑥线向里 2cm 处。

⑨ $AO = BO = 半臀围 \times \frac{1}{12}$，

连接 C 点与 A 点，AB 之间画圆弧线。

前裤片

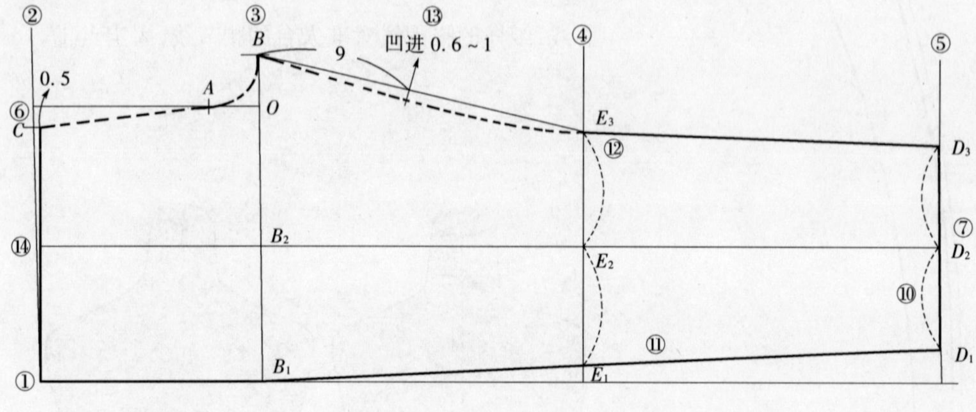

⑩ $D_1D_2 = D_2D_3 = \frac{裤口围}{4} - 1$。

⑪从 D_1 点引一条直线至 B_1 与④线交叉点为 E_1。

⑫ $E_1E_2 = E_2E_3$，

连接 D_3E_3，

连接 E_3B。

⑬B 与 E_3 之间凹进 0.6～1cm，将 B 与 E_3 的连线画圆顺。

⑭C 点向下 0.5cm，画腰围线。

后裤片

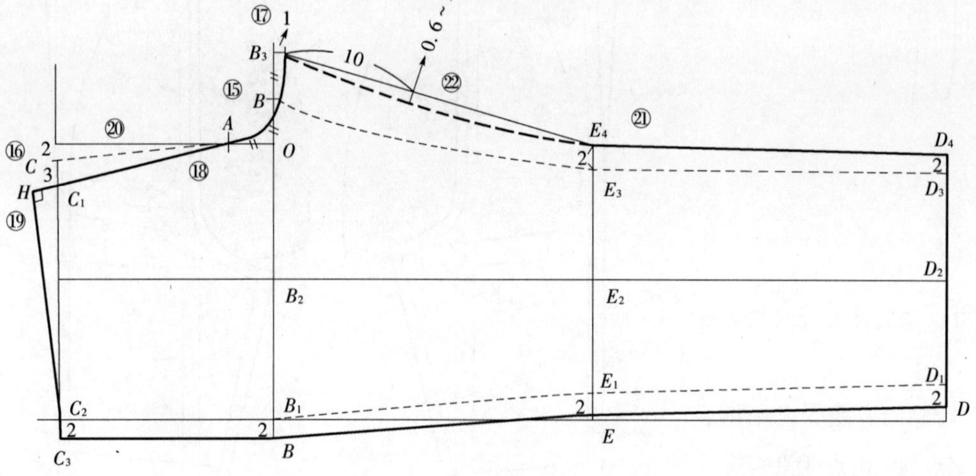

⑮ $AO = BO = BB_3 = 半臀围 \times \frac{1}{12}$。

⑯由 C 点向里进 3cm 为 C_1 点。

⑰ B_3 点向下落 1cm。

⑱连接 C_1，A 点，画圆顺至 B_3 点下 1cm 处。

⑲延长 AC_1 线，从 C_2 点引一条直线与 AC_1 线垂直，交叉点为 H 点。

⑳CB 为前裆线。

HB_3 为后裆线。

㉑ $E_3E_4 = D_3D_4 = DD_1 = EE_1 = BB_1 = C_2C_3 = 2cm$。

㉒连接 B_3E_4，B_3 与 E_4 之间凹进 0.6～1cm，将 B_3 与 E_4 的连线画圆顺。

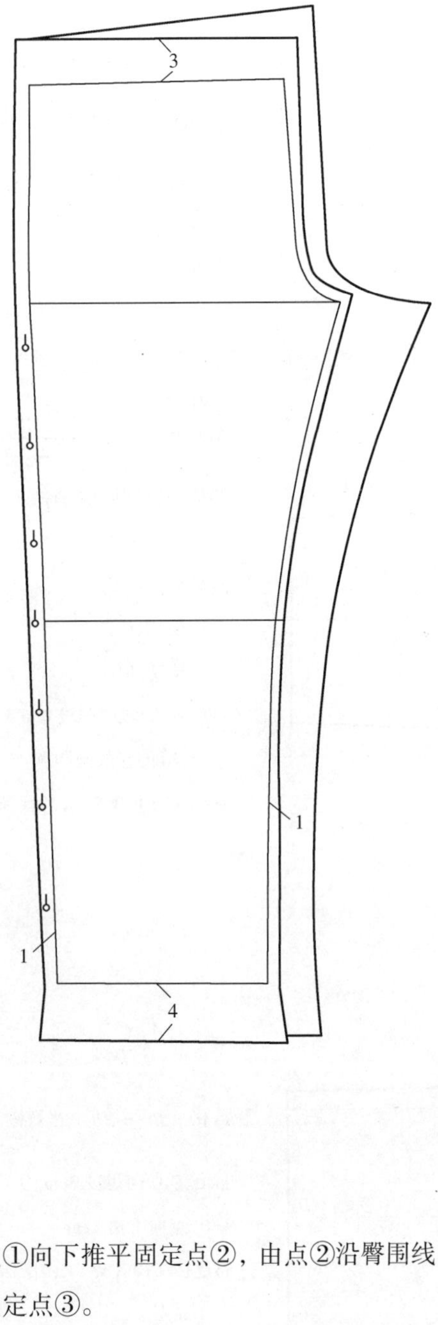

裤子立裁的操作方法

1. 按图示将平面绘制的前后裤片，在腰围处放 3cm，侧缝线、下裆线处放 1cm 缝份，裤口放 4cm 的缝份。将前后裤纸样的侧缝在臀围线以下拼合起来，注意前、后片拼合时在臀围线、膝围线、裤长线对位。
2. 将拼合好的平面裤子纸样的前裆线对准人台的前中心线，纸样的腰围线对准人台的腰节线，固定点①。

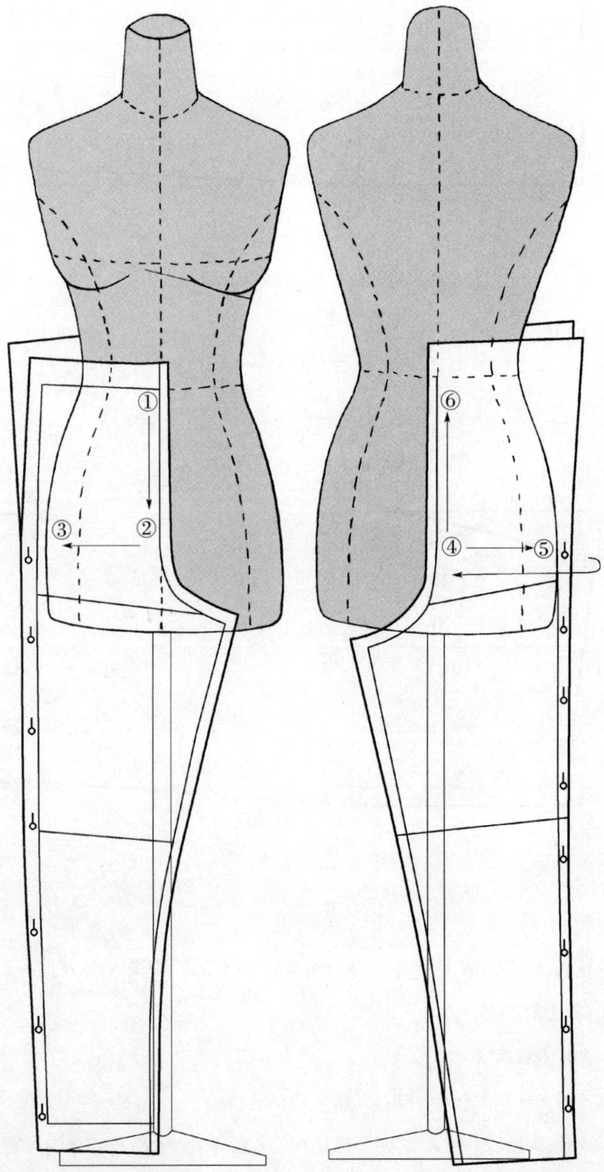

3. 由点①向下推平固定点②，由点②沿臀围线向侧边推平固定点③。
4. 由点③沿臀围线向后推平至后侧固定点⑤或先将后裆线与人台后中心线重合固定点④，由点④沿臀围线向侧臀推平固定点⑤。
5. 由点④沿人台后中心线向上推平在腰节处固定点⑥。后裆线与人台的后中心线重合。

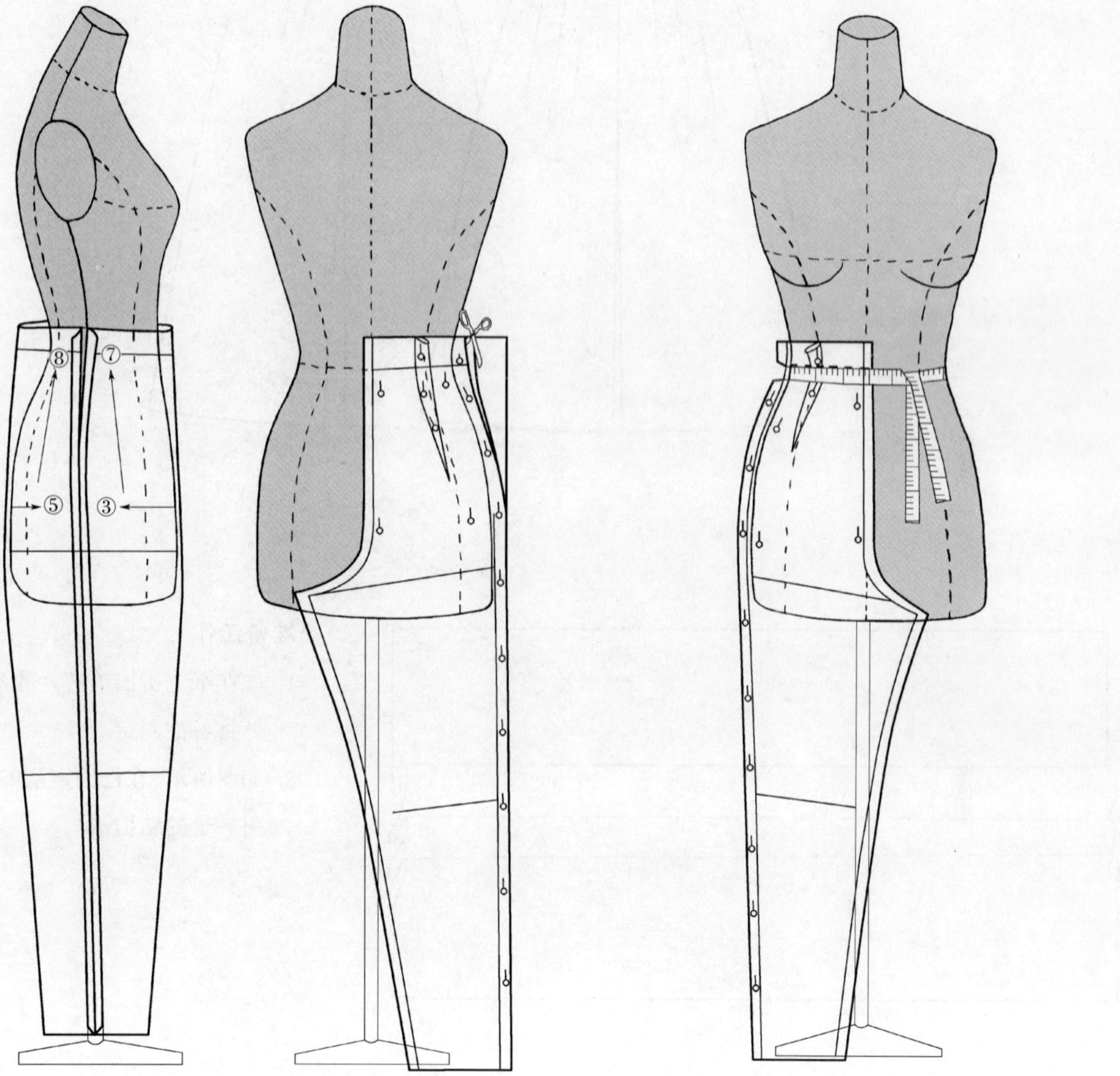

6. 由点③沿前片侧胯向上推平至腰节处固定点⑦，由点⑤沿后片侧胯向上推平至腰节处固定点⑧。
7. 将前腰、后腰之间的余量按人台曲线捏成前腰省与后腰省。
8. 拼合臀围线以上的侧缝，并将多余的纸量剪去，留 1cm 的缝份。
9. 用软尺系在裤腰节处，水平重新画出裤子腰围线。

【裙裤】

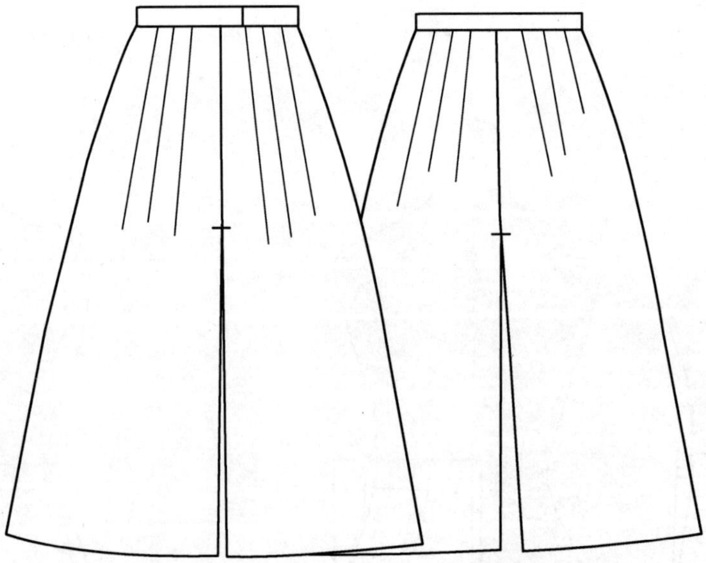

准备工作

1. 先在纸上折出前裤片的褶量，并用珠针将各褶固定。
2. 如图所示，在已固定褶的纸上平面画出裤子的结构图。

前片平面制图

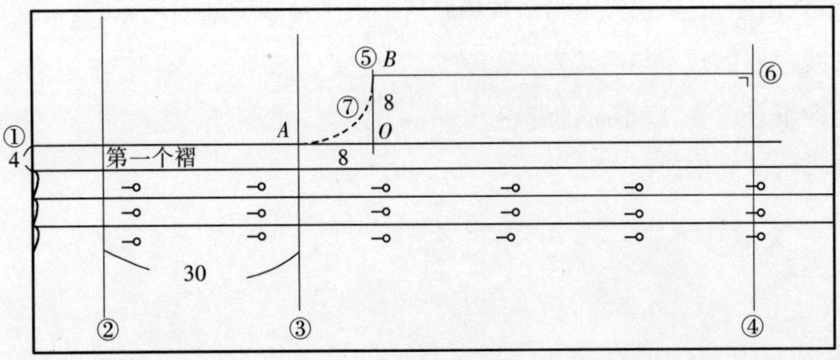

①前裆中心线，距第一个褶 4cm 处平行画出

②腰围线

③立裆线，立裆深 30cm

④裤长线，裤长 50cm

⑤$AO = BO = 8$cm

⑥为线⑤与线④垂直交点

⑦弧线连接 A 点、B 点

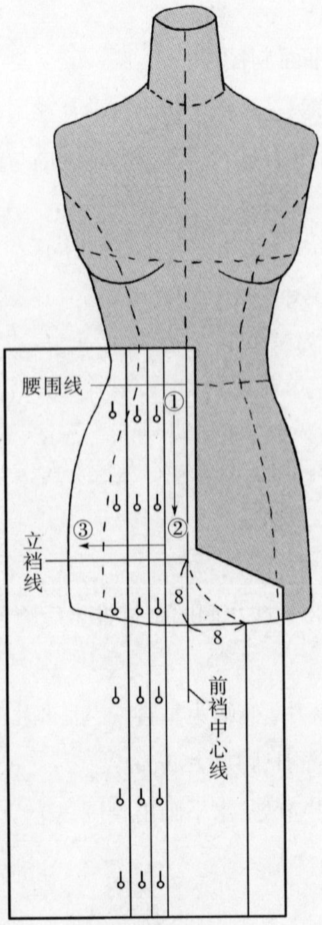

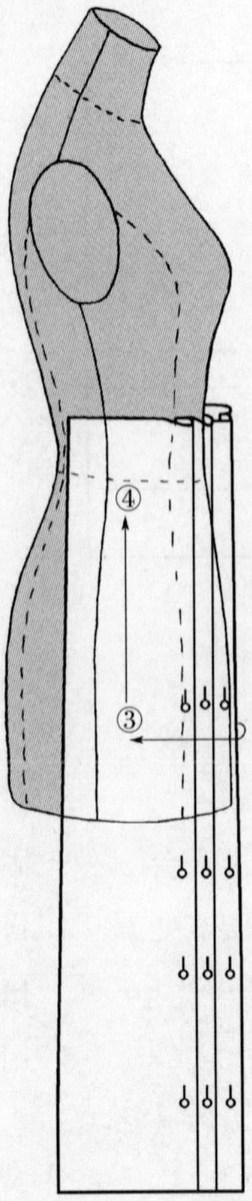

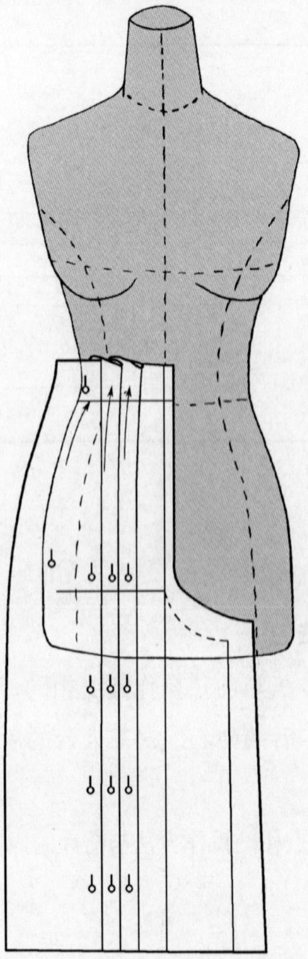

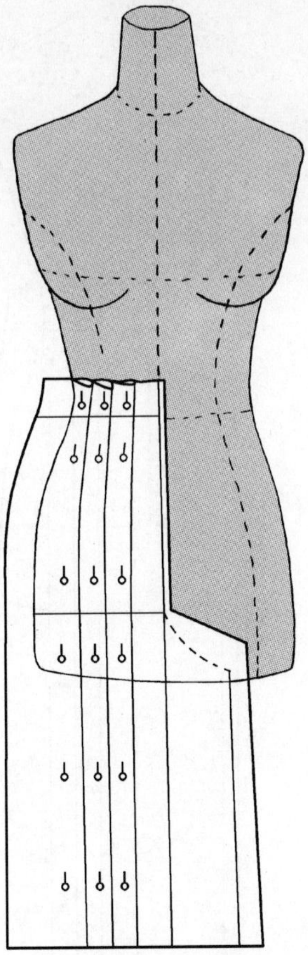

前片操作方法

1. 将裤板的腰围线对准人台的腰节线，裤板的前裆中心线对准人台的前中心线，在腰节处固定点①。
2. 由点①沿前中心线向下推平于臀围线处固定点②。
3. 由点②沿臀围线向侧边推平固定点③。
4. 由点③向上推平至腰节处固定点④。
5. 打开前腰褶，把腰间的余量按人台曲线分别推进腰间的各褶中，腰节处平整无余量，用珠针重新固定好各裤褶在腰间的部位，操作方法同百褶裙。

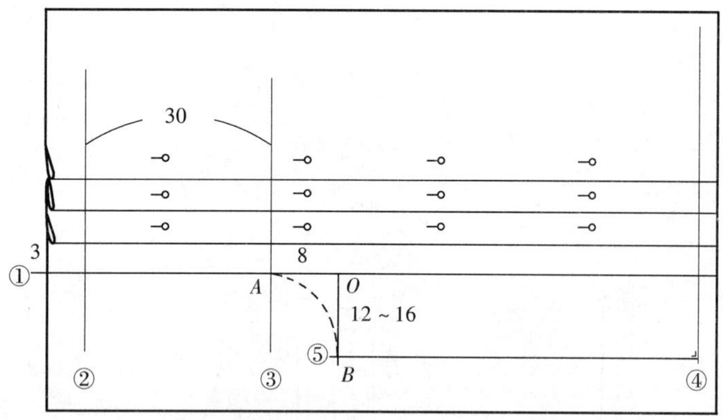

后片平面制图

在另一张纸上折出与前片相同的褶量，并将各褶用珠针固定。注意叠褶方向与前片相反。

①后裆中心线，距第一个褶 3cm 处平行画出

②腰围线

③立裆线，深 30cm

④裤长，50cm

⑤ $AO = 8$cm，$BO = 12 \sim 16$cm

⑥ OB 与④线垂直，用圆弧线连接 A 点、B 点

后片操作方法

1. 后片操作方法与前片操作方法相同，腰围线对准人台的腰节线，后裆中心线对准人台的后中心线，腰节处固定点①。
2. 点②、点③、点④的操作方法与前片的操作方法相同。
3. 打开后腰褶将后腰之间的余量推至后腰各褶中，重新固定各裤褶。
4. 拼合前、后裤片，侧缝为垂直线，前裤片的臀围、脚口比后裤片的臀围、脚口大 2cm。
5. 用软尺系在腰节处，水平画出腰围线。

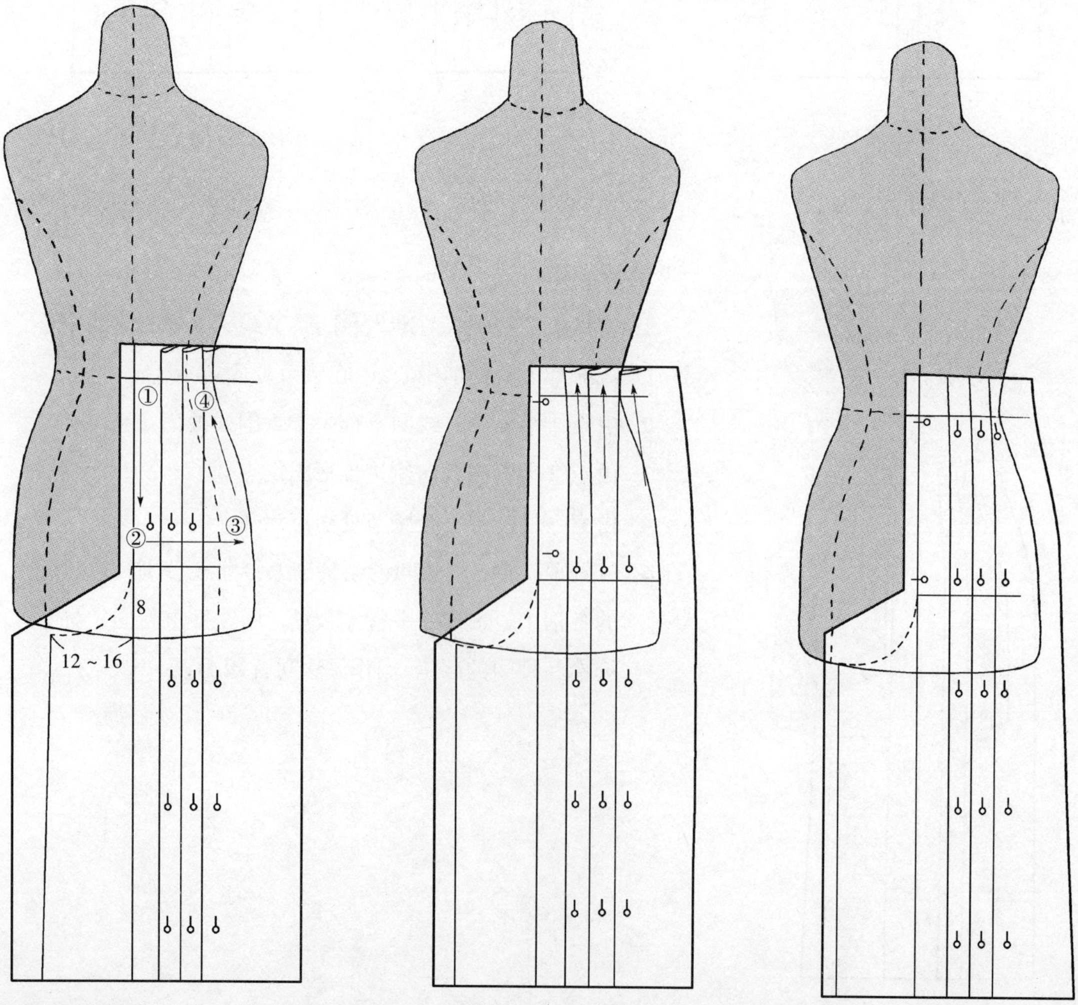

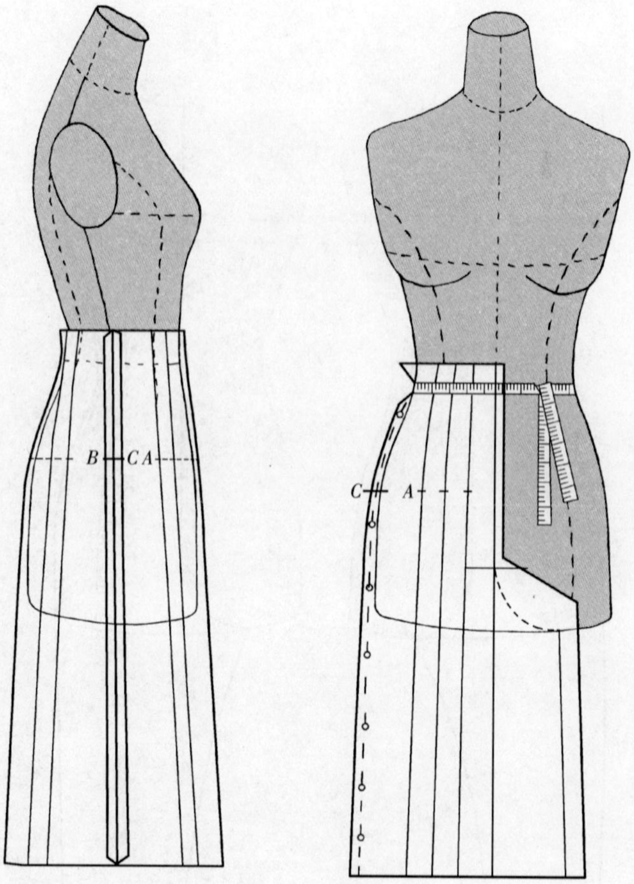

6. 在人台的纸样上画出裙褶缝止点如图所示 *A* 点、*B* 点，*A* 点、*B* 点在同一水平线上并在臀围线以下。裙裤的腰部、臀部合体。
7. 在侧缝处做一个对位点点 *C*。
8. 在人台的纸样上按珠针固定的位置描出前后片的侧缝线,腰间叠褶重新标记。

【连体裤】

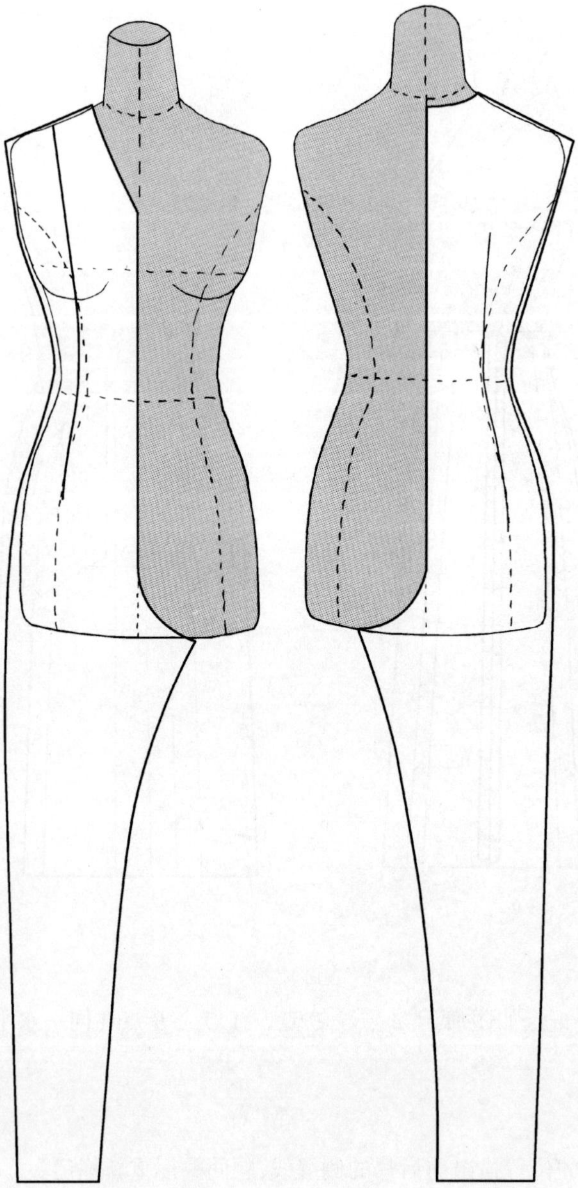

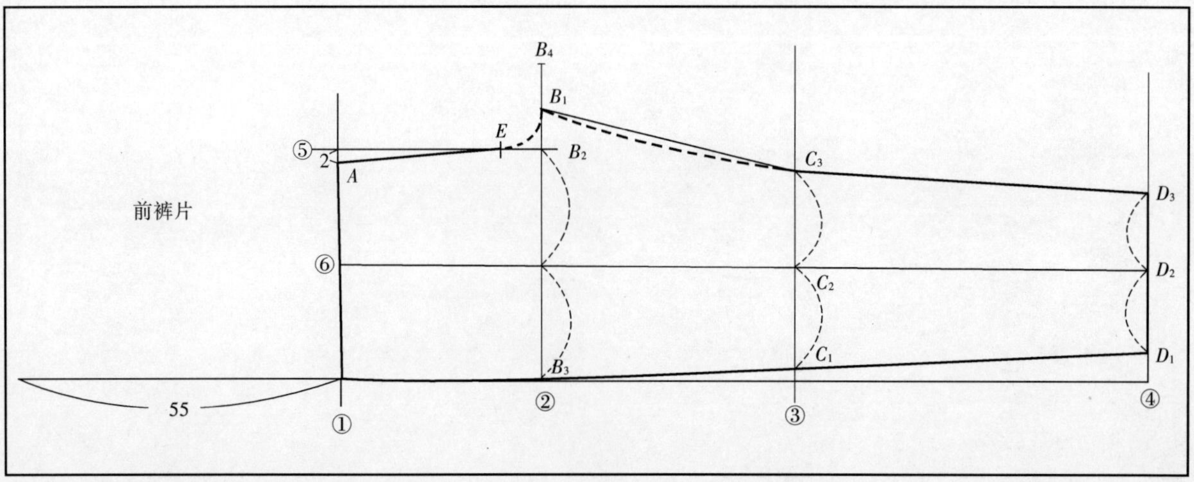

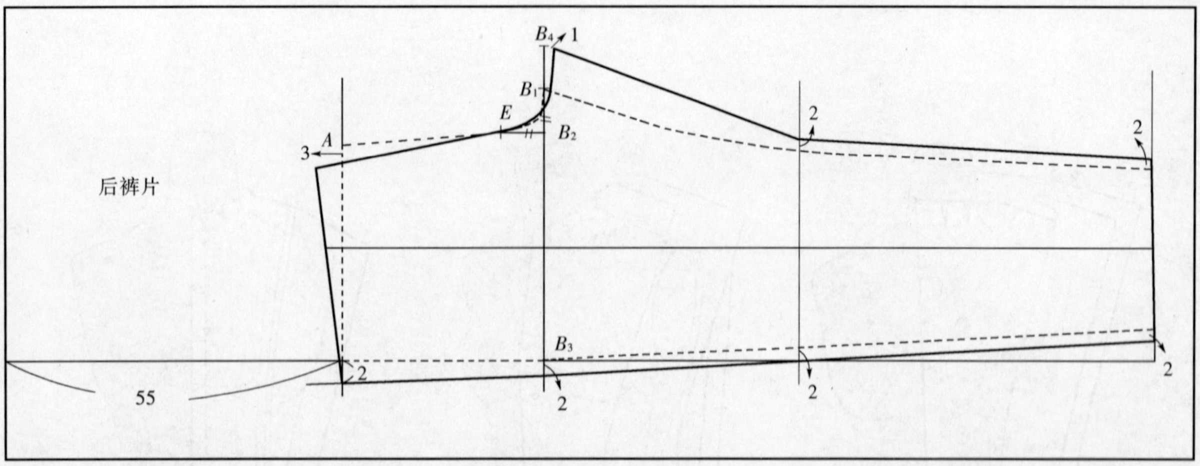

1. ①为腰围线,腰围线上留 55cm 长的纸量做上身。

2. ②为立裆深线 + (1 ~ 2cm)。③为膝围线。④为裤长线。⑤为$\frac{1}{4}$臀围。⑥为裤中线。

3. $EB_2 = B_1B_2 = B_1B_4 = \frac{\text{臀围}}{2} \times \frac{1}{12}$

4. A 为⑤线向里进 2cm。

5. $D_1D_2 = D_2D_3 = \frac{\text{裤口}}{2} - 1\text{cm}$

6. 连接 D_1、B_3。

7. $C_1C_2 = C_2C_3$

8. 连接 C_3、D_3,连接 B_1、C_3。

9. B_1 向下 9cm 处凹进 0.5 ~ 1cm,画弧线。

10. 根据前裤片绘制后裤片,方法参照直筒裤的制图。

前片操作方法

1. 将平面绘制的前、后裤片纸样的侧缝在臀围线以下拼合起来,拼合时前、后裤片的臀围线、膝围线、裤口线对位。
2. 将拼合好的裤片以腰围线对准人台的腰节线,裤片的前裆线对准人台的前中心线,将前裆转弯点 E 固定在人台的前中心线上,见图中点①,由点①向上推平至腰节处,同时将裤片的前裆中心线上端向人台前中心线右侧偏离 1cm,在腰节处固定点②。
3. 由点①沿臀围线向侧面推平,固定点③,由点③向上推平至腰节处固定点④。
4. 在纸样前中心线、领口处打剪口。
5. 由点②沿前中心线向上推平固定点⑤,由点⑤沿胸高点向上推平固定点⑥。
6. 设计出胸省的大概位置,剪开胸省至腰节处。
7. 由点④沿侧胸向上推平至腋下固定点⑨。
8. 由点⑥沿人台领围线向肩颈点推平固定点⑦、点⑧。
9. 拼合前胸省,剪去腰节以上多余的省量,留 2cm 的调整量。
10. 按人台的前中心线,描出纸板的前中心线。

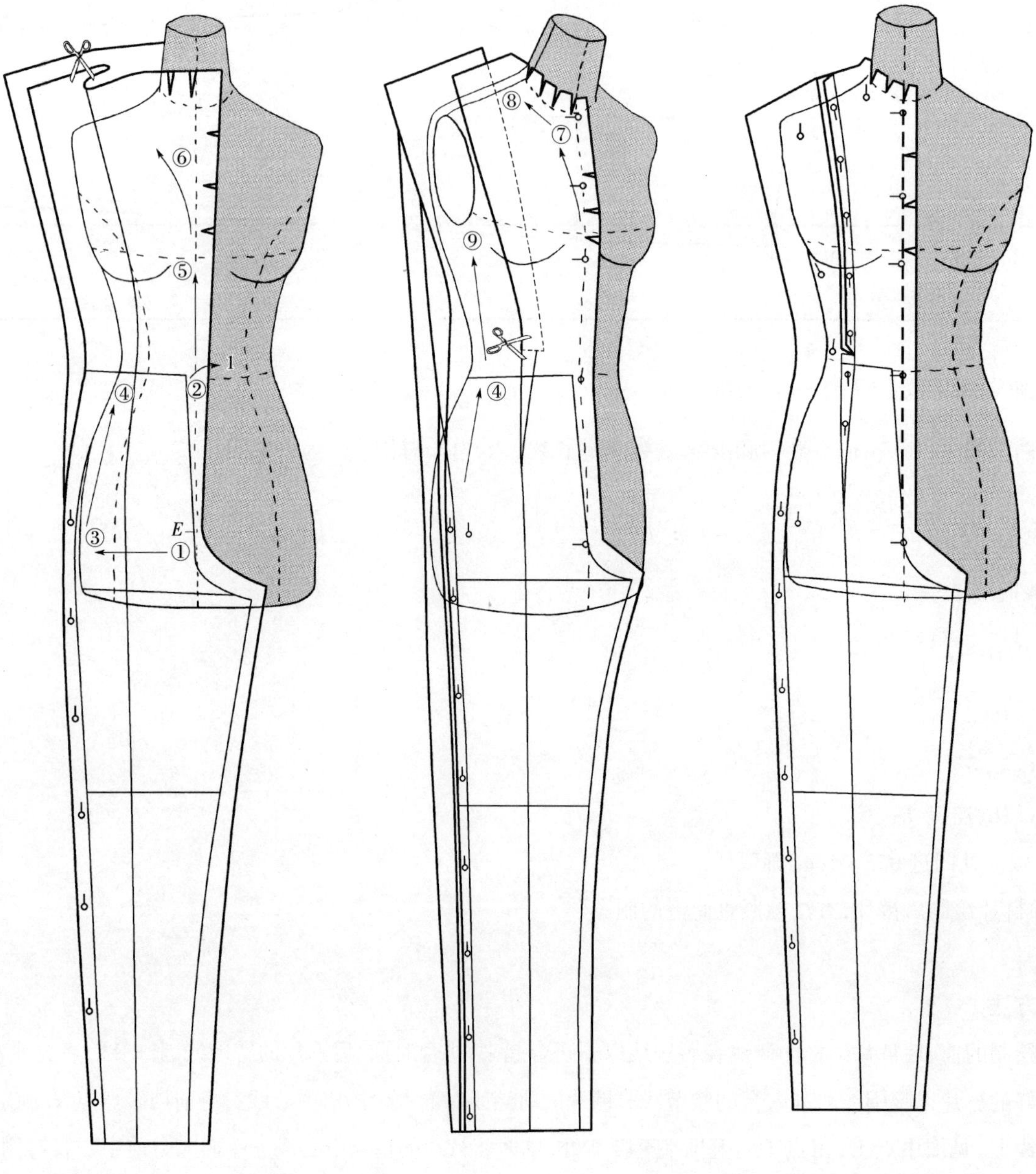

后片的操作方法

1. 沿臀围线将后片水平推至人台的后部，后裆线对准人台的后中心线上，将后裆转弯点 E 固定在人台的后中心线上，见图中点①，由点①向上推平至人台腰节线处，同时将裤片的后裆线向人台右侧偏离人台后中心线 1.5～2cm，在腰节上固定点②。
2. 由点①沿臀围线向侧边推平固定点③，由点③向上推平至腰节处固定点④。纸板后中心线处打适量剪口。
3. 由点②沿人台后中心线向上推平依次固定点⑤、点⑥。

4. 剪出后领口，并在缝份上打剪口，由点⑥向肩颈点推平固定点⑨。
5. 由点⑤沿背宽线向侧边推平固定点⑦，由点⑦向肩端点推平固定点⑧，将点⑧与点⑨之间的余量捏成 0.7～1cm 的肩省。
6. 将腰部的余量捏成后腰省。按人台的后中心线，描出纸板的后中心线。
7. 拼合前后片侧缝，拼合肩部，肩线、侧缝线在远处看成一条直线。
8. 肩端点向下 14cm 画出袖窿弧线，在人台上画出领口线。

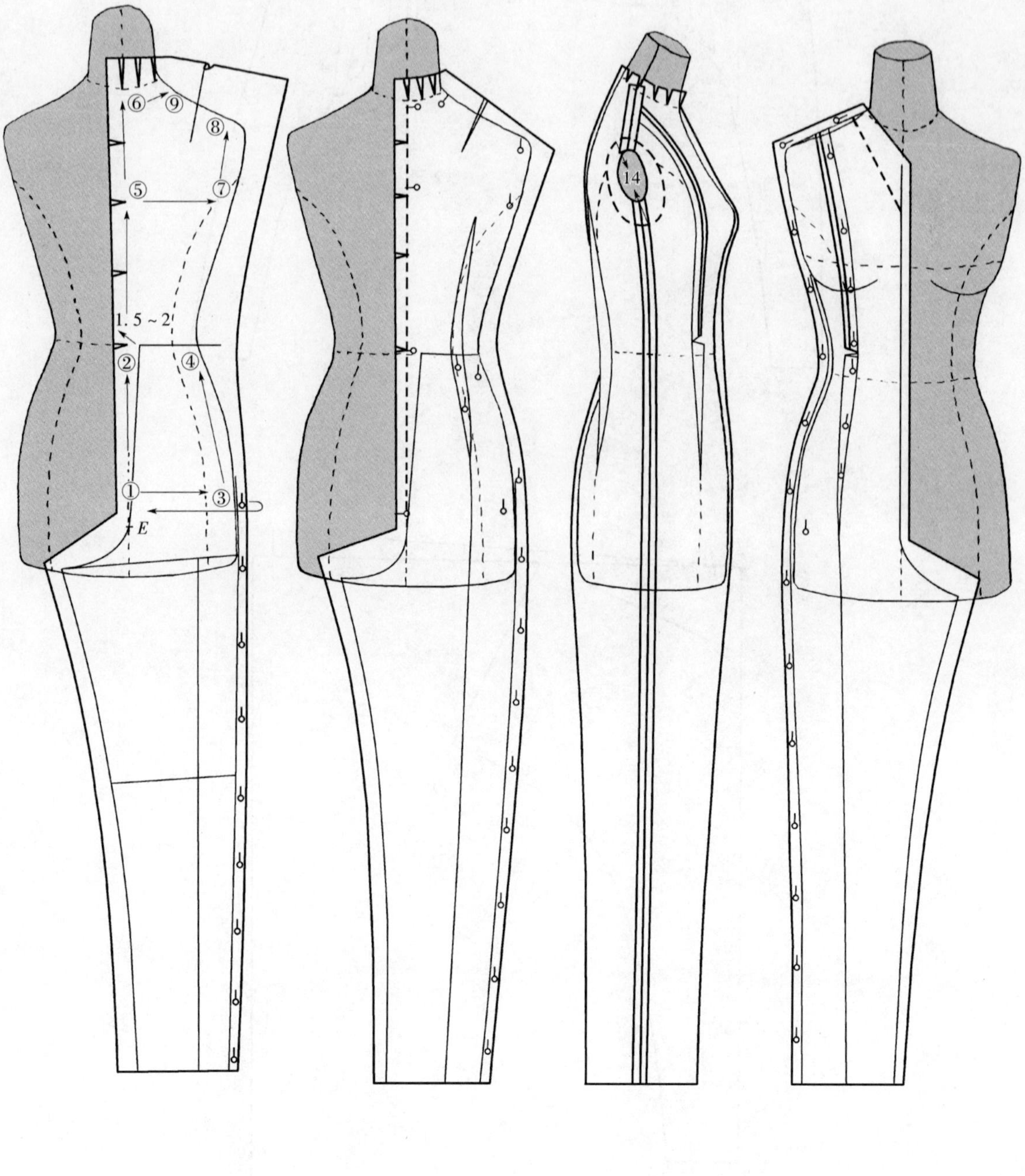

【阿拉伯裤】

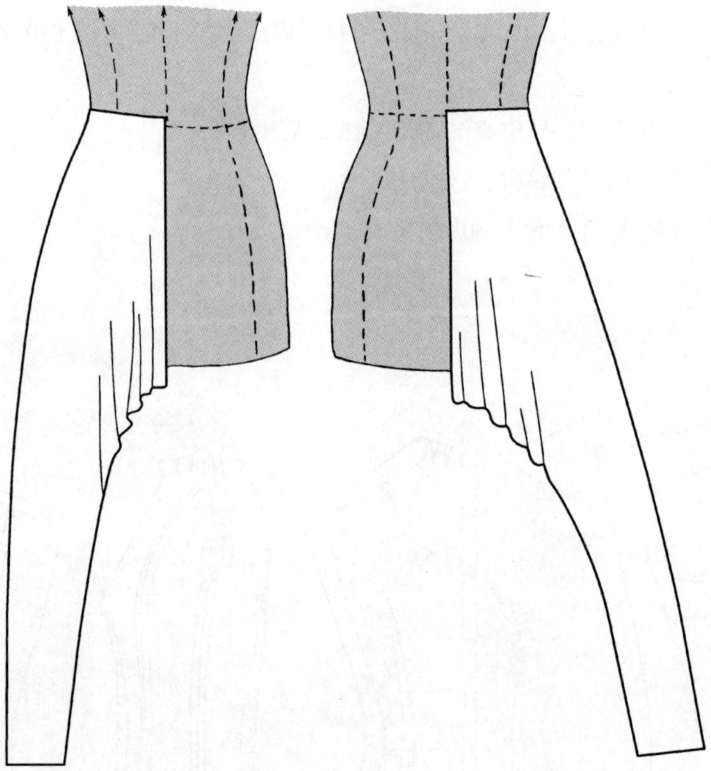

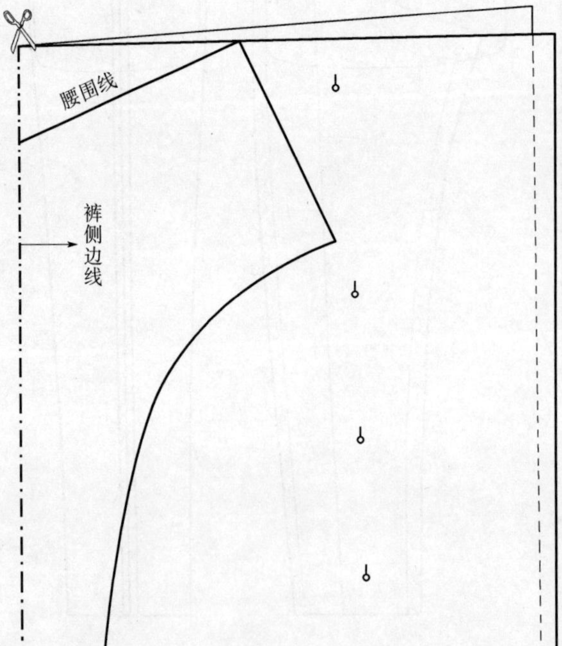

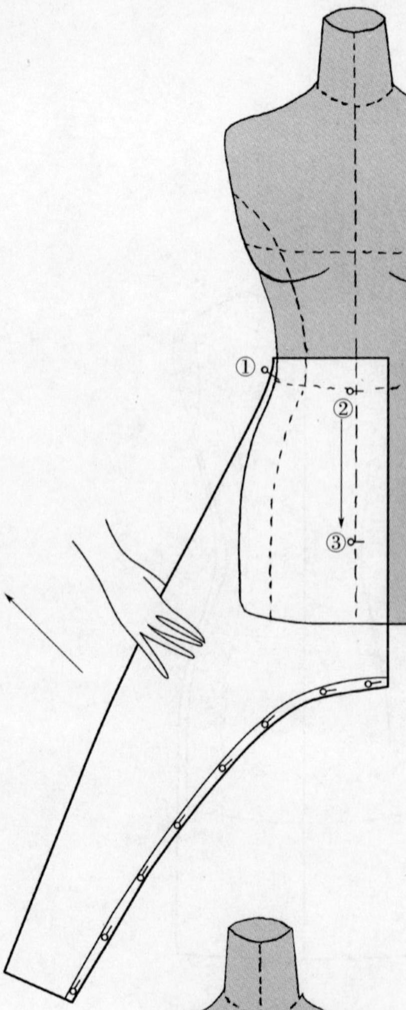

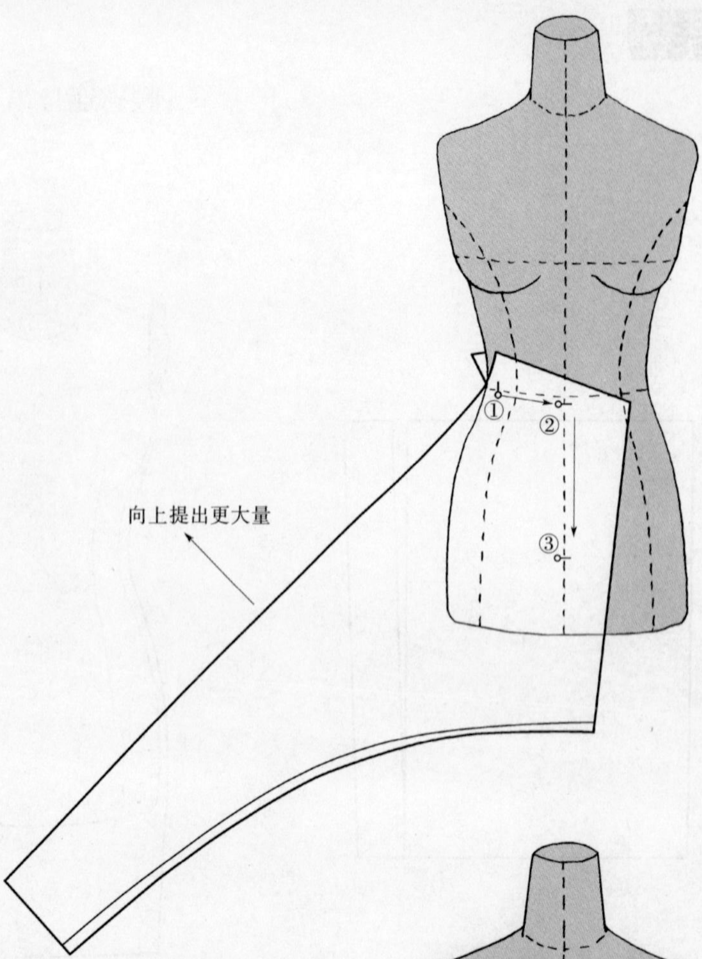

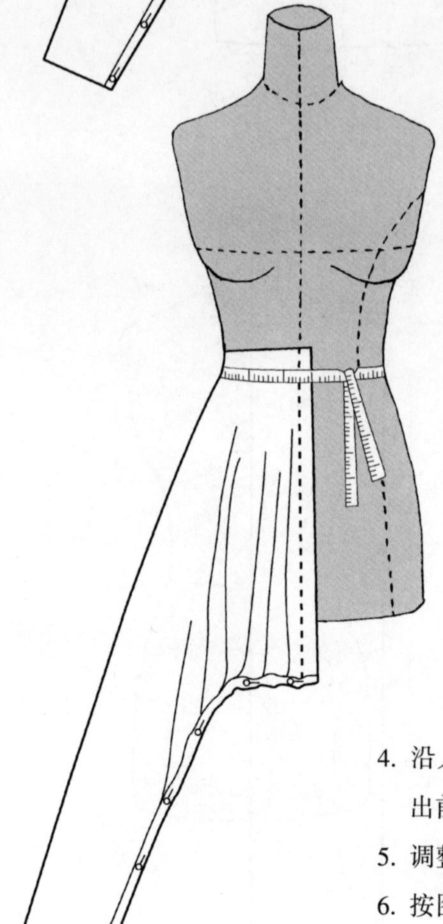

操作方法

1. 将纸对折，画出裤子的基形，对折处为裤子的侧缝线。
2. 拼合裤腿部分，将纸板侧中腰节线与人台侧中腰节线固定点①。
3. 拉出所需的下裆褶量，在前、后中心线腰节处分别固定前、后点②，由前、后点②沿人台前、后中心线向下推平，固定前、后点③。
4. 沿人台的前、后中心线折出或画出前、后裆线。
5. 调整裤腿肥瘦和下裆长。
6. 按图示画出腰围线。

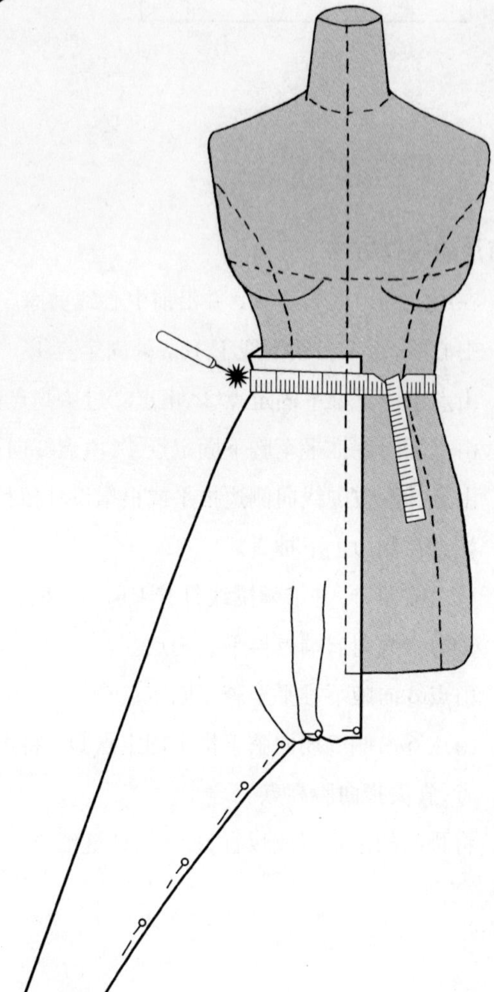

【腰省连身裙】

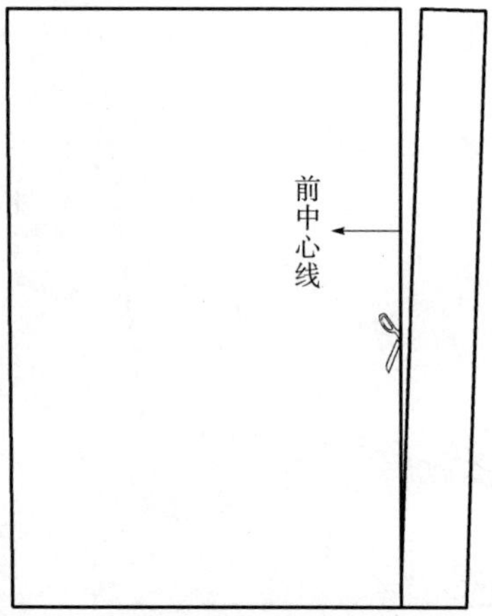

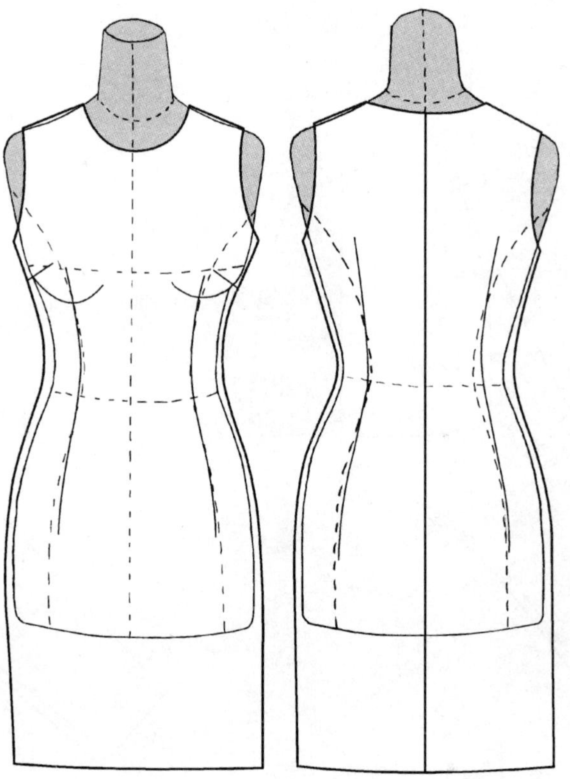

前片的操作方法

1. 在纸上画出前中心线，并沿前中心线剪净。将纸的前中心线对准人台的前中心线，于人台领围线下 1cm 处固定点①。
2. 由点①向下推平固定点②，由点②过胸高点向下推平至腰节处固定点③。
3. 由点③向上推平至胸下固定点④，由点③向下推平至臀围处固定点⑤。
4. 由点⑤沿臀围线向侧边推平或根据设计留稍许余量，于侧胯处固定点⑥。
5. 将纸在侧边上下抻直。
6. 剪出前领口，并沿领围线打若干剪口，由点①向肩颈点推平固定点⑦，由点⑦沿肩线向肩端点推平固定点⑧。
7. 由点⑧向腋下推平至腋下固定点⑨。
8. 由点⑥沿侧缝线向腋下推平固定点⑩，将点⑨与点⑩之间的余量捏成腋下省，省尖指向胸高点。
9. 将腰间的余量捏成腰省，过人台侧缝线 2～3cm，剪去侧边多余纸量。

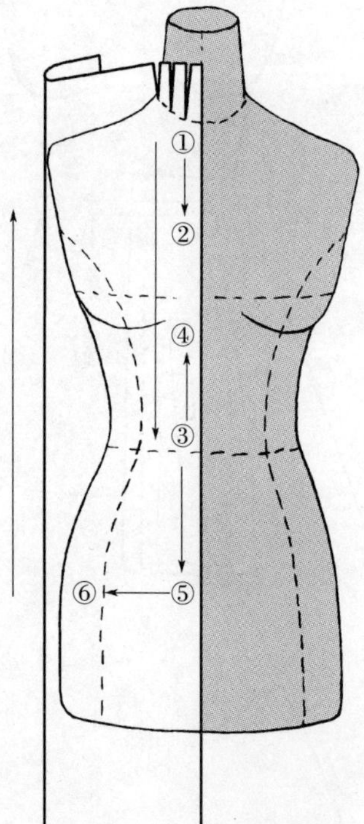

后片的操作方法↓

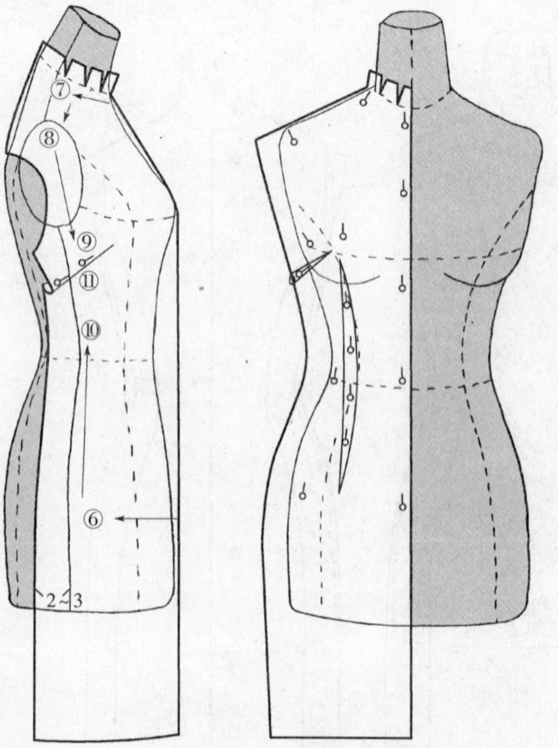

1. 将纸的一边过人台后中心线 2～3cm 放置，在人台后领围线下 1cm 处固定点①。
2. 由点①沿人台后中心线向下推平至背宽处固定点②，由点②向下推平至人台腰节处固定点③。
3. 用珠针在侧腰节处固定点④。
4. 由点②沿背宽线向侧臂推平固定点⑤。
5. 由点⑤向肩端点推平固定点⑥。
6. 剪出后领口，并沿人台后领围打剪口，由点①向肩颈点推平固定点⑦，将点⑦与点⑥之间的余量捏成 0.7～1cm 的肩省。
7. 将过人台后中心线的纸边打剪口，剪口剪至人台后中心线。由点③沿人台后中心线向下推平至臀围处固定点⑧，由点⑧向侧臀推固定点⑨。
8. 取下点④，沿人台后侧曲线，捏出后腰省，由点⑨向上推平至腰节处固定点⑩。
9. 拼合前后侧缝、肩缝，前片的胸围、腰围、臀围、下摆围比后片的胸围、腰围、臀围、下摆围各大 2cm。从远处看肩缝与侧缝在一条直线上。
10. 按人台的后中心线折出纸板的后中心线。
11. 同前面图例操作方法画出领口线、袖窿线、腰围线与裙长线。

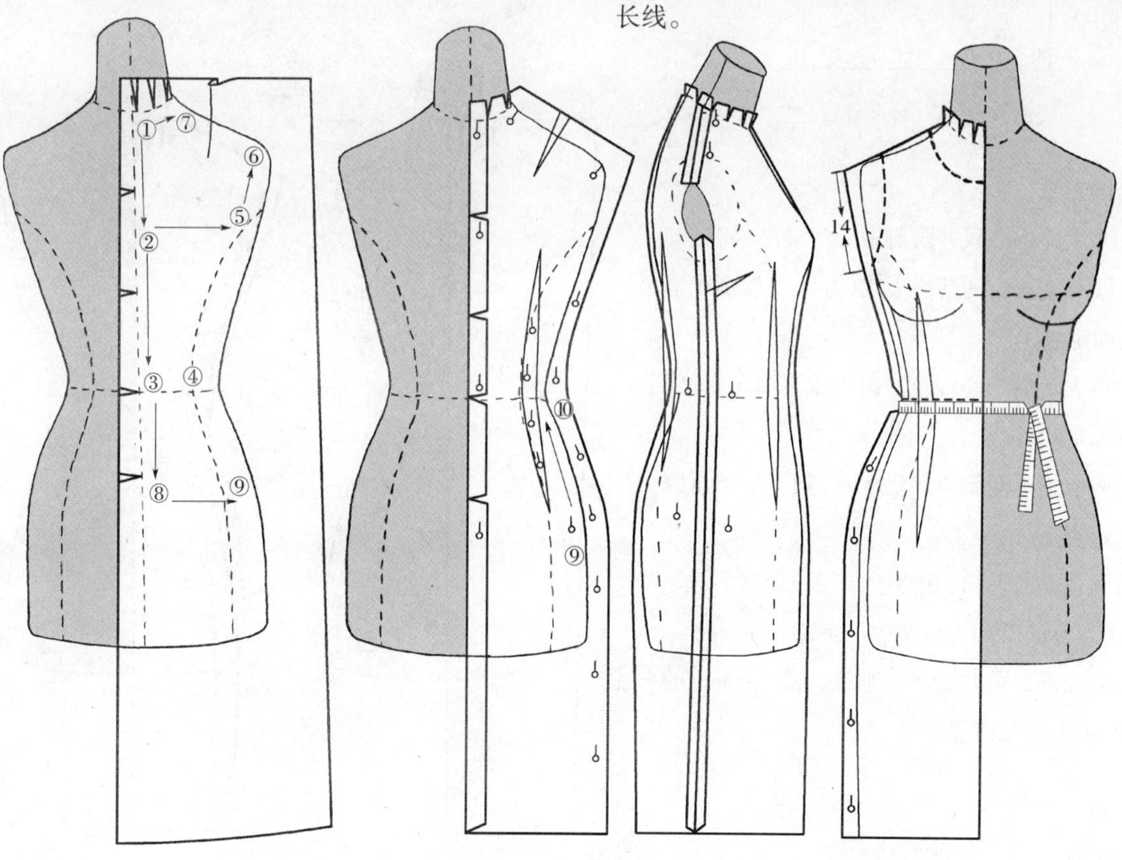

【公主线连身裙】

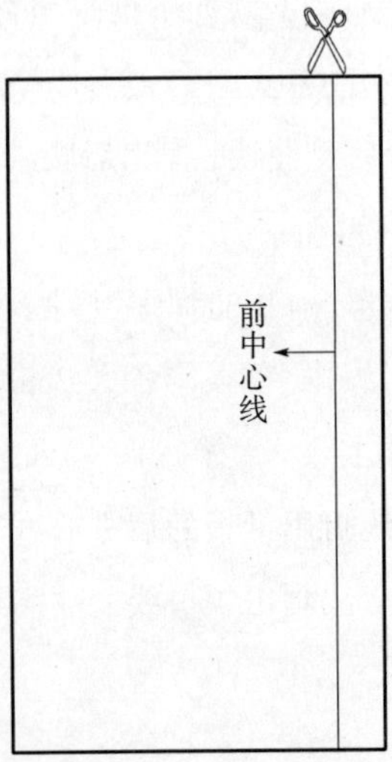

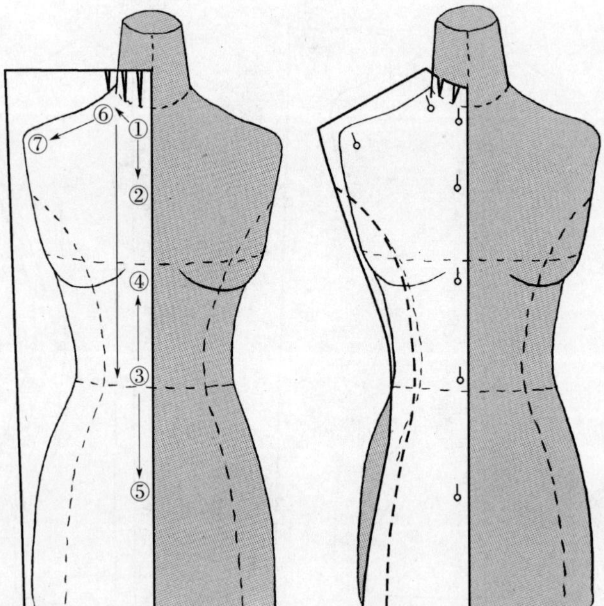

前片的操作方法

1. 在纸上画出前中心线并沿前中心线剪净，将纸的前中心线对准人台的前中心线，在人台领围线下1cm处固定点①。
2. 由点①沿人台前中心线依次向下推平固定点②，至腰节固定点③。
3. 由点③向上推平至胸下固定点④，向下推平至臀围处固定点⑤。
4. 剪出前领口并打剪口，由点①向肩颈点推平固定点⑥，由点⑥向肩端点推平固定点⑦。
5. 通过胸高点画出前片公主分割线，留 2～3cm 的调整量，剪去多余纸量。

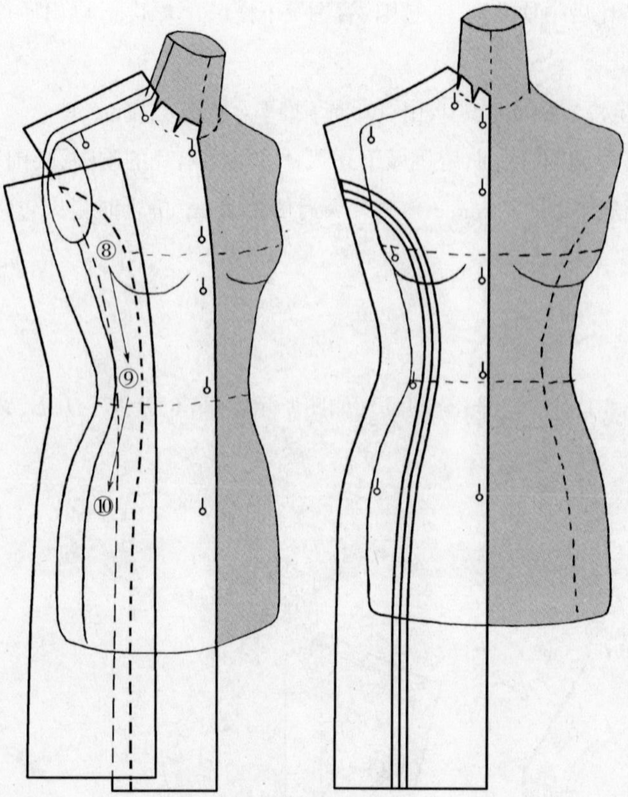

6. 将另一张纸放置在人台前侧，侧胸处固点⑧，由点⑧向下推平至腰节处固定点⑨，由点⑨向下推平至侧胯部固定点⑩。

7. 画前片公主分割线，拼合前中片与前侧片，剪去侧片多余的纸量。

后片的操作方法↓

1. 将纸的一边过人台后中心线 2～3cm 放置，在人台领围下 1cm 固定点①，由点①沿人台后中心线向下推平，依次固定点②、腰节处固定点③。

2. 在过人台后中心线的纸边上打剪口，剪口剪至人台后中心线。在侧腰节处固定点④。

3. 由点④向上推平至背宽处固定点⑤，由点⑤向肩端点推平固定点⑥。

4. 剪出后领口并打剪口，由点①沿人台领围线向肩颈点推平固定点⑦，将点⑥与点⑦之间的余量固定成 0.7～1cm 的肩省。

5. 由点③和点④分别向下推平固定点⑧与点⑨。

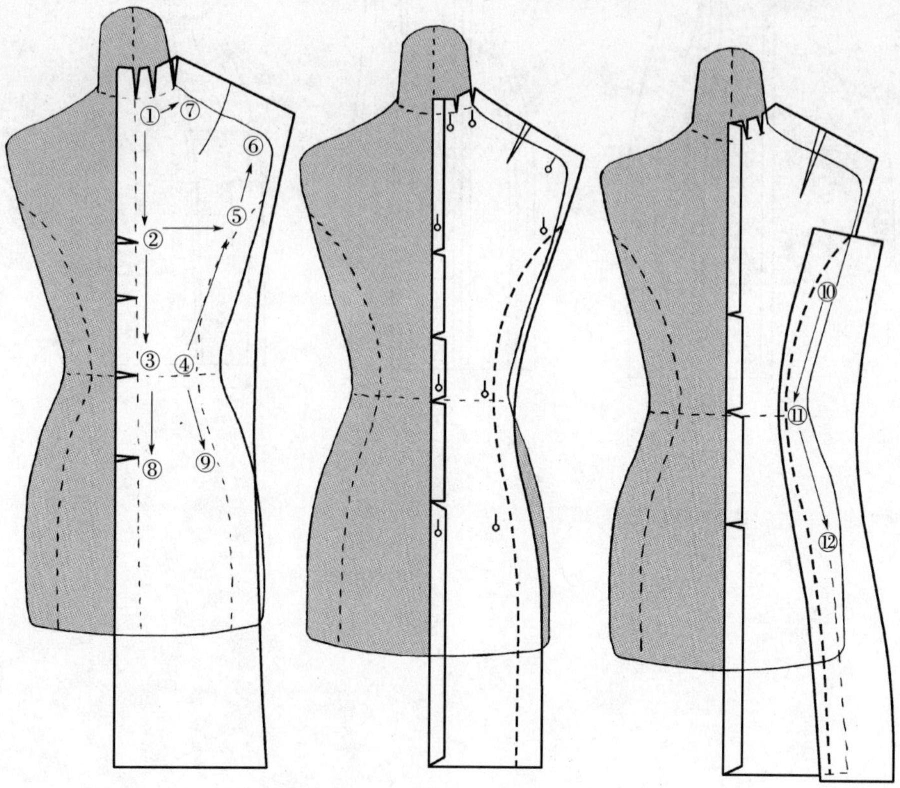

6. 量出前中片尺寸，前中片的胸围、腰围、臀围及下摆尺寸各比后中片的胸围、腰围、臀围及下摆尺寸大 1cm，画出后片公主分割线，按人台后中心线折出纸板的后中心线。
7. 取另一张纸放在后侧边，于腋下固定点⑩，由点⑩向下推平至腰节处固定点⑪，由点⑪向下推平至臀围处固定点⑫。
8. 依照后片公主分割线，拼合后中片与后侧片，用软尺量各片胸围、腰围、臀围及下摆尺寸。整个前片的胸围、腰围、臀围及下摆围尺寸各比整个后片的胸围、腰围、臀围及下摆围尺寸大 2cm。前侧片大后侧片 1cm，拼合前侧片与后侧片。
9. 拼合肩缝，从远处看肩缝与侧缝成一条直线。
10. 肩端点向下量 14cm 画出袖窿线，在人台上画出领口线。
11. 肩颈点向下量 42cm 水平画出腰节线，在各片拼合部位画上对位记号（合印点），如图所示字母 A、B、C、D、E、F。

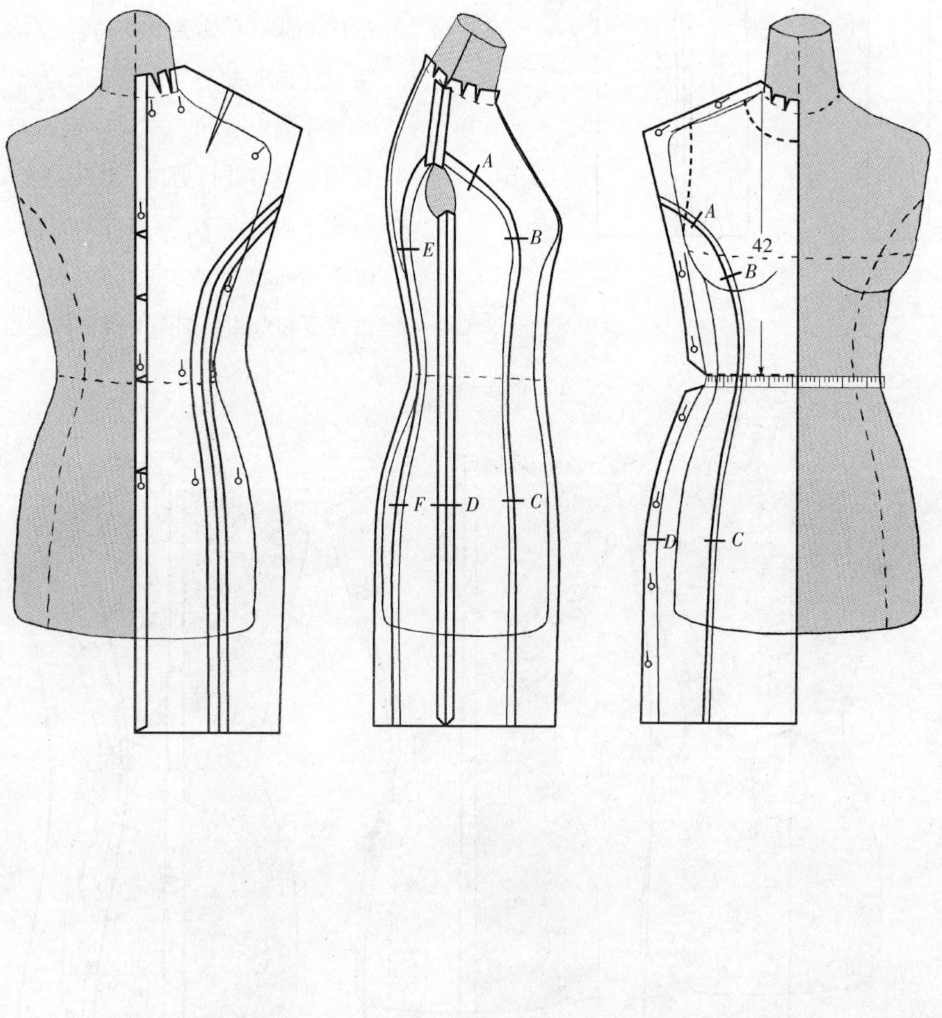

【翻领】

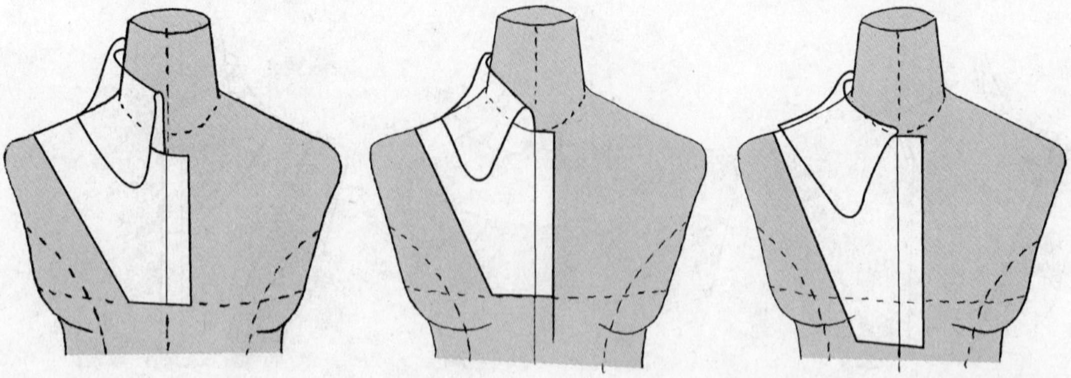

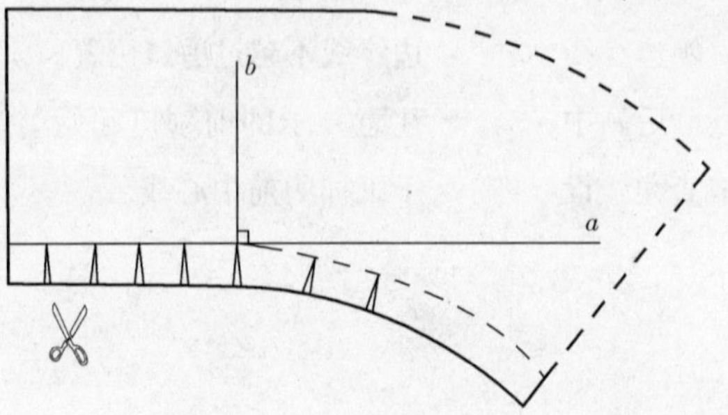

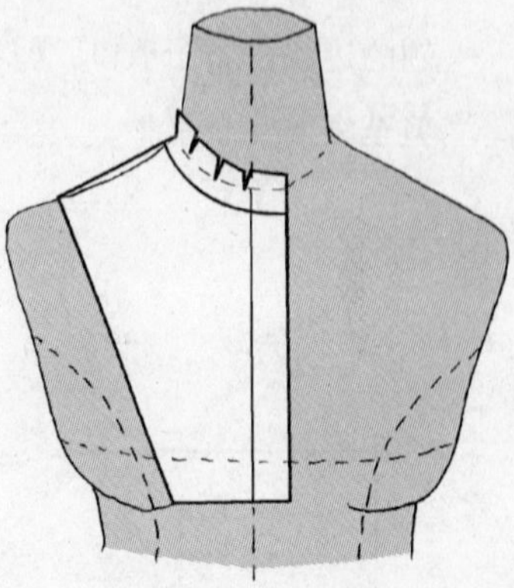

用直尺画 a 线，b 线。
b 线垂直于 a 线，如图用虚线画出领下口线。领下口线下打若干剪口。

在人台的纸样上画出领口线，领口线大小可任意设计。

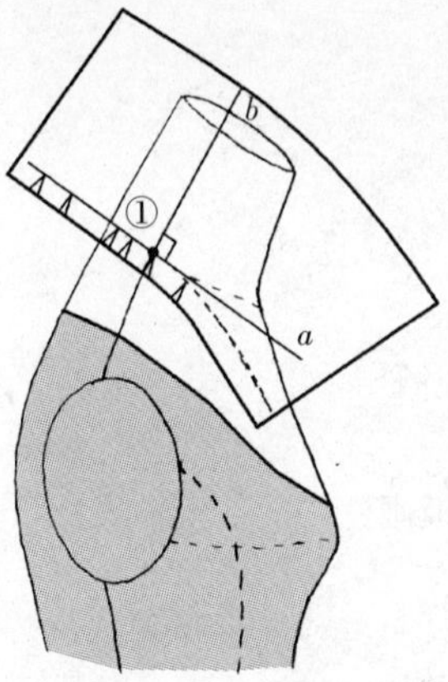

将 a 线、b 线的交叉点对准纸样领口线与肩缝的交叉点，用珠针将两个交叉点固定在一起，图中点①。

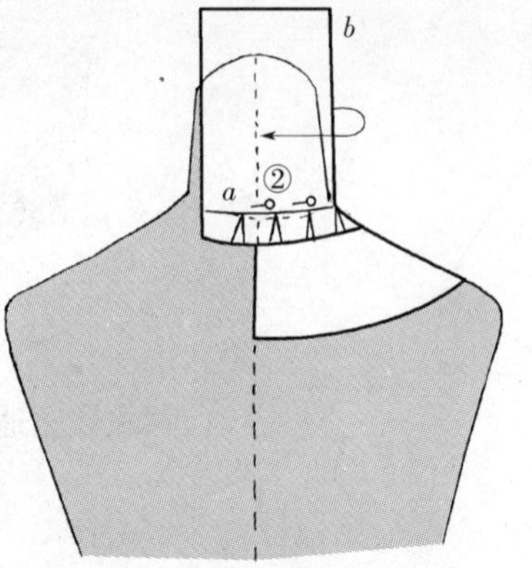

将纸向人台颈后推，a 线与纸样后领口线重合，将 a 线沿纸样后领口线推平，并将其固定在纸样后领口线上，直至后领中心线处，图中点②。

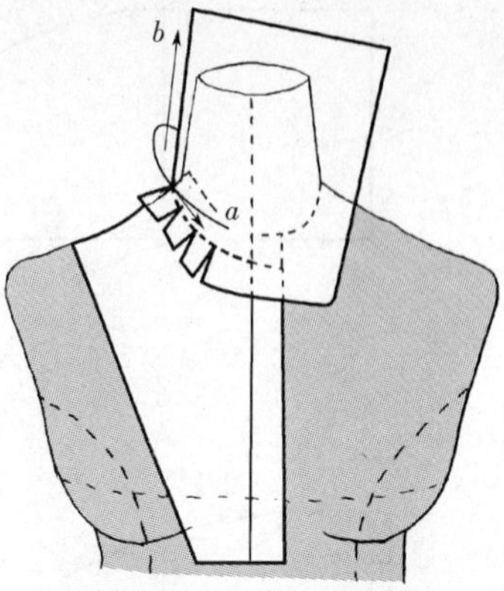

b 线向上抻直，由侧领向前推，将领子的前领口弧线沿纸样的前领口线推平并固定至纸样领口线的前中心线处。按照纸样的前领口线重新描出领子的前领下口弧线。

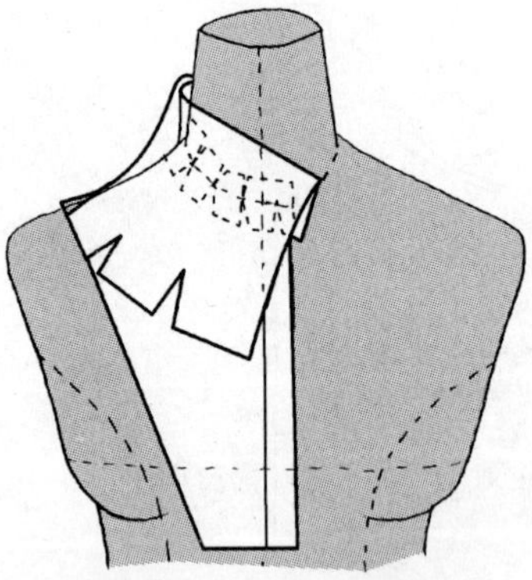

将领子翻折，在肩部及前面领的边缘打若干剪口，剪口剪至领面完全平整。

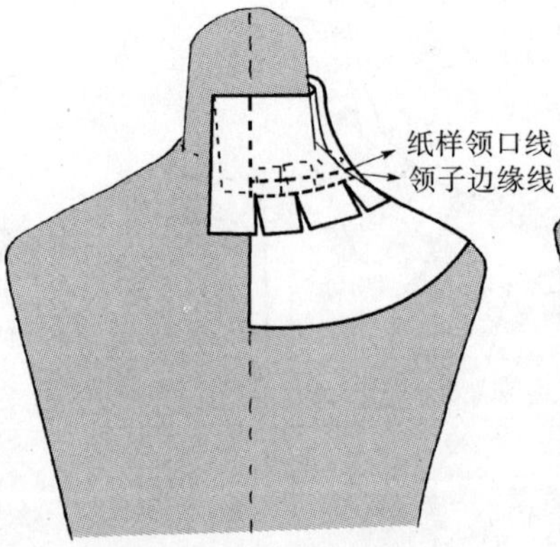

用滚轮按人台后颈中心线压出后领中线，后领边缘线盖过纸样后领口线。后领中线与后领边缘线成直角。设计后领领型。

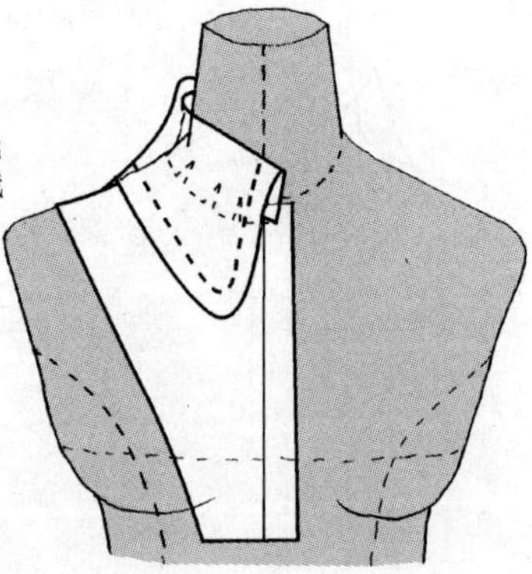

画出前领领型，领型的边缘线不越过剪口位置。注意领子的前领口起始于纸样的前中心线。

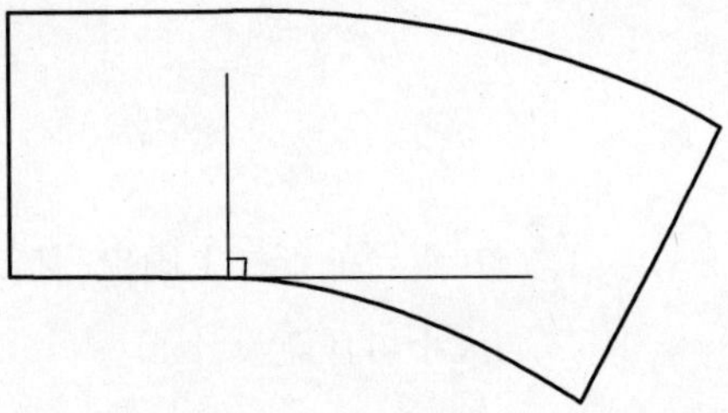

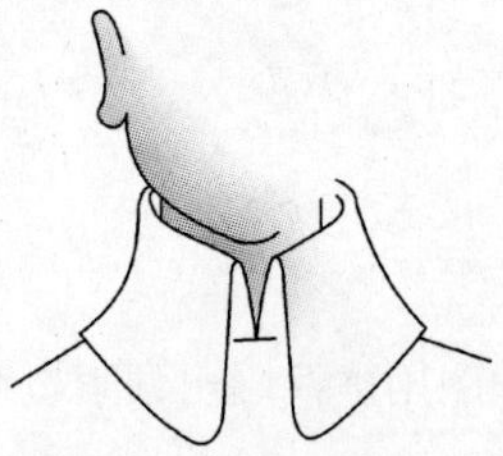

翻领领座较高的纸板画法

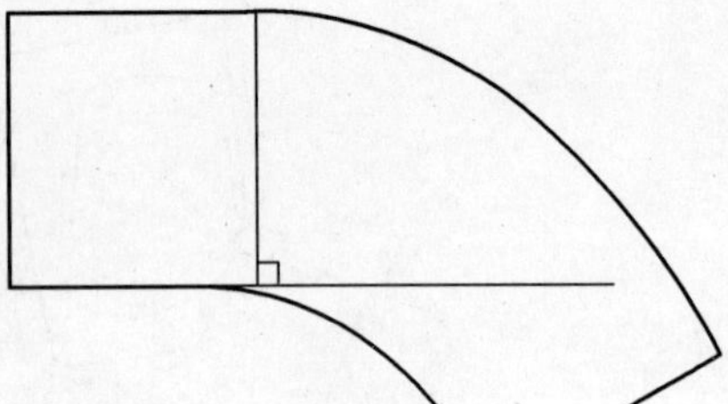

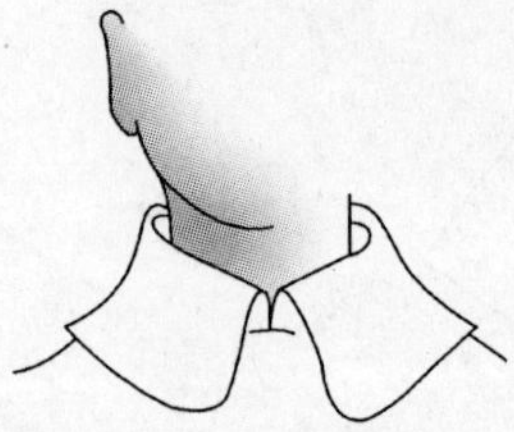

翻领领座适中的纸板画法

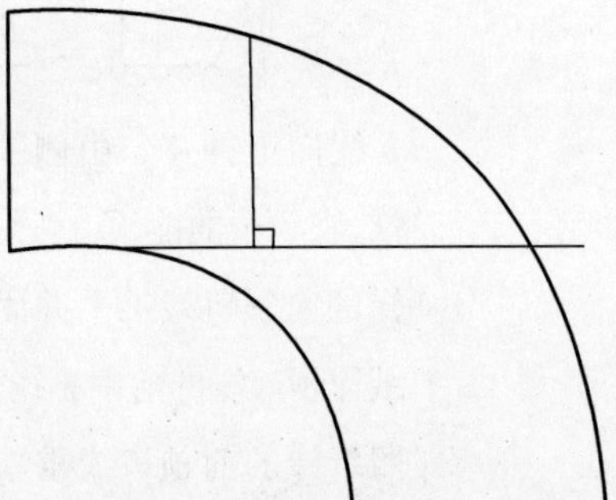

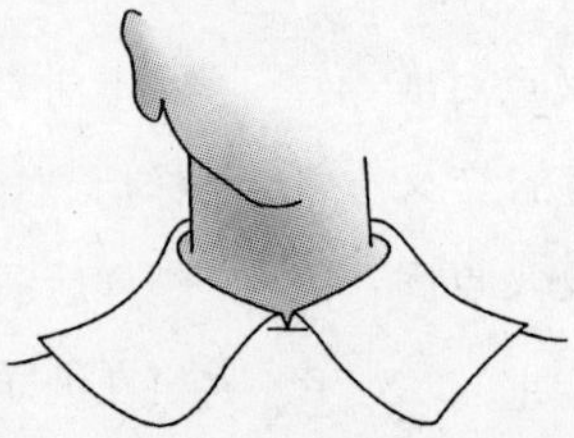

平翻领的纸板画法

【立领、旗袍领、立翻领】

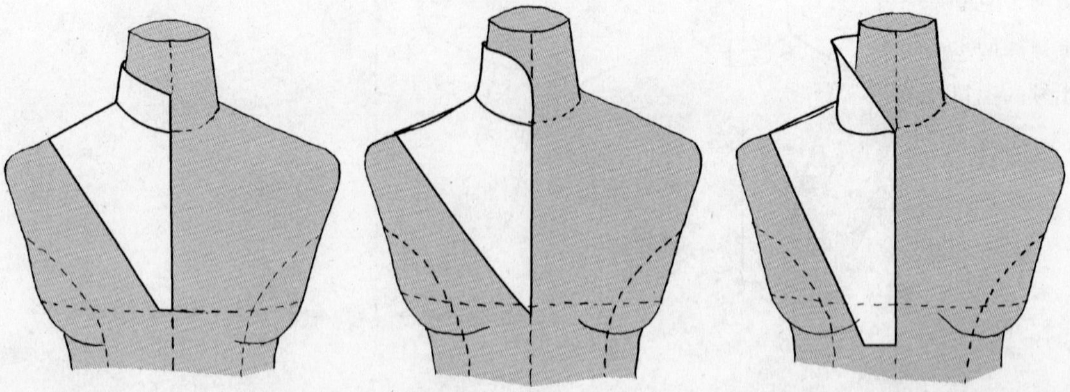

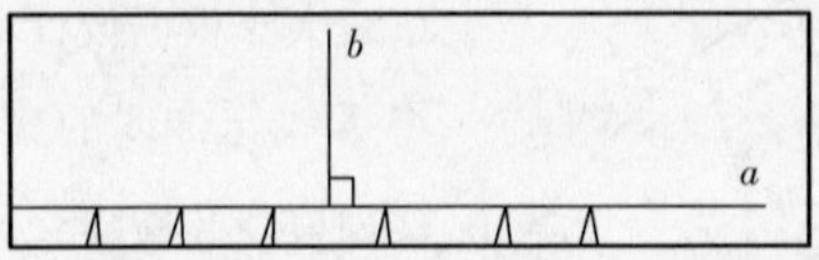

用直尺在纸上画出 a 线、b 线。

b 线与 a 线垂直，a 线下打若干个剪口。

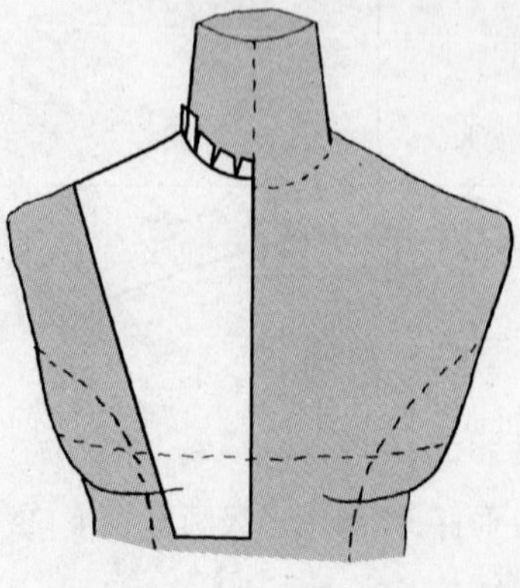

在人台的纸样上画出领口线。

注意领口线依据人台领围线设计。

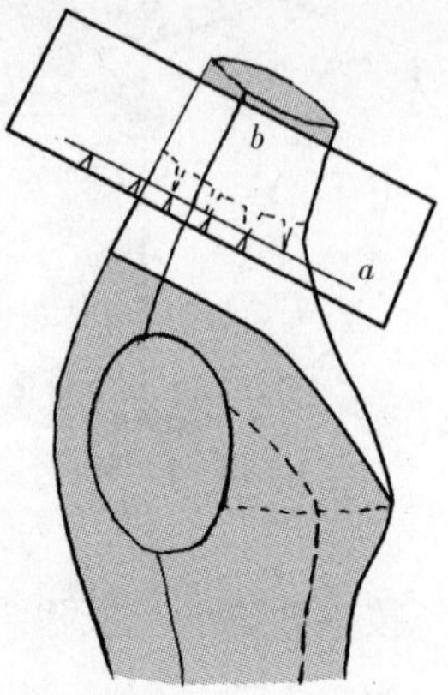

将 a 线与 b 线的交叉点对准纸样领口线与肩缝的交叉点，用珠针将两个交叉点固定在一起。

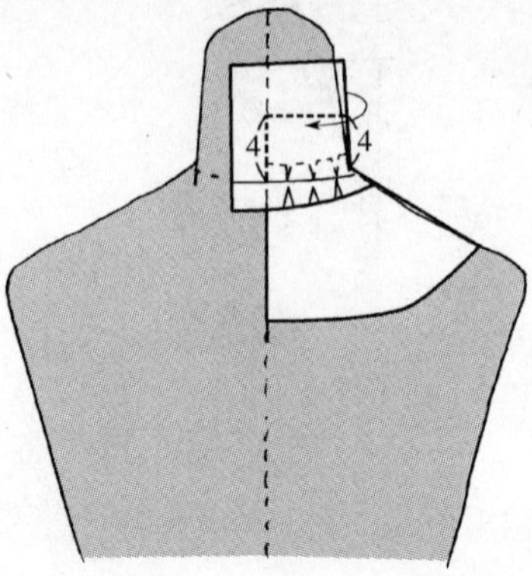

将纸向后推，a 线与纸样后领口线重合，将 a 线沿纸样后领口线推平，并将其固定在纸样后领口线上，至人台后中心线处。

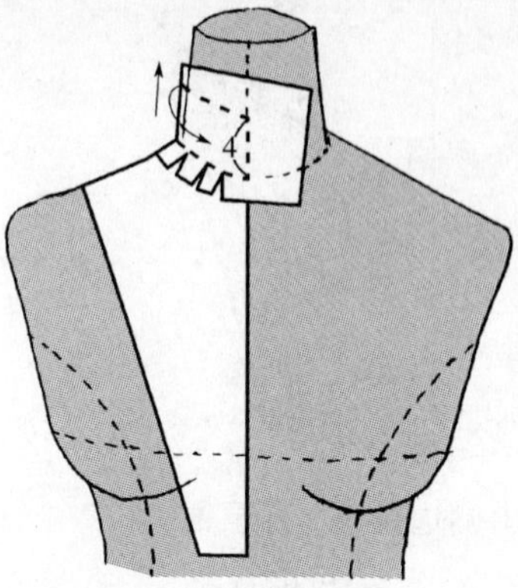

b 线向上抻直，将 a 线沿衣片纸样的前领口线推平，并将领下口线与衣片领口线固定至衣片的前中心线。

领型

注意前领口由前中心线处起。由领下口线向上量4cm，画出领的上口线。

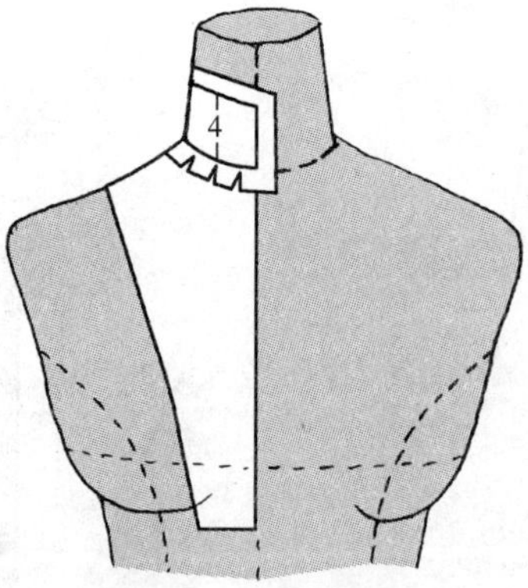

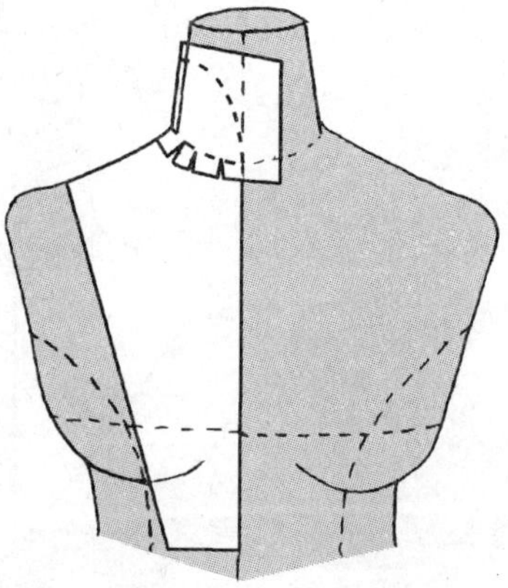

根据设计画出领型外轮廓线。

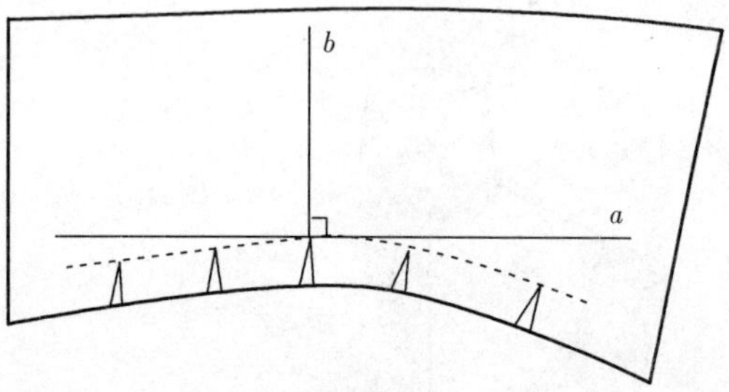

用直尺画出 a 线、b 线。
b 线与 a 线垂直，如图用虚线画出领下口线，领下口线下打若干剪口。

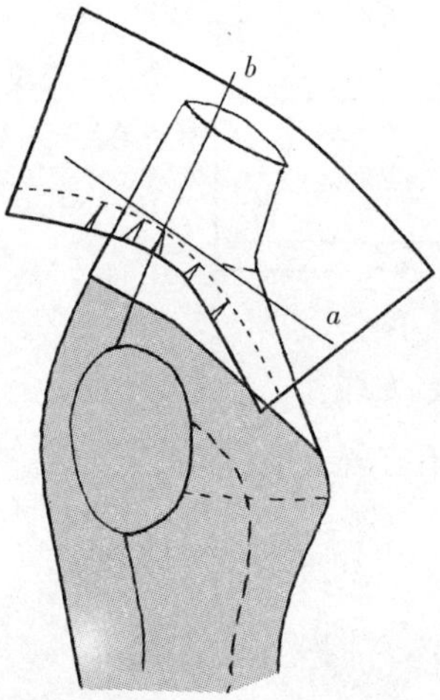

在人台的纸样上画出领口线，领口线大小根据设计而定。
将 a 线与 b 线的交叉点对准纸样领口线与肩缝交叉点，用珠针将两个交叉点固定在一起。

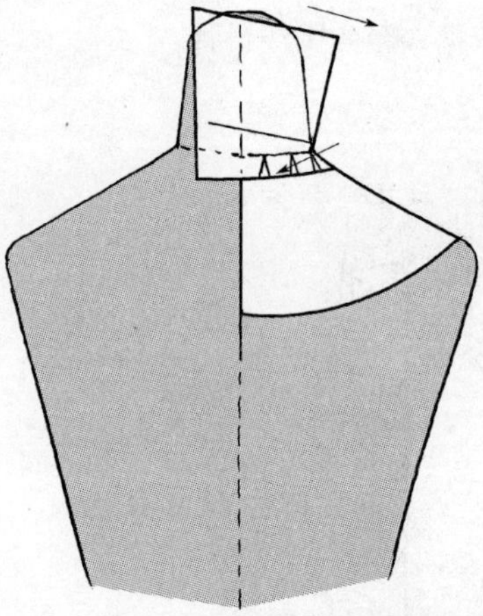

先将领子由侧边拉出，直至领子的后领下口弧线与纸样的后领口线重合，将领子的后领下口弧线沿纸样的后领口线推平，并固定在一起，至人台后中心线处。

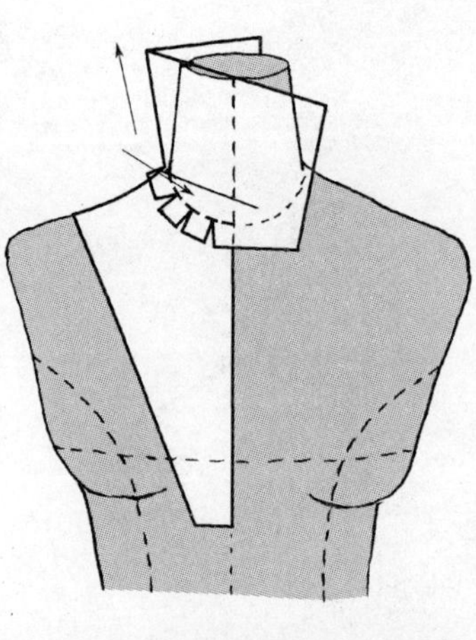

保持拉出的领口宽度，由侧领口点起将领子前领下口弧线沿纸样的前领口推平，并将领子固定在纸样的前领口线上，至领口前中心线处，按纸样的前领口线重新描出领子的前领下口线。

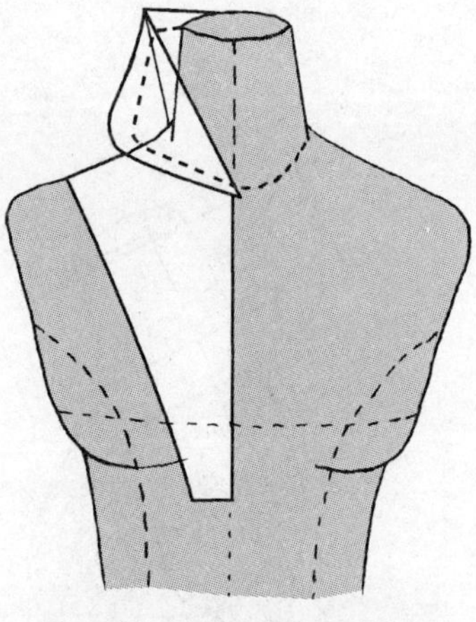

按前面图例的操作方法画出领子的后中心线，领子的后领轮廓线。在人台上翻开前领，画出前领轮廓线，领子前领口的起点为领前中心线处。

【连身领】

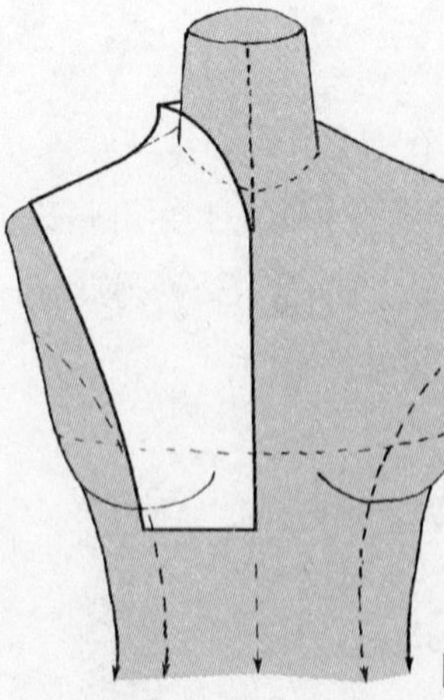

图1

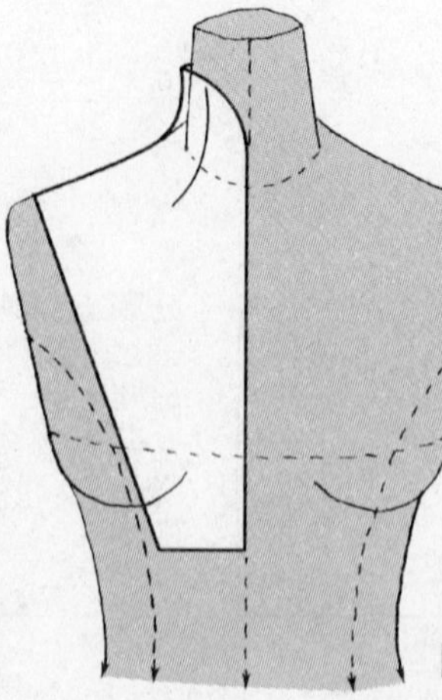

图2

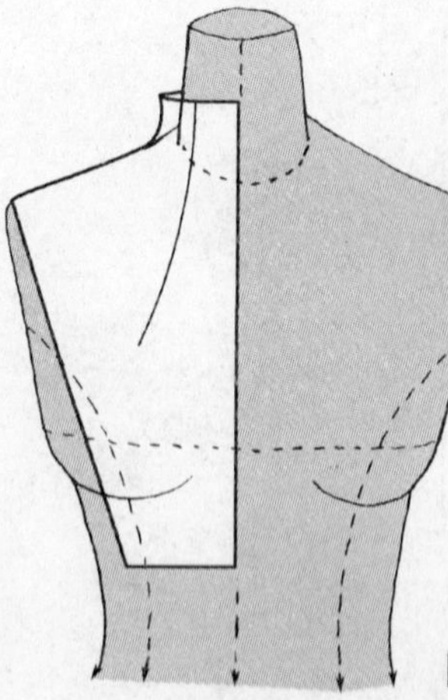

图3

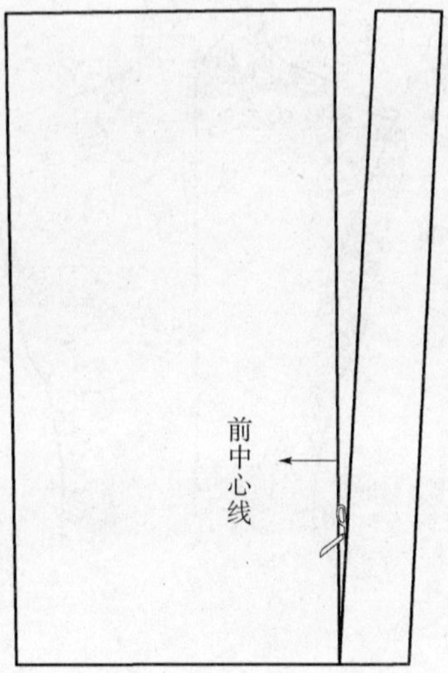

图 1 操作方法↓

1. 在纸上用直尺画出纸板的前中心线,并沿前中心线剪净。
2. 将纸板的前中心线对准人台的前中心线,纸板上端高于设计的领高 2cm 左右。
3. 剪开前领口,剪至人台前领围处。
4. 在人台的前中心线上依次固定点①、点②、点③。
5. 由点①向肩部推平固定点④、点⑤。
6. 将剪好的纸板后中心线对准人台的后中心线,纸板的上端留与前片相同的余量。
7. 在人台的后中心线上依次固定点①、点②、点③、点④。
8. 将后颈部捏出一个 0. 5cm 的小省,由点①向肩颈点推平固定点⑤。
9. 将点⑤与点④之间的余量捏成 0. 7 ~ 1cm 的肩省。
10. 拼合肩缝及侧领部分。

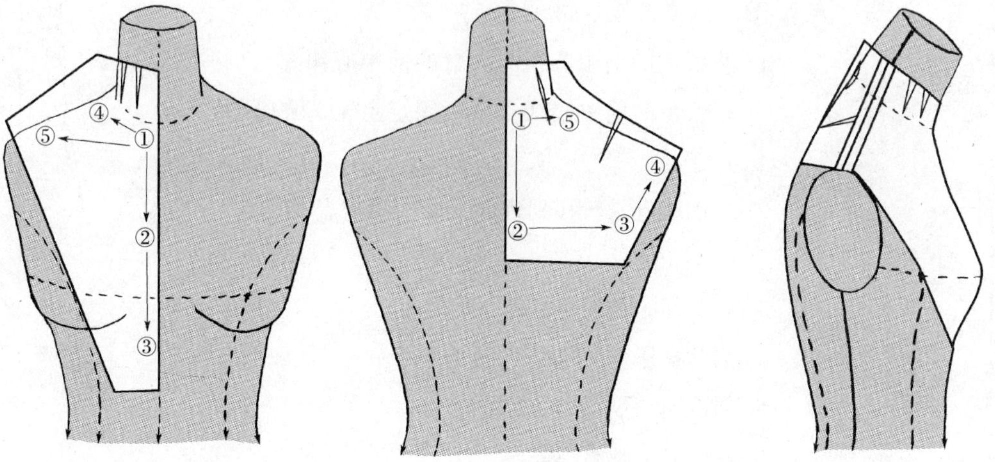

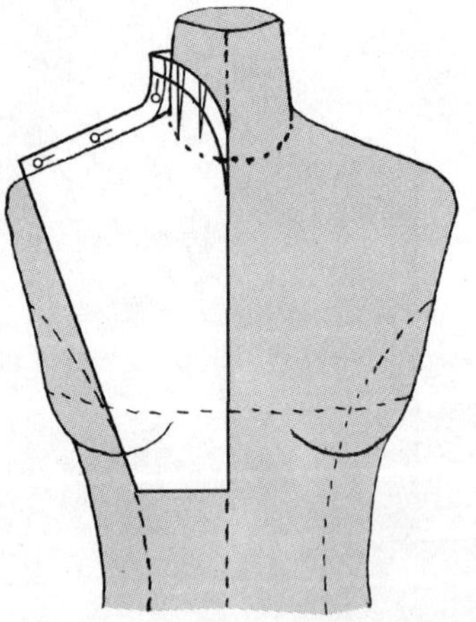

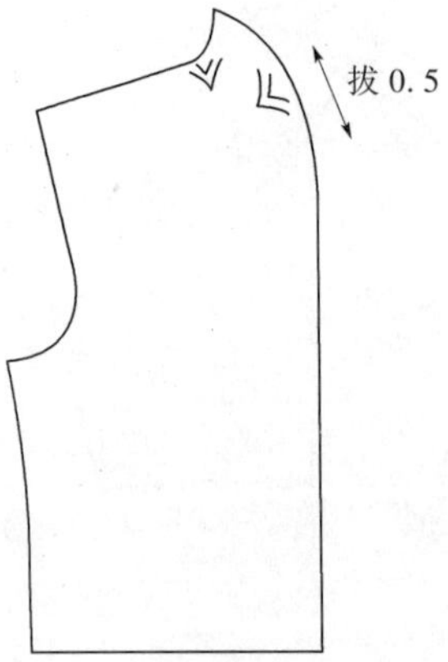

11. 在人台上画出领型。
12. 在平面纸板上标出归拔部位。肩颈部分、前领口部分，剪口张开的尺寸为要拔开的尺寸。

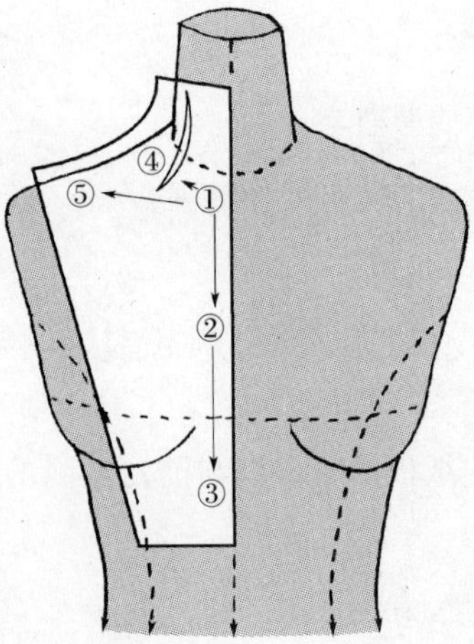

图 2 操作方法

1. 将纸板的前中心线对准人台的前中心线，纸的上端高出设计领高 2cm。
2. 在人台前中心线上依次固定点①、点②、点③。
3. 沿人台颈部曲线，在纸板颈部捏出一个小省，使颈部平整。
4. 由点①过颈部小省向肩部推平，依次固定点④、点⑤。
5. 后片操作方法与图 1 后片的操作方法相同，在后颈部、肩部各有一个小省。
6. 拼合前、后肩缝及侧领部。
7. 在人台上画出领型。
8. 此领比图 1 的领高高，归拔的方法不能使前领平整，所以要在前领捏合一个小省。

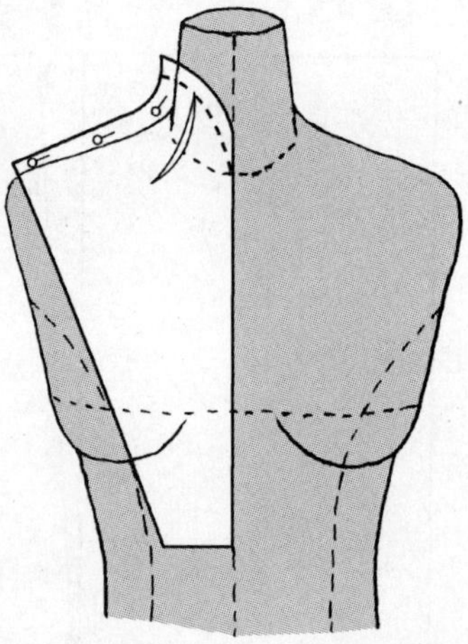

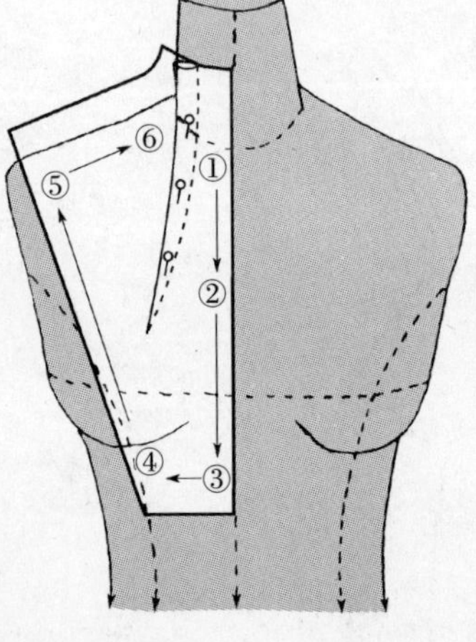

图 3 操作方法

1. 将纸板的前中心线与人台的前中心线重合，在人台的前中心线上依次固定点①、点②、点③。
2. 将前胸省量转移到颈部，依次固定点④、点⑤、点⑥。
3. 将颈部的胸省量捏成一个大省。
4. 后片操作方法同图 1、图 2。
5. 拼合前、后肩缝及侧领缝。
6. 在人台上画出领型。

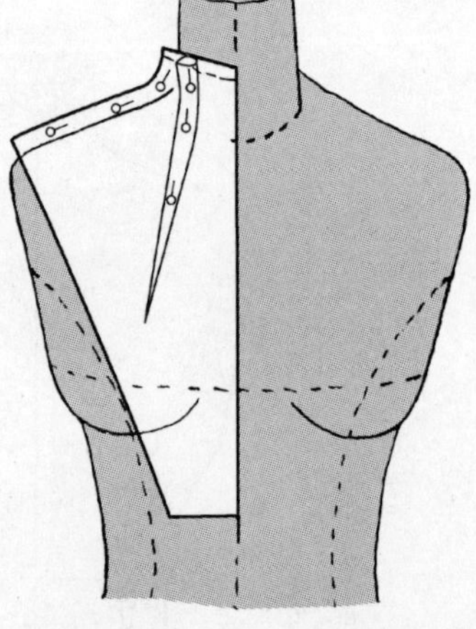

【西服领】

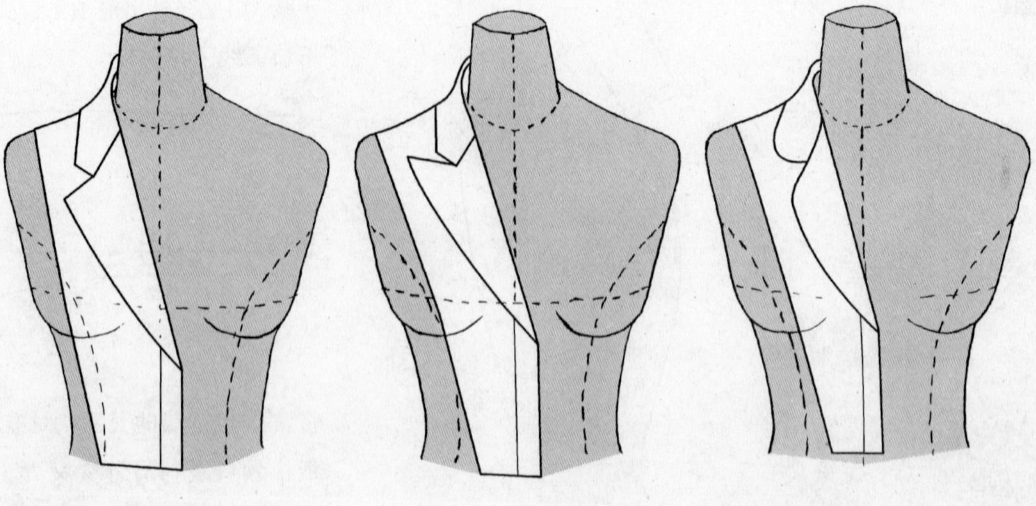

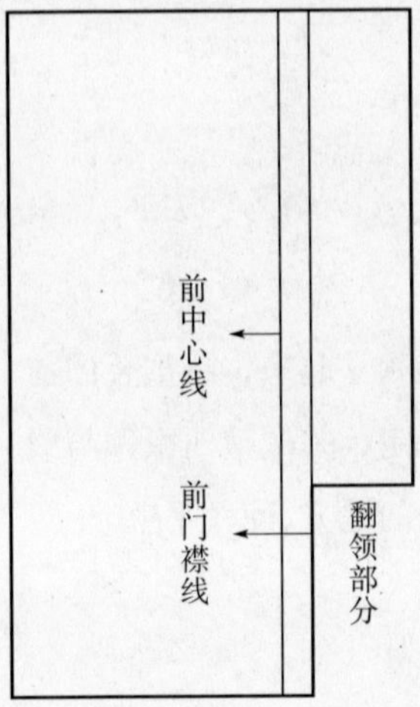

操作方法

在纸板上平行画出前中心线、前门襟线、翻领宽，根据翻领长度将翻领下面多余的部分剪去，注意翻领长度应在人台上量出，并留出 3~4cm 的调整量。

1. 将纸板的前中心线对准人台的前中心线，在人台的前领围下 1cm 处固定点①。
2. 由点①沿人台的前中心线向下推平固定点②，由点②向腰节推平，在腰节处固定点③。

3. 剪出前领口，并沿人台前领围线打剪口。由点①沿人台领围线向肩颈点推平固定点④，由点④沿肩部推平固定点⑤。

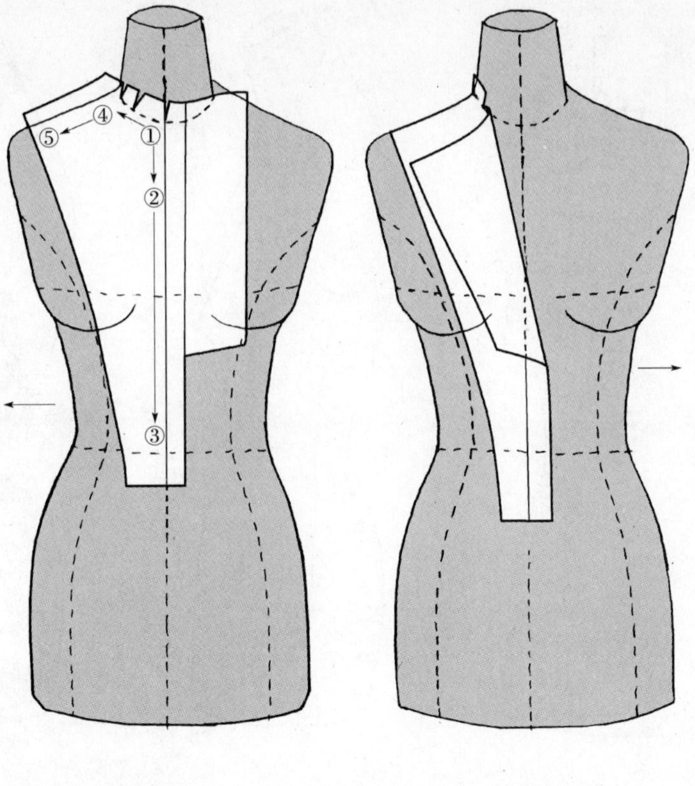

4. 设计出驳领折线。取下点①、点②将驳领按折线翻折。

5. 后片的操作方法同前。拼合肩缝，依据人台后领围线画出纸样的后领口线。

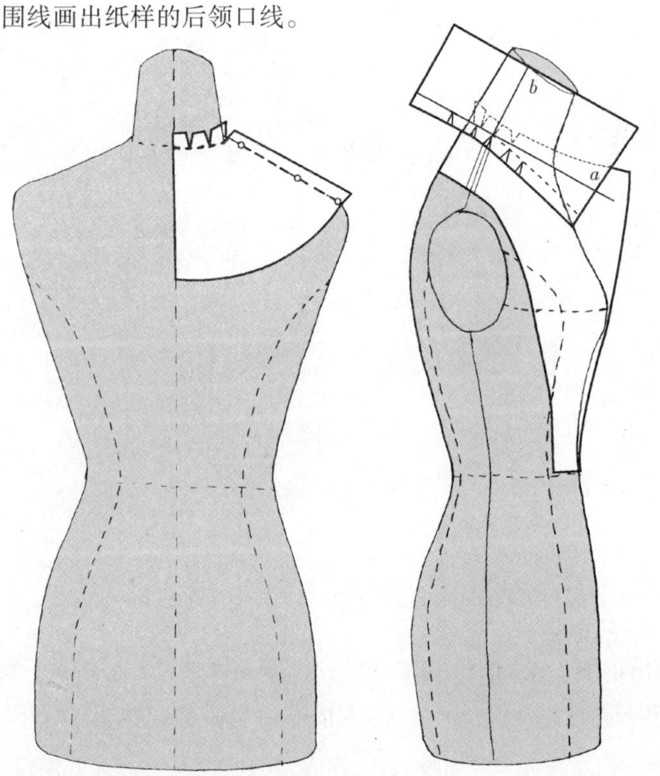

6. 在另一张纸上画 a 线、b 线，b 线垂直于 a 线，用虚线画出前领下口弧线，并在领下口弧线下打剪口。

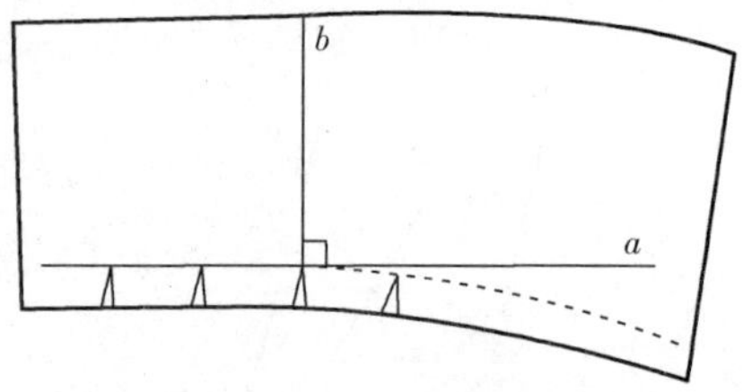

7. 将 a 线与 b 线的交叉点对准纸样领口线与肩缝交叉处，用珠针将两个交叉点固定在一起。

8. 将领子的纸板向后推，a 线与纸样的后领口线重合，将 a 线沿纸样的后领口线推平，并将 a 线固定在纸样的后领口线上，至后领中线。

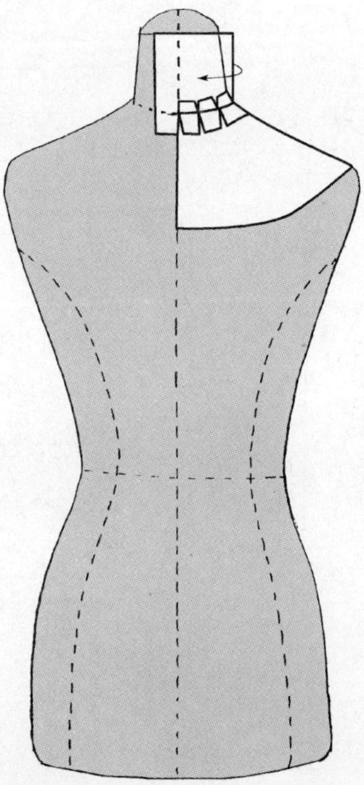

9. 设计西服领的翻领高度，后领用珠针固定。在领子纸板的边缘打剪口，使后领平整，前领与驳领重叠，用珠针在重叠处固定。

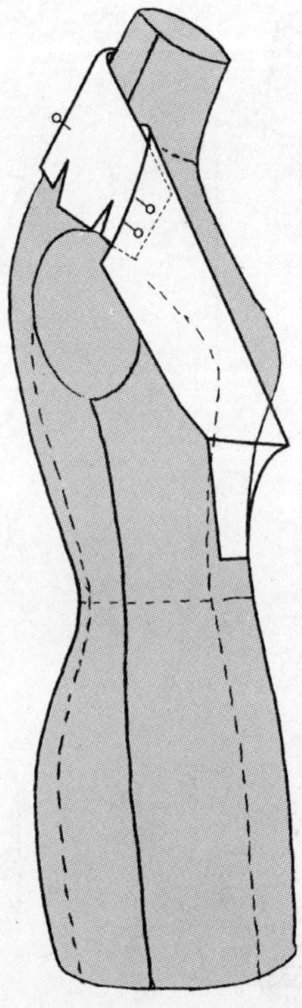

10. 将西服领立起来，将重叠的前领口固定，并调整西服领与驳领重叠的地方，使领平整。

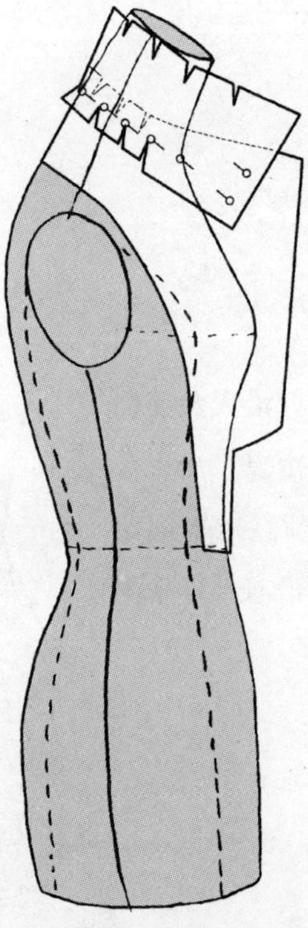

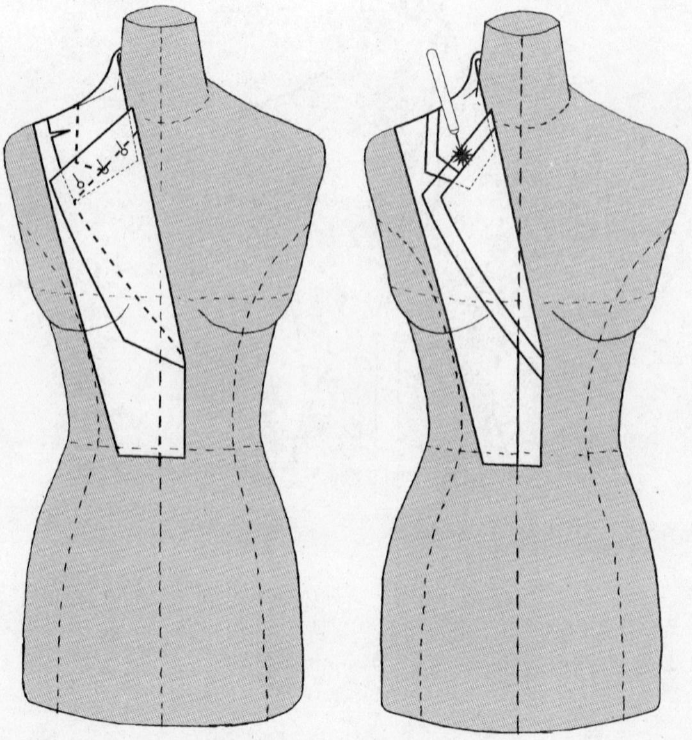

11. 在人台上画出西服领领型、西服领与驳领拼合线、前领口线。
12. 用滚轮压过西服领与驳领拼合部分、前后领口线。
13. 按人台后颈中心线描出或用滚轮压出后领中心线,标出驳领与领子对位标记(点 A)。

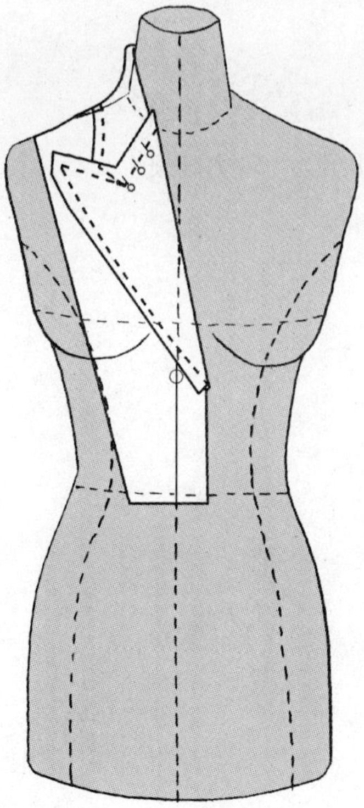

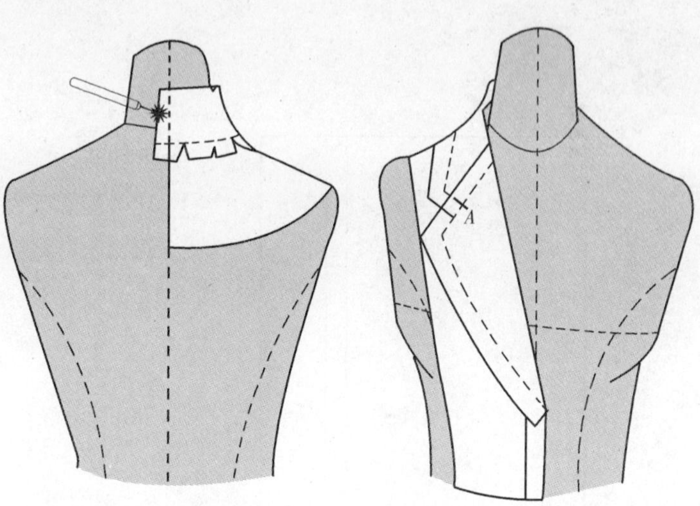

14. 在做好的基领上,任意设计领型,如预留纸量不够可用胶棒将所需部分补出来。
15. 剪去西服领及驳领边缘多余的纸量，留 1cm 调整量，根据驳领翻折线画出第一个扣位。

【青果领】

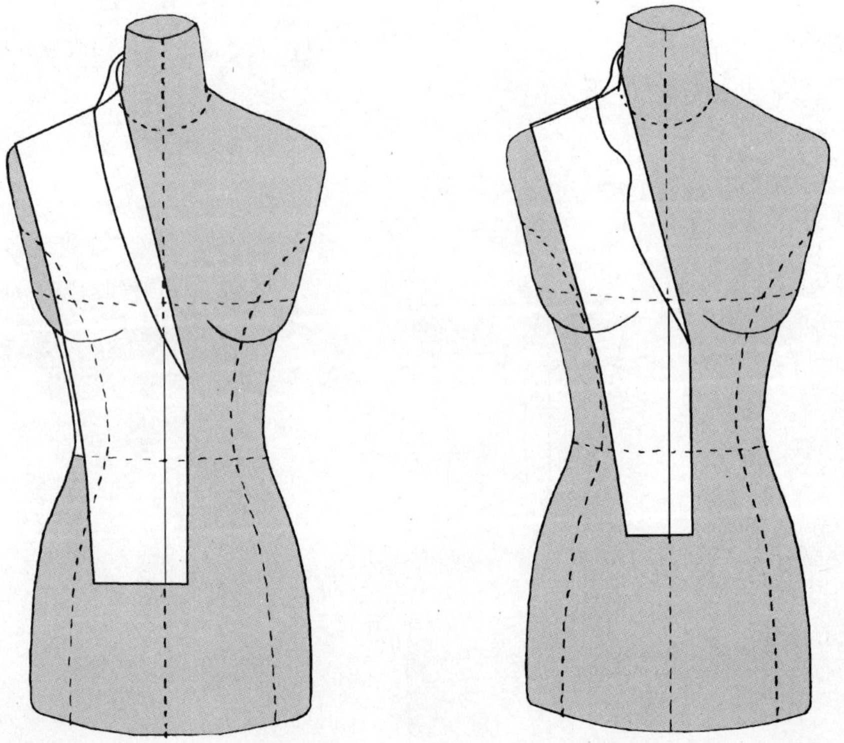

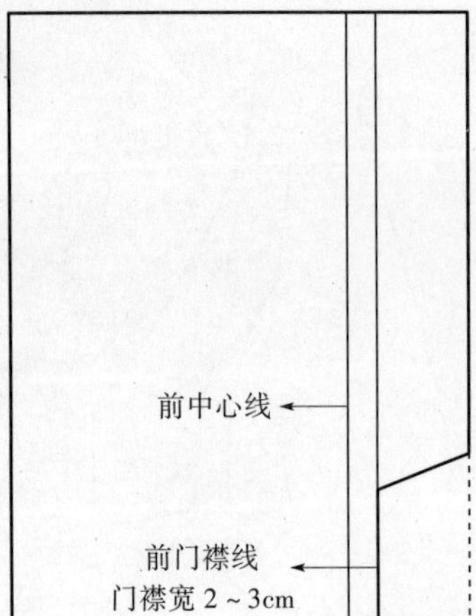

操作方法

1. 在纸板上平行画出前中心线、前门襟线、青果领翻领宽线。将纸放在人台上量出领长尺寸，剪去翻领下多余部分，留出 3 ~ 4cm 的调整量。

2. 将纸板的前中心线对准人台的前中心线。纸板的上端根据翻领大小留出足够的纸量约 10 ~ 15cm。
3. 据人台的前中心线依次固定点①、点②、点③。
4. 留出肩部缝份，剪开肩部纸板至肩颈点，并在剪口处用胶纸固定防止纸板撕裂。
5. 由点①推向肩颈点固定点④、由点④沿肩部推平固定点⑤。
6. 用另一张纸做出后片。拼合前后肩缝，注意肩线在侧面看居中。按人台的后领围线画出后片的领口线。
7. 将前片肩部剪开的部分向后推，侧领处向上抻直。
8. 将后领部分沿纸样的后领口线推平，并将后领固定在纸样的后领口线上。
9. 留出缝份，剪去后领领围处多余的纸量。

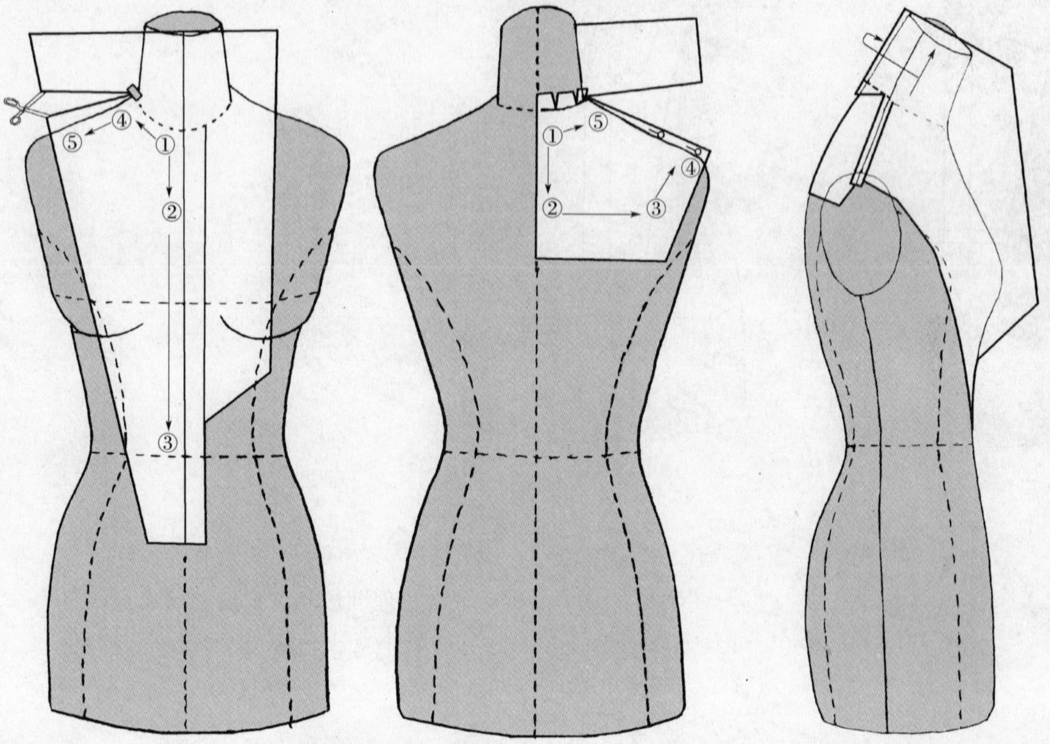

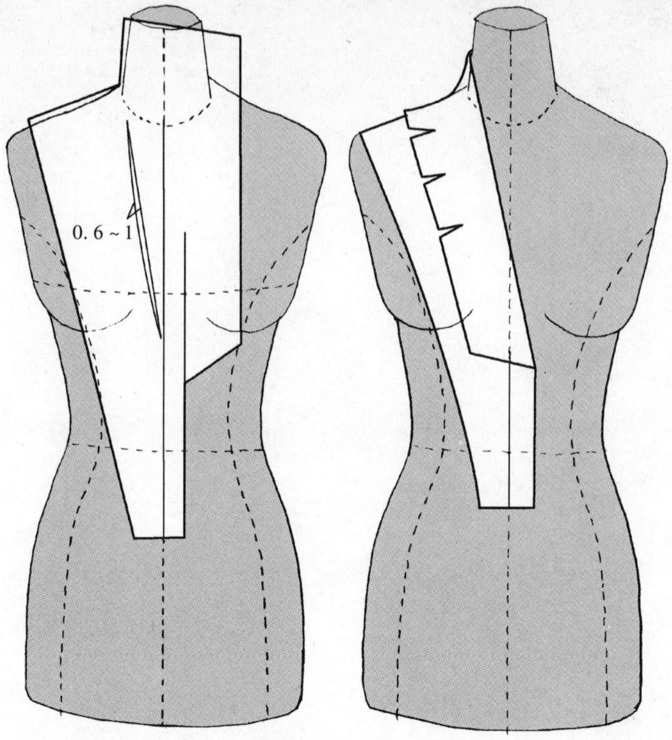

10. 取下点①、点②将前领胸部的余量按人台曲线捏成长条的小省，长度根据翻领长度自由设计，省量约为 0.6 ~ 1cm。
11. 设计翻领高度，将青果领翻下，领的边缘打剪口，使领型平整。
12. 按人台颈部的后中心线画出后领的中心线。

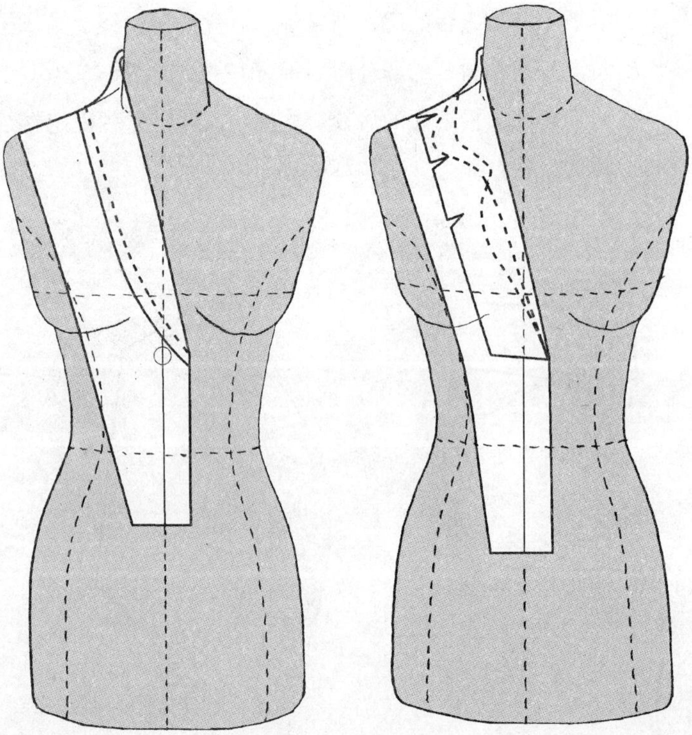

13. 根据设计画出青果领的领型，注意领宽不能过大,以剪口张开的部分为限。

14. 留 1cm 调整量将领型边缘多余的纸量剪去。根据领翻折线画出第一个扣位。

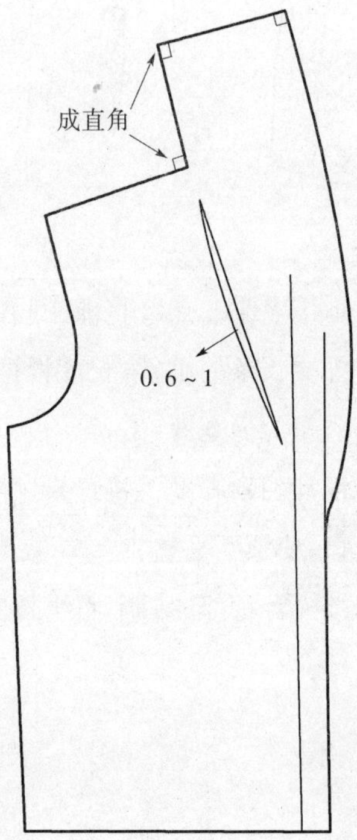

15. 平面整理纸板时注意后领与肩部成直角。领的后中心线与领上口线、领下口线成直角。

【荡领】

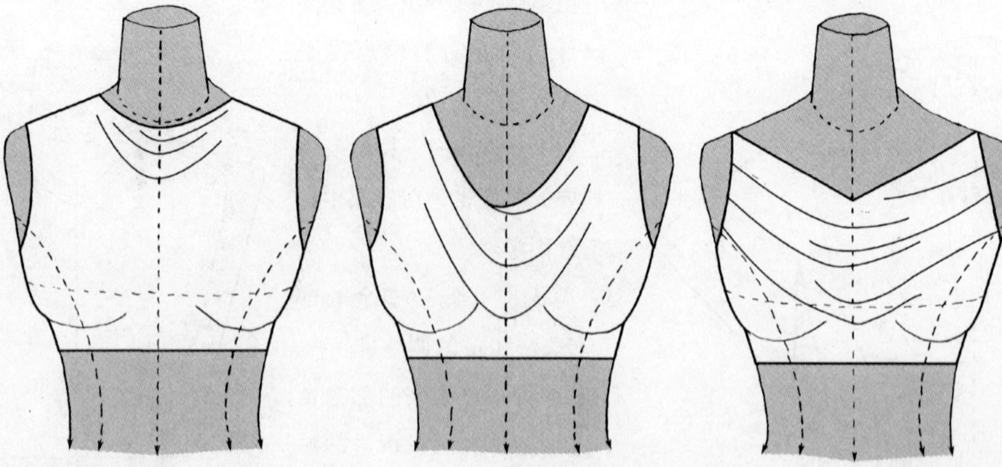

图1 图2 图3

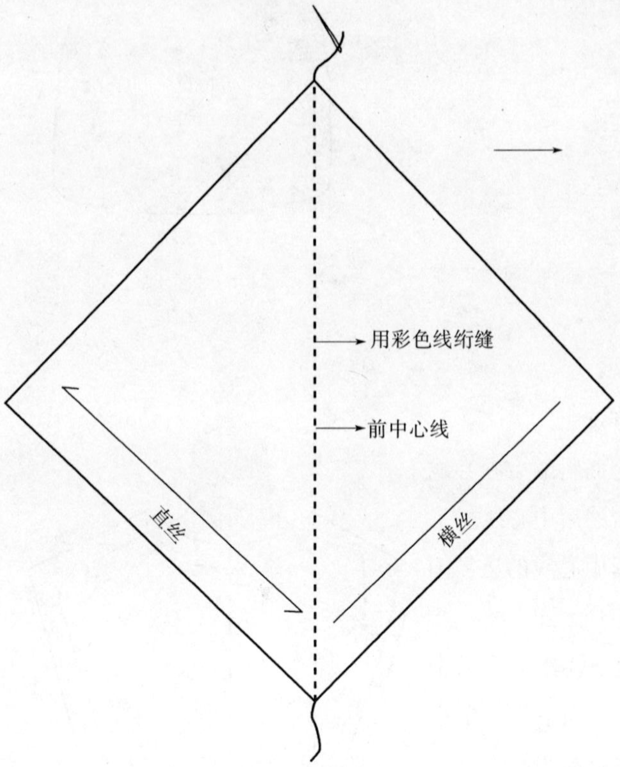

图 1 操作方法

1. 将面料裁成长宽相等的正方形，并找出直丝与横丝。
2. 将直纱的右边向下对折，折出斜丝线。
3. 用与面料不同颜色的彩线大针距绗缝出正方形面料的斜丝线，此线为前中心线。

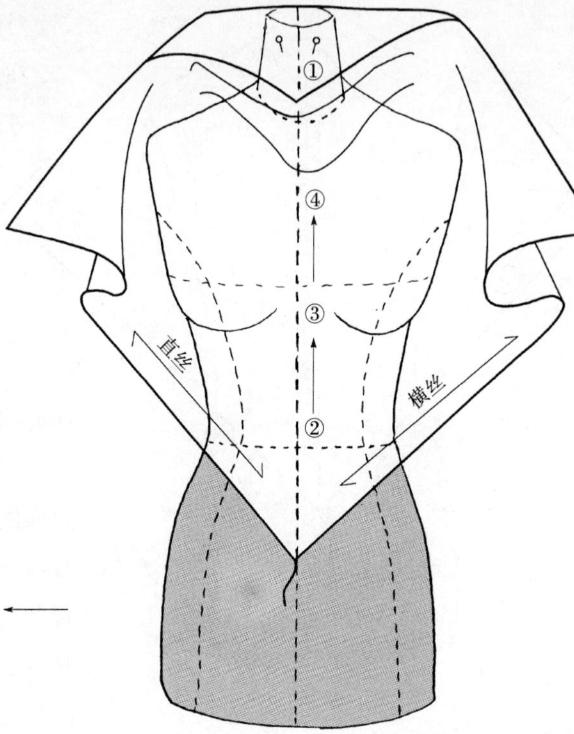

4. 将面料的前中心线对准人台的前中心线。在人台颈部的面料上固定点①。
5. 在人台腰节处，面料的前中心线对准人台前中心线在腰节处固定点②。
6. 由点②沿前中心线向上推平至胸围线下固定点③。由点③向上推平至设计的荡领下方，固定点④。

7. 由前中心线开始，沿胸高分别向左右肩端点推平固定点⑤、点⑥。
8. 取下点①，向下拉出所需要的荡领量，在肩部用珠针固定。
9. 剪去左右侧边多余的部分，留3cm的调整量。
10. 剪去领口多余的部分留出缝份和向里折进的贴边量。

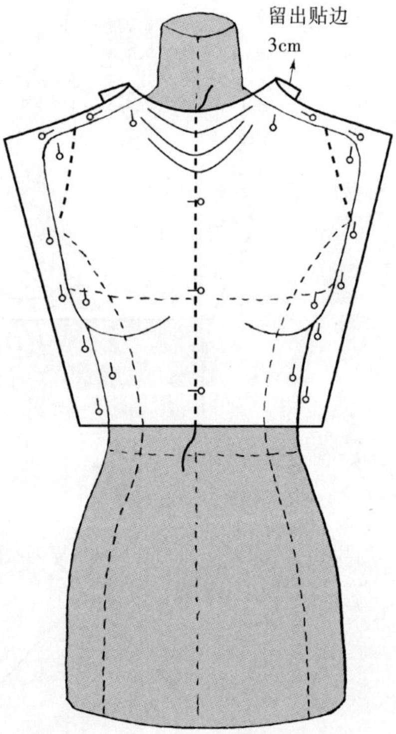

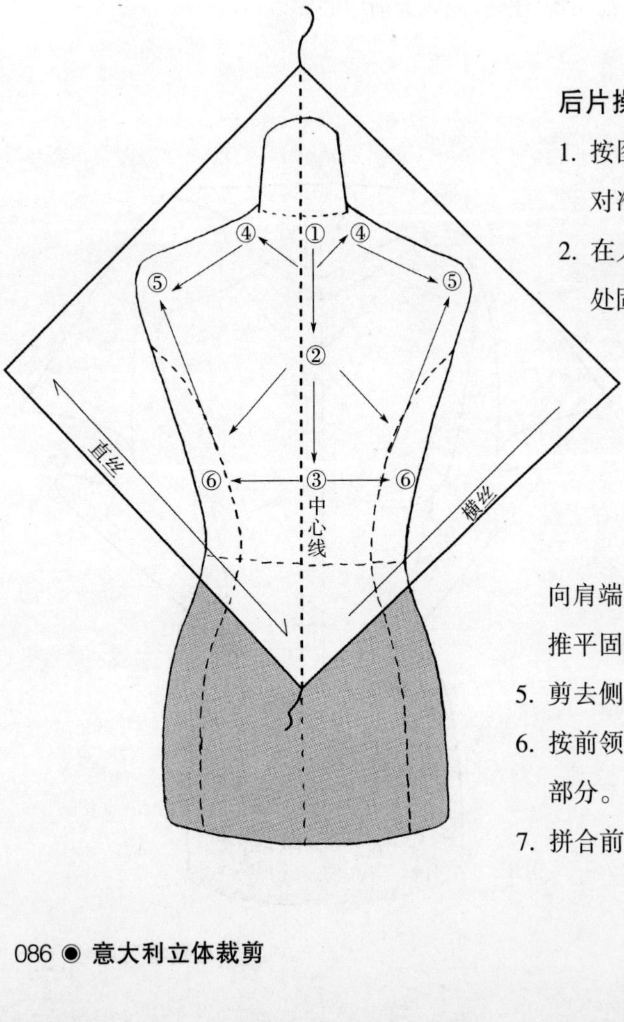

后片操作方法

1. 按图示将面料的后中心线对准人台的后中心线。
2. 在人台后中心线的后领围处固定点①。
3. 由点①沿人台后中心线向下推平依次固定点②、点③。
4. 由后中心线分别向肩颈点推平固定点④，向肩端点推平固定点⑤、向侧边推平固定点⑥。
5. 剪去侧边多余部分。
6. 按前领口宽，剪去后领口多余部分。
7. 拼合前、后侧缝片及肩缝。

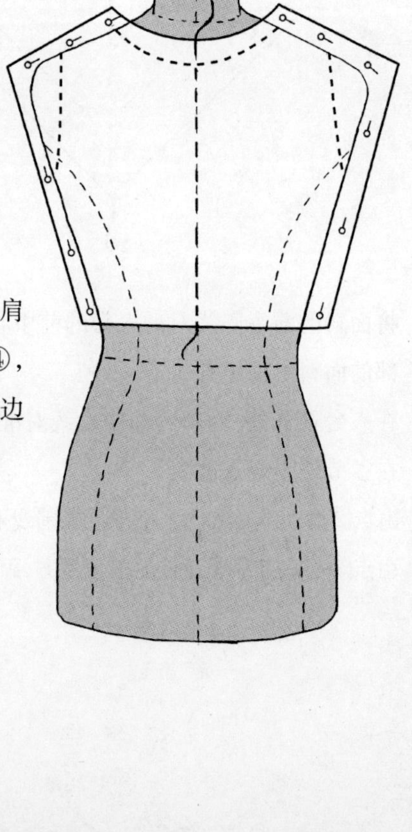

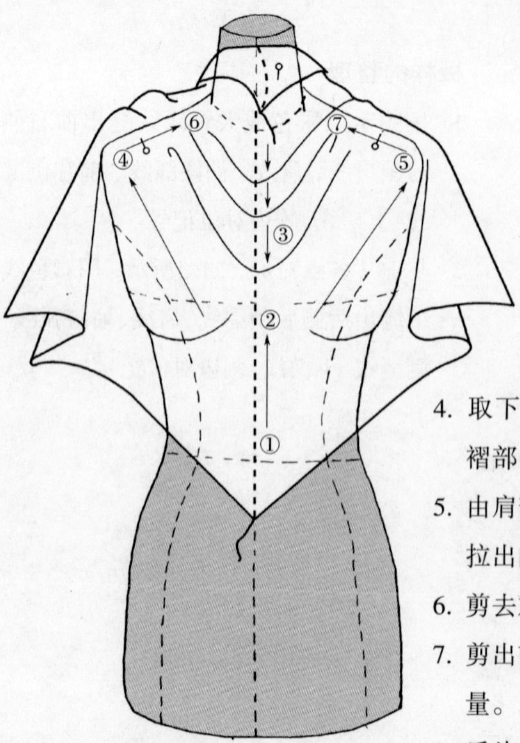

图 2 操作方法

1. 将面料在颈部固定，斜丝线对准人台的前中心线，在人台前中心线的腰节处固定点①。
2. 由点①沿前中心线向上推平至胸下固定点②。
3. 由点②分别通过胸高点向左右肩点推平固定点④、点⑤。
4. 取下颈部珠针向下拉出所需荡领量并在褶部固定点③。
5. 由肩部的点④、点⑤沿肩线向里推平，将拉出的荡领固定于图中点⑥、点⑦。
6. 剪去左右侧缝多余量。
7. 剪出前领口，留出缝份和向里折进的贴边量。
8. 后片操作方法同图 1。
9. 拼合前、后侧片及肩缝。

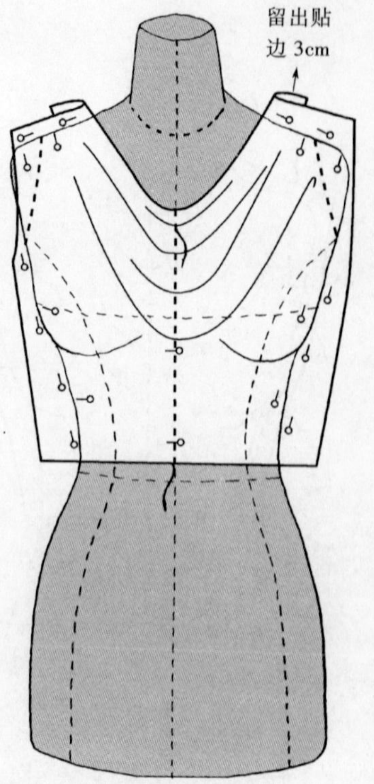

图 3 操作方法

1. 点①、点②、点③的操作方法同图 1、图 2。
2. 由点③分别向左右侧胸推平固定点④、点⑤。
3. 将面料向下折出褶裥并将每个褶裥用珠针固定在人台上。
4. 操作每个褶裥时注意斜丝线始终对准人台前中心线。
5. 剪去侧边多余的缝份，剪出领口，留出缝份和向里折进的贴边量。
6. 后片操作方法同图 1。
7. 拼合前、后侧缝片及肩缝。

板样的整理

1. 按图示用彩色线大针距绗缝出前右侧的领口线、肩线、袖窿弧线、前片侧缝线、下摆线，侧边对位记号。
2. 与前片各点对应，如图所示，用彩色线绗缝出后侧后领围线、肩线、袖窿弧线、侧缝线、下摆线，侧边对位记号。

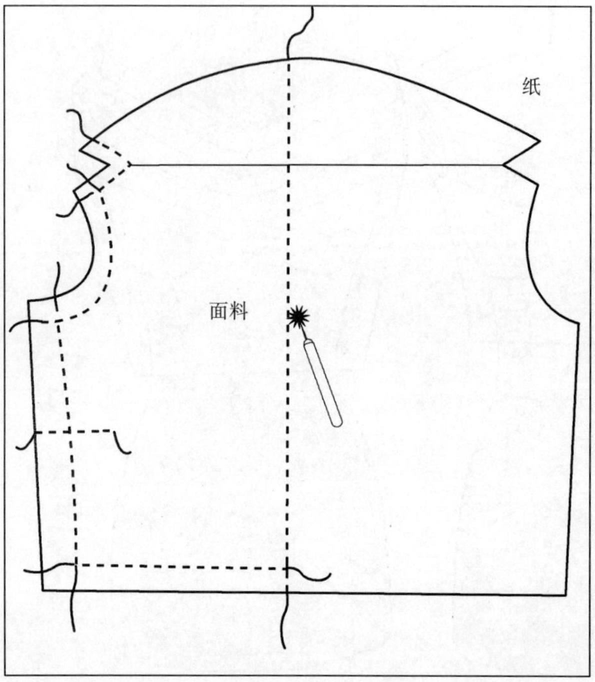

3. 将面料直丝、横丝摆正，放在纸板上，用滚轮按彩线绗缝线迹压出领口线、袖窿线、侧缝线、下摆线、前后中心线，侧边对位记号。用铅笔沿滚轮痕迹画出纸样。

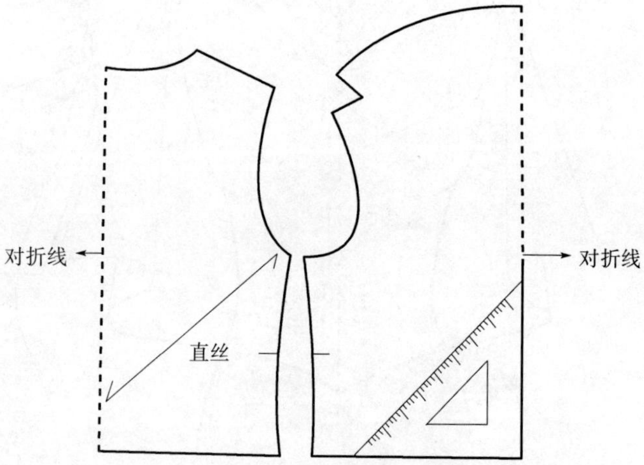

4. 用 45°三角尺对应前后中心线在纸板上画出直丝线。将纸板的侧缝按对位标记拼合，修正袖窿弧线、下摆线。

【一片袖】

图1　　图2　　图3　　图4

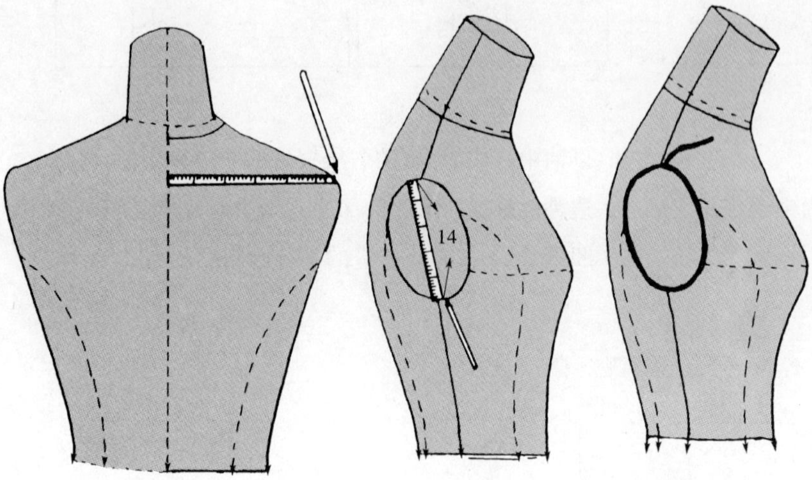

肩宽　　袖窿深　　袖窿弧线长

准备工作

量出肩宽、袖窿深、袖窿弧线长。

1. 从后中心线到肩端点的距离为$\frac{1}{2}$肩宽。
2. 从肩端点向下量 14cm 为袖窿深。
3. 用软尺沿画好的袖窿量一圈，此尺寸为袖窿弧线长。

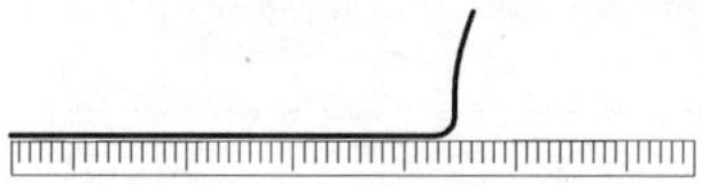

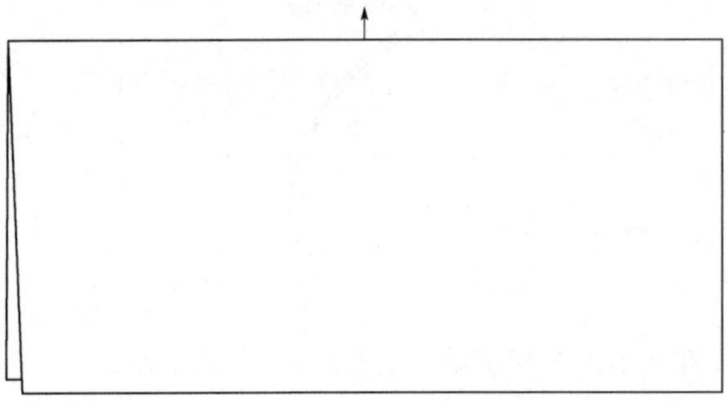

在纸的中央画一条直线，并按直线将纸对折，对折线为袖中心线

袖型

图 1 的操作方法

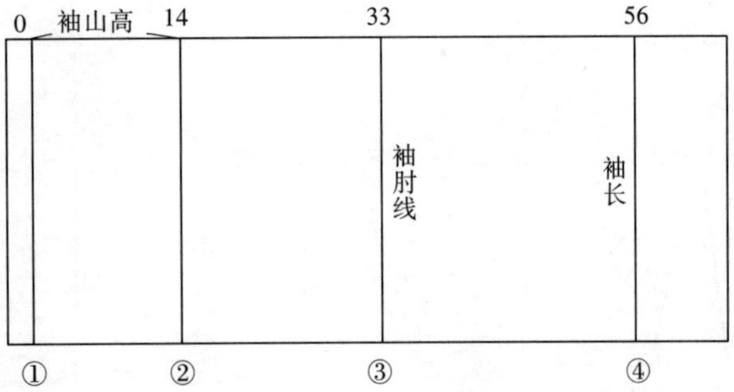

1. 设定袖山高 = 14cm，袖长 = 56cm，袖肘线 = 33cm。

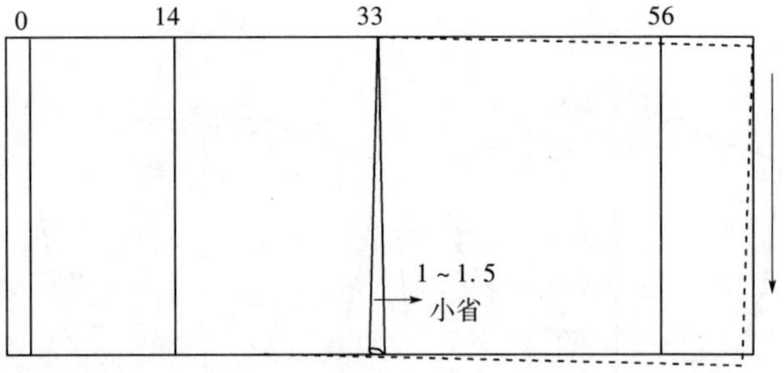

2. 在纸板的袖肘线上捏出 1 ~ 1. 5cm 小省，省尖指向袖中心线。袖肘线以下的袖中心线会因肘部的小省而向下错位。

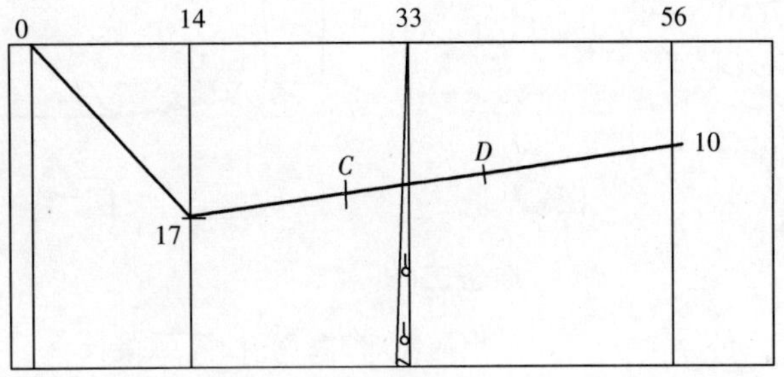

3. 设定袖肥 = 17cm，袖口 = 10cm。
如图，将各点连接起来，以袖肘线为中心画 *C*、*D* 两个对位标记，*CD* 约 10cm。

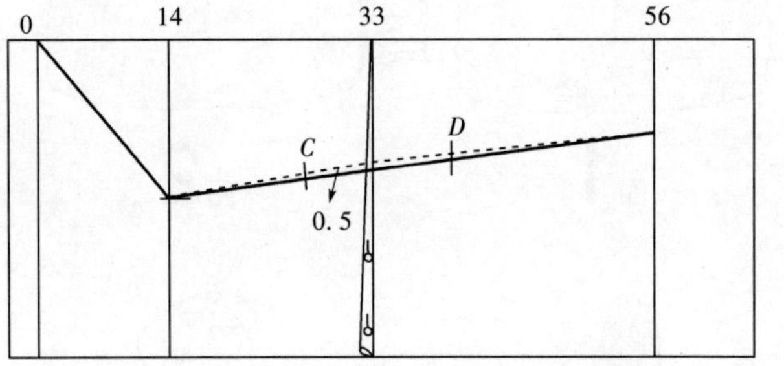

4. 以袖中心线为准，袖肘线捏省的一边为后袖，另一边为前袖，前袖肘部 *C*、*D* 两个对位点之间向里凹进 0. 5cm，并将凹进的部分画圆顺。

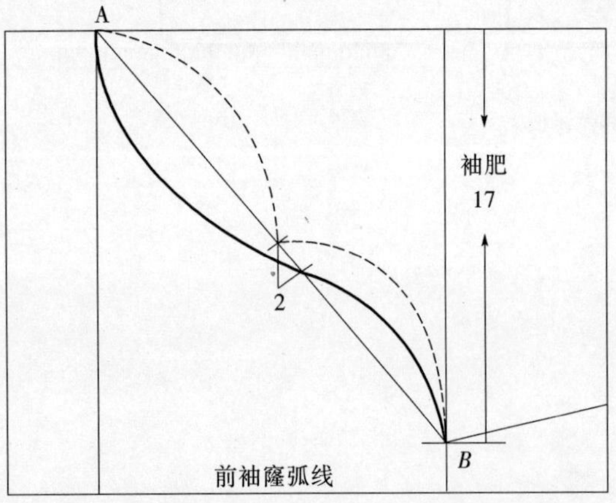

5. 将 *AB* 分成两等份。中心点向下移 2cm，先画出前袖山弧线。

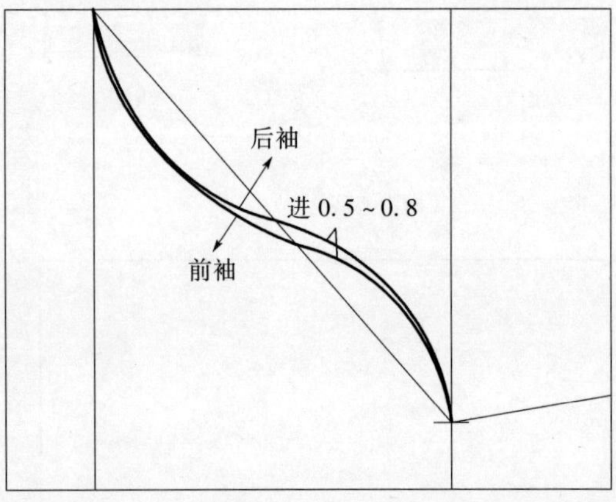

6. 在前袖山弧线基础上向里凹进，如图所示，画出后袖山弧线，一般凹进 0. 5 ~ 0. 8cm。
（注：此方法为意大利结构方法之一。）

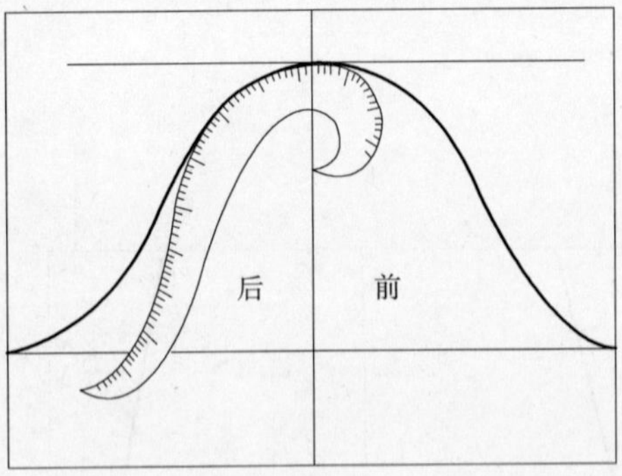

7. 打开袖片，用曲线尺将袖山高画圆顺。
8. 拼合袖缝，注意 *C*、*D* 的对位点，后袖肘线上的省在缝制的时候吃缝进去。
9. 将袖缝拼合处的袖窿弧线画圆顺。

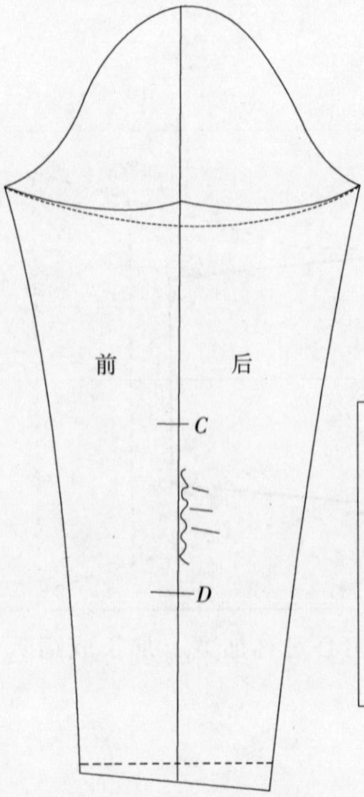

10. 拼合袖缝后用直尺画齐袖口。
11. 袖片袖缝拼合后，将有袖缝的里袖去0.5cm。

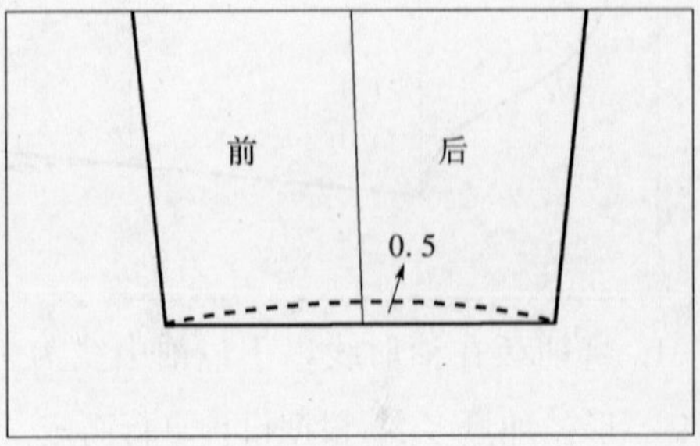

图 2 的操作方法

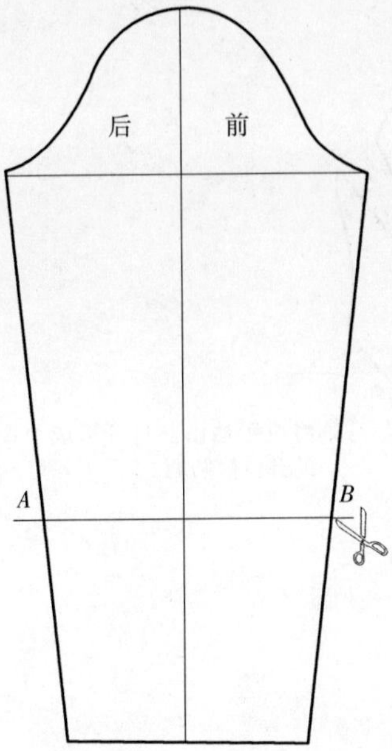

1. 以基础一片袖为样板，在袖子设计打褶的部位画线，图中 *AB* 线，将 *AB* 线以下袖片部分剪下。

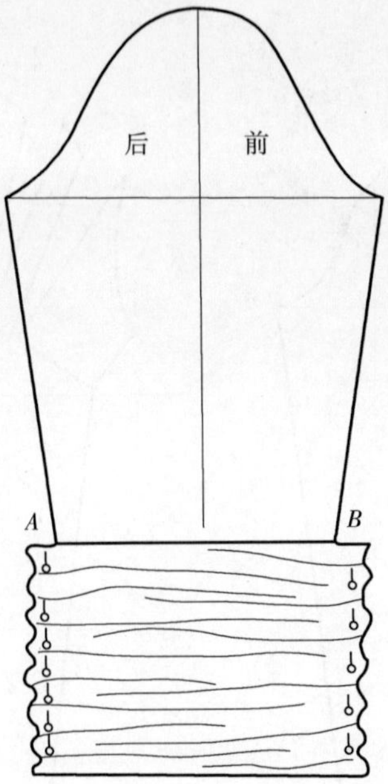

2. 用另一大张纸将剪掉的袖片补出。用珠针在 *AB* 线下固定出所需要的褶的大小和褶的密度。

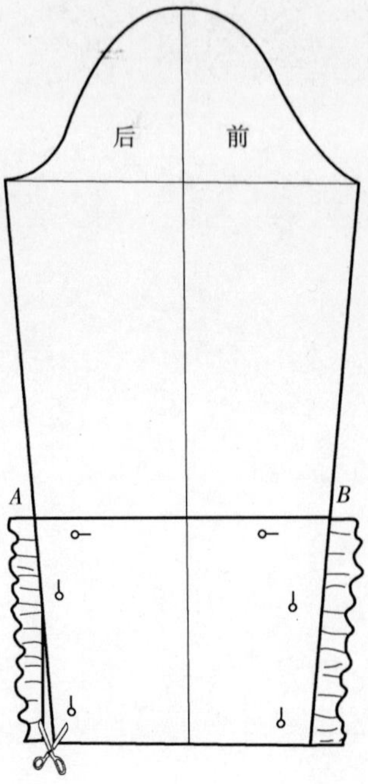

3. 将剪掉的 *AB* 线以下的袖片放在已补出褶量的袖片上，在捏褶的袖片上描出原 *AB* 线以下的袖型。

图 3 的操作方法

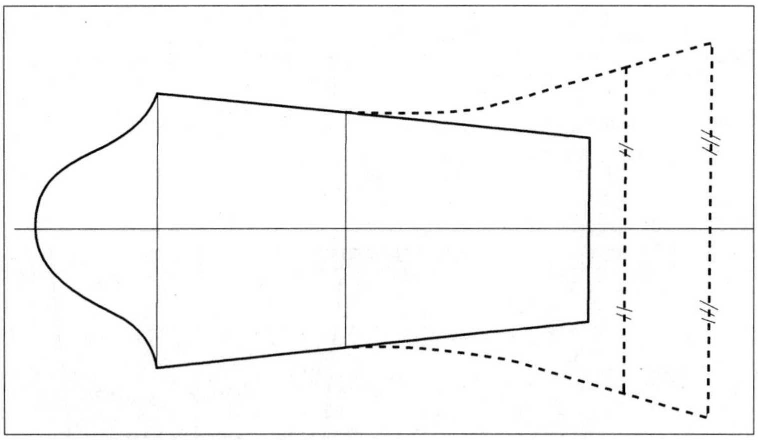

1. 将袖板在袖肘线以下以袖中线为中心对称加宽、加长成喇叭形。加量多少，根据设计自行而定。

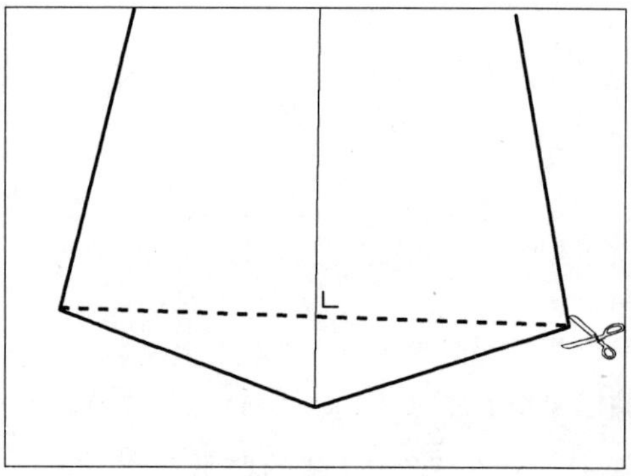

2. 拼合袖缝，如图所示，修齐袖口。

图 4 的操作方法

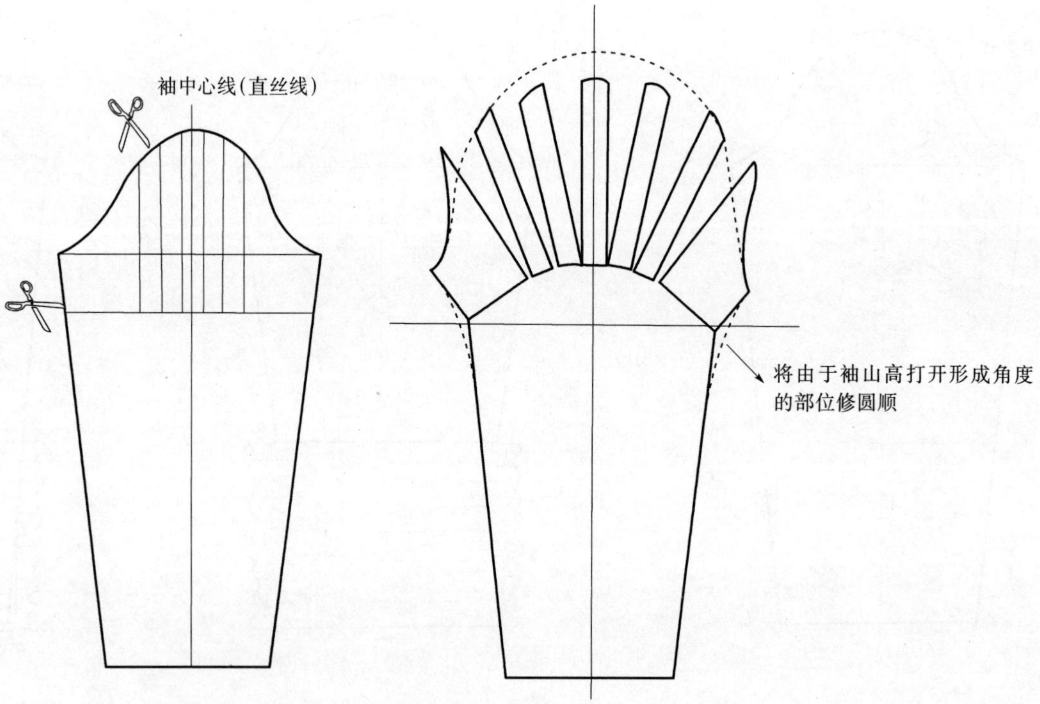

以基础一片袖为原型，将袖山高部分以袖中心线为对称轴分成若干均等份，以袖肥线以下任意部位水平剪开，打开袖山高。得到新的袖山弧线，用曲线尺将新的袖山弧线画圆顺。此袖的特点是袖山高部分蓬松有褶量，袖肥以下保持一片袖的特点。

【灯笼袖、荷叶袖】(以下袖型均以一片袖为基础原型变化)

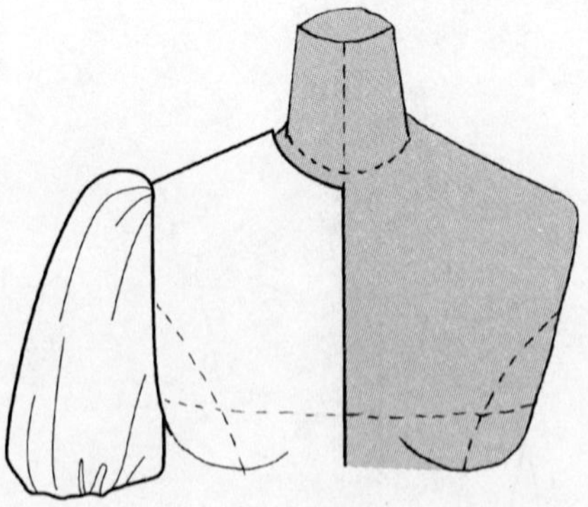

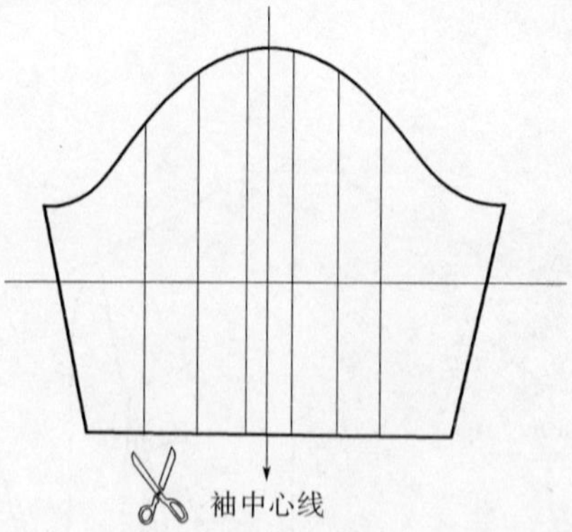

以袖中心线为中心轴，左右对称均等分割。将各分割片等距离拉开，固定在另一张纸上，按照拉开的原袖袖山弧线和袖口画出新的袖山弧线和袖口。

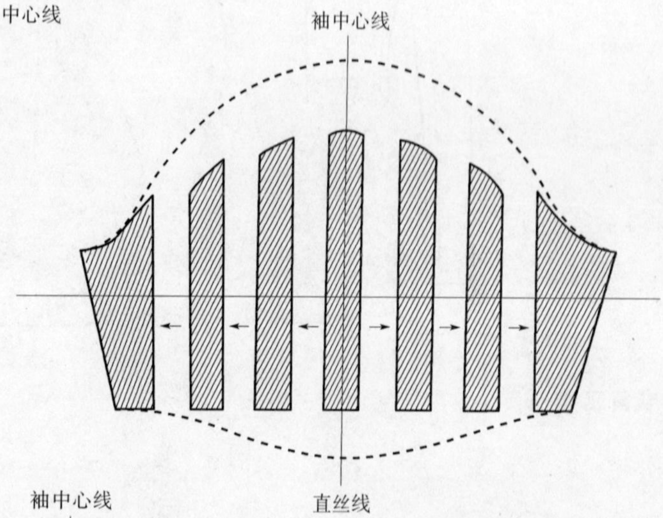

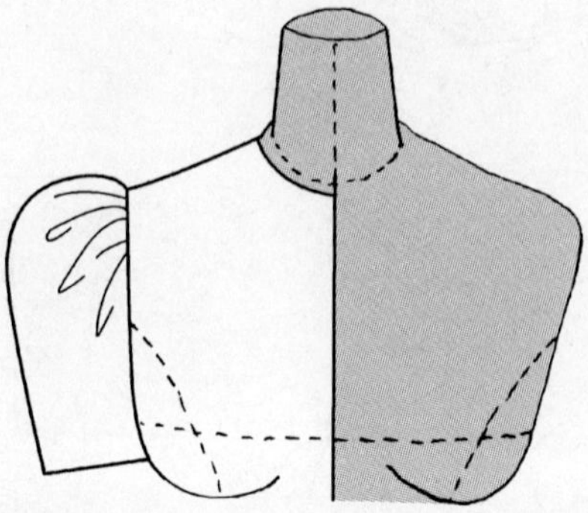

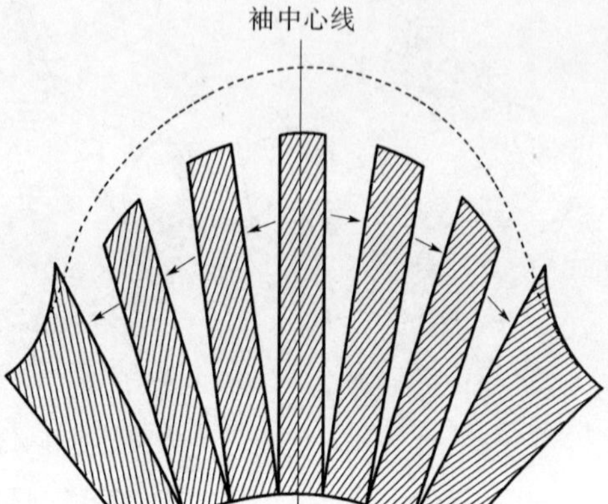

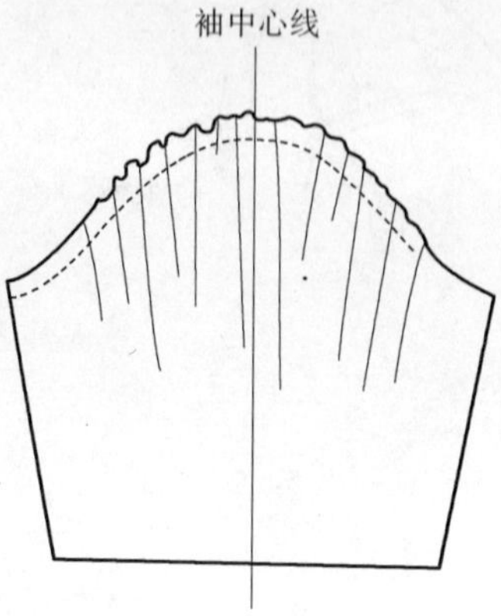

将分割的各裁片袖山部分等距离拉开，袖口不变，固定在另一张纸上，根据拉开的原袖山重新画出袖山弧线，缝制服装时用线先将袖山弧线缩缝，缩缝后尺寸与衣身袖窿尺寸相同。

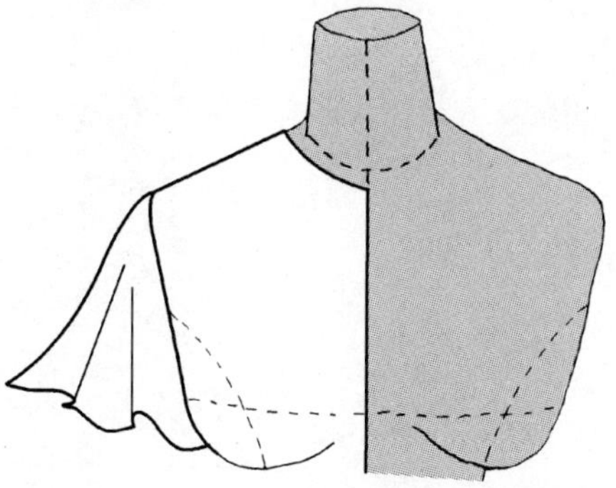

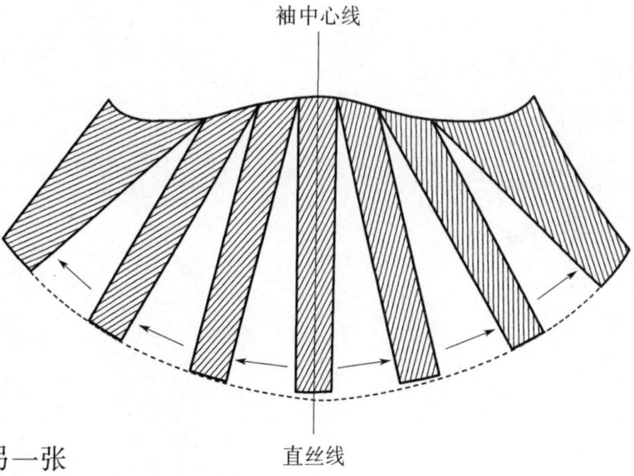

将分割的各裁片袖口部分等距离拉开，袖山不变，固定在另一张纸上，根据拉开的原袖口重新画出袖口弧线。

【西装袖】

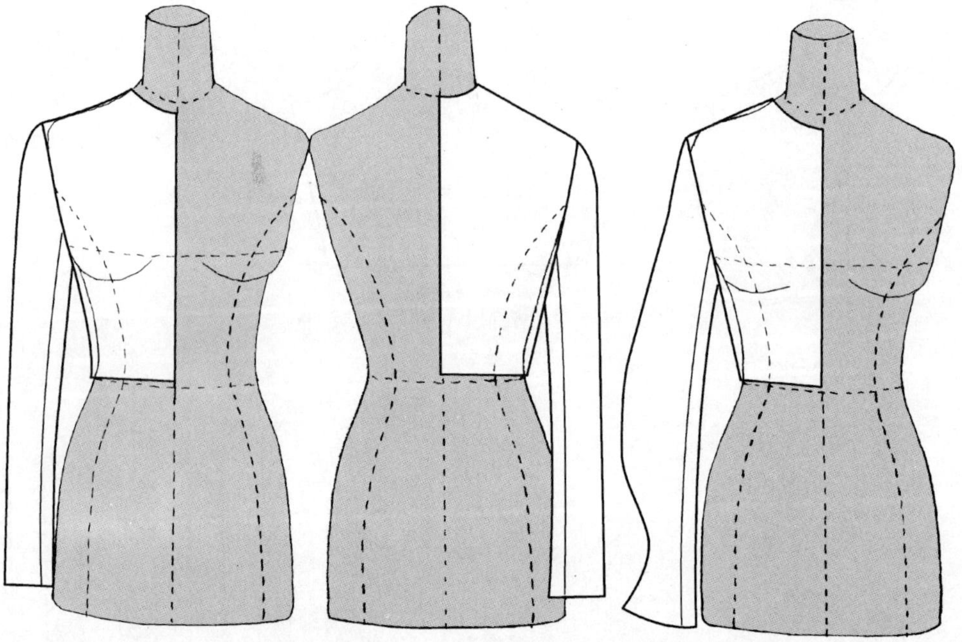

准备工作

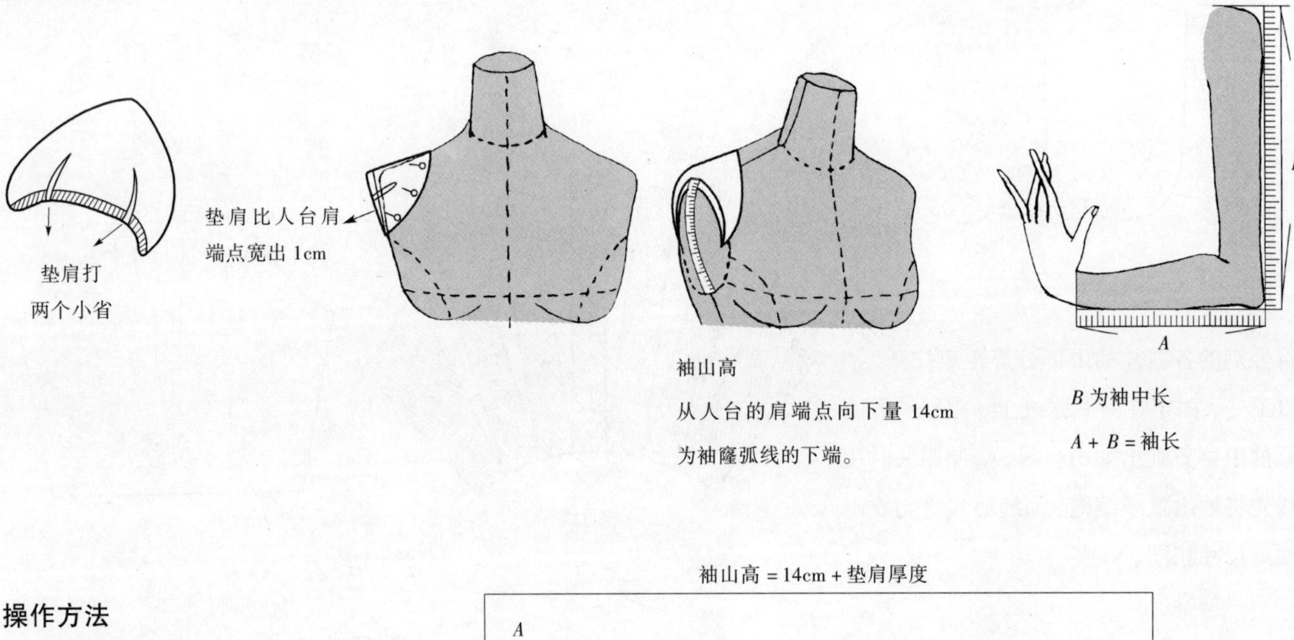

袖山高

从人台的肩端点向下量 14cm

为袖窿弧线的下端。

B 为袖中长

A + *B* = 袖长

操作方法

1. 设计袖子的各部位尺寸。

   袖山高 = 15cm，

   袖肘长 = 34cm，

   袖长 = 58cm。

袖山高 = 14cm + 垫肩厚度

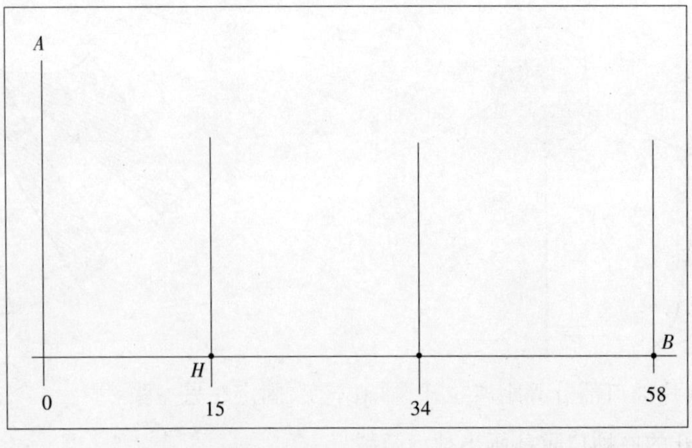

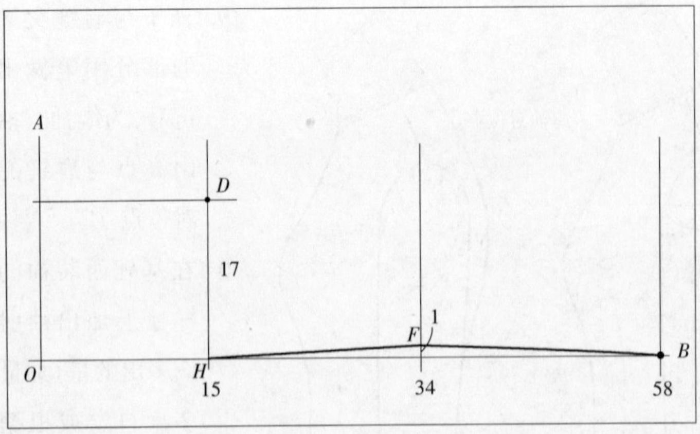

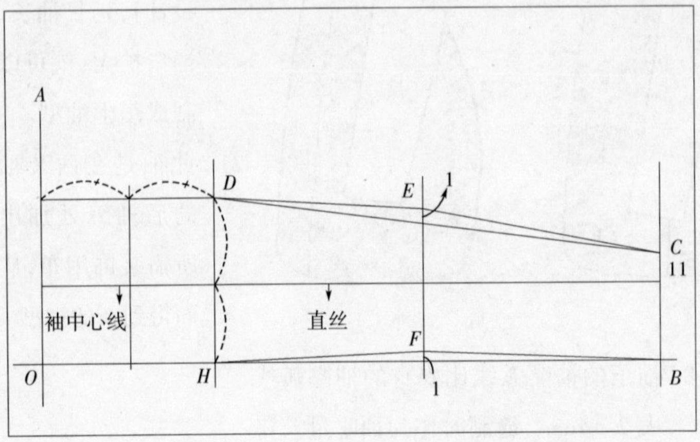

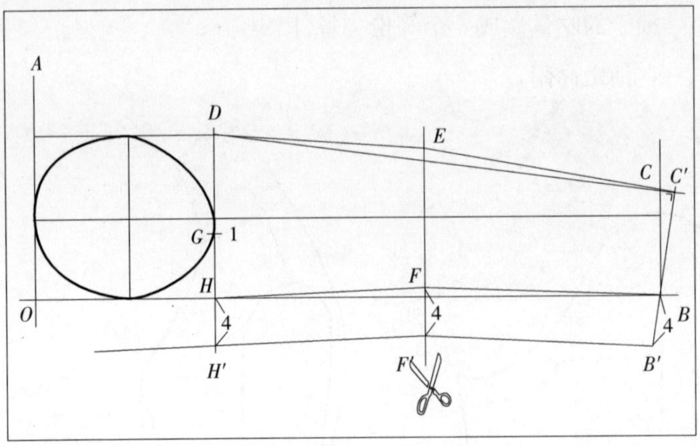

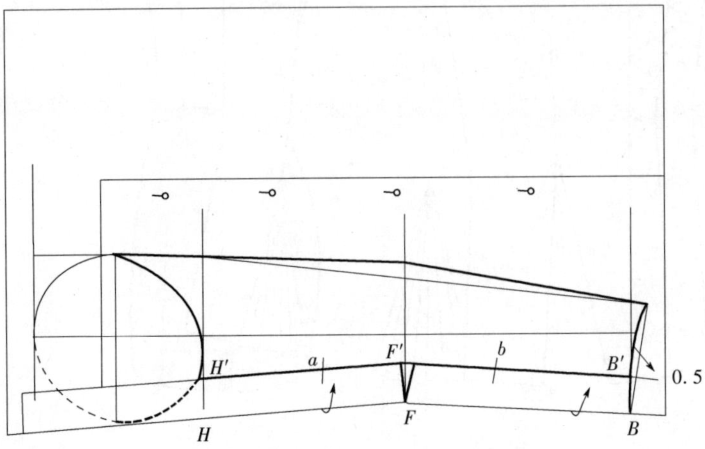

2. 袖肥(HD)=17cm,

袖肘线向里进1cm为点 F。

连接 HF,FB。

3. B线向上量11cm确定点 C, BC为袖口尺寸。

4. 袖口线上点 C与点 D连接成一直线。直线 CD与袖肘线的交叉点向上1cm为点 E,连接 DE,EC线。

5. 将袖肥线 DH分成两等份,过 DH线中心点垂直画一条直线,交于袖肘线、袖肥线、袖口线,此线为袖中心线。

6. 将袖山高(OH)分成两等份。

7. 袖中线与袖肥线交叉点向下1cm找到点 G,通过各等分点及点 G画袖窿弧线,如图所示。

8. 将 EC线延长,通过 B点画直线与 EC延长线垂直,两线交叉点为 C′点,BC′为袖口线。

9. 将袖肥线 DH、袖肘线 EF、袖口线 BC′分别向外延长4cm,得到点 H′、点 F′、点 B′,连接点 H′与点 F′,连接点 F′与点 B′。

10. 将袖肘延长线 FF′剪开,剪至 F点。

11. 以 HF、FB为折线,将袖片延长4cm的部分向里折回,并描出下袖窿弧线,如图所示。

12. 用另一张纸覆在画好的大袖上,按大袖袖型描出以 H′F′线,F′B′线为拼合线的小袖袖型。

13. 在大袖与小袖的拼合线 H′F′与 F′B′线上画两个对位点 a与点 b,点 a与点 b以袖肘线为中心,两点相距约10cm左右。

14. 如图所示,将小袖袖口去0.5cm。

15. 袖片各部位放1cm缝份,袖口放4cm。按大袖的袖中心线画出小袖的直丝线。

16. 将大袖、小袖拼合起来，用曲线尺将袖山高画圆顺。

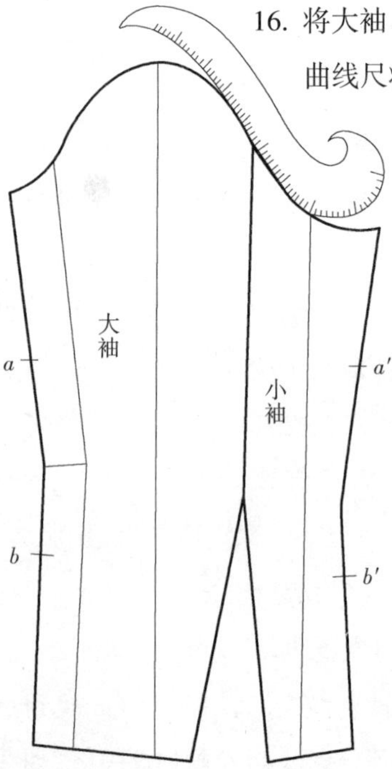

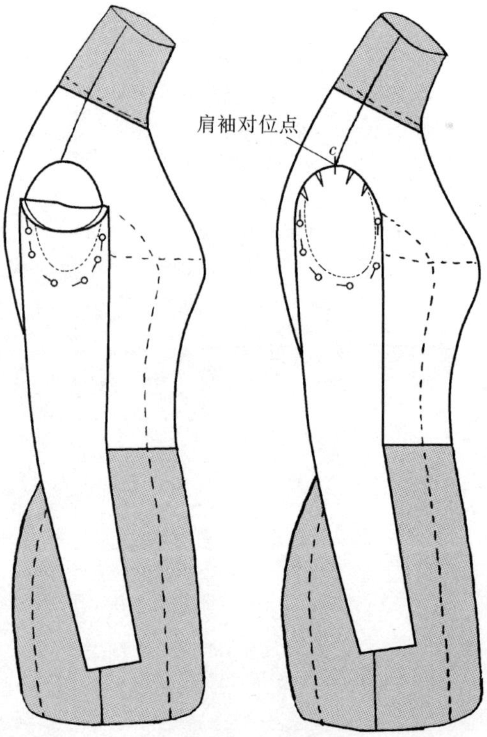

19. 袖子与肩缝交叉的部分用笔做出记号，为绱袖时袖山高点与肩缝的对位点 C。

20. 在基础西装袖的样板上加出袖肘应多出的量(加量多少自定或根据设计)，延长袖长、袖口扩大，就可以制成图中袖型。

21. 此袖是在西装袖的后袖缝处加出所需装饰用布，从而得到新的袖型。

17. 将大袖、小袖拼合成袖筒状，然后将袖子的下袖窿与衣身的下袖窿固定，注意固定时，袖筒略向前弯。

18. 袖子的袖窿弧线比衣身的袖窿弧线大 2 ~ 4cm，缝制时作为袖吃量。将袖子的吃量做成 4 个等份小省，固定在袖山高附近。

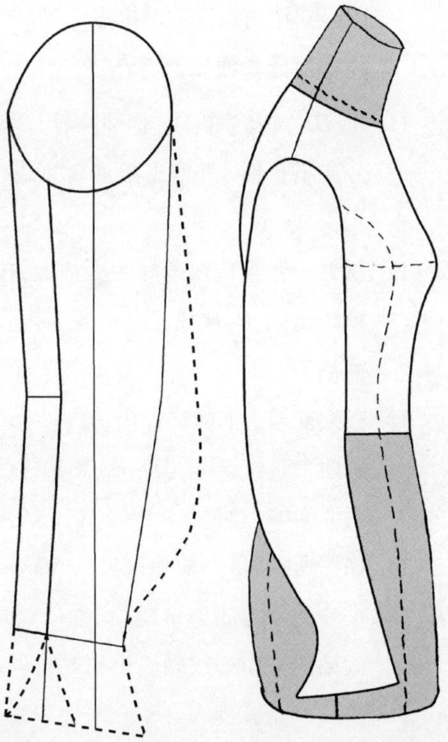

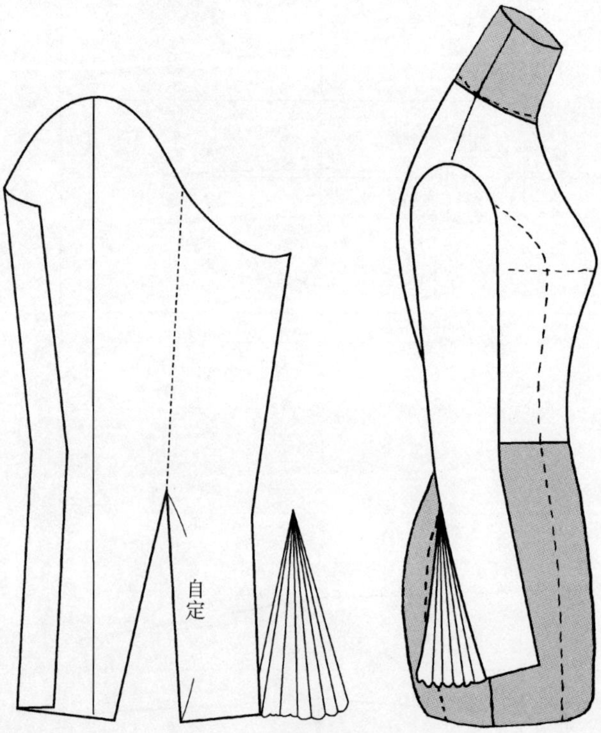

【中式袖、蝙蝠袖】

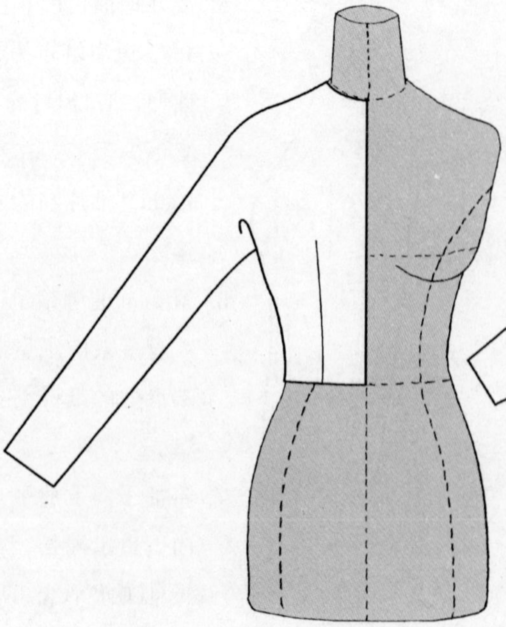

图1

图2

图 1 的操作方法

1. 将纸的直线一边对准人台的前中心线,依照前面所讲的方法依次固定点①、点②、点③、点④。
2. 剪出前领口,并沿人台的领围线打剪口。依次固定点⑤、点⑥、点⑦、点⑧,将余量推至腰节处。将点③与点⑧之间的余量在腰节中部捏成腰省。
3. 后片先固定点①、点②、点③,再沿后背宽线推平固定点④,肩部做一小省,余下操作方法同前片。
4. 拼合前后片的侧缝、肩缝,并将前后袖片的纸板固定在一起,如图所示。

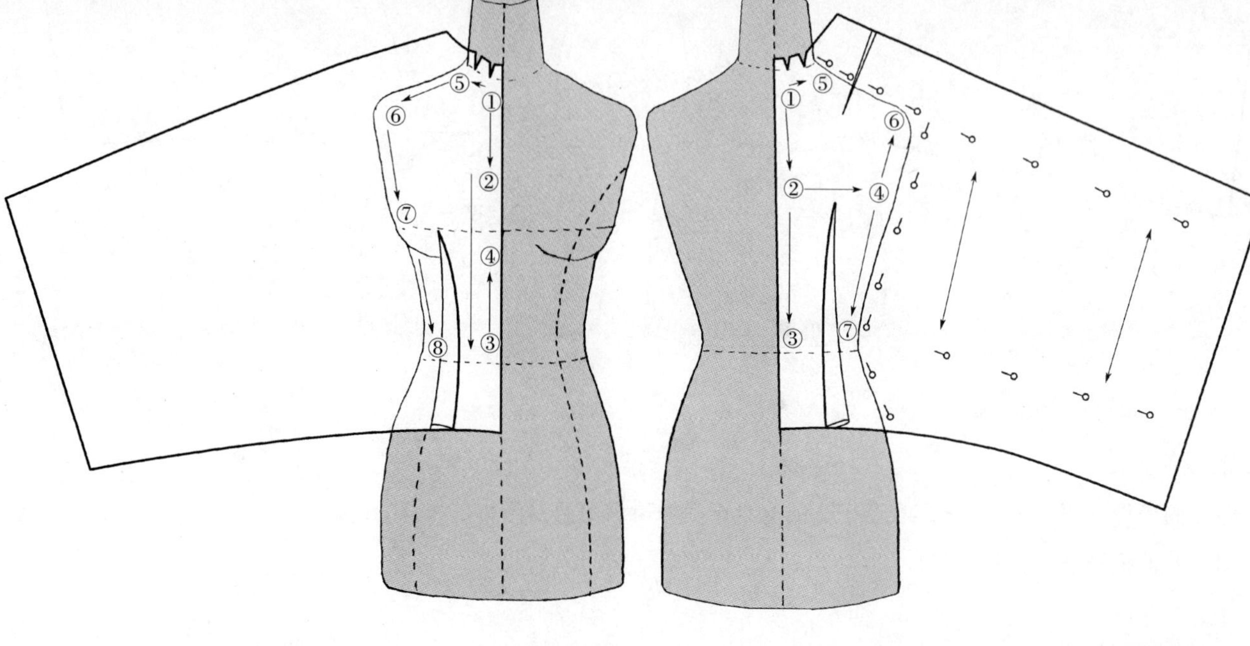

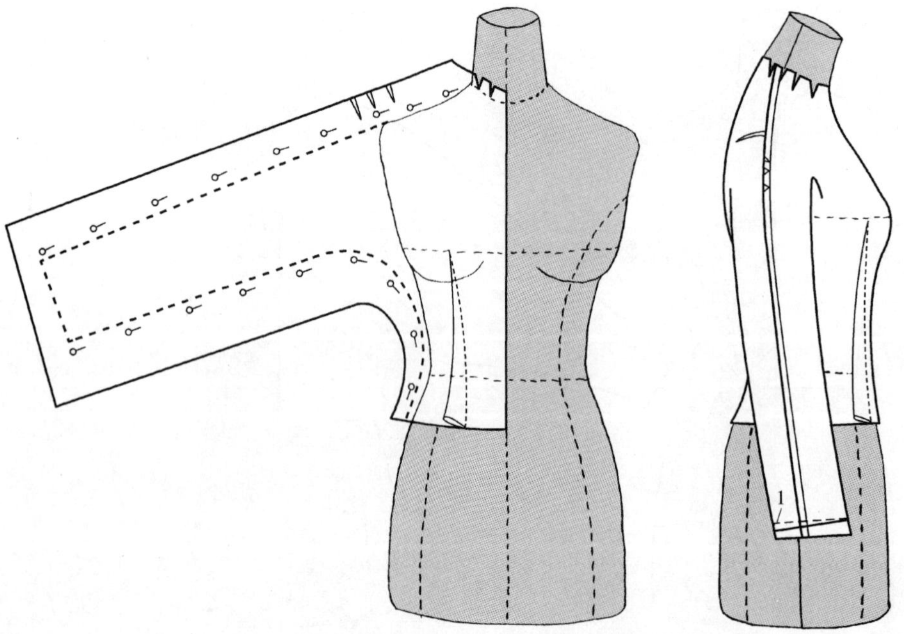

5. 设计抬袖角度，注意不低于45°，以肩端点为起点，画出袖型，袖口尺寸自定。注意袖肥不少于17cm，袖口不少于10cm。袖片与衣身连接处为弧线。
6. 留2cm的调整量，将袖片与衣身多余的纸量剪去。在肩端点处的纸样上打几个小剪口。
7. 将袖子向下放平，从肩端点向下量出袖长，在已量的袖长处画水平线，后袖口由水平线向下落1cm，如图所示，画出袖口，将袖口剪齐，袖口的里侧去掉0.5cm的长度。

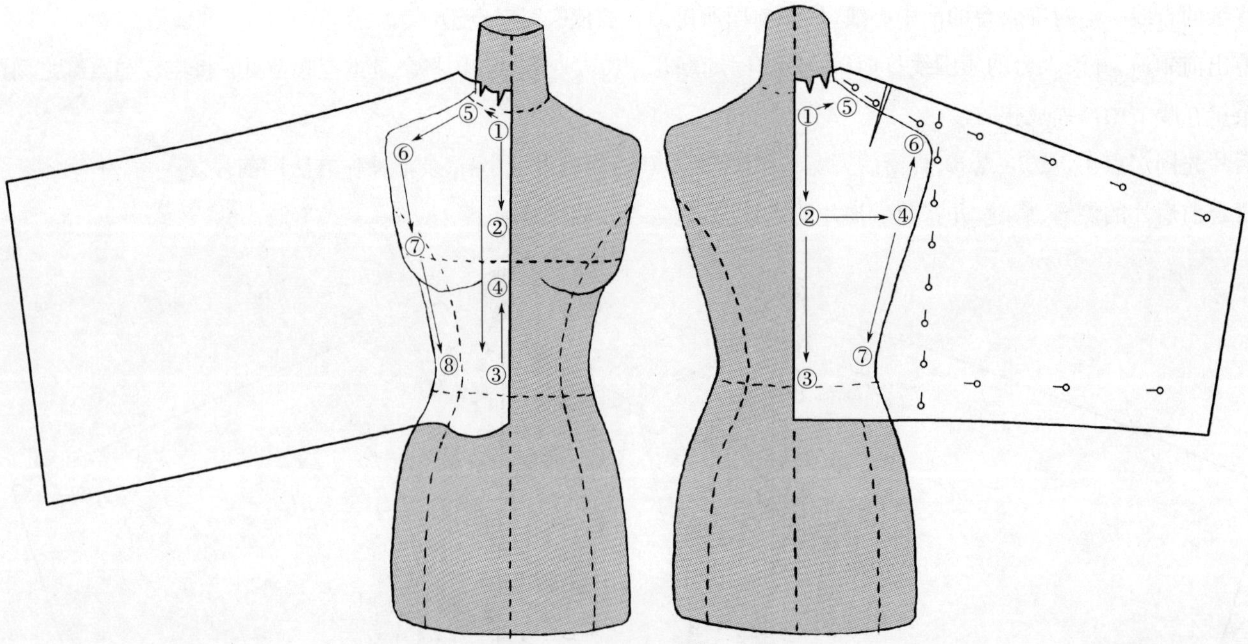

图2的操作方法

图2的操作方法同图1。区别在于图2的衣身按前面所讲的直身形方法操作，无腰省。

图2的袖根肥基本与腰节齐。

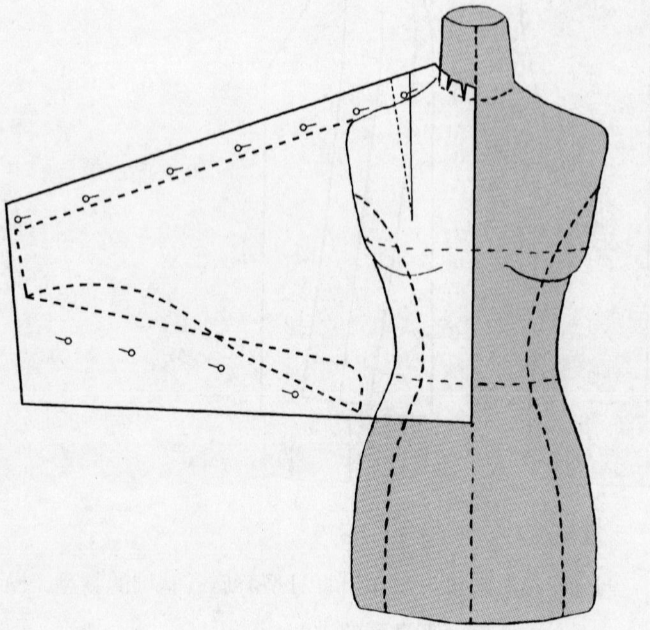

也可将图 1 中的腰省转移到肩部，在人台上设计出各种连衣袖型。

样板的整理

1. 在人台上按纸样拼合处珠针的位置做记号，并在肩部、袖部、腋下如图所示做对位记号。
2. 根据所做的记号将纸样修整成净板，根据对位记号缝制。

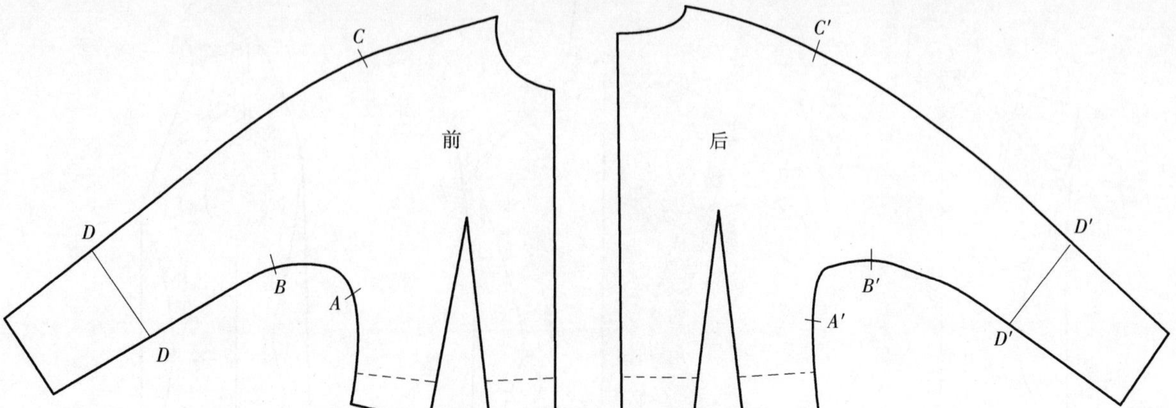

【两片式插肩袖】

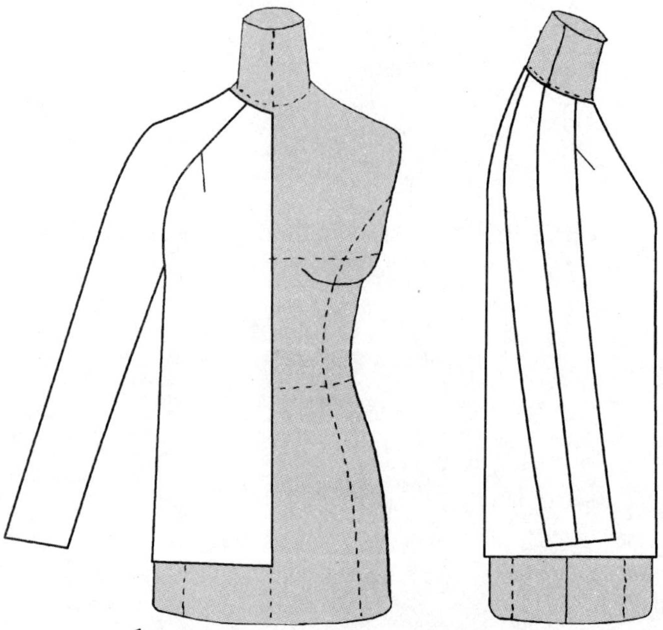

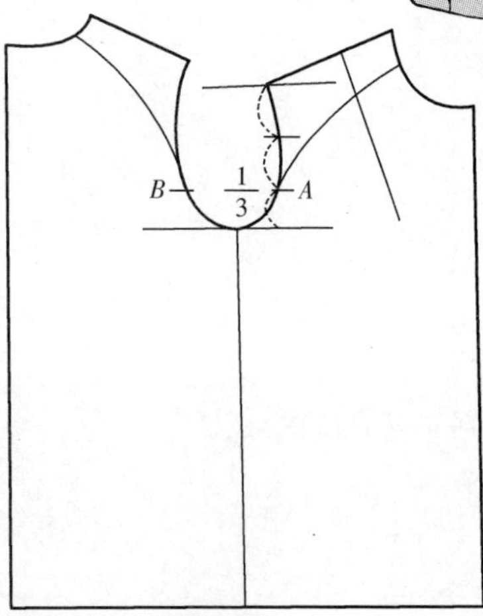

平面图示

准备工作

1. 首先在人台上制作出直身型有肩省基础的款型，操作方法见前面直身型的讲解。
2. 画出正常的袖窿弧线。
3. 在前袖窿高$\frac{1}{3}$的位置画点 A，并水平在后袖窿上画点 B。
4. 在人台上画出前、后衣片的插肩分割线，分割线通过 A、B 两点与袖窿弧线圆顺连接。

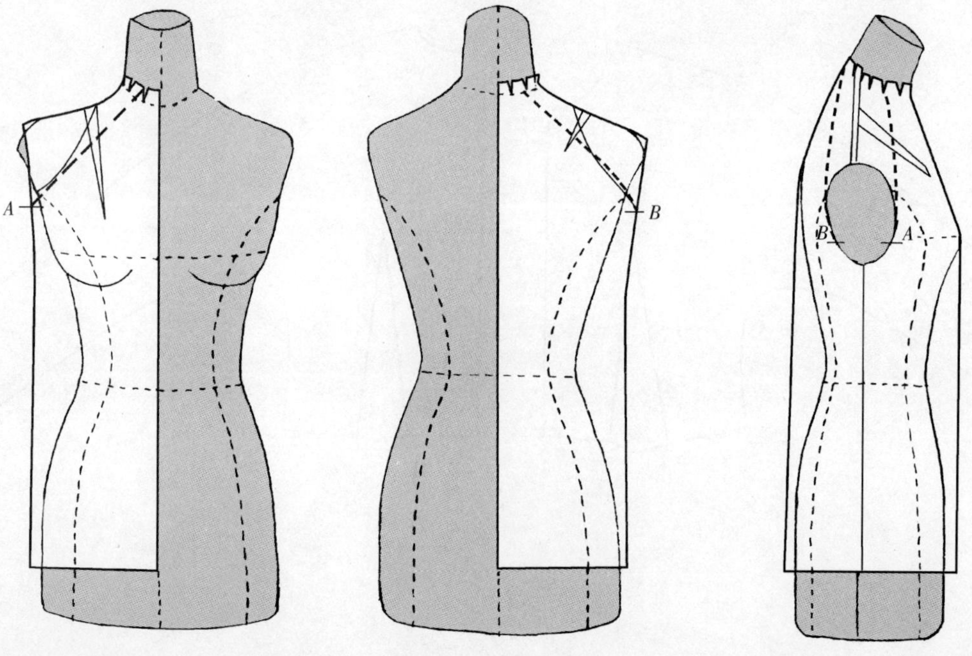

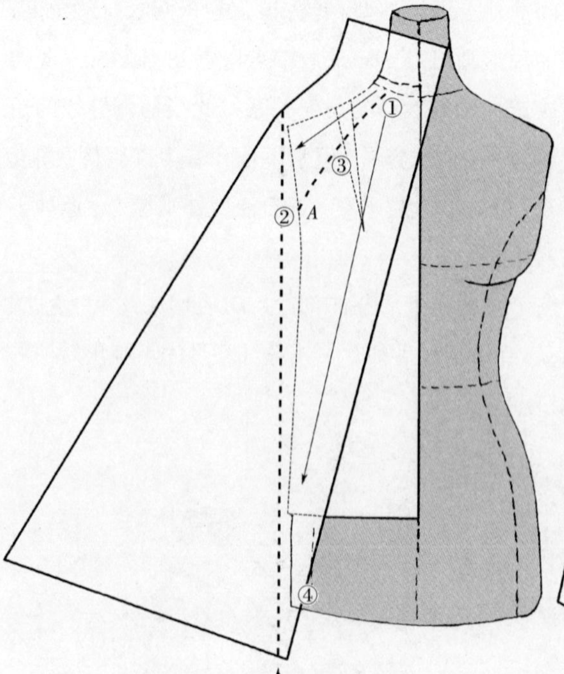

按人台侧缝线折出一条垂直线

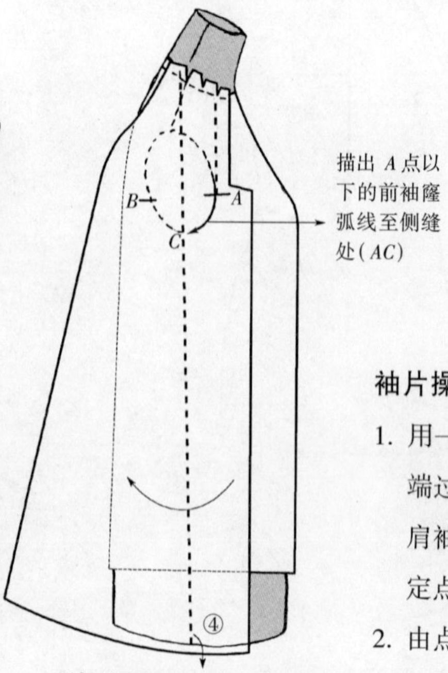

按人台侧缝线折出一条垂直线

袖片操作方法

1. 用一张纸斜放在人台上，纸的上端过人台肩部 4 ~ 5cm，在人台插肩袖衣身分割线上部的领围处固定点①。
2. 由点①沿衣身插肩袖分割线向下推平，至袖窿线上的点 A 处固定点②。
3. 由点①将纸向下抻直并将纸的下端固定在人台的侧下角固定点④。

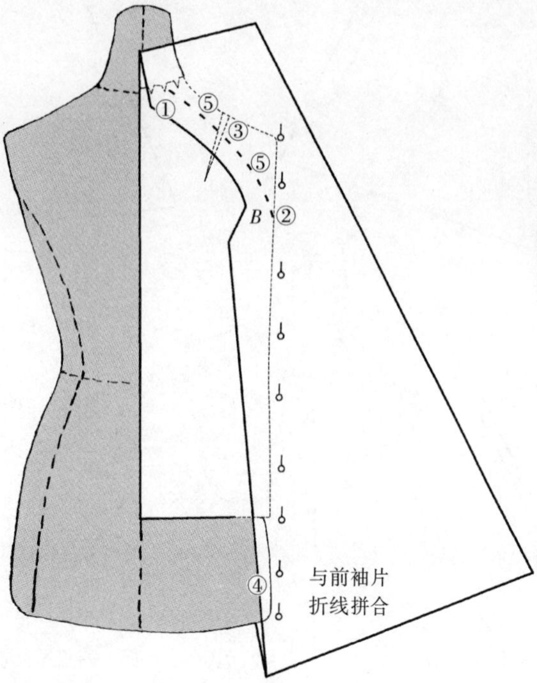

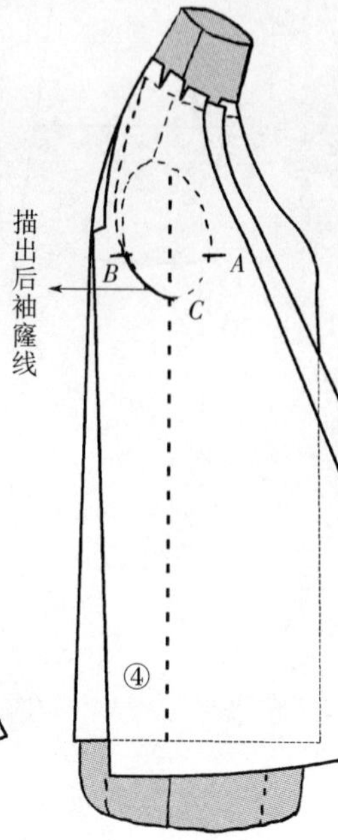

4. 在点①与点②之间的分割线上固定点③后，将袖片多余纸量剪去，留 2cm 调整量，剪至点 A 附近。
5. 将纸推到人台侧缝处，按衣身的侧缝线折出一条垂直线。
6. 在前袖片上按衣身前片的袖窿弧线描出点 A 到侧缝的弧线 AC。
7. 后袖片与前袖片的操作方法相同。
8. 将后袖片与衣身插肩分割线固定好后，在后袖片上按衣身的后片袖窿弧线描出 B 点至侧缝的弧线 BC。
9. 按前袖片折出的垂直线将前后袖片固定在一起。
10. 拼合前后袖片的肩缝，并将前后袖片的其余部位固定在一起。

袖型

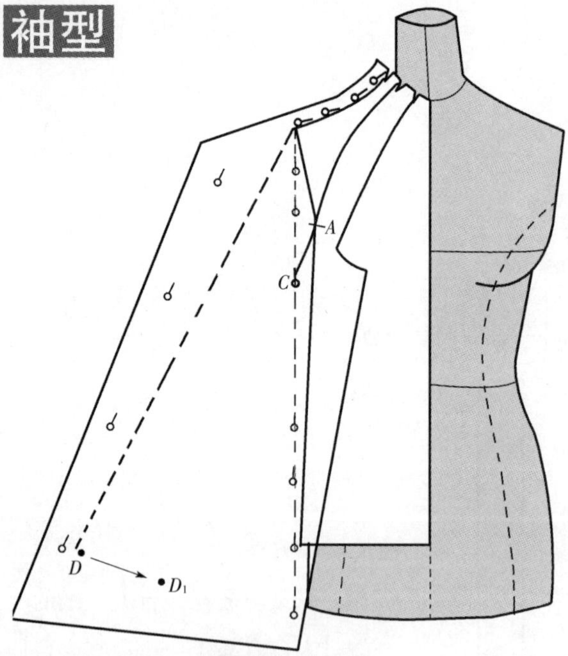

11. 在前袖片上设计袖型。首先设定袖子与衣身的角度，在袖片上画出点 D。从肩端点向点 D 画连线，此连线决定袖子与衣身的角度关系，此线与侧缝线的角度越大，抬袖越容易，但腋下袖片有少许褶量；角度越小，腋下袖片越平整，正面袖型外观漂亮，但袖子抬起困难。
12. 由点 D 横向向里量出袖口尺寸 DD_1，用珠针穿过点 D、点 D_1 在纸板的后袖片上按珠针穿过的点画出后袖的袖口点。

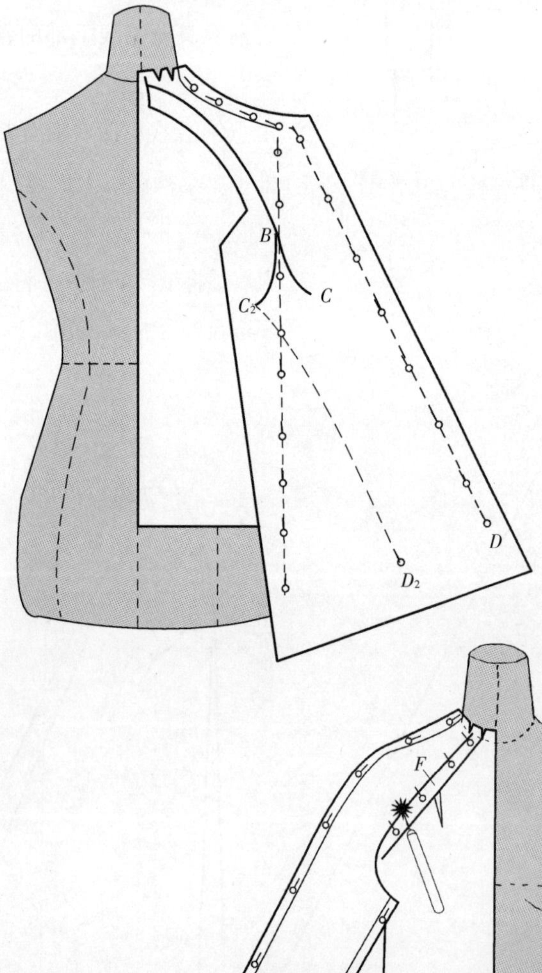

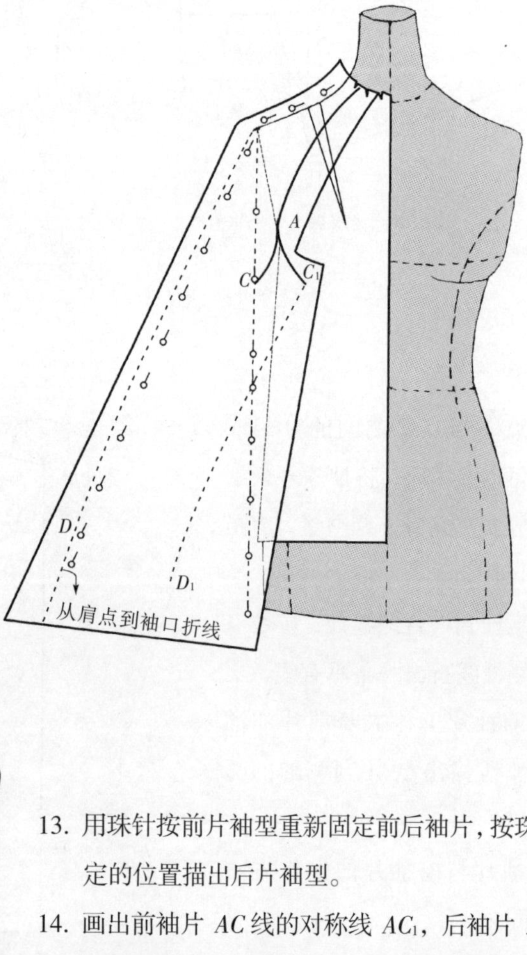

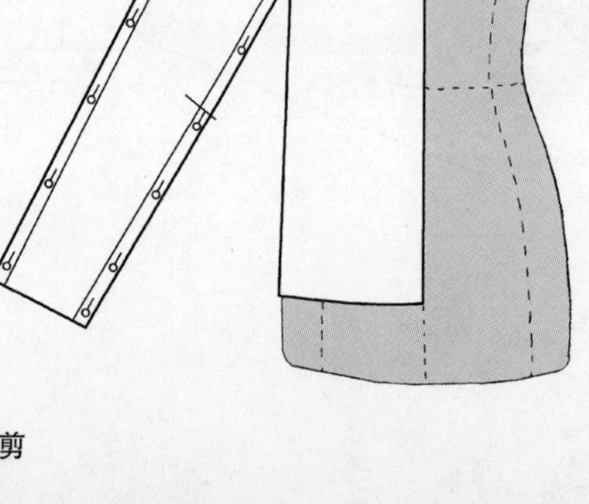

13. 用珠针按前片袖型重新固定前后袖片，按珠针固定的位置描出后片袖型。
14. 画出前袖片 AC 线的对称线 AC_1，后袖片 BC 线的对称线 BC_2。前袖片 AC_1 的 C_1 点与袖口 D_1 点连线，后袖片 BC_2 的 C_2 点与袖口 D_2 点连线。
15. 留 2cm 的缝份，将袖片上多余的部分剪去，拼合前后袖片腋下缝份，并将袖子的袖窿与衣身的下袖窿弧线固定在一起。

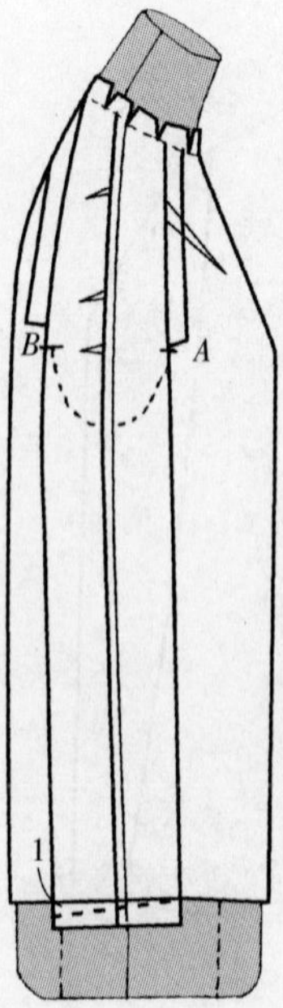

16. 用滚轮在前后插肩袖衣身分割线上压过，并做 E、F 两个对位点，使袖子的插肩弧线与衣身的分割线相同，并参照 E、F 两个对位点缝合。
17. 将袖片压平垂直放下，量出袖长，水平画出袖口，后袖口比前袖口略长 1cm 左右。
18. 取下衣身板，沿滚轮痕迹画顺衣身上的分割线及袖窿弧线。
19. 取下袖片，在固定一起的前后袖片上做对位点，并将袖中线向外 1～1.5cm，袖中线略成外弧形如图所示。
20. 拼合袖片找顺袖窿弧线，袖片 AB 尺寸大于衣身 AB 尺寸 1cm，袖腋下缝份去短 0.5cm。

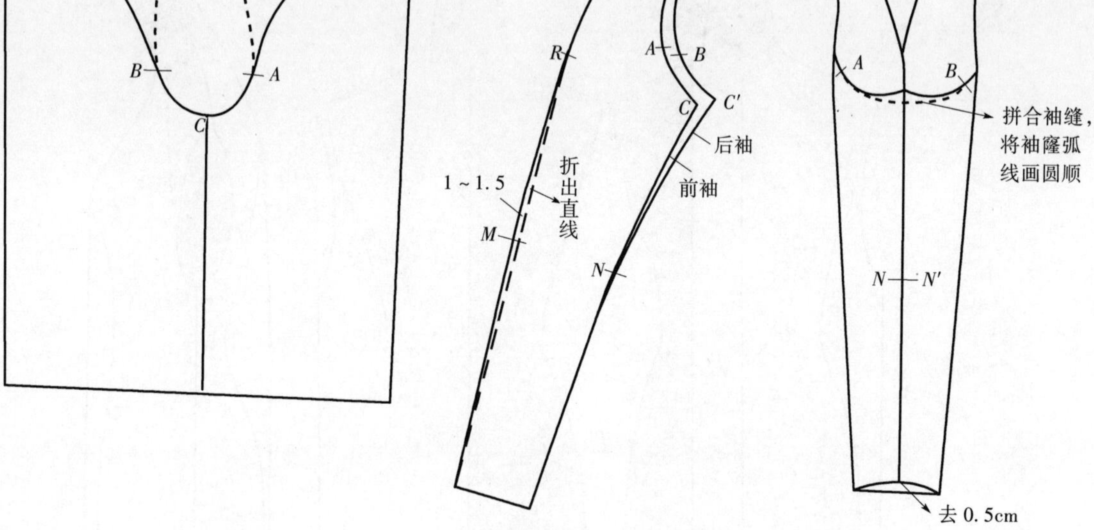

【一片式插肩袖】

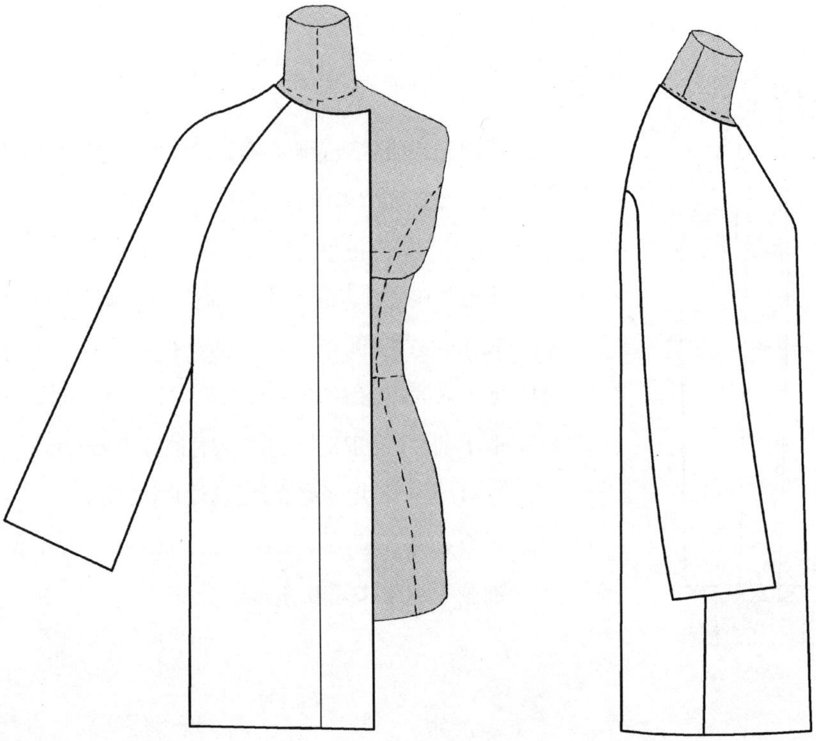

一片式插肩袖的操作方法

1. 在人台上制作直身无省宽松大衣，画出袖窿弧线，袖窿深不小于 20cm，可根据大衣的宽松量自定。在前袖窿深的$\frac{1}{3}$处水平画点 A，在后袖窿上平行画点 B。在衣身的纸样上画出前后袖片的插肩分割线，插肩分割线通过点 A、点 B 与袖窿弧线相连。

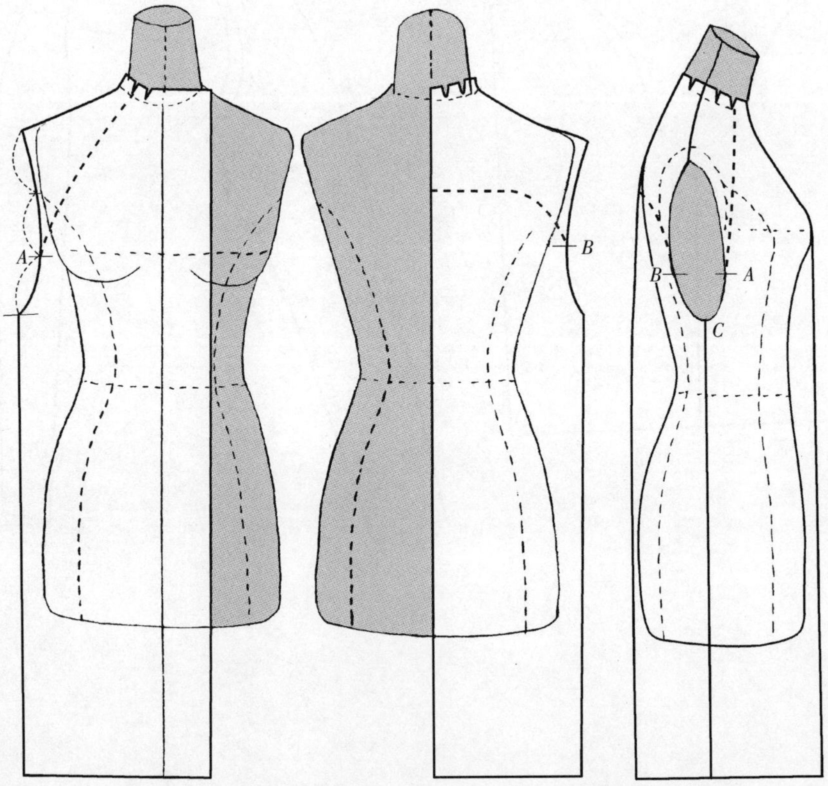

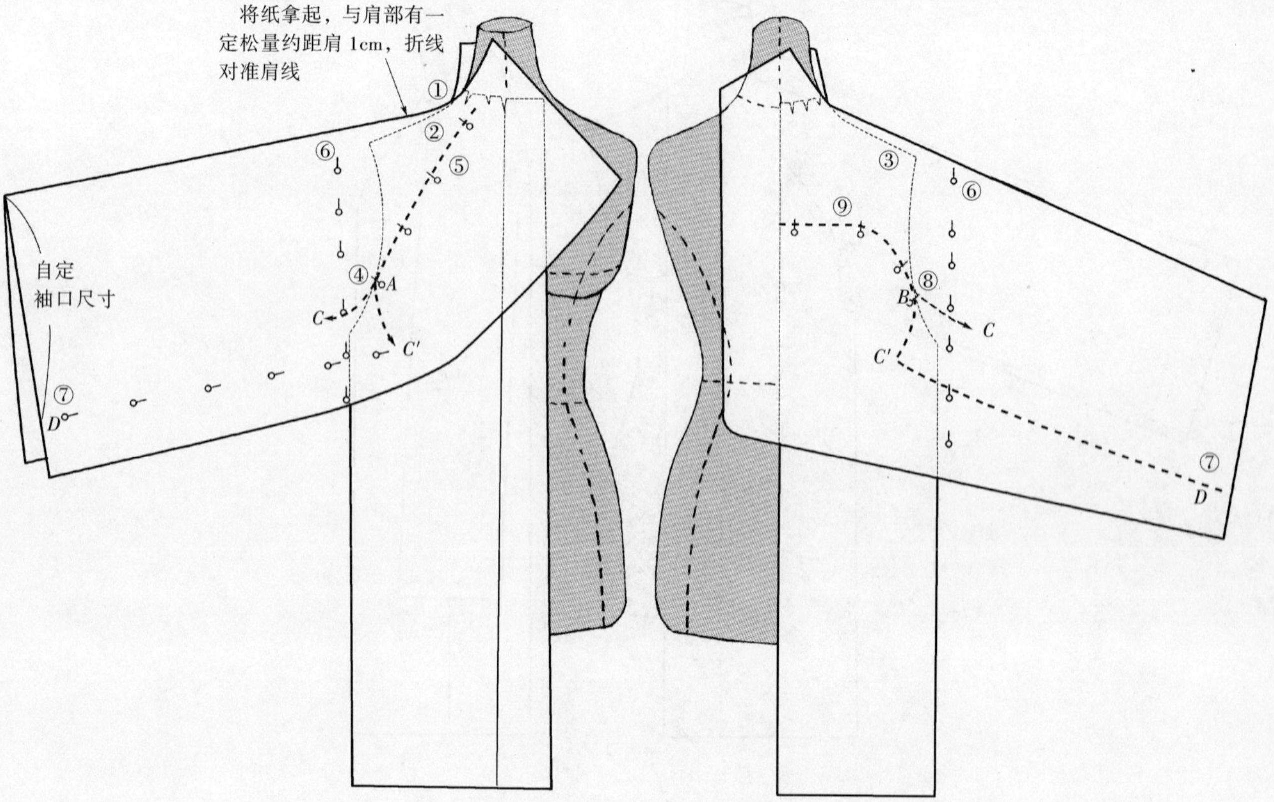

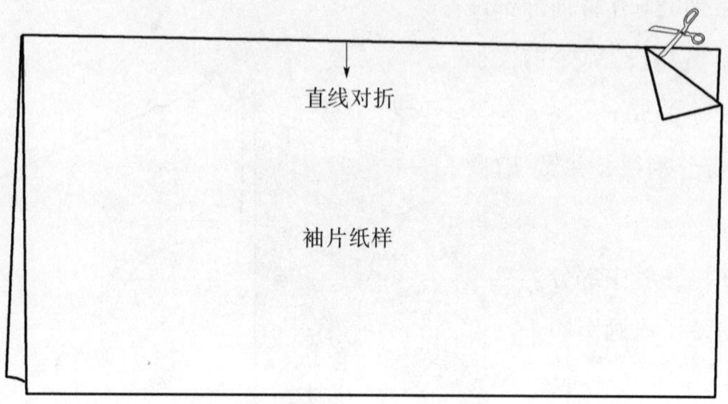

2. 将袖片纸板对折，将折线的一端剪开，如图所示。
3. 将袖片纸板剪开的一端放置在肩颈点处用珠针固定点①，将纸板折线部分提起，距离肩端部 1cm 高时将袖片纸板在前后衣身上固定点②、点③。
4. 沿前片插肩袖分割线将袖片与衣片固定在一起至 *A* 点，图中点④、点⑤。
5. 沿后片分割线固定袖片与衣片至 *B* 点，图中点⑧、点⑨。
6. 在袖片上描出衣身 *A* 点、*B* 点以下的袖窿弧线，方法同两片插肩袖。得到 *AC*、*BC* 画 *AC*、*BC* 的对称线 *AC′*、*BC′*。
7. 将前后袖片固定在一起。量出袖口宽点 *D*，连接 *C′*点与袖口点 *D*。

袖型

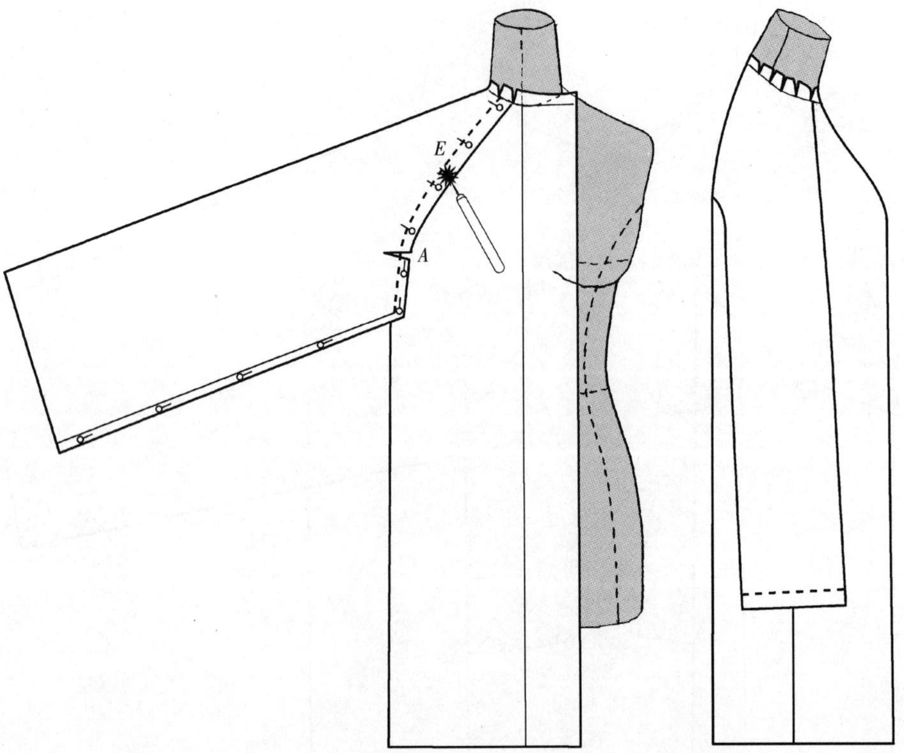

8. 剪去袖片多余的部分，拼合袖缝，并将袖片袖窿与衣身袖窿固定在一起，量出袖长，水平剪去袖口多余部分，袖里缝份处去短 0.5cm。
9. 用滚轮压过前后袖片与衣身分割线，并做 *E*(前片)、*F*(后片)两个对位点。
10. 按人台的后中心线折出袖片的后中部分。
11. 取下袖片，拼合袖缝，将袖窿弧线画圆顺。
12. 量袖片 *AB* 长度大于衣身 *AB* 长度 1cm。

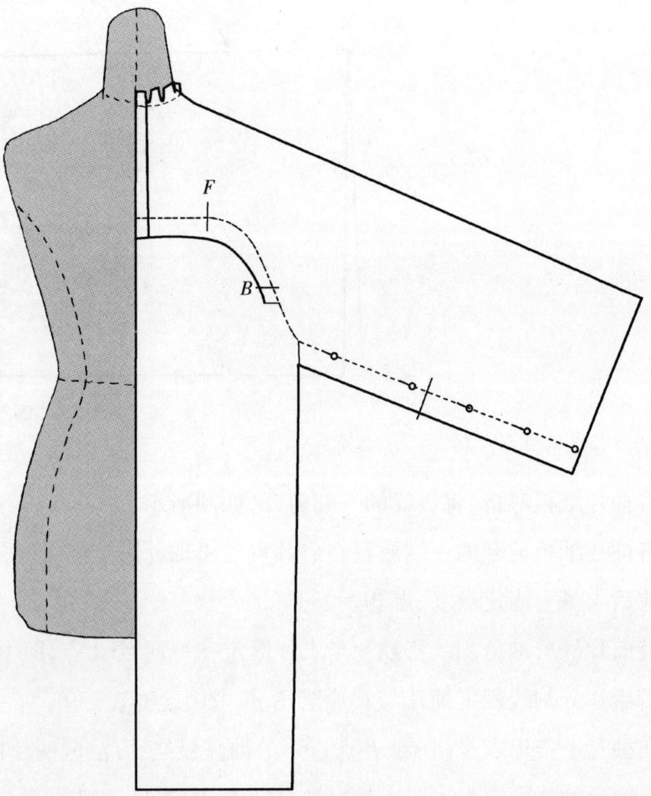

【夏奈尔袖】

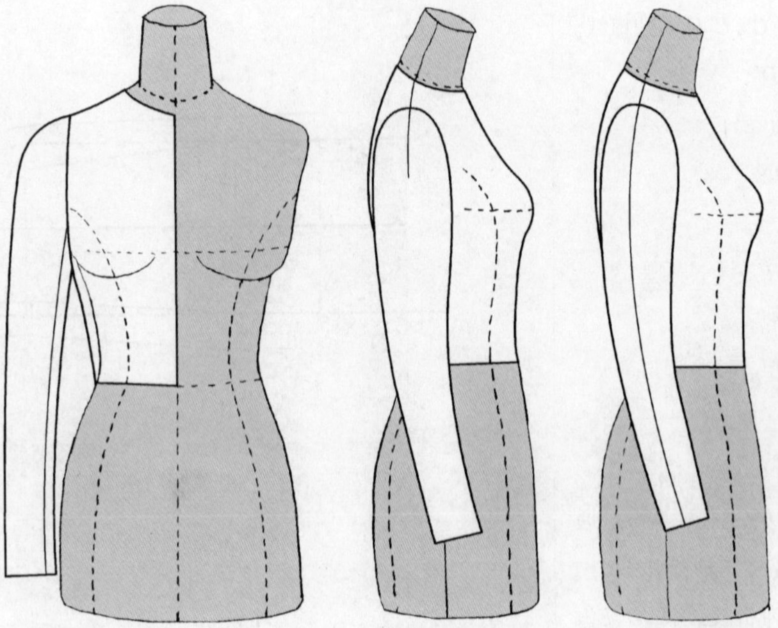

图1　图2

图1的操作方法

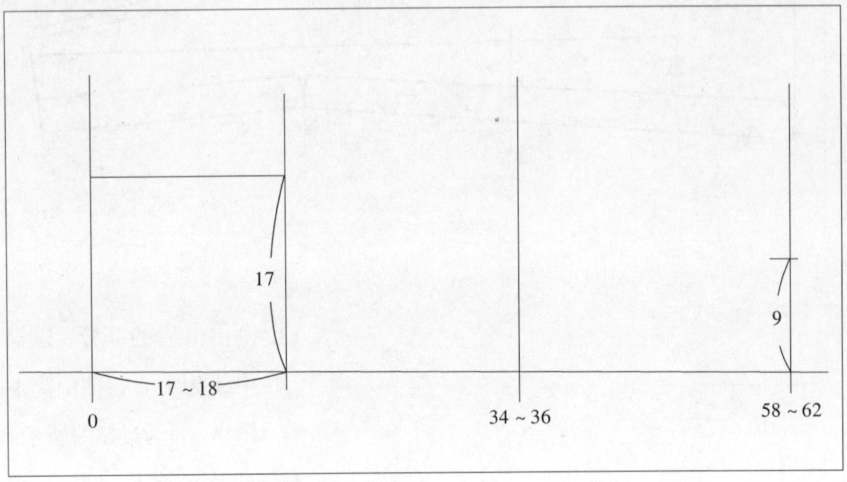

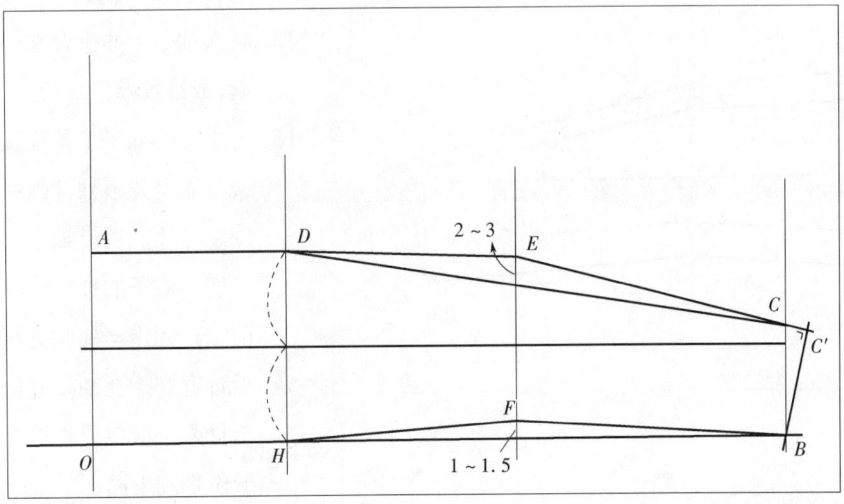

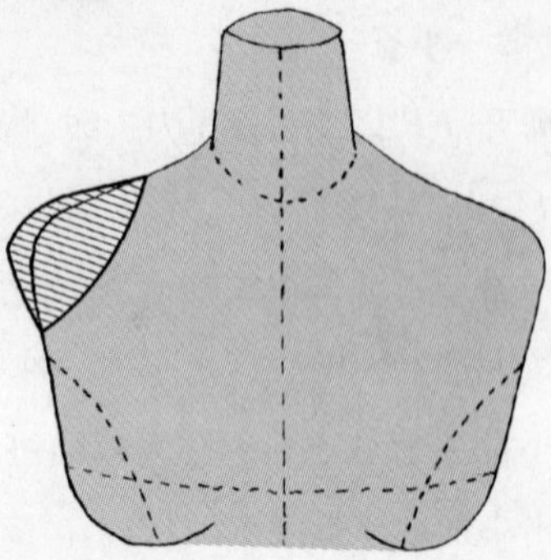

1. 在人台上将圆垫肩固定好，垫肩宽出人台肩端点1cm。
2. 在纸上标出袖山高17～18cm，
   袖肘长34～36cm，
   袖长58～62cm，
   袖口尺寸9cm，
   袖肥17cm，
   各尺寸根据设计要求可自定。
3. 将袖肥分成两等份，通过中心点垂直画袖中线。
4. 连接 *CD*，*CD* 线与袖肘线交叉点向上2～3cm，设点 *E*，连接 *DE*、*EC*。
5. 袖肘线向上1～1.5cm设 *F* 点，连接 *HF*、*FB*。

6. 延长 EC 线，过 B 点画一条直线垂直于 EC 延长线,交叉点为 C',$C'B$ 为袖口线。
7. D 点向上 2cm 设为 D'，
   E 点向上 1.5cm 设为 E'，
   C'点向上 1cm 设为 C''，
   连接 $D'E'$、$E'C''$。
   H 点向下 4cm 设为 H'，
   F 点向下 4cm 设为 F'，
   B 点向下 4cm 设为 B'，
   连接 $H'F'$、$F'B'$。
8. 袖窿处袖中线向下 1cm 定点 G，将袖山高线 AD 与 OH 分成两等份，通过各等分点与点 G 连接画袖窿弧线。
9. 按图示以 DE、EC'为折线，将 $D'E'$、$E'C''$向里折，并在袖肘线上将多余纸量做一小省。
10. 剪开 FF'以 HF、FB 为折线。将 $H'F'$，$F'B'$向里折。
11. 用另一张纸覆在大袖上，描出小袖，并按大袖的袖中线标出小袖的袖中线。
12. 小袖去短 0.5cm，按大袖袖窿弧线描出小袖袖窿弧线。

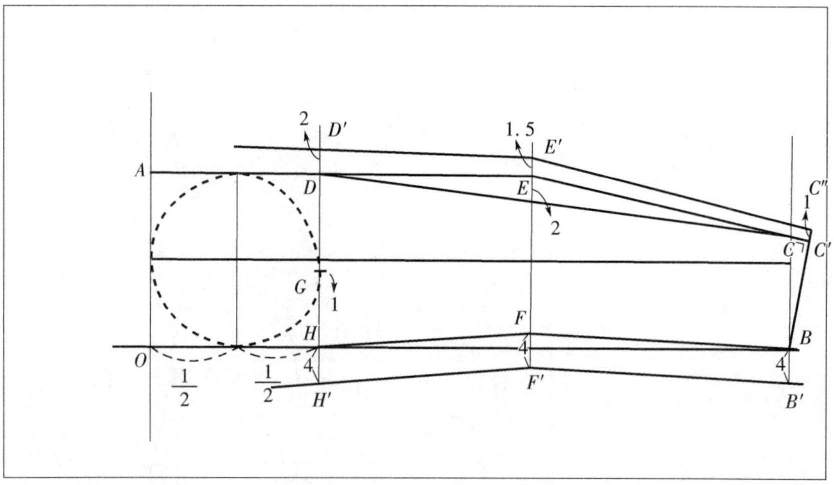

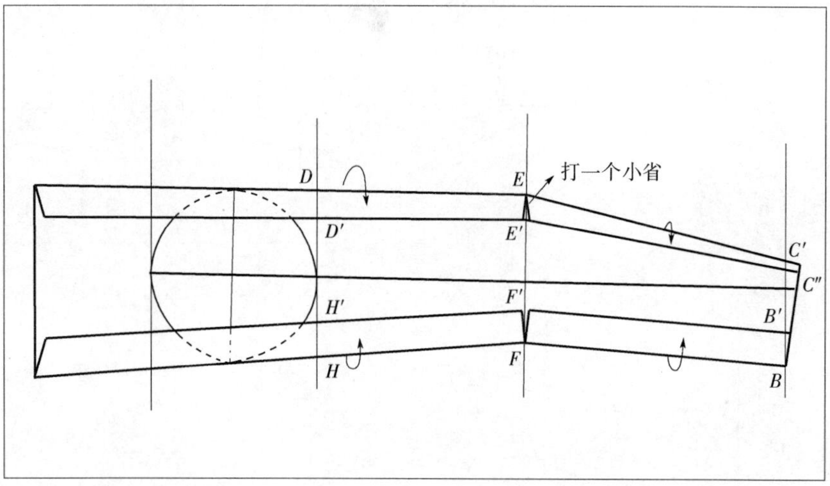

13. 画出借肩的部分，以袖中线为中心在袖山高上画出一个省,如图所示。
14. 袖片各部位放 1cm 缝份,袖口放 4cm。
15. 将大袖、小袖拼合在一起,成袖筒状。
16. 将拼合的袖子下袖窿弧线与衣身的下袖窿弧线固定（注意调整袖子的角度，袖子的袖口略向前倾)。固定至前胸宽与后背宽处，在袖窿缝份上打两个剪口，将袖窿缝份翻到表面。

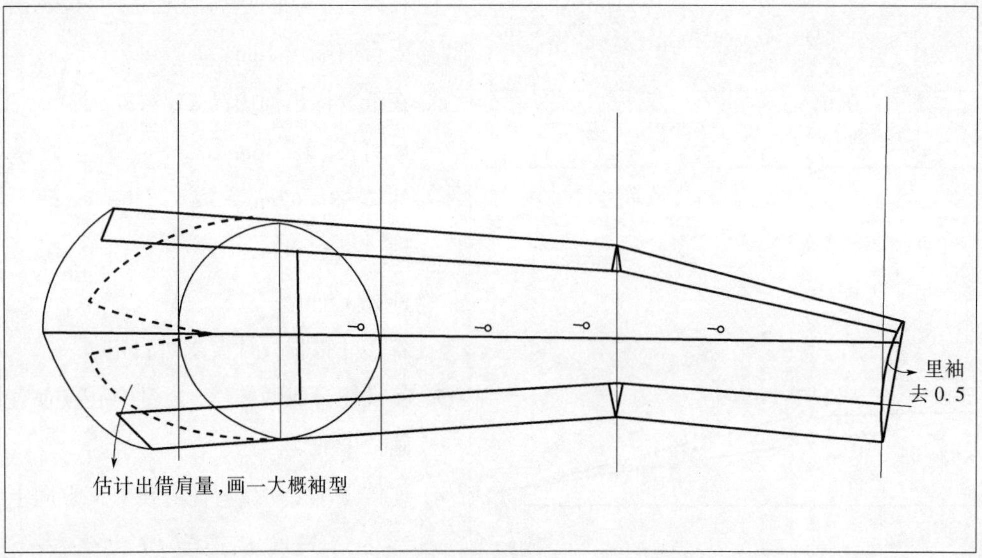

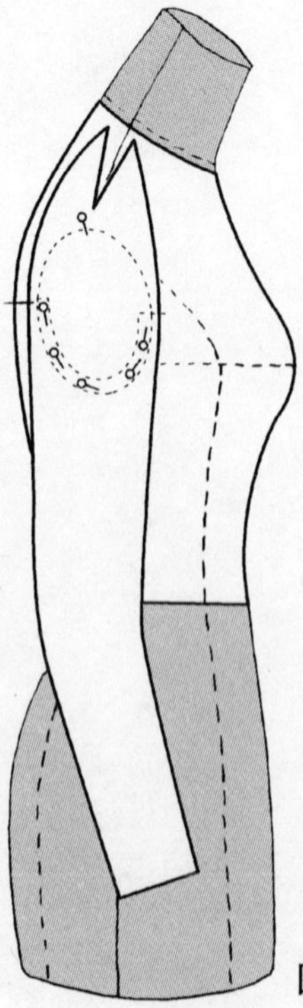

图例1

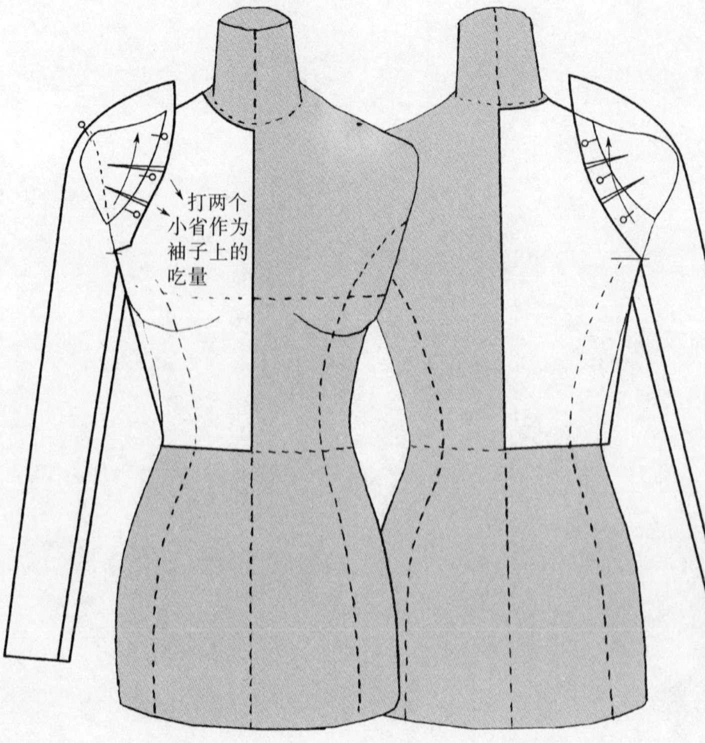

图例2

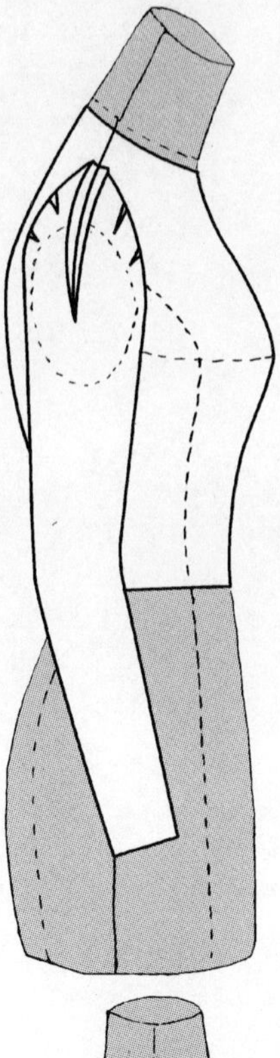

图例3

17. 用一个珠针将袖山高部分固定在肩端点上，见图例 1。
18. 在前后袖片袖窿各做两个小省，为袖子上的吃量，吃量共 3 ~ 5cm，见图例 2。
19. 做完前后袖片吃量的小省后，将前后袖片沿肩部向上推平，固定在衣身上，多出的余量在袖中线上打出一个省，省与肩缝在一条线上，见图例 3。
20. 在人台上直接画出袖窿弧线，袖窿弧线可向里借肩 2 ~ 5cm，根据设计，画至前、后宽处与原袖窿弧线连接。如图例 4，用滚轮沿袖窿线压过，使袖片与衣身的弧线吻合。
21. 此款式在制作袖肩省时注意要自然圆顺，袖片上应看不出捏省痕迹，此袖型袖片吃量大且有袖省，故多用粗纺或花呢面料为宜。

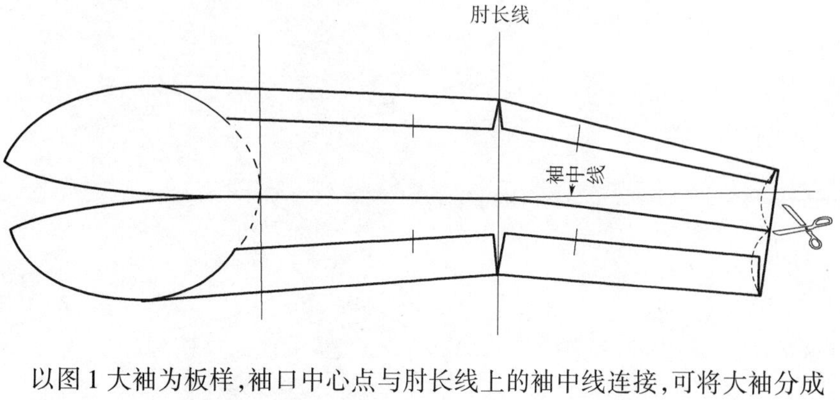

以图 1 大袖为板样，袖口中心点与肘长线上的袖中线连接，可将大袖分成两片，即成有袖中缝的夏奈尔袖。

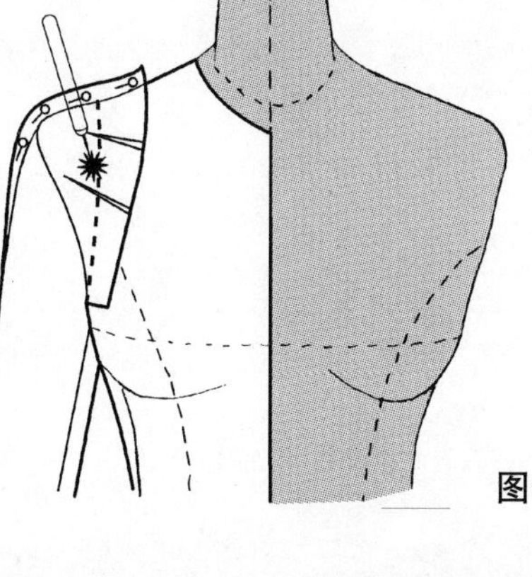

图例4

第三章

经典款式篇

本章在前面章节的基础上对流行持久的经典款式进行讲解。这些款式结构设计更加复杂,体现在基本造型上的多元化设计。学习者可在前面章节的理解基础上,对服装的立体结构进一步学习。本章在讲解时减少了对基本操作的注释,着重分析了服装结构的重点部位和重要组成部分。

【西装领三开身上衣】

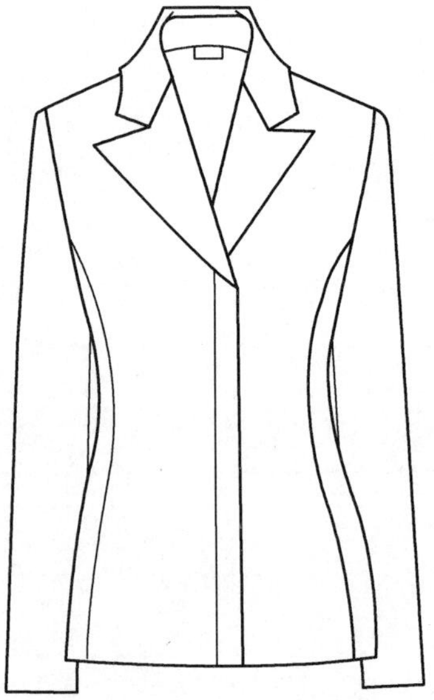

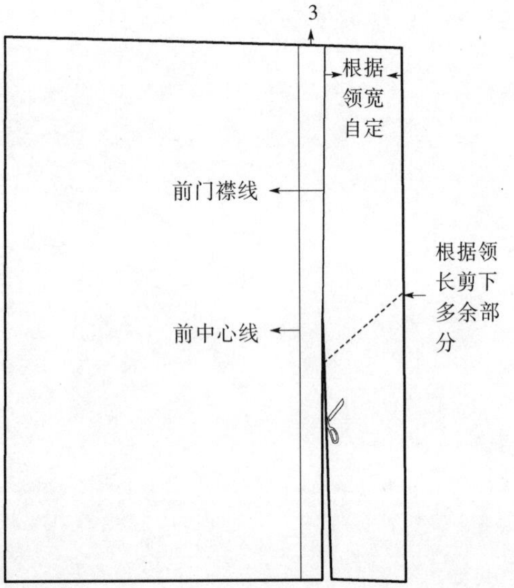

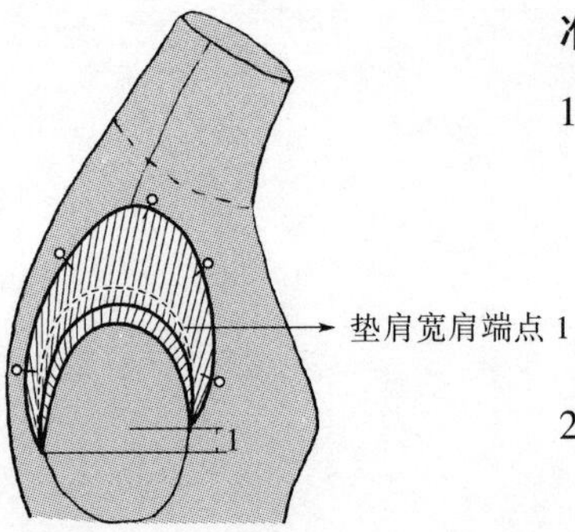

准备工作

1. 在白纸上用直尺画出前中心线、前门襟线、翻领宽度,翻领宽度根据设计自定。为操作方便,剪下翻领下多余部分,注意沿前门襟剪开。
2. 在人台上垫上垫肩,垫肩宽出人台肩端点 1cm,垫肩中心略向后肩移 1cm 用珠针固定。

前片操作方法

1. 将纸板的前中心线对准人台的前中心线,依前面图例的操作方法依次固定点①、点②、点③、点④。
2. 剪出前领口,并沿人台领围线打剪口,由点①向肩颈点推平,固定点⑤,剪去领口多余的缝份。
3. 由点⑤向肩端点推平,固定点⑥。
4. 由点⑥向侧胸推平固定点⑦。
5. 由点④向侧边推平或留稍许松量,在人台侧边固定点⑧。
6. 捏出一个宽约 0.6cm 腰间省,腰节处的腰省距前中心线 10~10.5cm。
7. 由点⑧向上推平至侧胸下固定点⑨,将点⑦与点⑨之间的余量捏成胸省。

后片的操作方法

1. 将纸的一边过人台后中心线 2~3cm 放置，剪出后领口，沿人台后领围打剪口。在人台领围线下 1cm 处固定点①，过人台后中心线纸样的一边打剪口，剪口至人台后中心线位置。
2. 沿人台后中心线依次固定点②、点③。
3. 在侧腰节处固定点④，由点③、点④分别向下摆推平，固定点⑤、点⑥。
4. 由点②向侧边推平，固定点⑦，点⑦向肩端点推平固定点⑨。
5. 由点①向肩颈点推平固定点⑧，将点⑧与点⑨之间的余量捏成一个小肩省，缝制时吃缝进去，省宽 0.7~1cm。
6. 按人台的后中心线，折出纸板的后中心线。

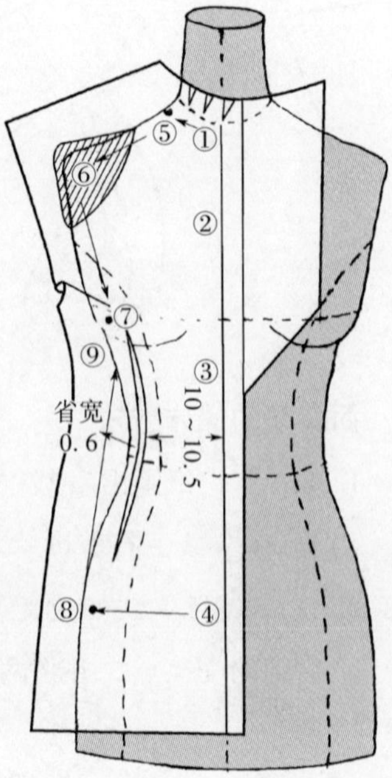

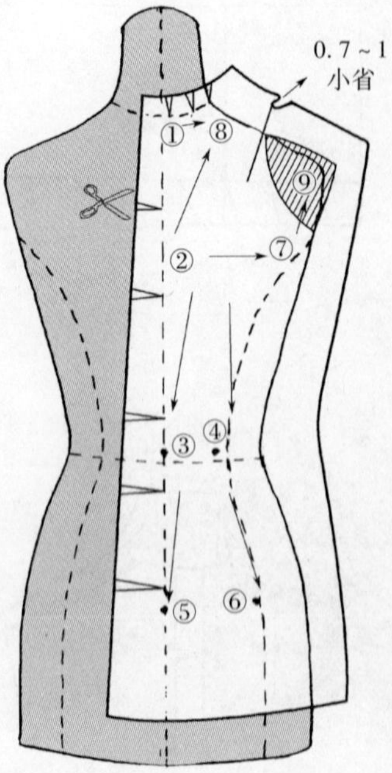

侧中片的操作方法

1. 将一条纸放置在人台的侧缝处，在腋下固定点①，由点①沿侧缝线向腰节推平固定点②，由点②向下摆推平固定点③。
2. 将已做好的前片、后片、侧中片拼合在一起，拼合时可根据款式需要放出一定的松量，留 2cm 的调整量，将多余的纸量剪去。
3. 侧中片的臀围处可左右各打一小省，与前后片拼合时易于平整，在制作时此小省可根据面料烫缩、吃缝进去。
4. 量出前片的胸围、腰围、臀围、下摆围比后片的胸围、腰围、臀围、下摆围各尺寸大 1cm。
5. 拼合肩缝，肩缝在侧面看居中。
6. 由肩颈点向下量出腰节长 42cm，用软尺系在 42cm 处水平画出腰节线。
7. 腰节线向下量出衣长，水平画出衣长线。
8. 画出领口线，从肩端点向下量 15cm，画出袖窿弧线。

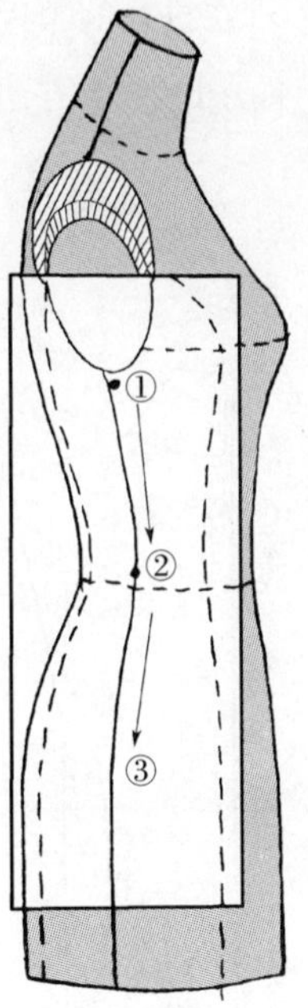

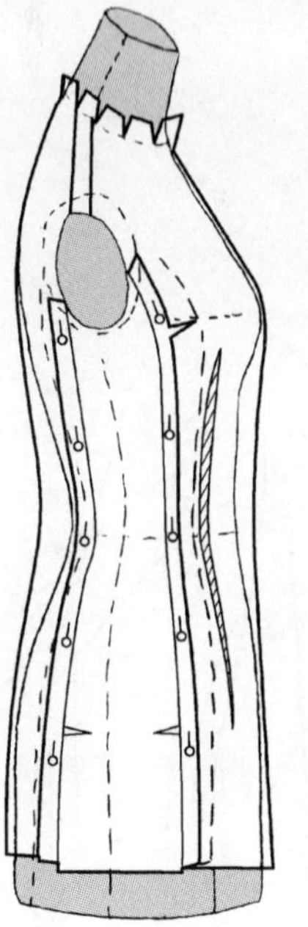

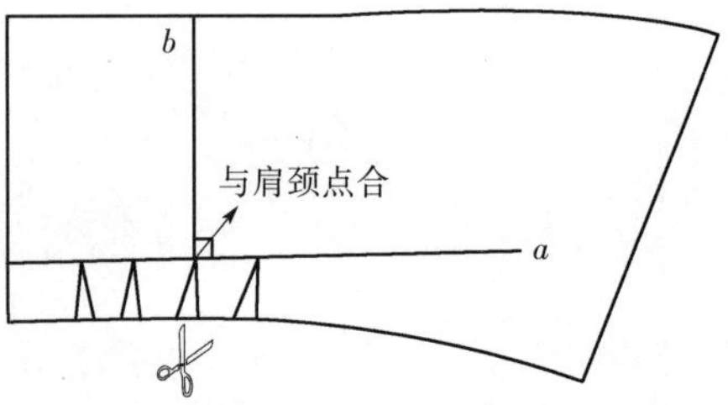

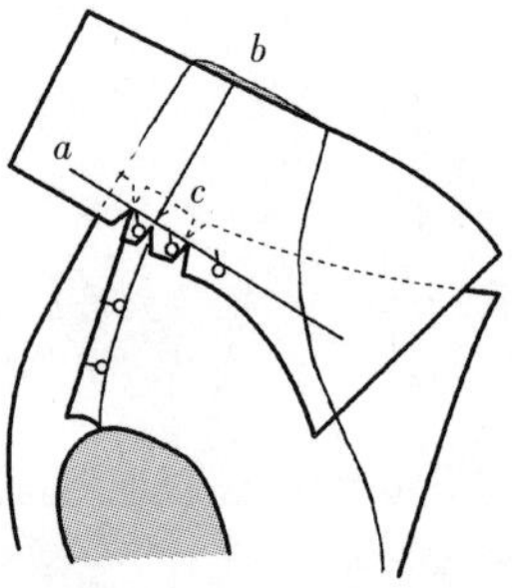

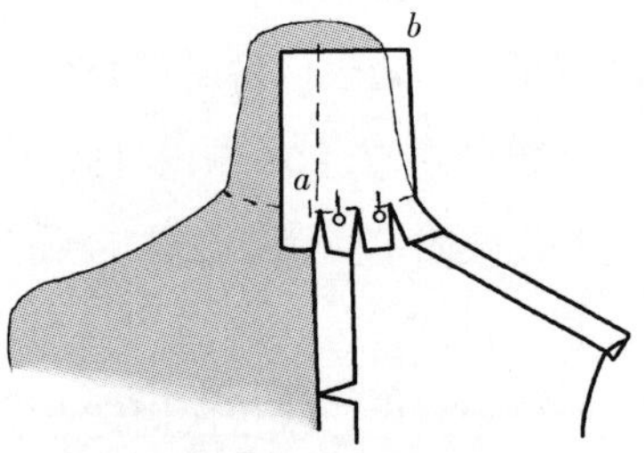

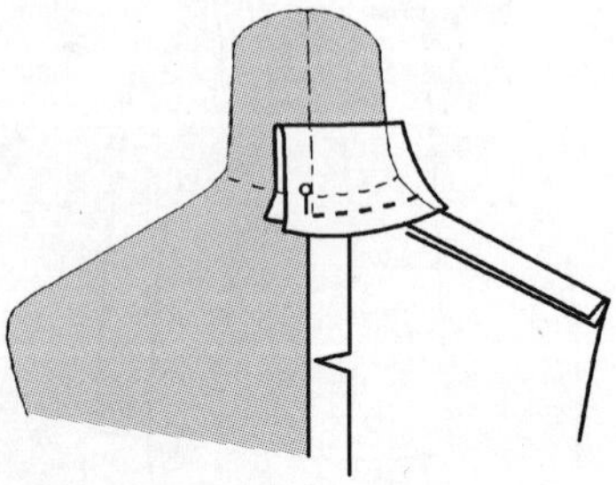

西装领的操作方法

1. 取一张白纸画出 a 线、b 线，b 线与 a 线垂直,在 a 线下打剪口。
2. 将 a 线与 b 线的交叉点对准衣身领口线与肩缝的交叉点，并将两个交叉点固定在一起。
3. 将领片向后推，a 线对准衣身的后领口线推平，并将 a 线固定在衣身的后领口线上，至人台后中心线处止。
4. 将前领沿衣身前领口线向前推，同时将领翻折,在后领处将翻折的领固定。
5. 将前衣片的驳领翻折,与翻领纸样固定在一起,操作方法同西服领的制作一节。
6. 在拼合的领板上画出所需的领型,剪去多余部分。

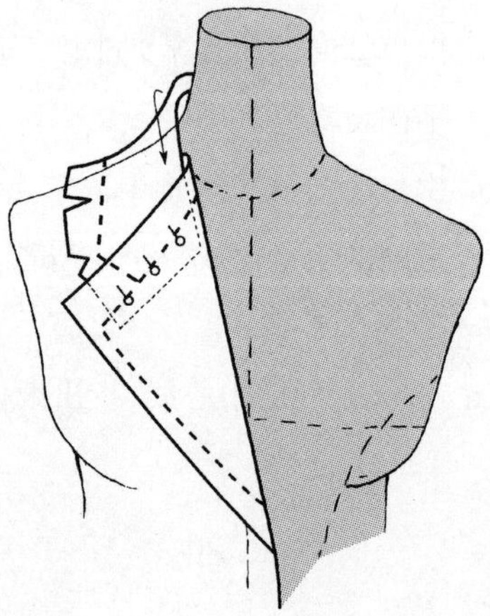

袖子的操作方法同西装袖一节。

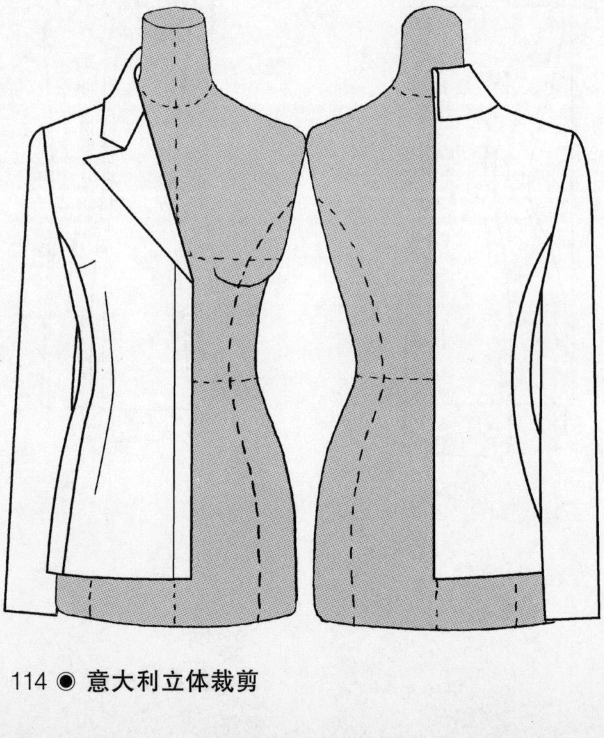

意大利袖子的制板尺寸

单位:cm

部位／尺寸／款式	袖山高	袖肥	中袖长	袖长
原型	14	16	37	61
外衣	16	18	38	62
大衣	18	21	39	63

注:制袖板时可参照我国服装尺寸规格。

样板的修整

1. 按照人台上珠针拼合的位置做记号，并在前胸、侧胯的分割线上做对位标记(合印点)，见图中 *A*、*B*、*C*、*D*、*E*、*F* 点。如图所示虚线部分为板型记号，标注字母的部位为对位记号。

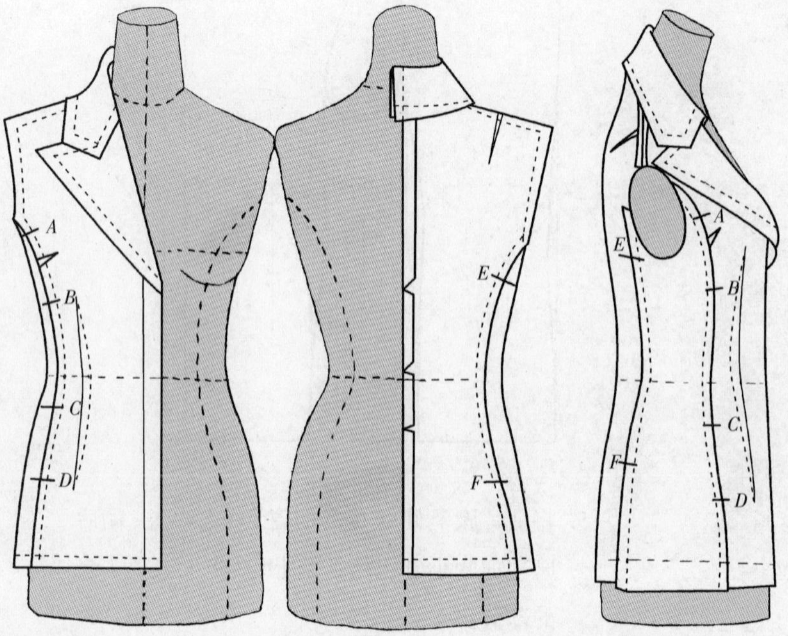

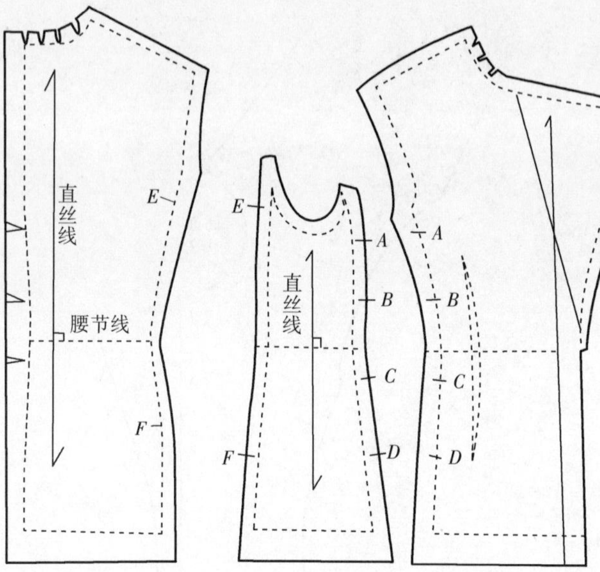

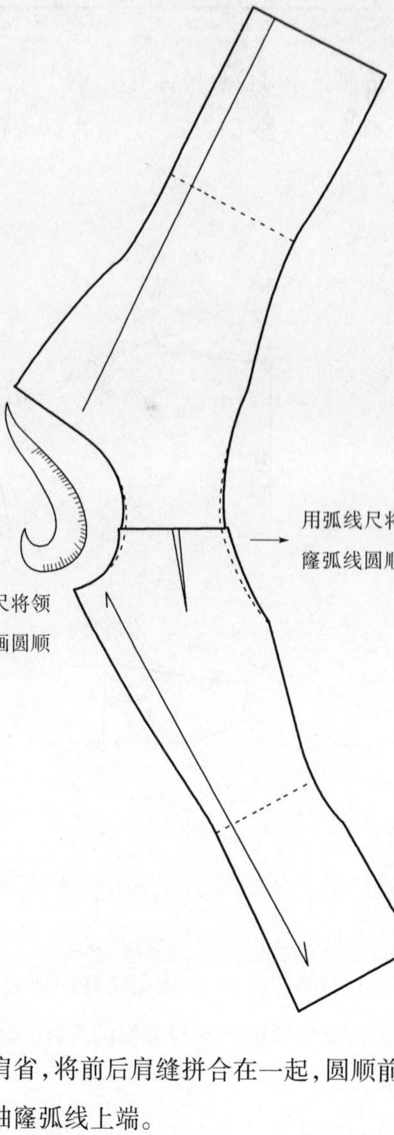

2. 将纸板从人台上取下，并取下珠针，可以看见每片样板上有在人台上做的板样标记和各片相连的对位点，按板样标记用直尺将板型修整圆顺，如图所示，与腰节线垂直画出直丝线，前片的直丝线为前中心线。

3. 合上肩省，将前后肩缝拼合在一起，圆顺前后领口和袖窿弧线上端。

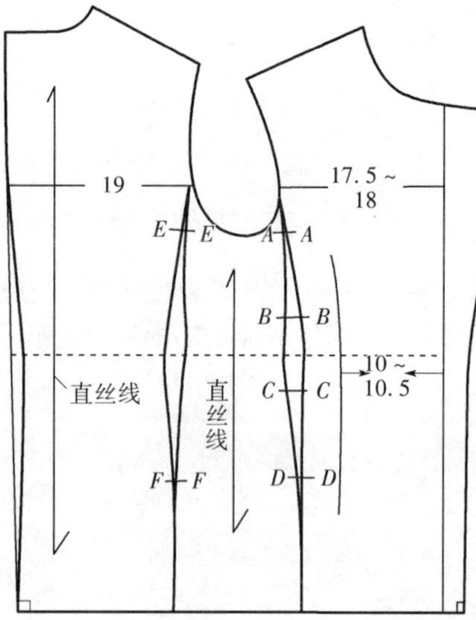

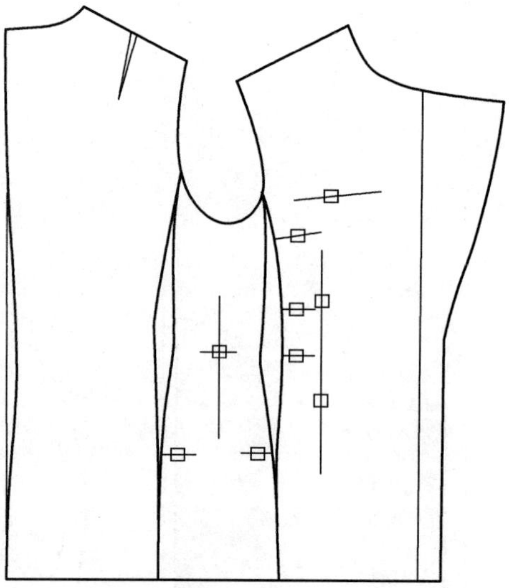

4. 按照各个对位点拼合前片、侧中片、后片。画袖窿弧线的下端，注意前胸宽比后背宽小1 ~ 1.5cm。

5. 将前片腰节处 0.6cm 的省、胸上小省、侧后胯部捏的小省用粘纸粘上，在板上去掉多余的部分。

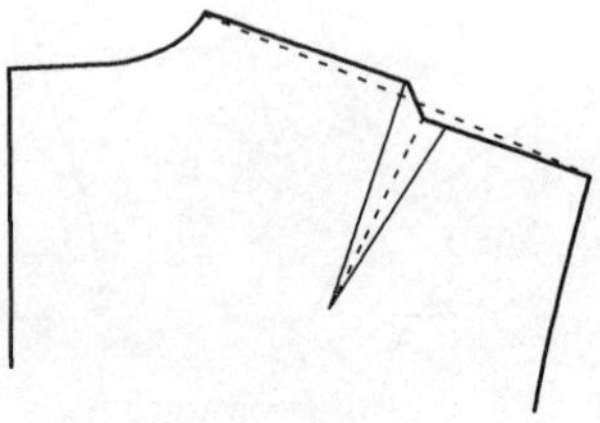

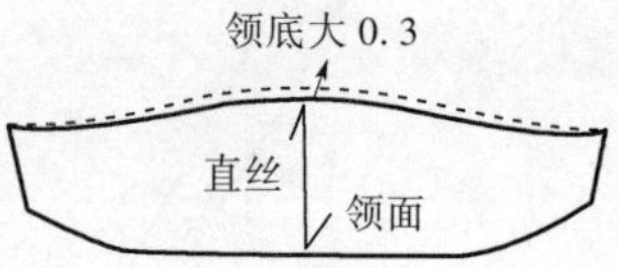

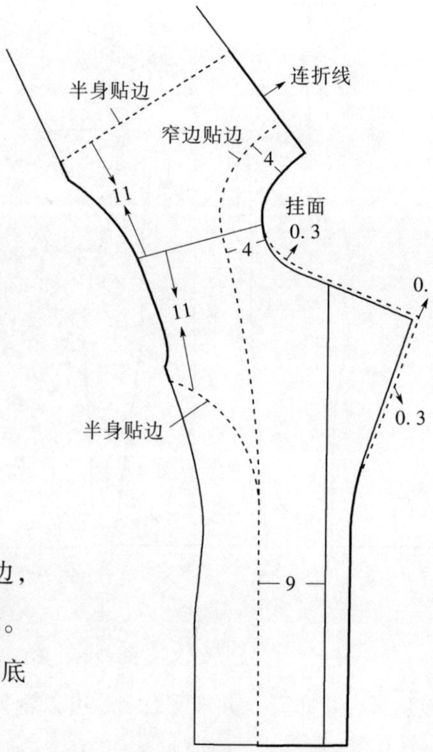

6. 将纸板剪成净板，肩部小省为吃缝量，如图所示将肩缝画圆顺。
7. 画挂面和贴边，贴边有两种尺寸，一种为半身贴边，另一种为窄边贴边，尺寸大小如图所示，西服驳领挂面比衣身驳领尺寸略大些，如图所示。
8. 对合西服领领围与衣身领围的尺寸，画领面与领底，领面为直丝，领底为斜丝。
9. 量袖子的袖窿尺寸与衣身的袖窿尺寸，袖子袖窿尺寸比衣身袖窿尺寸大 3 ~ 4cm。

【时尚连衣裙】

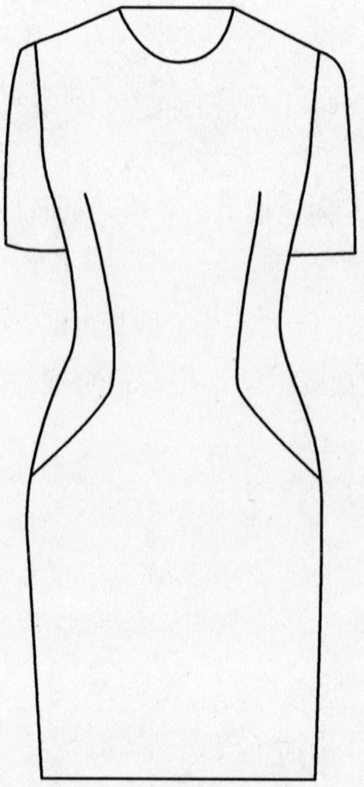

前片的操作方法

1. 在纸上画出前中心线并沿前中心线剪净，将纸的前中心线对准人台的前中心线，依次固定点①、点②、点③、点④。
2. 剪出前领口，并沿人台领围线打若干剪口，从点①向肩颈点推平再沿肩部推平，依次固定点⑤、点⑥。
3. 由点③向侧边推平，在腰节中部固定点⑦。
4. 从侧胯剪开，剪至点⑦处，剪口处用单面粘纸固定。
5. 由点⑥向下推平，至侧胸处固定点⑧，至腰节处固定点⑨，将腰间的余量捏成一个腰间省⑩。
6. 由点③沿前中心线向下推平固定点⑪。
7. 由点⑪向侧边推平固定点⑫。
8. 将剪开的部分，按人台曲线重新拼合在一起。
9. 在拼合的部位画出一条分割线，分割线与腰省连接。

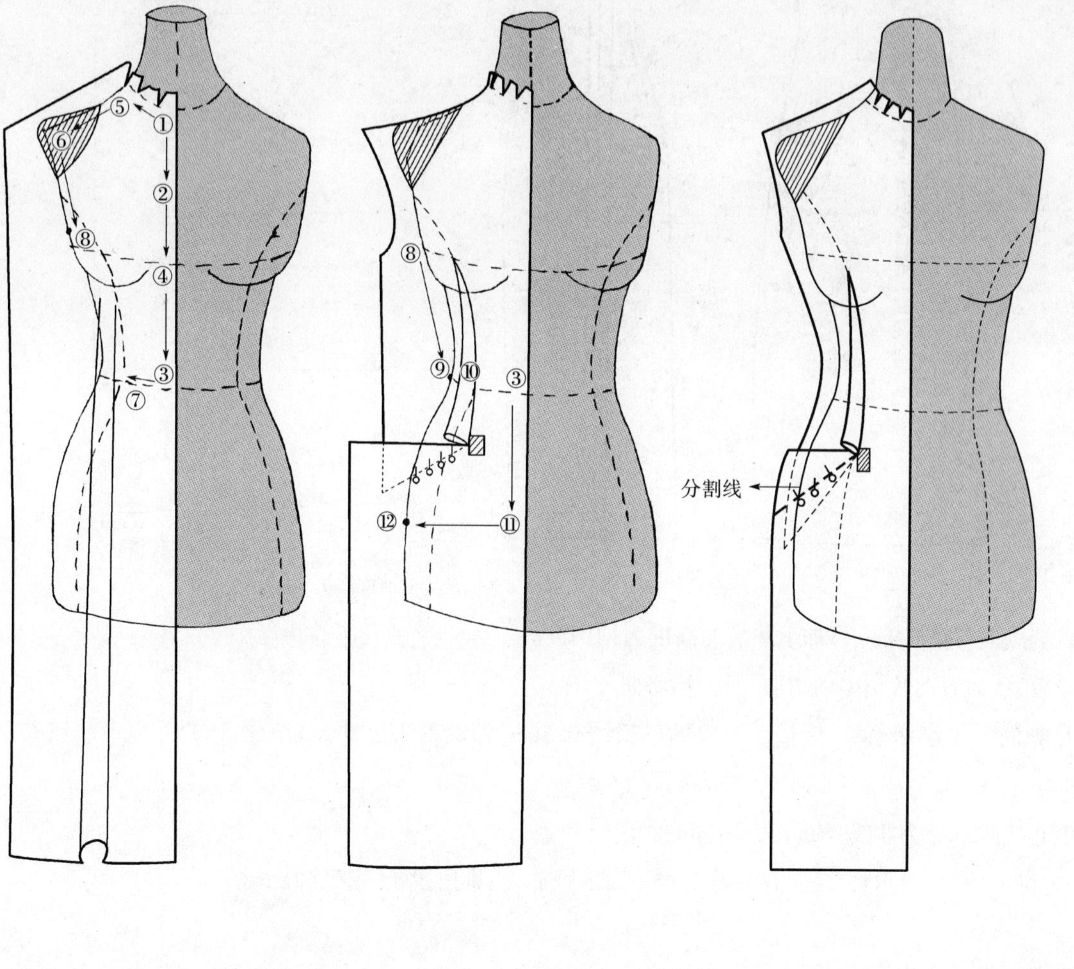

后片的操作方法

1. 过人台后中心线 3～4cm 放置纸板，在人台后领围处固定点①，将过人台后中心线的一边剪开，剪至人台后中心线处，图中点④。
2. 剪出后领口并沿人台的后领围线打剪口，沿人台的后中心线依次固定后中各点，点②、点③，在侧腰节处固定点⑤后，由点③向下推平，固定点⑥。
3. 由点②向侧边推平固定点⑨，由点①沿人台后领围线推平固定点⑩，由点⑨向上推平至肩端点固定点⑪，将点⑩与点⑪之间的余量在肩部捏一小省，约 0.7～1cm。
4. 按人台曲线在后腰节中部捏出后腰省点⑦。由点⑥向侧边推平固定点⑧，按人台的后中心线折出纸样的后中心线。
5. 拼合前后片侧缝、肩缝，前片的胸围、腰围、下摆围比后片的胸围、腰围、下摆围各尺寸大 2cm，肩线与侧缝线在远处看成一条直线。

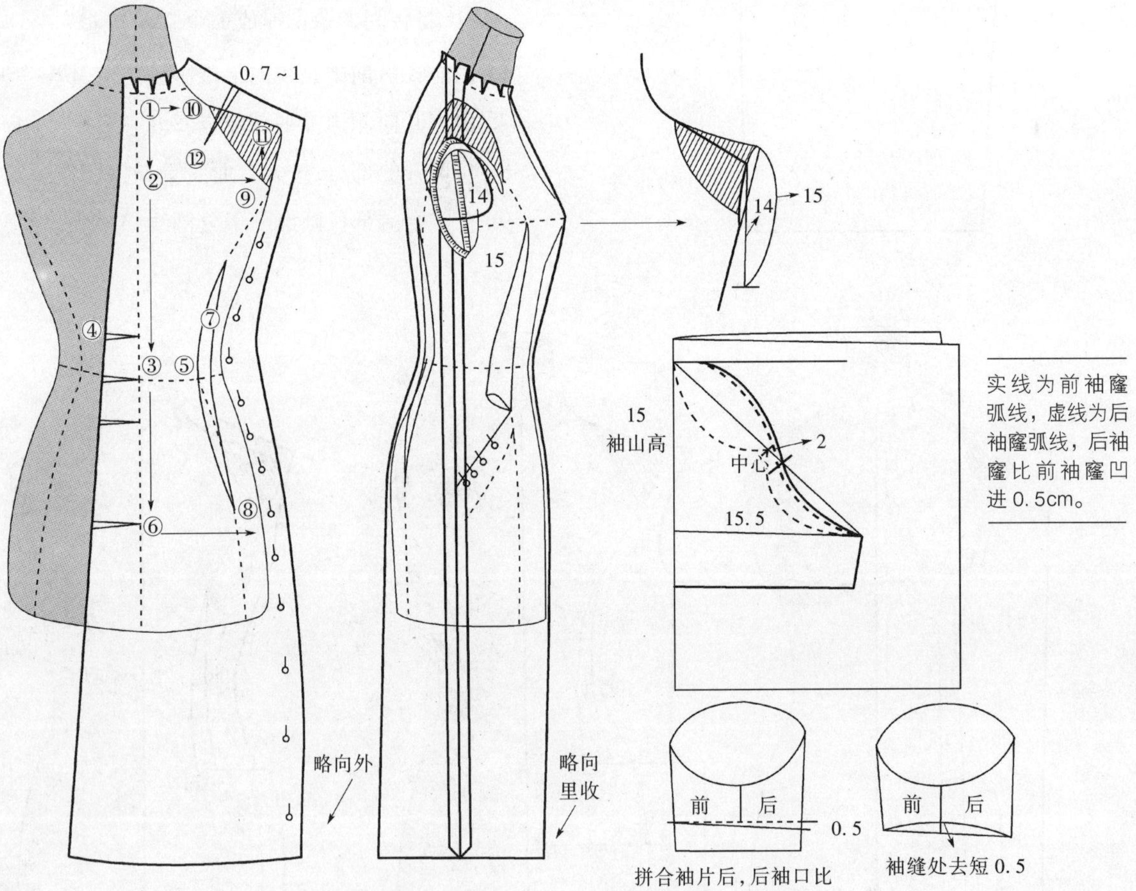

6. 由人台肩端点向下量 14cm，再加上垫肩的高度为袖山高。
7. 拼合侧缝后，侧面看前片裙略向里收，后片裙略向外。
8. 按照一片袖的方法绘制袖板，后袖口比前袖口长约 0.5cm，袖缝处去短 0.5cm。袖子的袖窿尺寸比衣身的袖窿尺寸大 3～4cm。
9. 纸板后中心线腰节处为曲线，约向里凹 1cm。
10. 在人台上画出领口，量出腰节长，在腰节上水平画出腰节线，量出裙长，水平画出裙下摆。

样板的修整

1. 按纸板珠针拼合的位置做板样记号，并在胯部分割线、侧缝处做 *A*、*B* 两个对位标记。

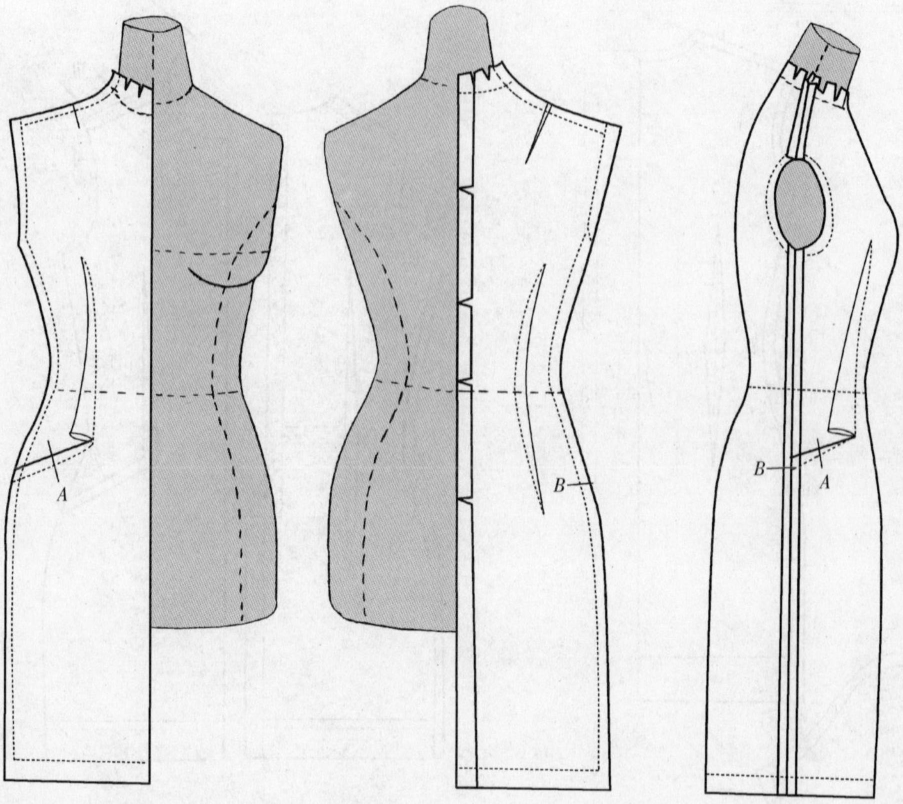

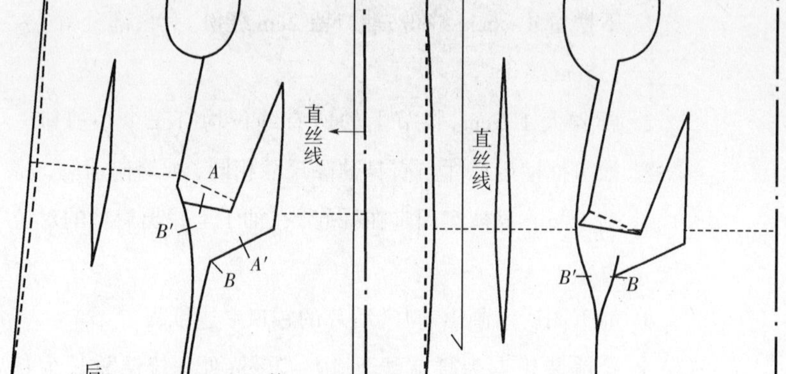

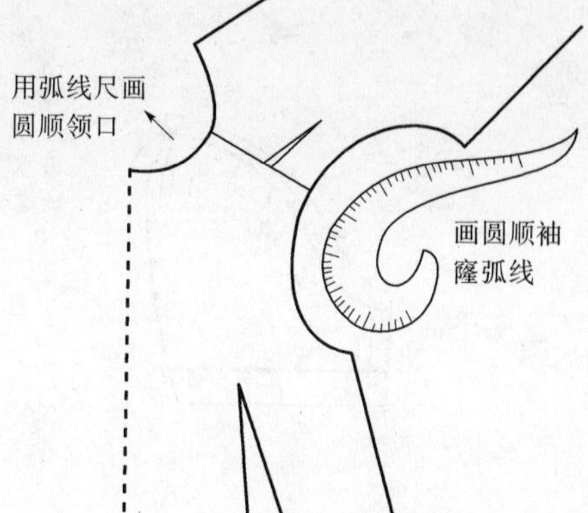

2. 前后腰节线对齐拼合腰节线上的侧缝，画袖窿弧线、直丝线。

3. 拼合 *B* 点下的侧缝，画齐裙长。

4. 合上肩省、拼合前后肩缝，画圆顺领口和袖窿弧线。

放毛板及剪裁

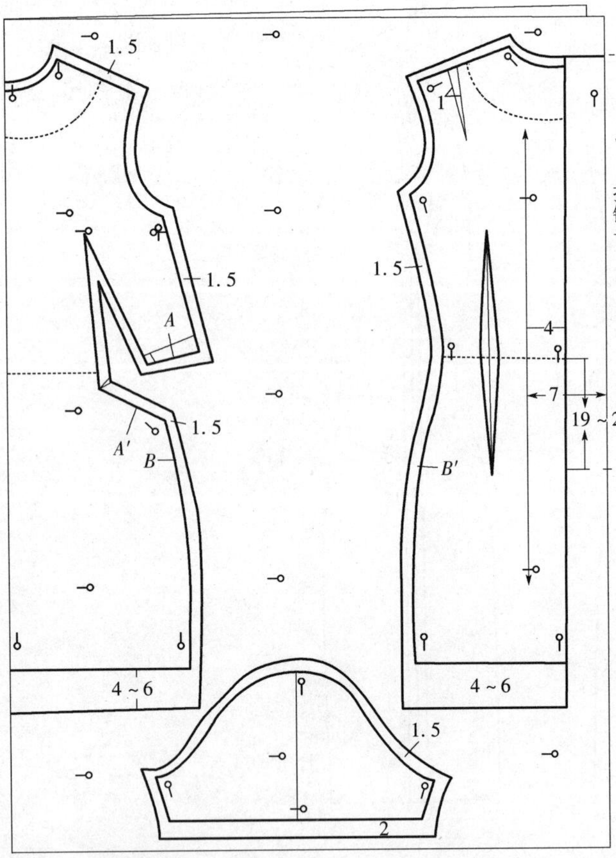

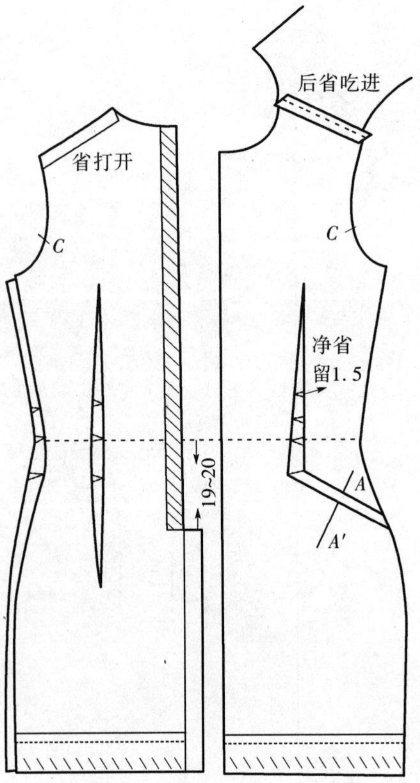

缝合衣片后需要打剪口的部位

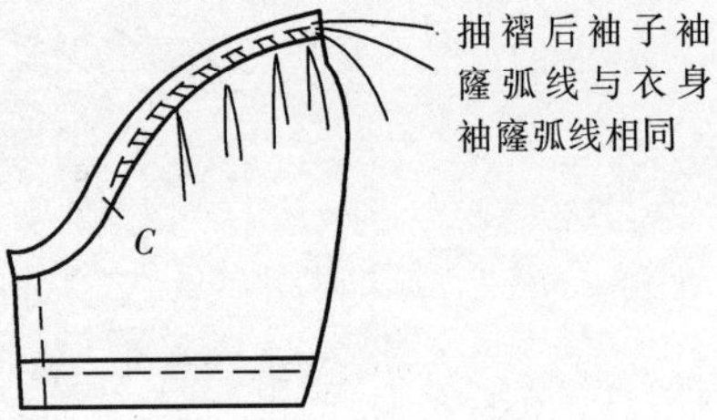

1. 下摆留 4~6cm 缝份，袖口留 2cm 缝份。其余部分留 1~1.5cm 缝份。
2. 腰省大 1.5cm，腰节上的所有缝份均打三个小剪口。
3. 袖窿抽褶后尺寸与衣身袖窿尺寸相同，袖略向前倾，将袖子与衣身袖窿固定在一起，在袖子上找出肩缝的对位点。
4. 如下图所示画出前片、后片的领口贴边纸板。
5. 拉链装止点为腰节线下 19~20cm 处。拉链总长为从后领口至拉链装止点。

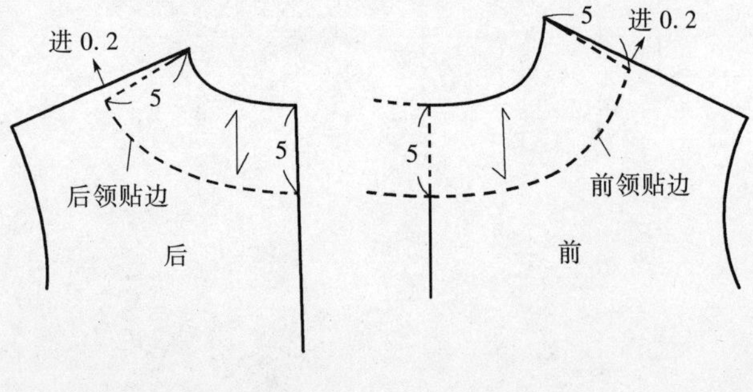

【女式衬衫】

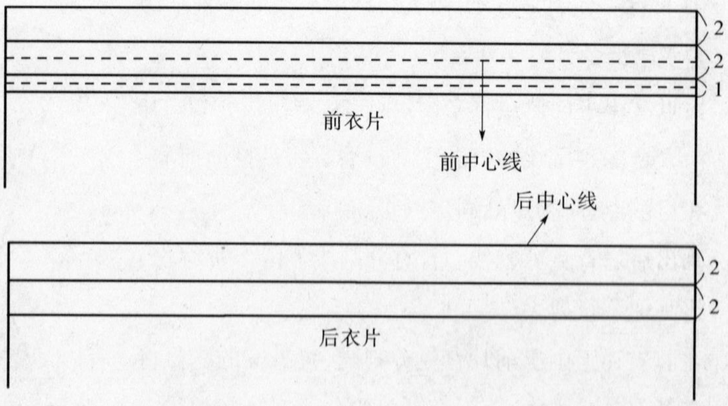

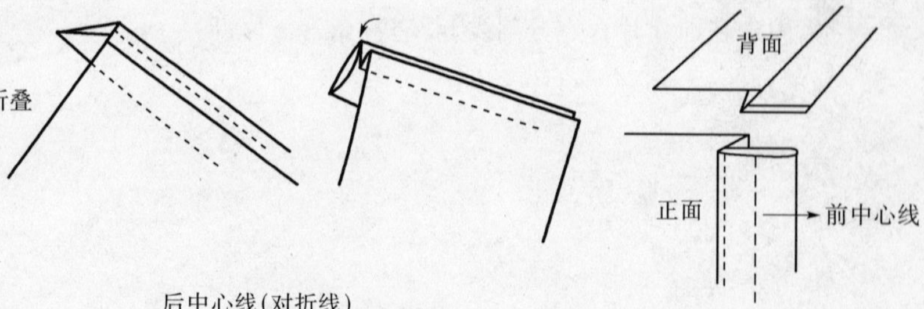

准备工作

1. 如图所示先折出前衣片的搭门和后衣片的后中对褶。
2. 如需垫肩,在人台上先将垫肩垫好。

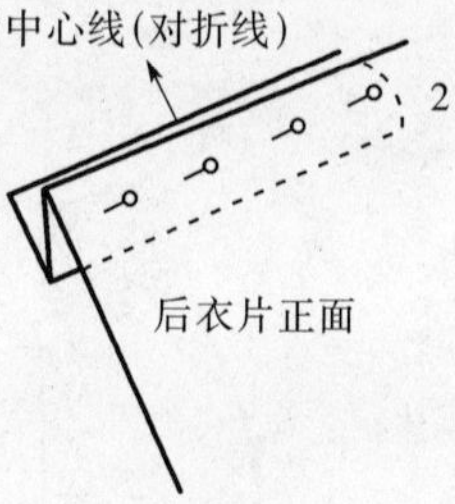

前片的操作方法

1. 将前片的前中心线对准人台的前中心线在人台前领围下 1cm 处固定点①。剪开前领口,沿人台的领围线打几个剪口,由点①沿人台前中心线向下推平依次固定点②,点③。
2. 由点①沿人台领围线向肩颈点推平,在肩颈点固定点④、由点④沿肩部推平至肩端点固定点⑥,在袖窿附近捏 1cm 活省。由点⑥向下推平在侧胸处固定点⑦。
3. 由点③水平向侧边推平,同时拉出所需的宽松量,在侧边固定点⑤,由点⑦向下抻直固定点⑧,点⑦、点⑧在同一平面上。

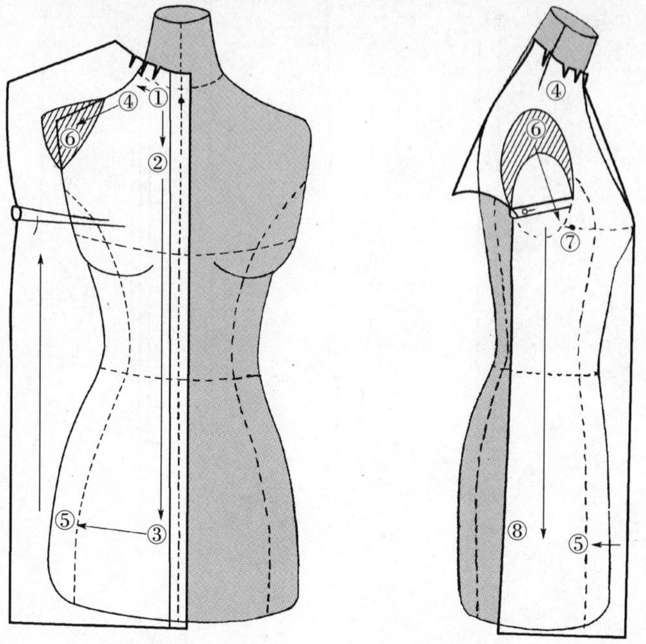

肩育克的操作方法

1. 以纸的直线一边对准人台的后中心线，在人台后领围下 1cm 处固定点①，沿人台后中心线向下推平固定点②。
2. 由点②水平向侧边推平固定点③，剪出后领口，并沿人台的领围线在打若干剪口后，将纸推向前肩，在肩端点、肩颈点处固定点④、点⑤。
3. 画出后肩育克分割线，育克分割线下留 2cm 缝份，将其他余量剪去。
4. 在前衣片上画出前片育克分割线，留 2cm 的缝份将多余部分剪去。
5. 将后片的育克纸板领口处打剪口，并将其向前推平，固定在前衣片育克分割线上。肩育克为一片，肩部无破缝。

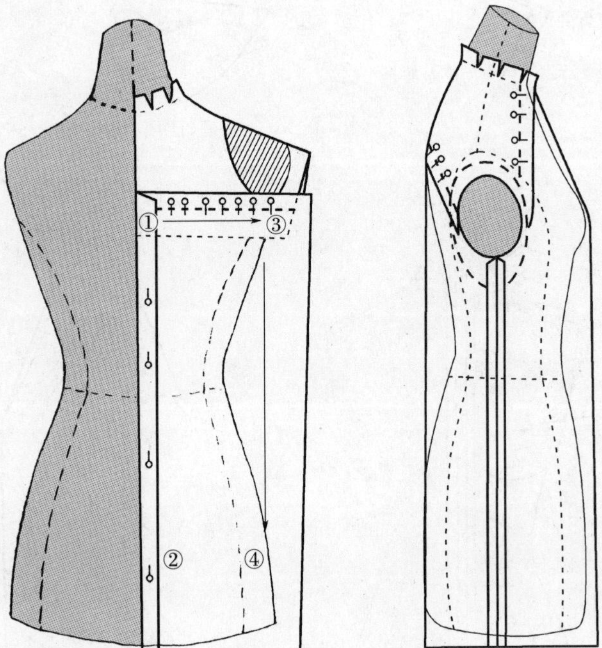

后片的操作方法

1. 将后片纸样的后中心线对准人台的后中心线，纸的上端过后育克分割线 2cm，在后育克分割线上固定点①。
2. 由点①沿后中心线向下抻直至下摆处固定点②，由点①沿后育克分割线推平并在后育克分割线上固定点③，由点③向下抻直至侧臀固定点④。
3. 拼合前片、后片，侧缝线为垂直线，量出肩宽，自定落肩大小，袖窿深自定，不小于 14cm。注意画袖板时，袖山高应减去落肩量。画袖窿弧线时需打开袖窿处的活省，使胸省量转到袖窿弧线中。
4. 描出前后肩育克分割线，并用滚轮压过前后肩育克分割线，在前后育克分割线上做对位标记。
5. 沿人台领围线画出衣身的领口线，画扣位，注意胸口处有一颗扣子，量出衣长，并水平画出衣长线。

领的操作方法

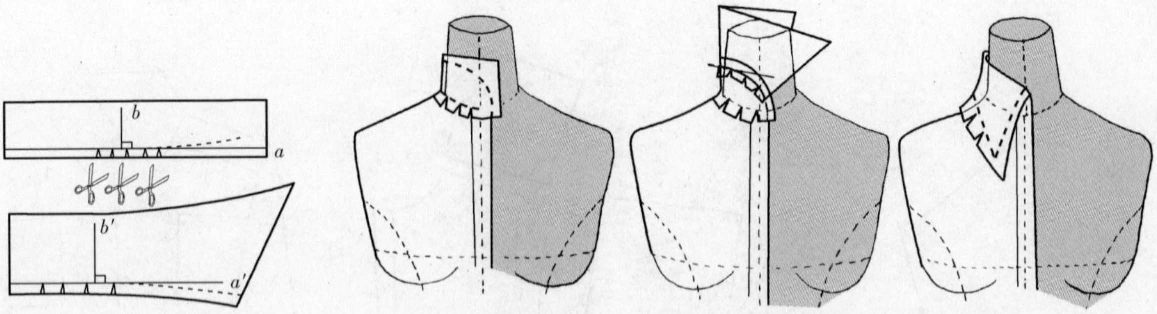

先制作立领部分，在立领上做翻领，操作方法见前面章节。

袖的操作方法

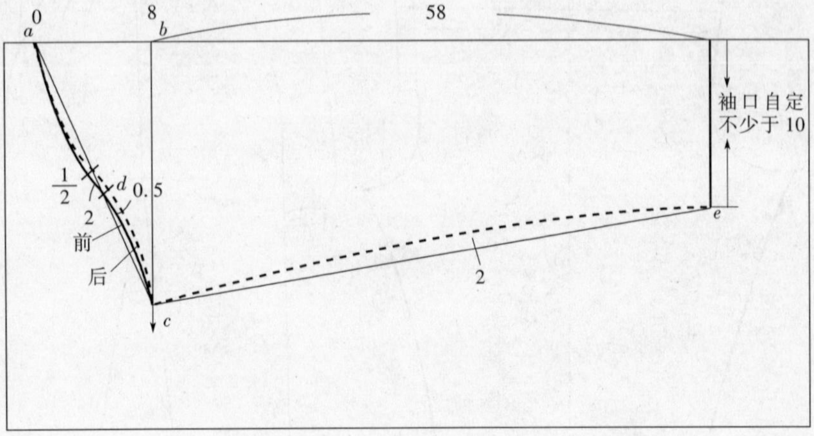

1. 量出衣片纸样上的袖窿弧线长，使 $ac=\frac{1}{2}$袖窿弧长，袖山高 $ab=8$cm（袖山高可设定为8cm、6cm、4cm）。袖长设定58cm，袖口尺寸自定。
2. ac 的中心点向下2cm画点 d，画前袖窿弧线通过点 d，后袖窿弧线在点 d 的地方向里凹进0.5cm。
3. 连接袖口点 e 到点 c，ec 线向里凹2cm画圆顺。

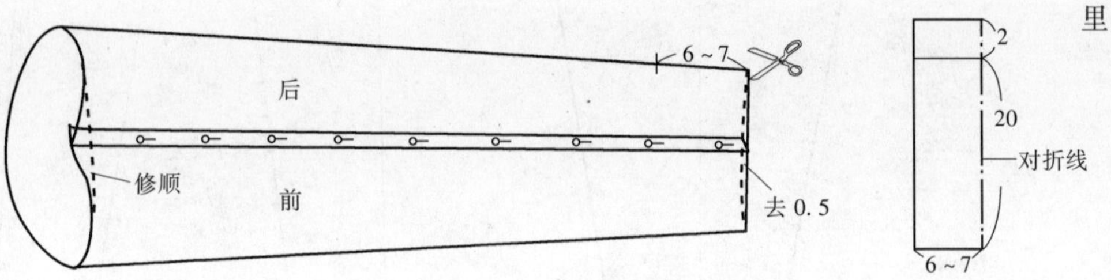

4. 将画好的袖子拼合起来，将袖窿画圆顺，拼合的袖缝去短0.5cm。在后袖画6～7cm长的袖开衩。
5. 根据袖克夫尺寸，在后袖口上做一个或两个活褶，使袖口尺寸与袖克夫尺寸相同。

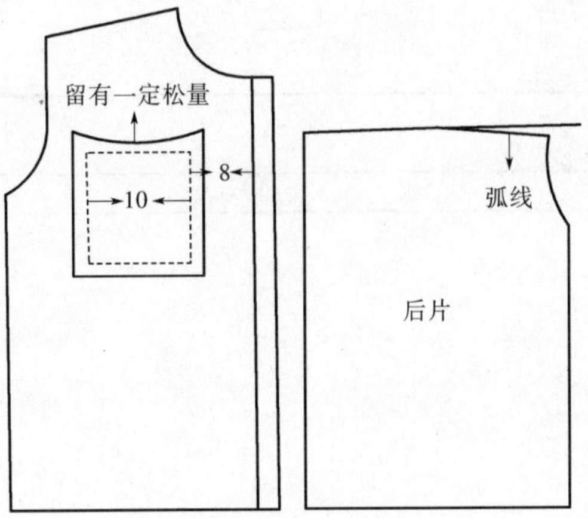

口袋的操作方法

1. 先在衣片纸样上画出口袋位置。
2. 用另一张纸在衣片纸样上口袋位置固定，固定时口袋口留稍许松量。
3. 按衣片纸样上的口袋样式画出口袋板。

【连身裤】

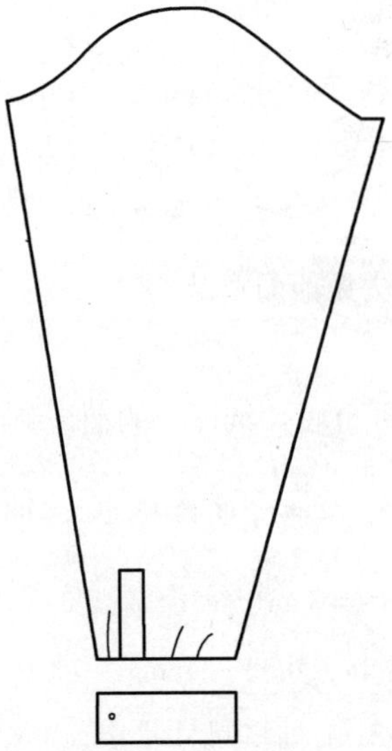

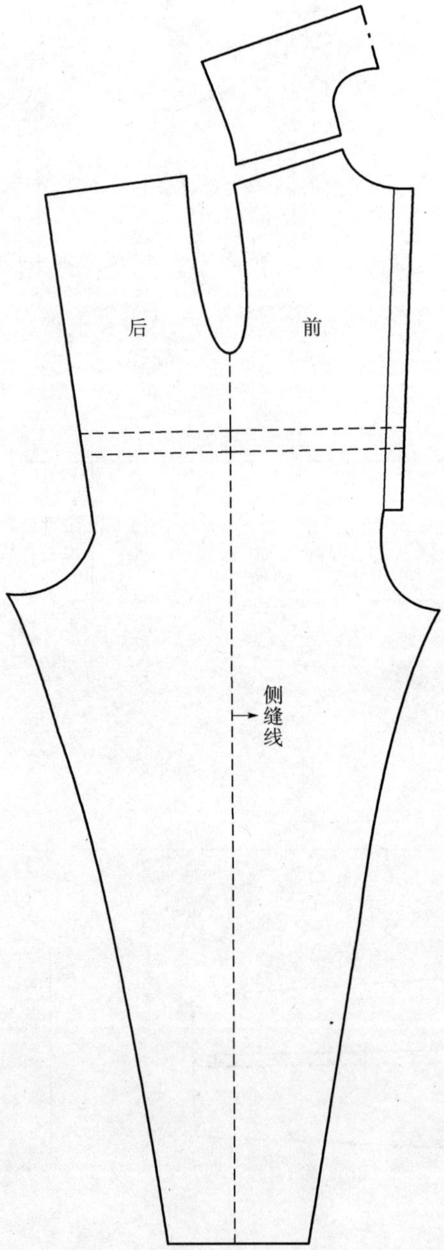

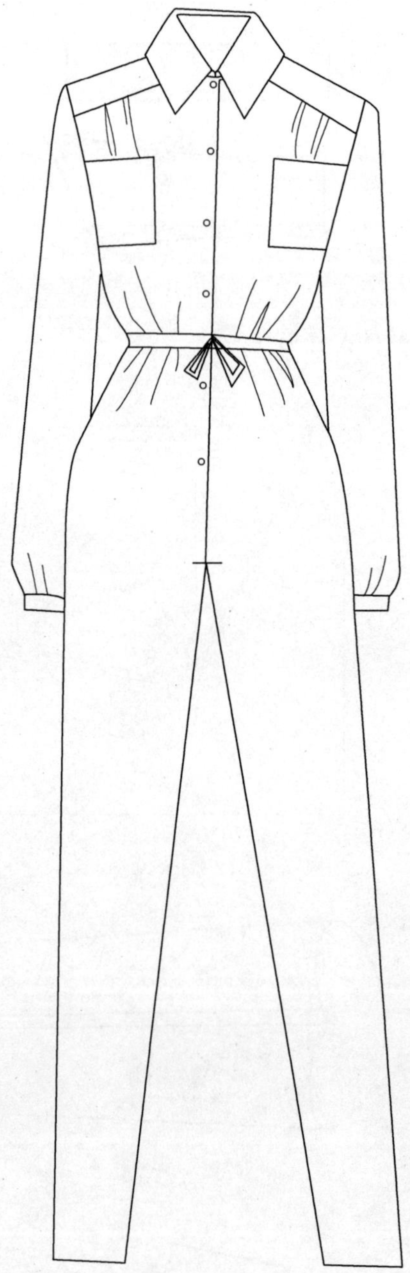

连身裤的侧边不破缝，前片与后片连为一体。

连身裤的各部分分解如图上所示。

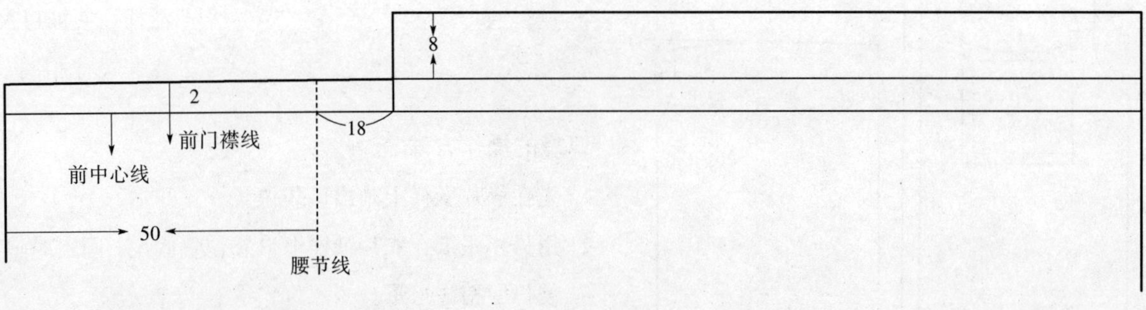

如图所示，在平面上画出各尺寸。

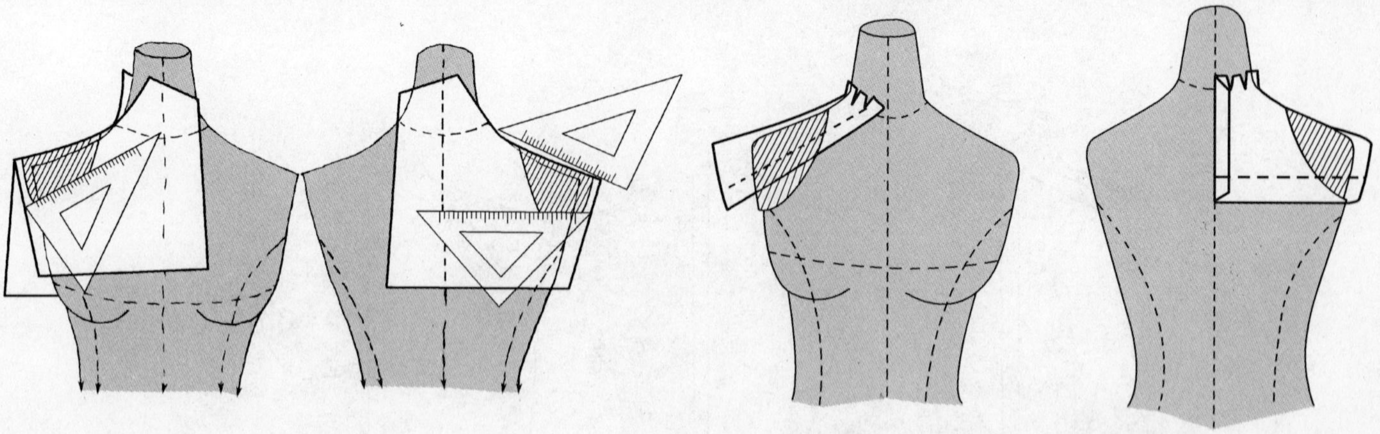

肩育克的操作方法

1. 前后肩育克为一片纸板，在肩颈点处，将纸样用珠针固定在人台上，剪出领口，沿人台领围线打剪口，留 2cm 缝份将多余纸量剪去。
2. 用直尺画出前后肩育克分割线、肩缝线、按人台后中心线折出纸样育克后中心线。

衣片的操作方法

1. 将已画好的前片中心线对准人台的前中心线，纸样上的腰节线与人台的腰节线重合。依次固定点①、点②、点③、点④、点⑤。
2. 将纸向人台后中心线围绕（如果希望上身肥大，拉出上身所需的宽松量），在袖窿处剪开，在人台侧下方分别固定点⑥、点⑦。
3. 由点⑦向人台后中心线推平固定点⑧，由点⑧沿人台后中心线向上推平至腰节处固定点⑨，至后肩育克分割线上固定点⑩。
4. 由点⑩沿后肩育克线推平，并将衣身纸板固定在后肩育克分割线上，图中点⑪。留 2cm 调整量将衣身多余纸量剪去。
5. 按人台后中线描出纸样的后中心线。

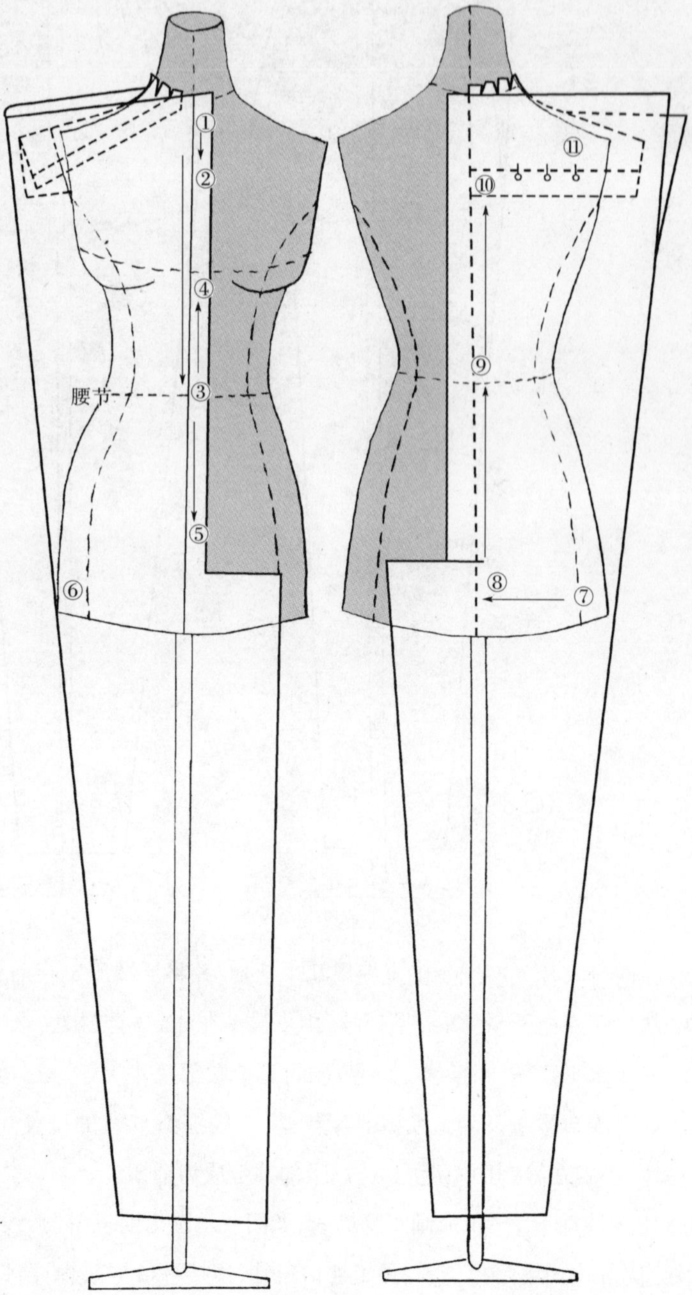

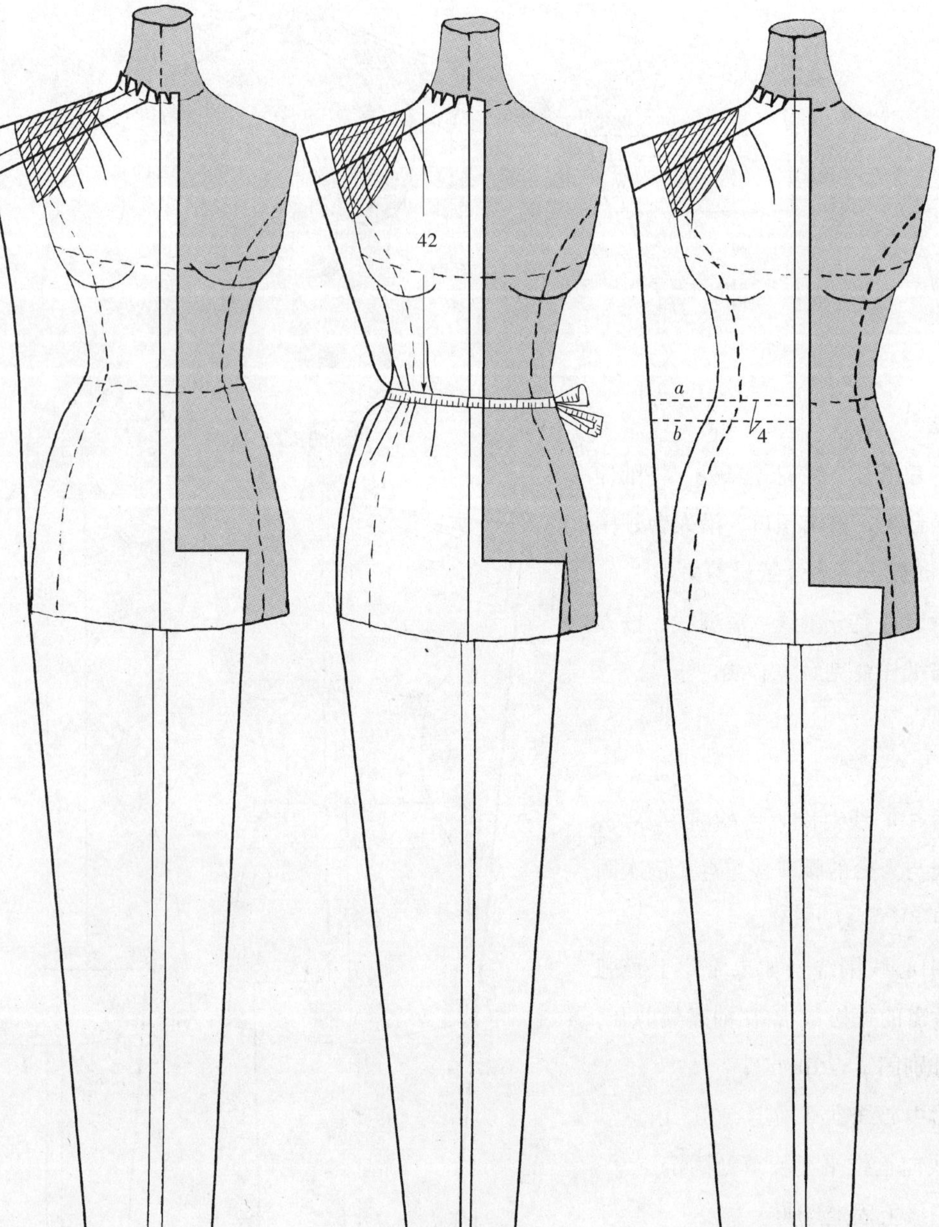

6. 在前身衣片上按图示随意捏出几个活褶，并将活褶固定在前育克分割线上，留 2cm 调整量，将衣身多余纸量剪去。
7. 从肩颈点向下量 42cm 做记号。用皮尺系在 42cm 记号处，水平画出前后衣片的腰节线 a。腰节线 a 向下量 4cm 画另一条水平线 b，两条线之间穿绳，可调节腰部尺寸。
8. 取下人台腰节下固定纸板的各点，将 b 线提到 a 线的位置（人台腰节处），b 线以下前后片各捏三个小省，使臀部合体，小省在缝制中不缝合，通过腰部抽带成为活褶。
9. 从 b 线向下量 30cm 画水平横线，如图所示画出前、后裆弧线。
10. 从 b 线向下量出裤长，设定裤口尺寸，连接裤口与前、后裆弧线。

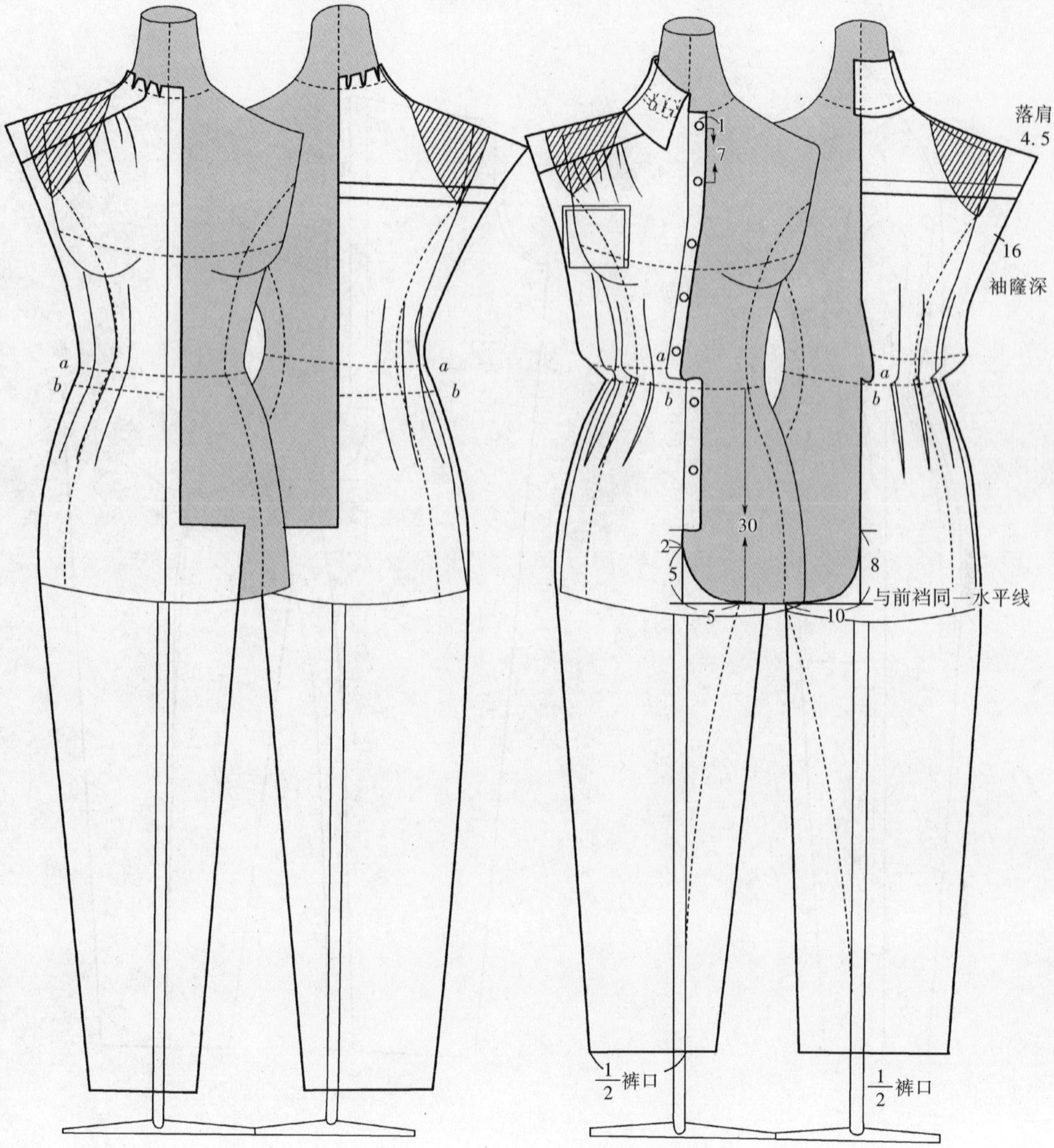

落肩
4.5
16
袖窿深
a
b
1
7
30
2
5
8
5
10
与前裆同一水平线
$\frac{1}{2}$裤口
$\frac{1}{2}$裤口

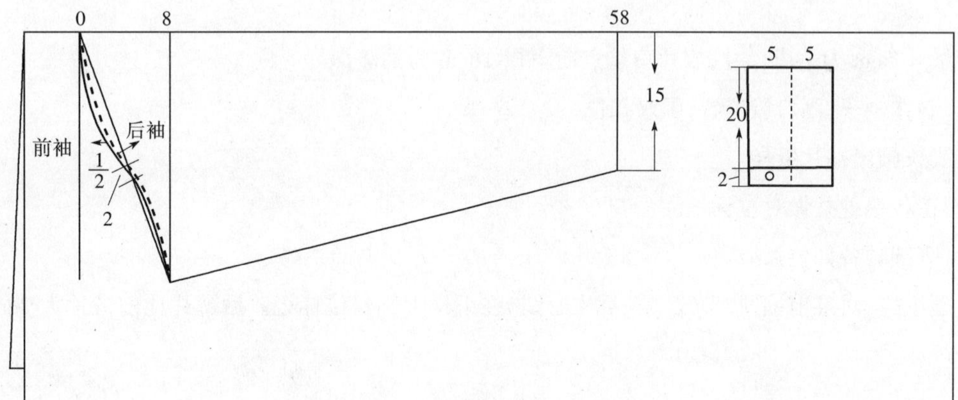

0
8
58
15
前袖
后袖
$\frac{1}{2}$
2
5
5
20
2

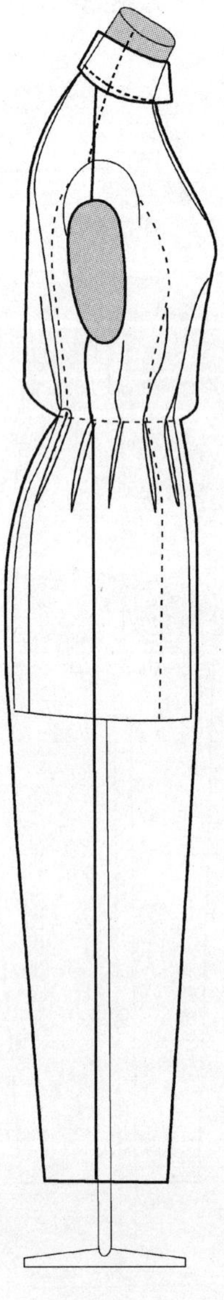

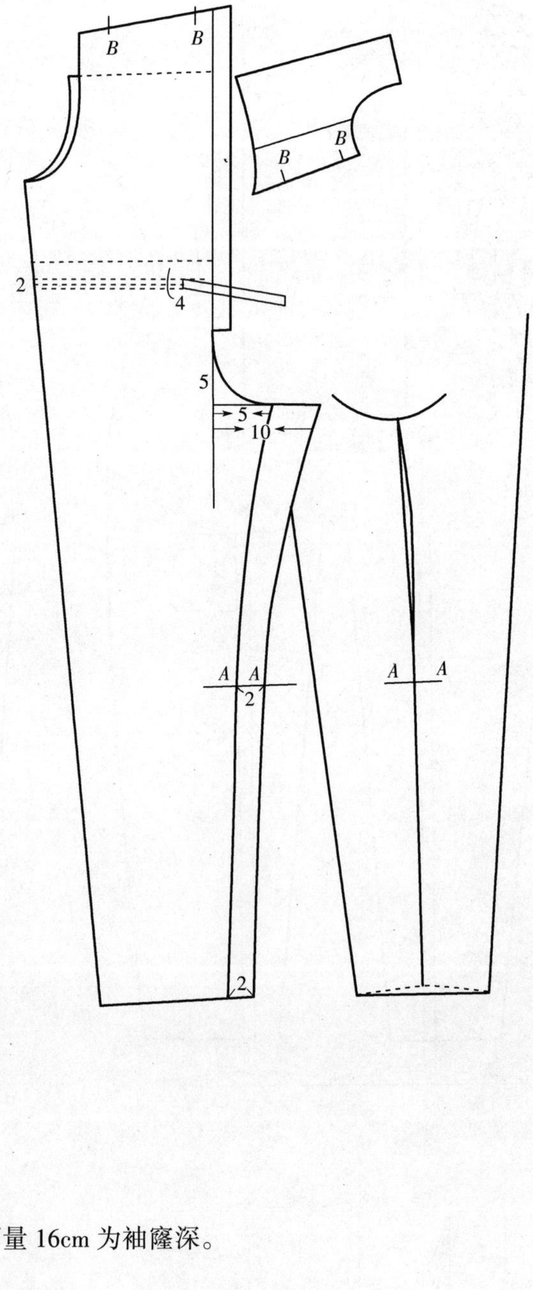

11. 由肩点向外量 4.5cm 为落肩尺寸，衣片肩端点向下量 16cm 为袖窿深。
12. 画出领口线，制作领子；画口袋位置，画好扣位。
13. 根据袖窿弧线长画出袖片纸样。
14. 取下衣片前，在各接缝处做对位标记。
15. 拼合各缝份，画圆顺各部位弧线。
16. 如图所示整理纸样，对准前、后腰节线，前、后中心线，在纸样上画对位标记。后裤片比前裤片大 2cm。

【连身袖短上衣】

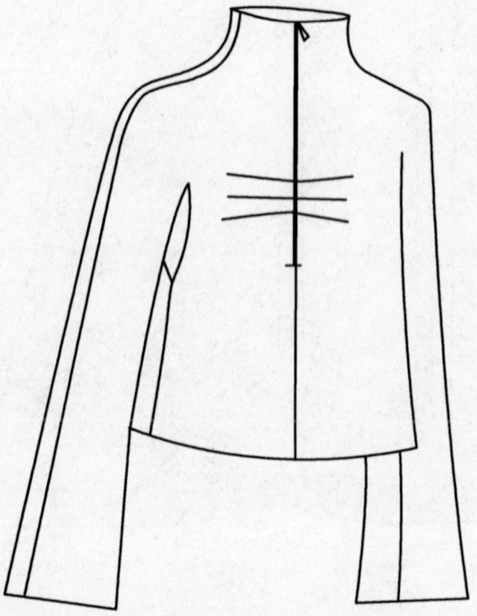

前片的操作方法

1. 将纸的一边过人台的前中心线 3~4cm，纸的上端高出人台的领围线 10cm 左右放置。在人台领围线下固定点①，沿人台前中心线向下推平至胸围下固定点②,下摆处固定点③。
2. 由点③水平向侧边推平或留稍许松量固定点④。
3. 由点④垂直向上抻直至肩端点固定点⑤，把胸省量沿肩部向前胸口处推,在肩部固定点⑥。
4. 取下点①，由点⑥斜向把省量推到胸间固定点⑦，注意图中点⑥、点⑦的位置和纸的走向。
5. 将前胸间的余量均匀分成三个小省固定在胸间的前中心线上。

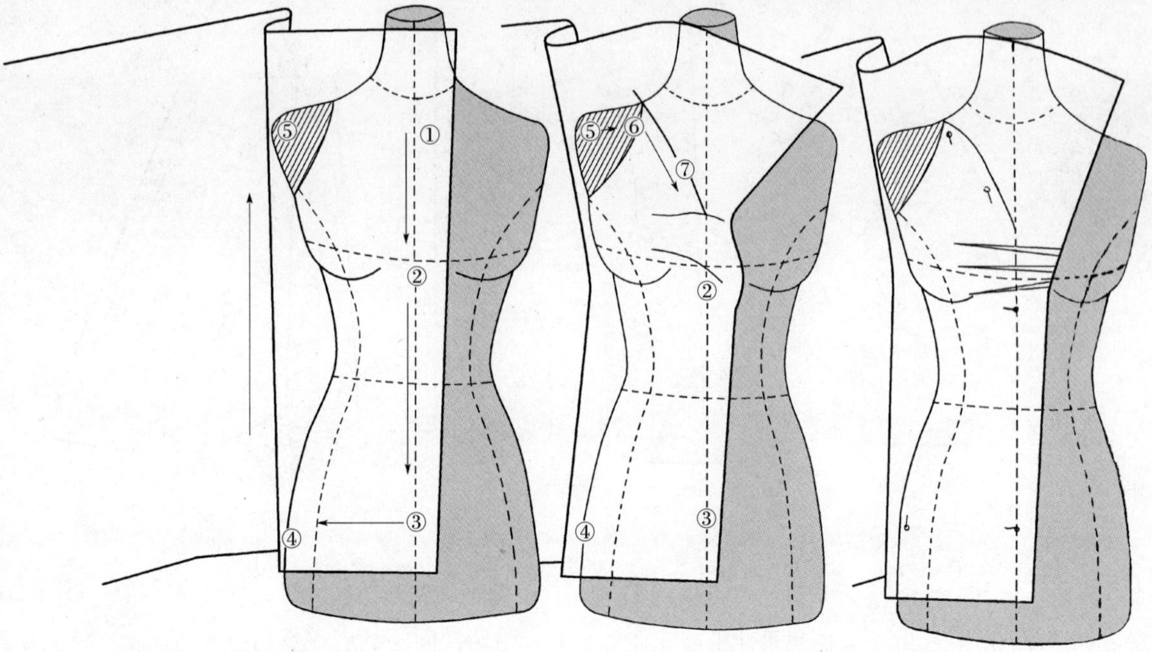

后片的操作方法

1. 将纸的一边过人台的后中心线 2～3cm，纸的上端高出人台的后领围线 10cm 左右放置。在人台后领围下固定点①，由点①沿人台后中心线向下推平依次固定点②、点③，向肩颈部推固定点④。
2. 由点②向侧边推平至侧臂固定点⑤，由点⑤向上推平将纸样固定在肩端点处（点⑥），在肩部和肩端点处分别捏出两个小省（⑦、⑧），每个省约 0.7～1cm。
3. 由点⑥将纸板向下抻直，在人台的后侧固定点⑨。将前片、后片在人台侧缝处垂直拼合起来，拼合至肩端点。

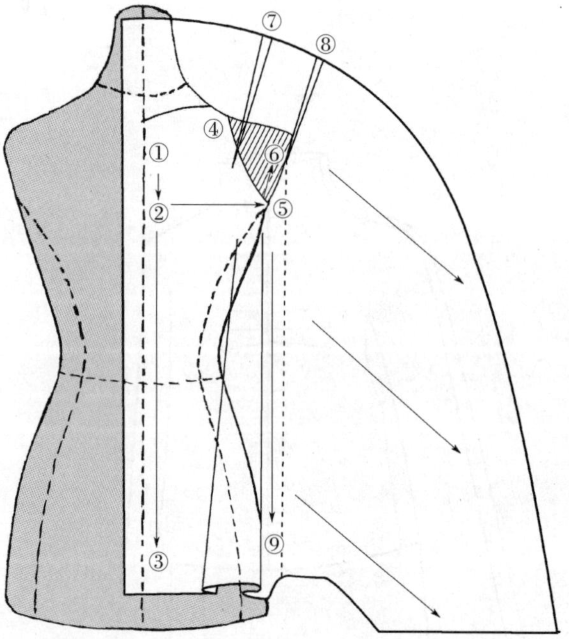

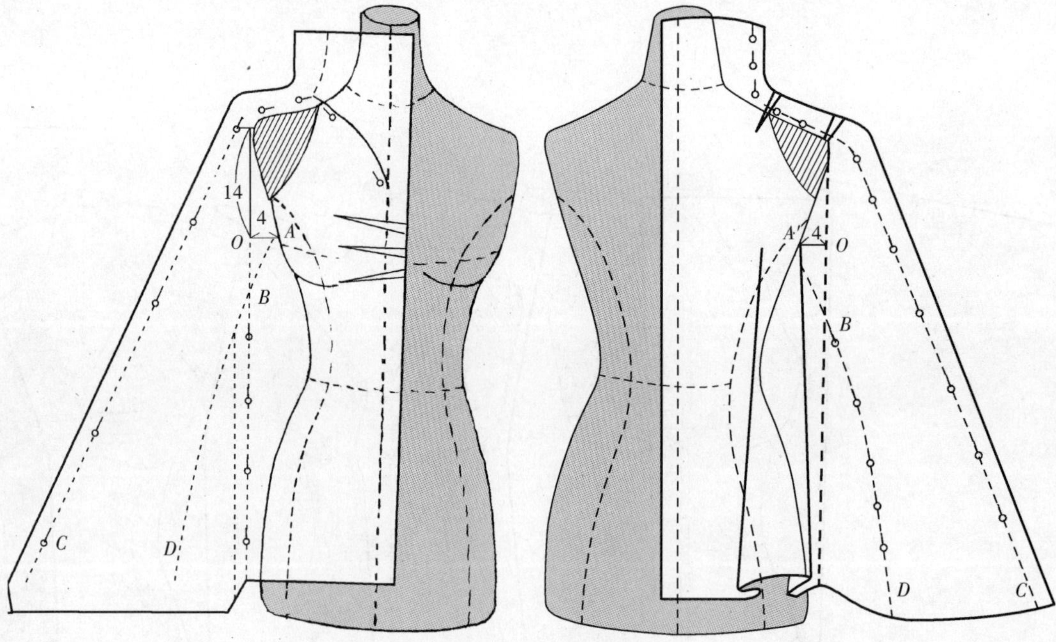

4. 将前后袖片部分固定在一起，拼合肩部和领部，在前后袖片上画出袖型。先定出袖子与衣身的角度 45°左右画点 C，从肩端点向点 C 连线，由点 C 向里设计出袖口尺寸点 D。用珠针固定从肩端点与点 C 的连线，留 2cm 调整量将袖部肩部，领部多余的纸量剪去。
5. 从人台的肩端点向下量 14cm，并分别在前后片纸样拼合线上做记号点 O，从记号点 O 分别向前后片量出 4cm，前片设为点 A，后片设为点 A′，画出水平线见图上点 A、点 A′。

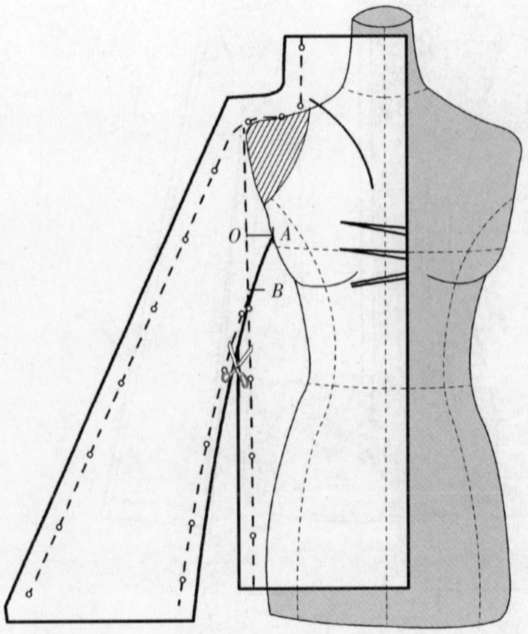

6. 从 A 点连接袖口点 D，AD 线与衣身侧缝交点为点 B，按 AD 线固定前后袖片，固定至点 B 处。留出 2cm 的缝份，将多余的纸量剪掉。

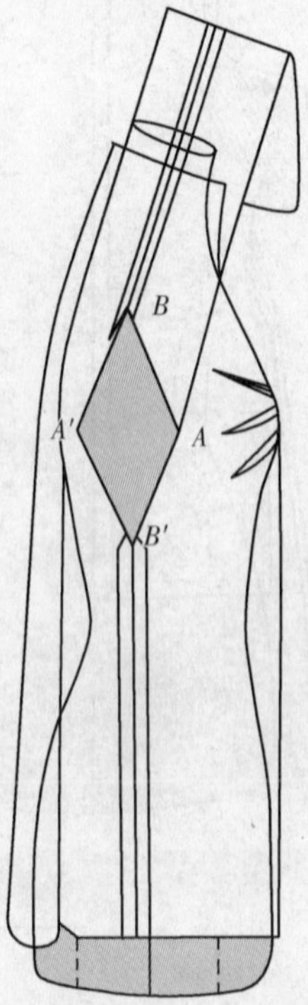

7. 剪开腋下前片 B 到 A 点，后片 B 点至 A' 点，将袖子抬起。

8. 在另一张纸上画腋下菱形片如图所示，$AO = OA' = 4\text{cm}$，$AB = BA' = AB' = A'B'$，与人台上纸样的 AB 距离相同。
9. 将腋下菱形片各点对位与衣身腋下剪开处拼合。为穿着舒适，可在腋下菱形片 O 点处去掉 1 ~ 2cm 缝制如图所示，在腋下片做个小袖窿弧线。

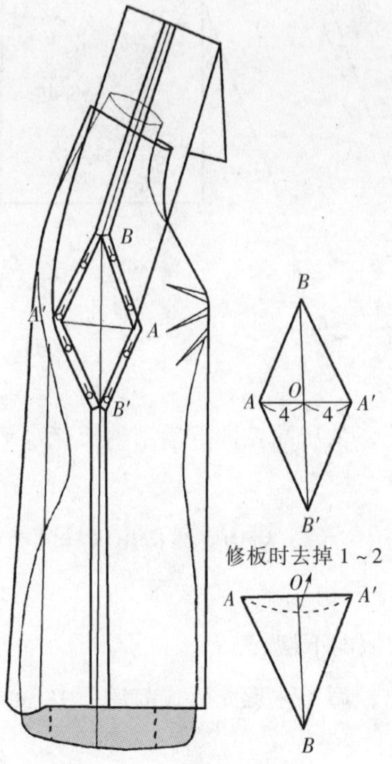

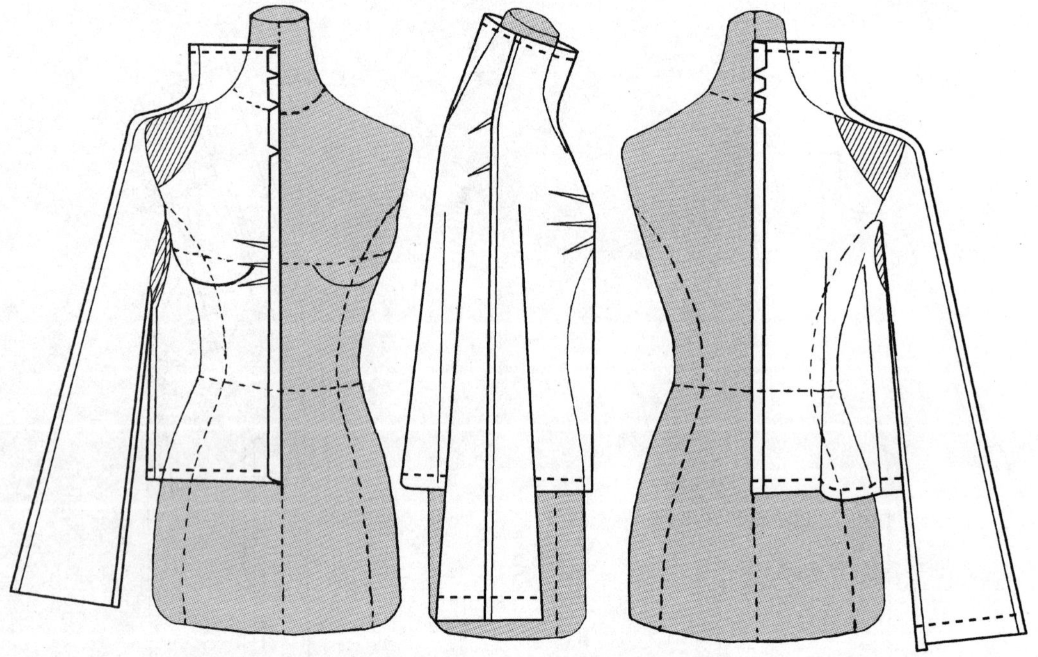

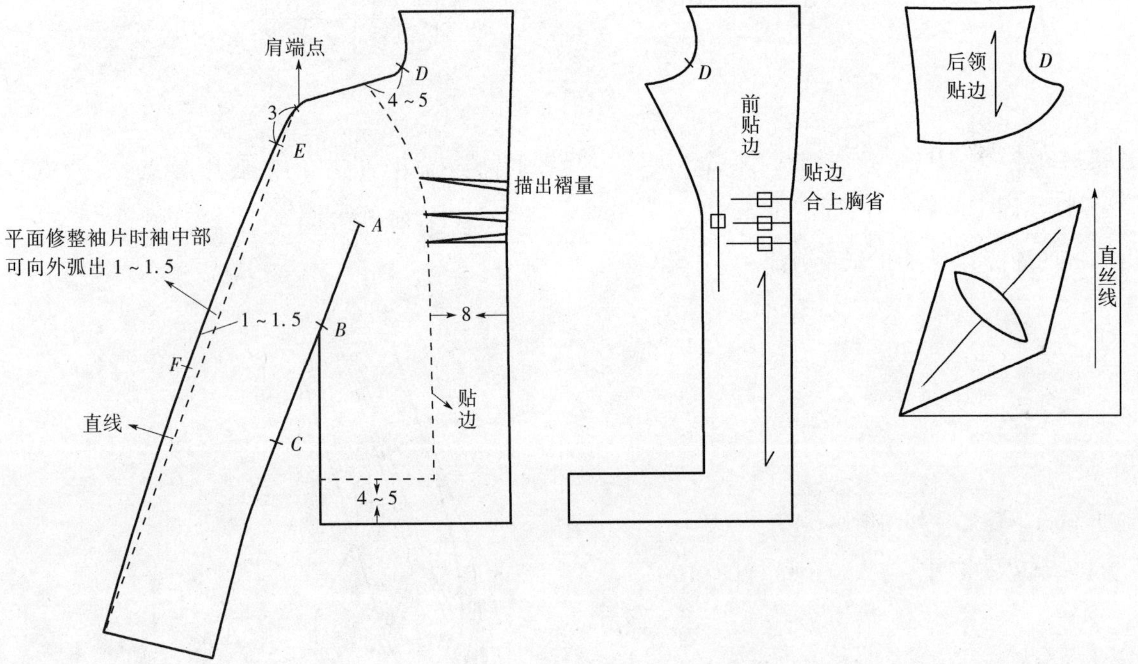

10. 将袖子放下，从肩端点向下量出袖长，水平剪出袖口。
11. 按人台的前中心线、后中心线折出纸样的前中心线、后中心线。
12. 水平画出衣服的下摆线。
13. 设计并画出领型，注意此款式前后领中心线不是垂直线。
14. 此款式前片成直身型,后片略成微喇叭形。

板型调整

1. 按人台纸样珠针拼合的位置做板型标记，并在各拼合处做对位标记，见图中 *A* 点、*B* 点、*C* 点、*D* 点、*E* 点、*F* 点。
2. 按照板型标记在平面上修板、放缝份、画出贴边位置、拷贝贴边纸板。注意贴边板上胸省用粘纸粘上。
3. 腋下片以斜丝裁剪。

【带帽短大衣】

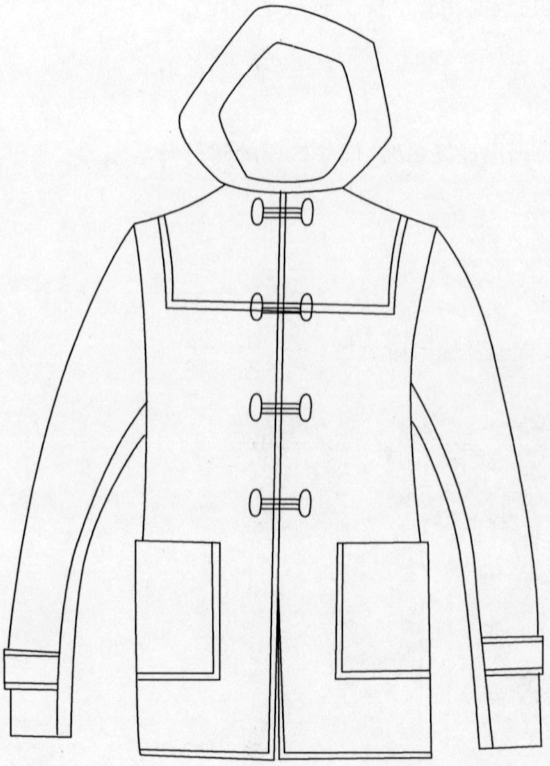

前片的操作方法

1. 将纸的前中心线对准人台的前中心线，依次固定点①、点②、点③、点④，由点③向侧边推，留出一定松量固定点⑤。
2. 在袖窿处做一个 1 ~ 1.5cm 的直省，用珠针固定。
3. 剪出前领口，并沿人台领围线打剪口，由点①向肩颈点推平固定点⑥，由点⑥向肩端点推平固定点⑧。
4. 由点⑤向上抻直在侧胸处固定点⑦，画袖窿时把袖窿上的省打开，使胸省量吃进袖窿里，同样起到胸省作用。

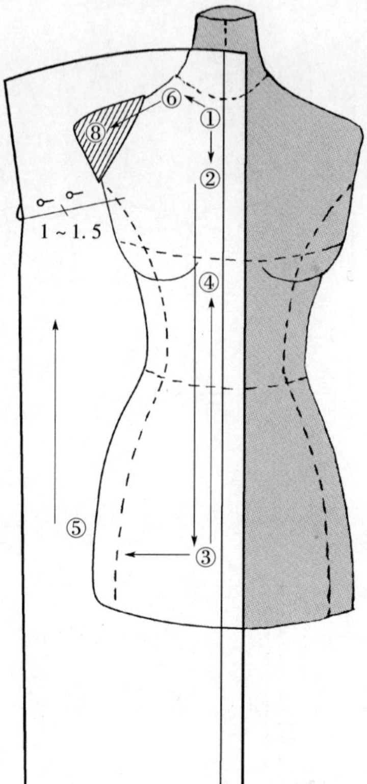

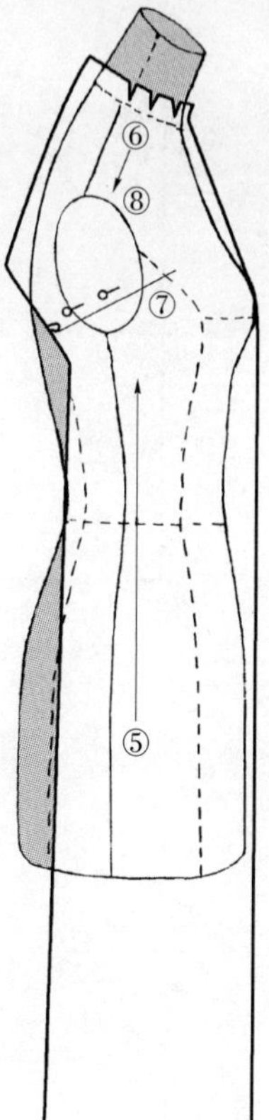

后片的操作方法

1. 将纸的直线一边对准人台的后中心线，依次固定点①、点②、点③。
2. 由点③向侧推，留出同前片一样的松量固定点④。由点④向上抻直，同时由点②向侧臂推平固定点⑤。
3. 剪出后领口并沿人台后领围线打剪口，在肩部做一个小省。
4. 拼合侧缝、肩缝。
5. 由肩端点向外量出5cm为落肩。由落肩点向下量23cm为袖窿深，画出袖窿弧线，袖窿处捏的省打开。
6. 画出肩育克位置。
7. 在人台上直接画出口袋位置，领口线。
8. 根据衣片纸样的袖窿尺寸画平面袖板。
9. 用另一张纸固定在衣身口袋位置，固定时兜口略有松量，按衣身口袋位置描出口袋板。

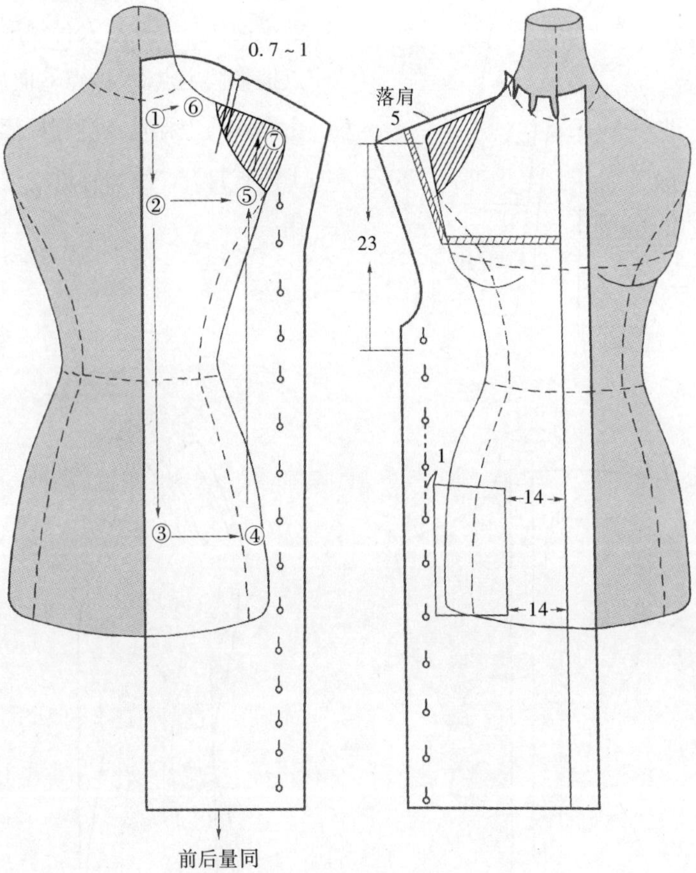

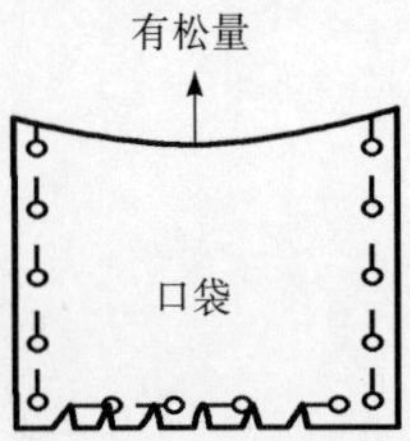

袖的操作方法

设定袖山高为 8cm,袖山高处的虚线椭圆为衣身袖窿弧线实际长度,由此得到袖肥,但此袖肥过大,在此基础上减去 2cm,制定袖片的袖肥尺寸。

1. 袖山高为 6 ~ 10cm 为宜。
2. 如袖片袖肥不够可在腋下侧缝处等量加出如图所示。
3. 袖片袖肥与衣身的袖窿相同或比衣身的袖窿略大 1cm。

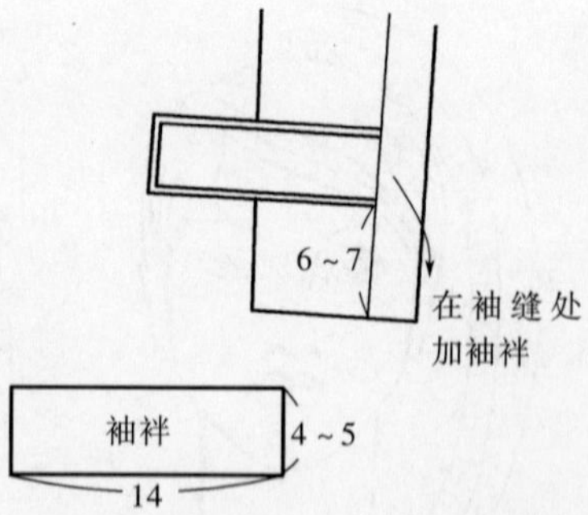

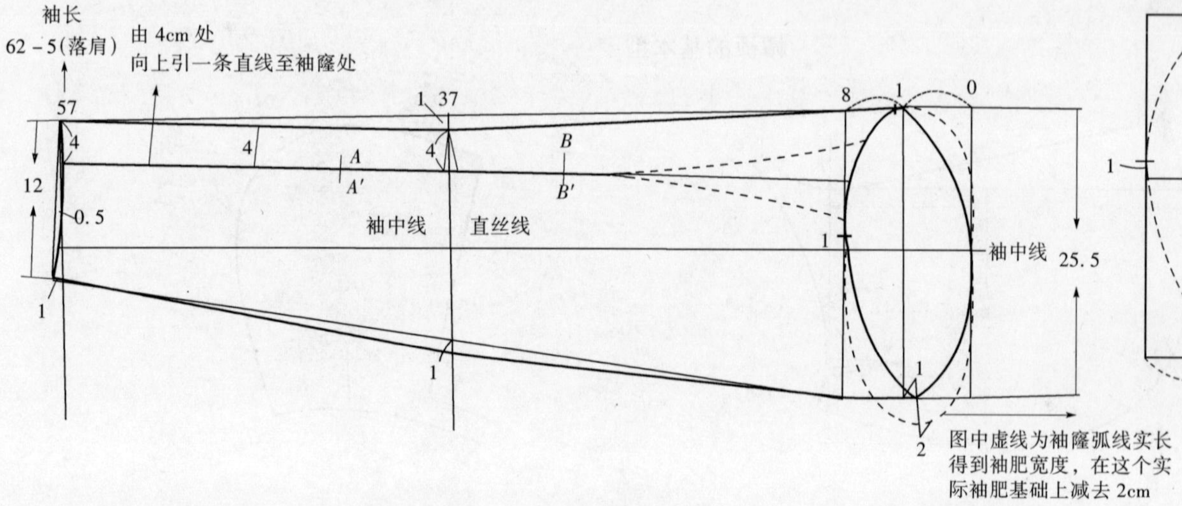

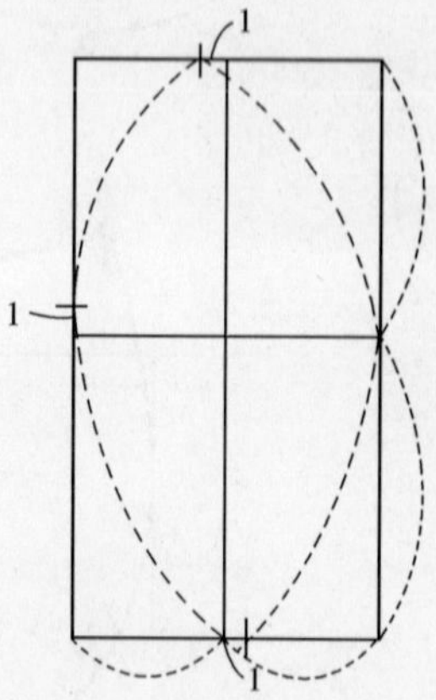

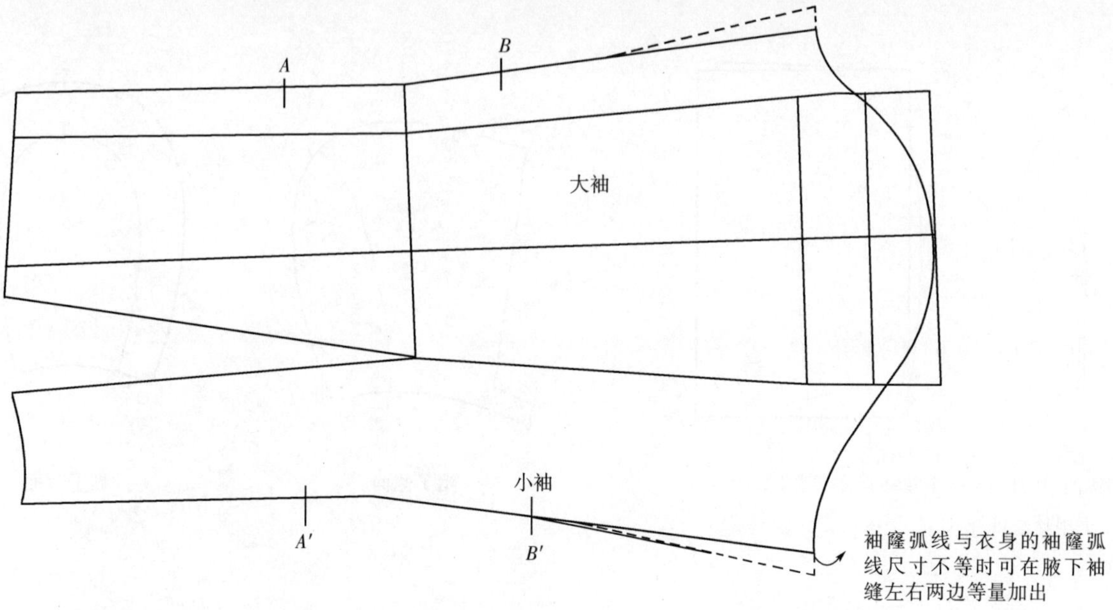

帽子的制作方法

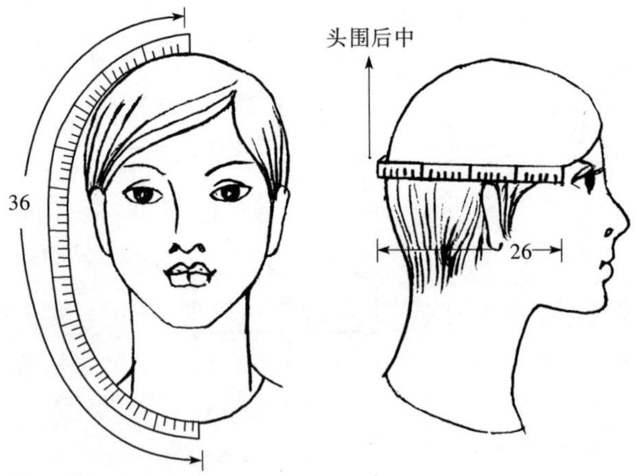

帽子的底部弧线与衣领的领底弧线制作方法相同，弧线弧度越大则帽越平伏在肩上。

帽板的基本型

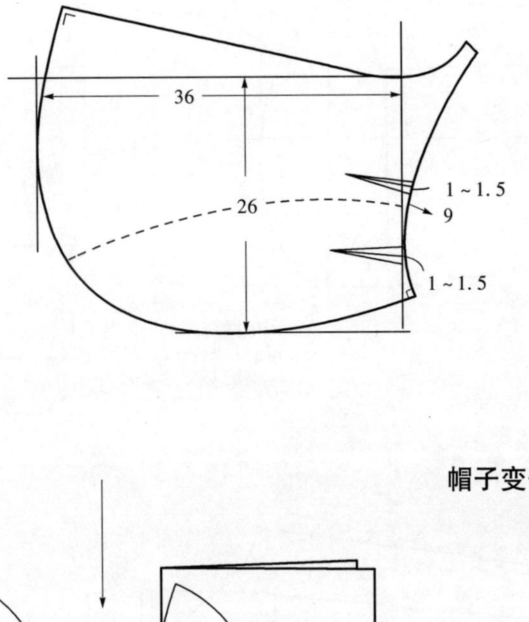

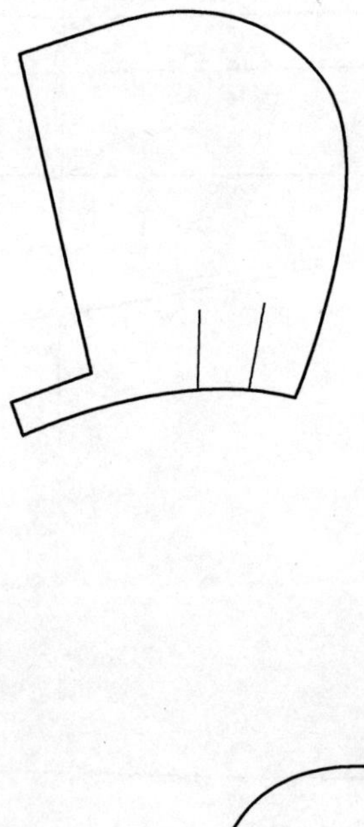

帽子变化(一)

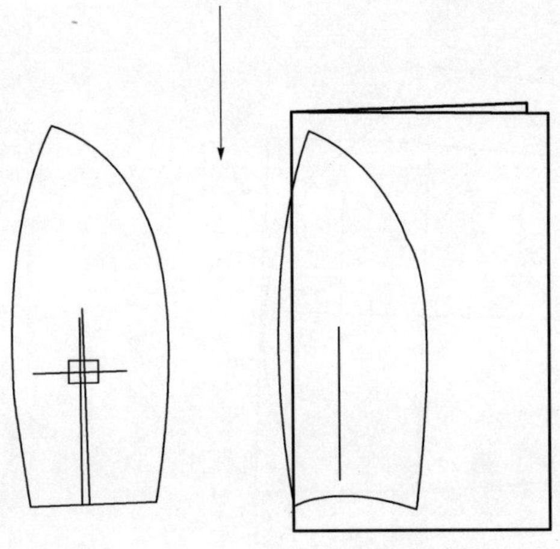

将帽子上的小省一个转移到分割线中，另一个用粘纸拼合

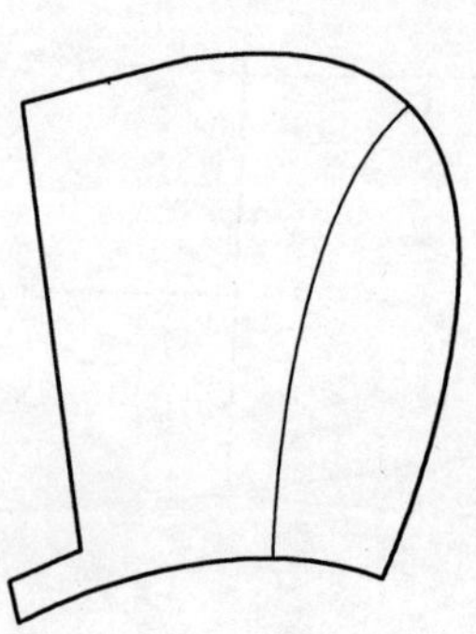

帽子侧面

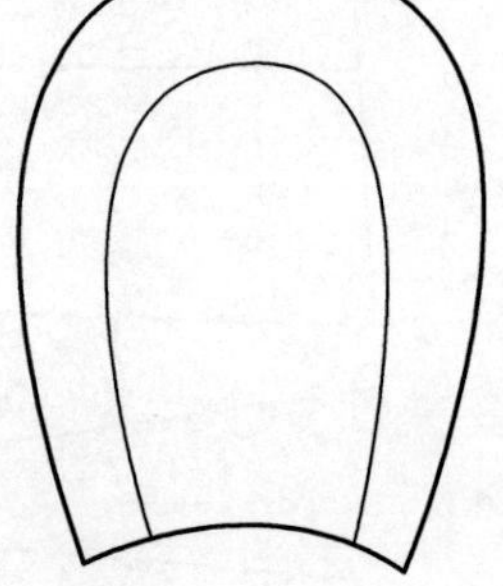

帽子背面

帽子变化(二)

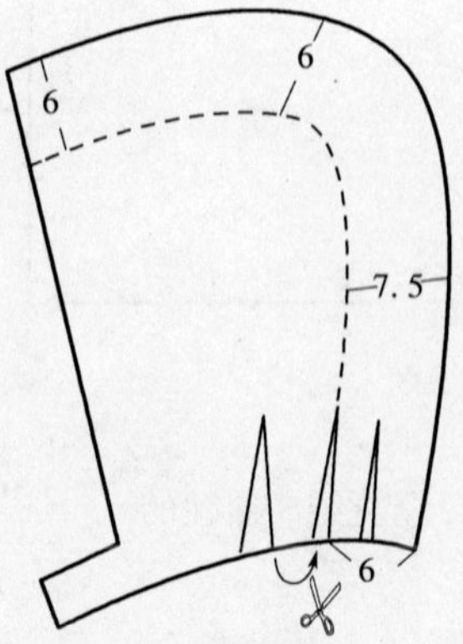

将省转移到分割线中

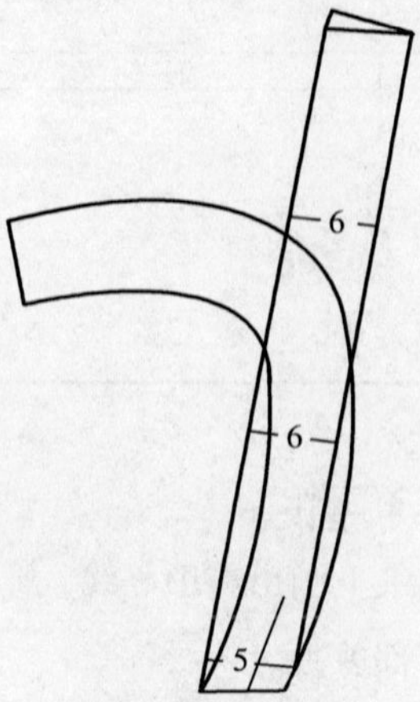

合上小省，做一
直条代替弧度板

帽子侧面

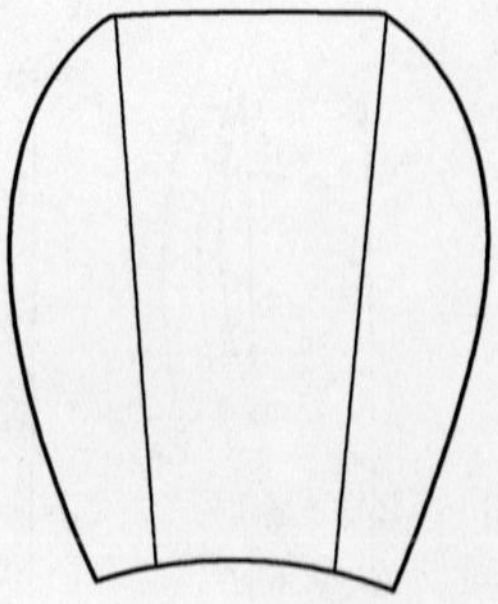

帽子背面

帽子变化(三)

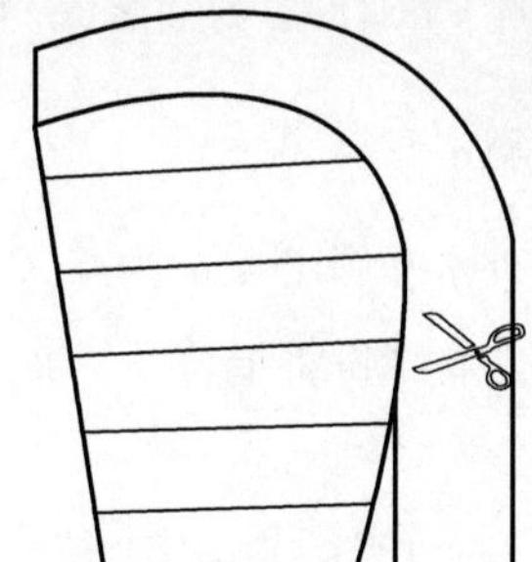

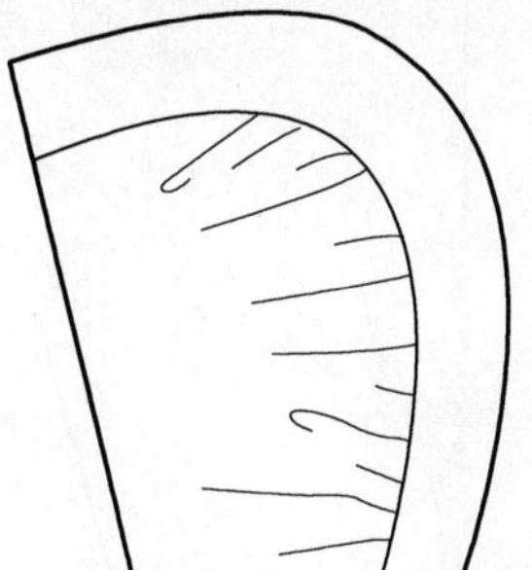

帽子侧面

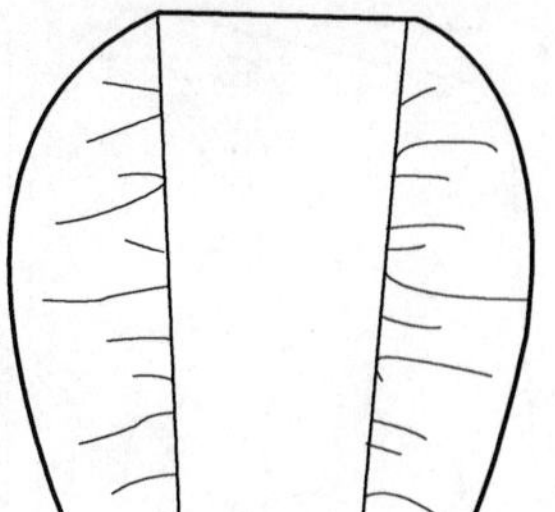

帽子背面

【青果领连袖上衣】

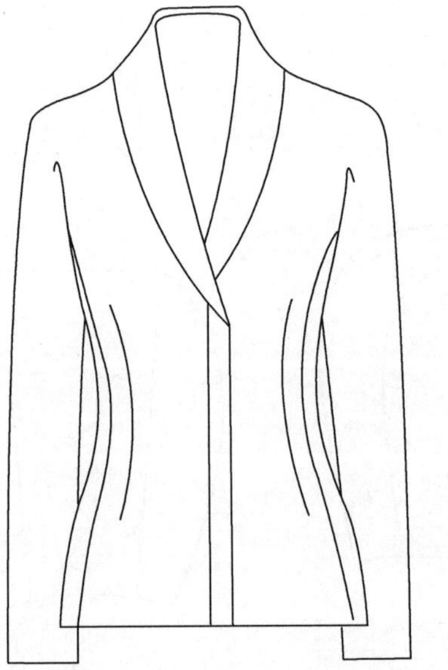

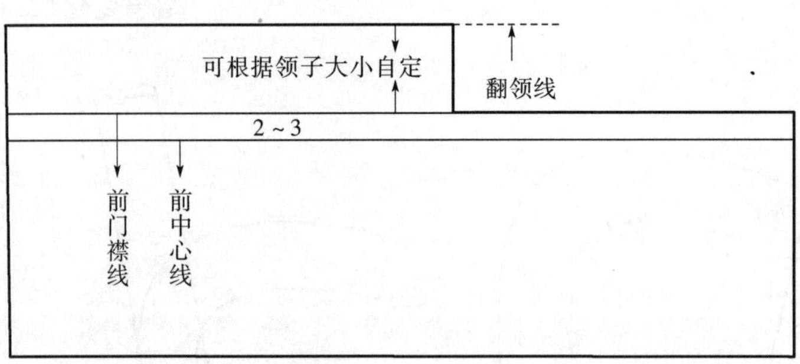

准备工作

在纸上画出前中心线、前门襟线、领宽线，翻领的下部剪去。

操作方法

1. 将纸的前中心线对准人台的前中心线依次固定点①、点②、点③、点④、点⑤，操作方法同前。
2. 由点③向侧边推平固定点⑥，由点⑥向上抻直在腋下固定点⑧。
3. 在肩部留出肩缝的缝份。将纸剪开，剪至肩颈点，剪口处用粘纸粘住防止剪口向里撕开。
4. 由肩端点向胸下推平，至点⑧，将余量捏成腋下省后重新固定点⑧。
5. 捏出腰间省⑨。
6. 将前片向后推，侧中处折出一道直线见图中虚线处。
7. 由肩端点向下量 18cm 为袖窿深，袖窿深的$\frac{1}{3}$处做记号点 A。
8. 由 A 点向外水平画出 4cm 为点 B。
9. 留出 2cm 左右缝份将纸剪开，剪至腋下省处。

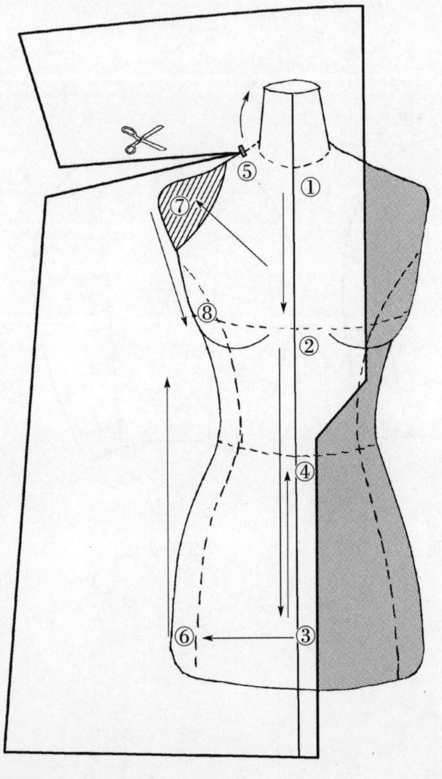

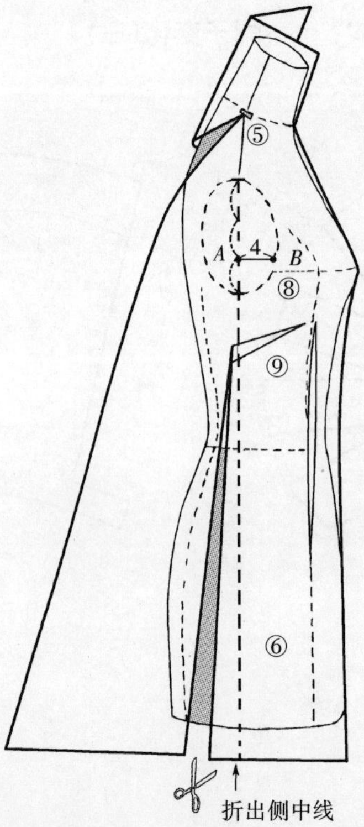

10. 用另一张纸的一端过人台后中心线 2 ~ 3cm 放置，如图依次固定点①、点②、点③，在腰节中部固定点④。剪开过人台后中心线的一边，剪至人台后中心线止，由点③、点④分别向下推平固定点⑤、点⑦。
11. 由点②向侧边推平至侧臂处固定点⑥。
12. 在肩部和肩端点分别捏出两个 0.7 的小省。
13. 沿前片折出的侧中线将后片与前片在侧臂部位拼合至前片的腋下省处，用珠针穿过前片袖窿记号点 A 透到后片做记号点 A'，由点 A' 向里水平画 4cm 做记号点 B'。
14. 将前片肩部剪开的部分推向人台后领围，剪去多余的部分，沿人台后领围线将其固定。
15. 拼合肩缝，将前后袖片固定在一起，将多余的纸量向下推出，使袖片平整。
16. 在固定好的前袖片上画出袖子形状，用珠针固定，由点 B 与袖口点 E 做连线。
17. 将后片与袖片剪开，剪至点 C'，按珠针固定的袖型描出后片袖型，连接点 B' 到点 C'。

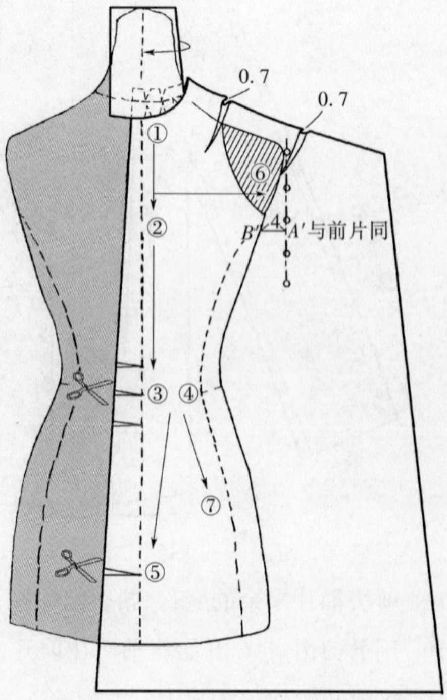

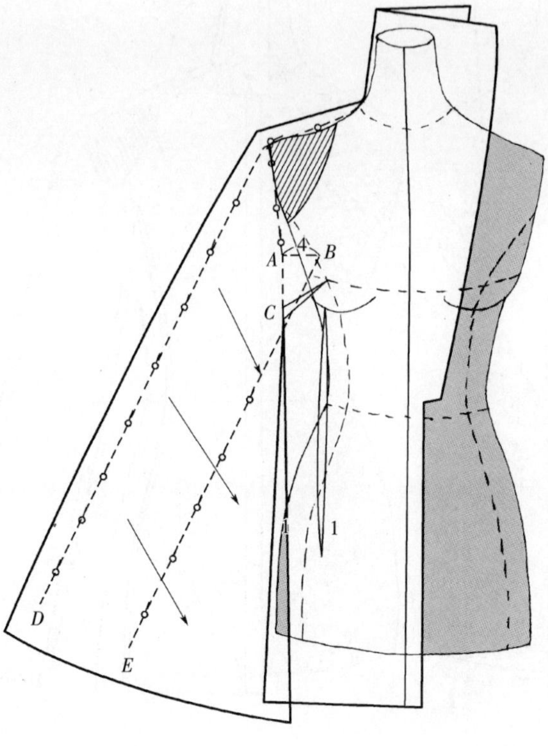

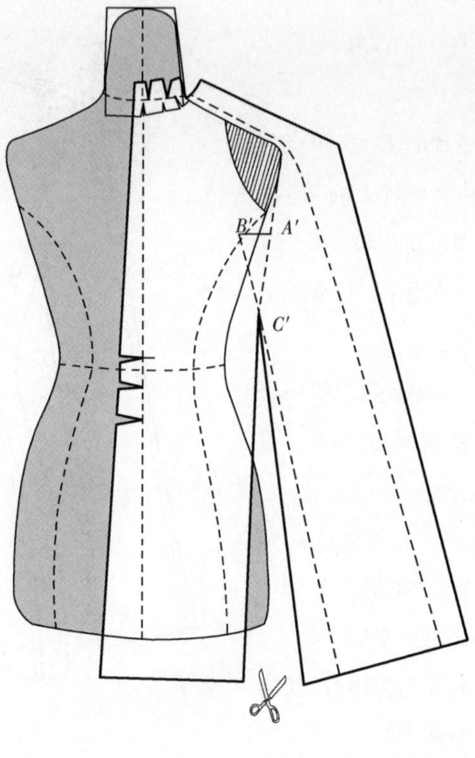

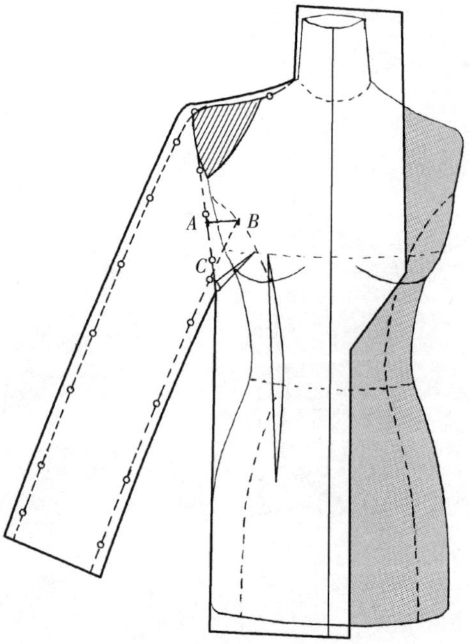

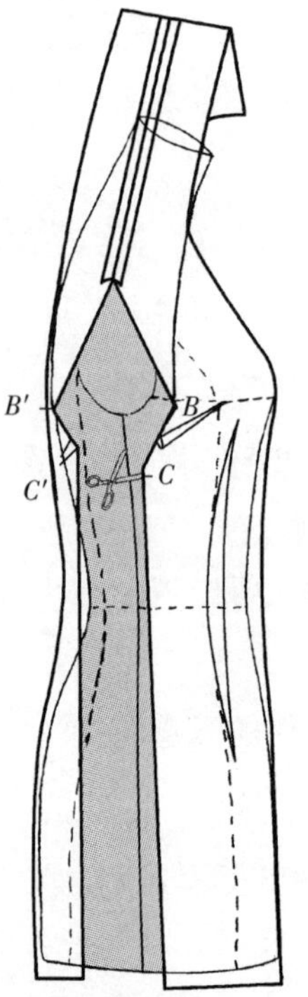

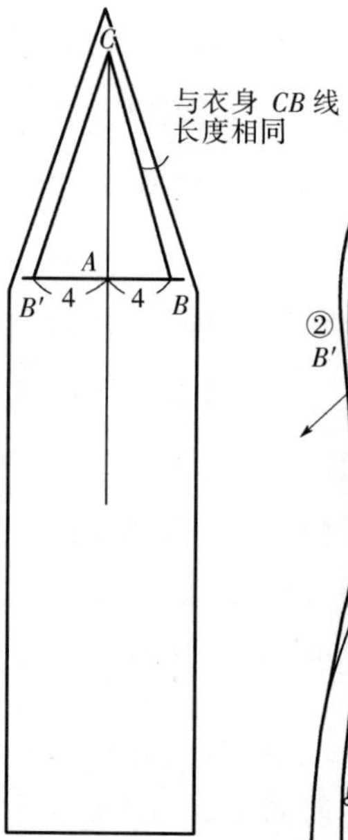

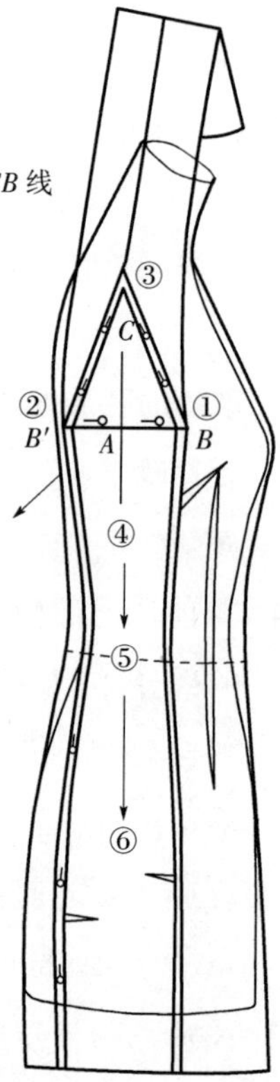

18. 剪去袖片多余的缝份，拼合前后袖片。

19. 用剪刀由点 C 开始将前后片剪开，前片剪至点 B，后片剪至点 B'处。量出 BC、$B'C'$线长。将剪开的袖子抬起固定在颈部。

20. 用另一张纸画腋下片，如图所示，使

    $AB = AB' = 4\text{cm}$，

    $BC = B'C$。

    与衣身上的 CB 线长度相同。

21. 将腋下片的 B 点、B'点分别与人台纸样上的 B'点、B 点固定在一起，$B'B$ 线固定在人台上。拼合腋下三角片。

22. 由 $B'B$ 线沿侧中线向下推平依次固定点④、点⑤、点⑥。

23. 在前后片臀围处固定两个小省，使前后片与侧中片拼合时更平顺。

24. 拼合前片与侧中片、拼合后片与侧中片。

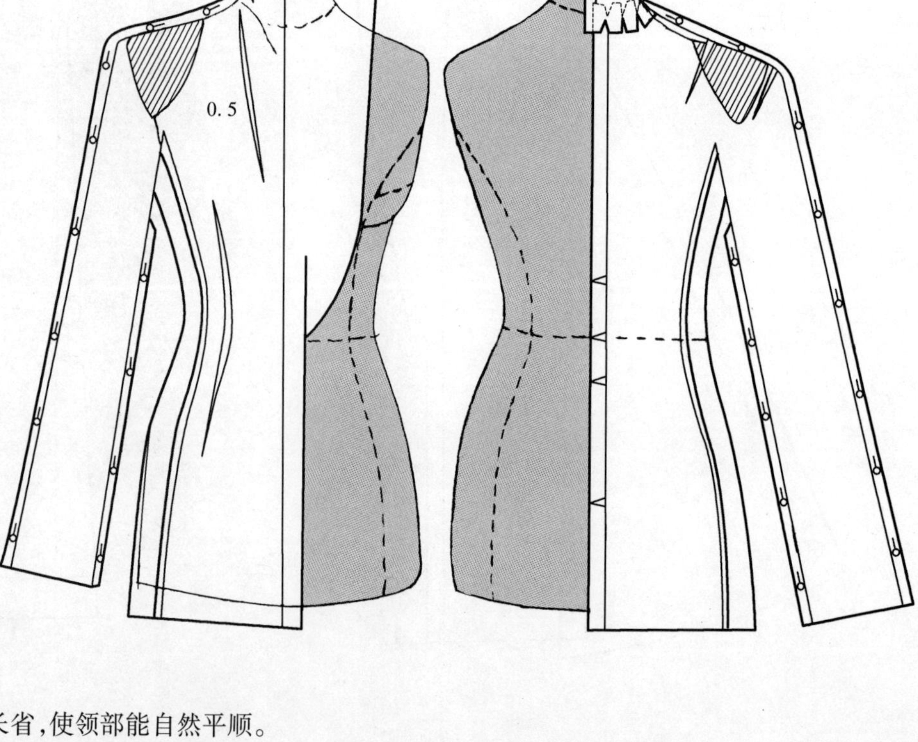

25. 在前领围下捏出 0.5cm 宽的长省，使领部能自然平顺。

26. 将固定好的后领片翻下来并按人台后中心线画出后领中心线和衣片的后中心线，剪去多余部分。

27. 画出领型、腰节线、下摆线，量出袖长。

28. 在人台上按珠针拼合的位置做板型标记，并在各拼合片上做对位标记，如图所示。

29. 修板时腋下片的整理如下。

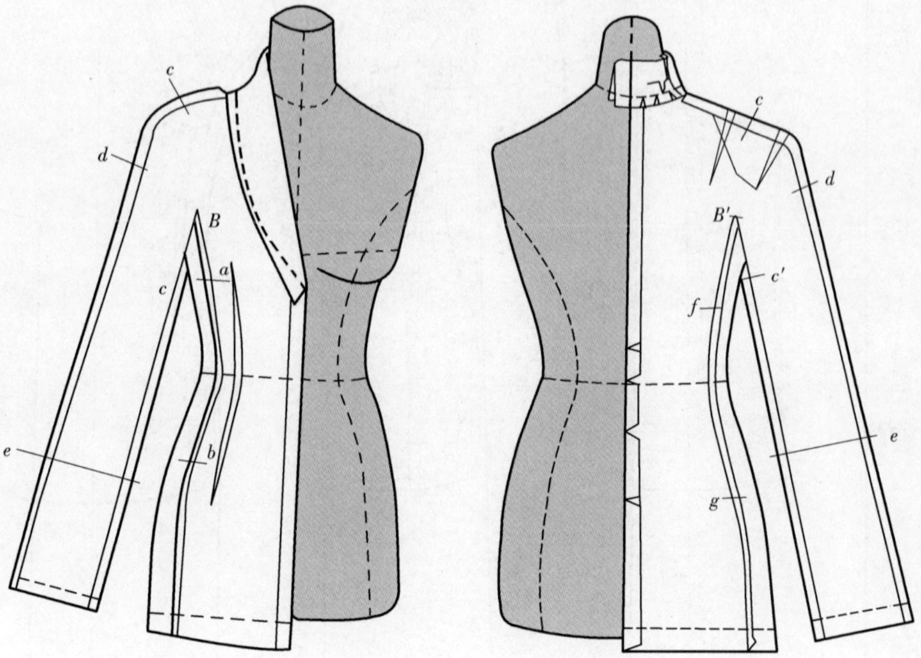

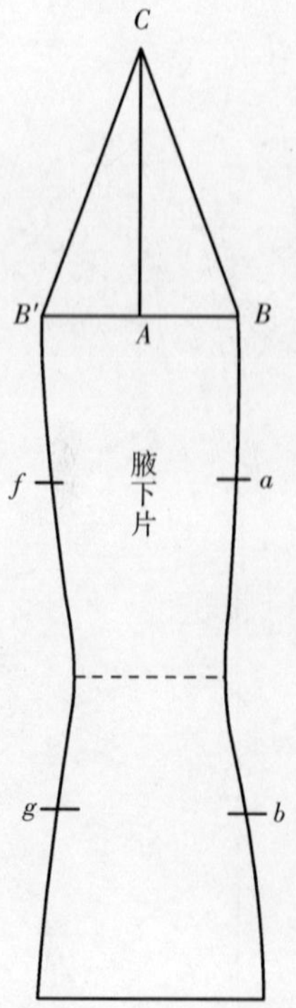

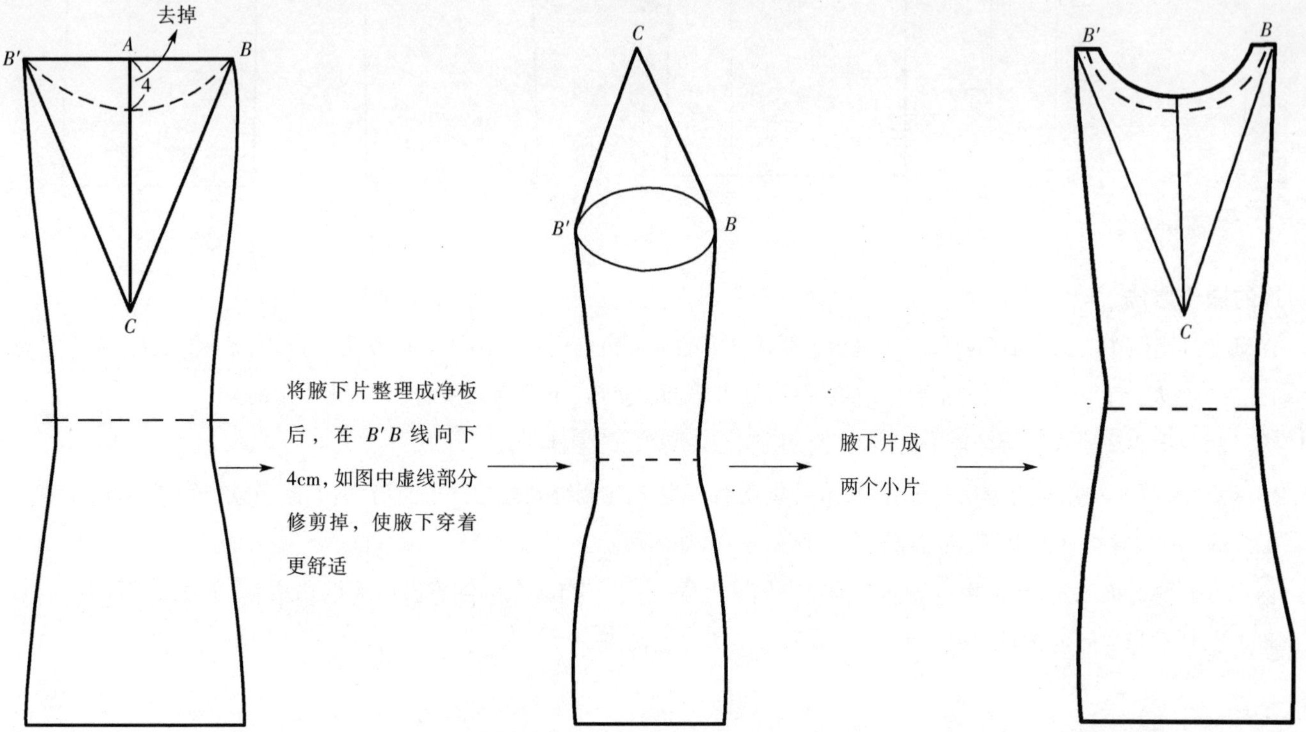

【两粒扣长大衣】

前片的操作方法

1. 在纸上画出前中心线、前门襟线、领宽线，翻领以下的部分沿前门襟线剪去。此款为双排扣，门襟上宽 9cm，下宽 10cm。在人台上垫上垫肩，如果要平肩或翘肩，则可垫两层垫肩，上面为大垫肩，下面为小垫肩。
2. 将纸的前中心线对准人台的前中心线，依次固定点①、点②、点③、点④、点⑤。
3. 距胸点 2cm 的位置，垂直捏出一长省，腰节处省宽 1cm(⑦)。在侧缝处捏另外一直省(⑧)，腰节处省宽 1cm，腋下省宽 0.5cm。前胸省垂直捏出，侧腰省略向斜下倾斜捏合，如图所示。
4. 由点⑤向侧边推固定点⑥，由点⑥向上抻直在侧臂上固定点⑨，将多余的胸省沿肩部推到颈部，在肩颈部固定点⑩，将点①与点⑩之间的余量捏成一个领省(⑪)，省尖指向胸高点。

后片的操作方法

1. 后片的操作方法同前面款式，将纸过人台的后中心线放置。沿人台后中心线依次固定点①、点②、点③，在腰节线上固定点⑤。剪开过人台后中心线的一边，剪至人台后中心线处止。由点③、点⑤分别向下推平固定点⑥、点⑧，由点⑥向下推平固定点⑦。
2. 在肩部捏 0.7 的小省，拼合前后侧缝片、前后肩缝，按人台的后中心线描出纸样的后中心线，留 2cm 的缝份，剪去后中心线处多余纸量。

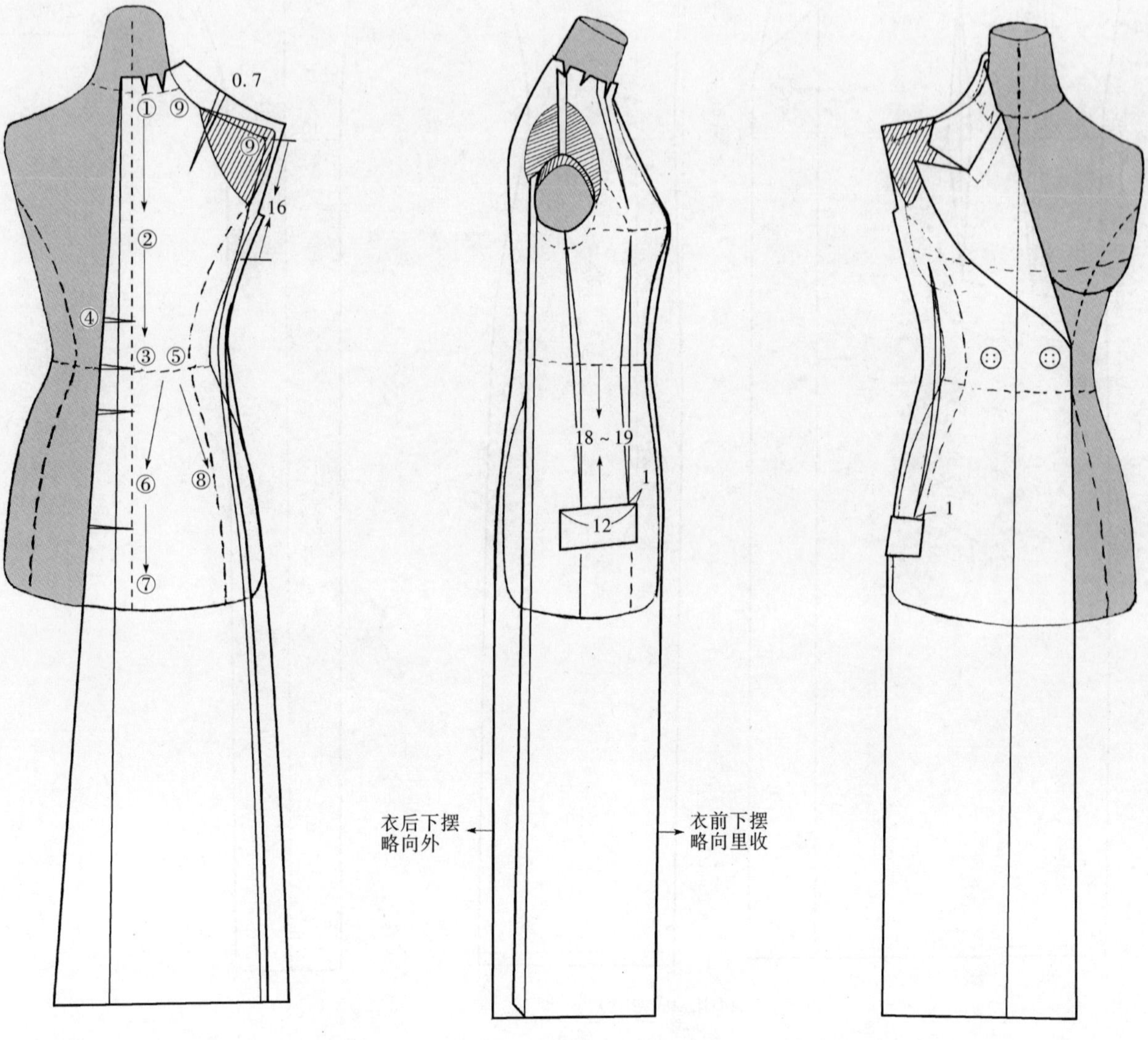

3. 按照前面章节所讲的方法，制作西服领，画出领型、扣位，肩颈点向下量腰节长 43cm，水平画出腰节线。
4. 腰节向下 18 ~ 19cm 处画口袋位置，口袋的前端过前腰省 1cm，口袋长 12cm。
5. 从人台的肩端点向下量 16cm，画袖窿弧线，肩宽尺寸自定。
6. 从侧面看，衣服的前片下摆略向里收，后片下摆略向外。
7. 在人台上按珠针拼合的位置做板型标记，并在各拼合部位做对位标记，将纸样取下。
8. 按照标记，修整纸样。

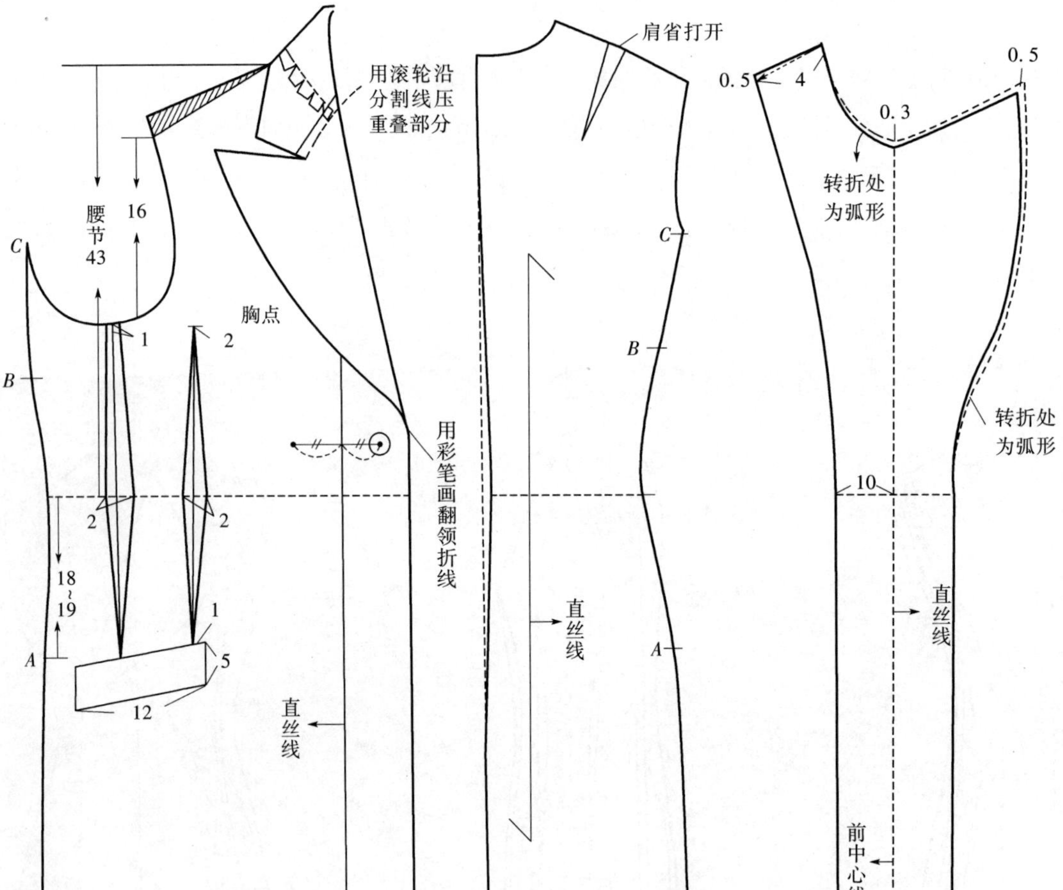

领贴边放量尺寸如图所示，实线为前片衣领净板，虚线为贴边净板。

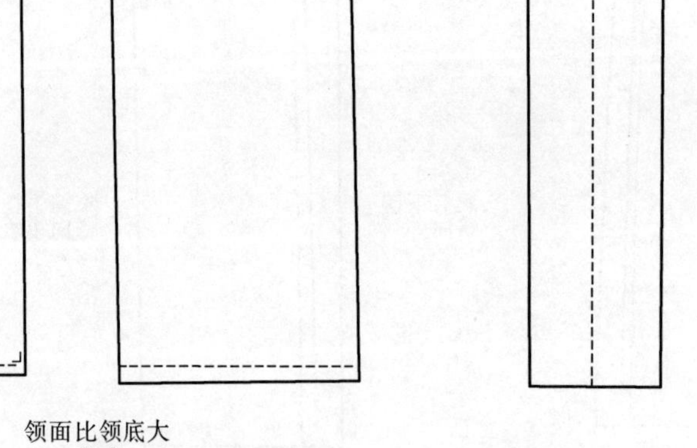

【无领双排扣女大衣】

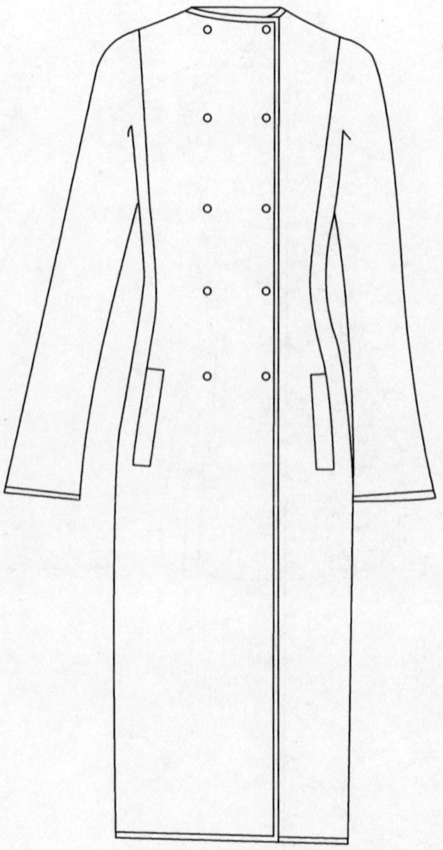

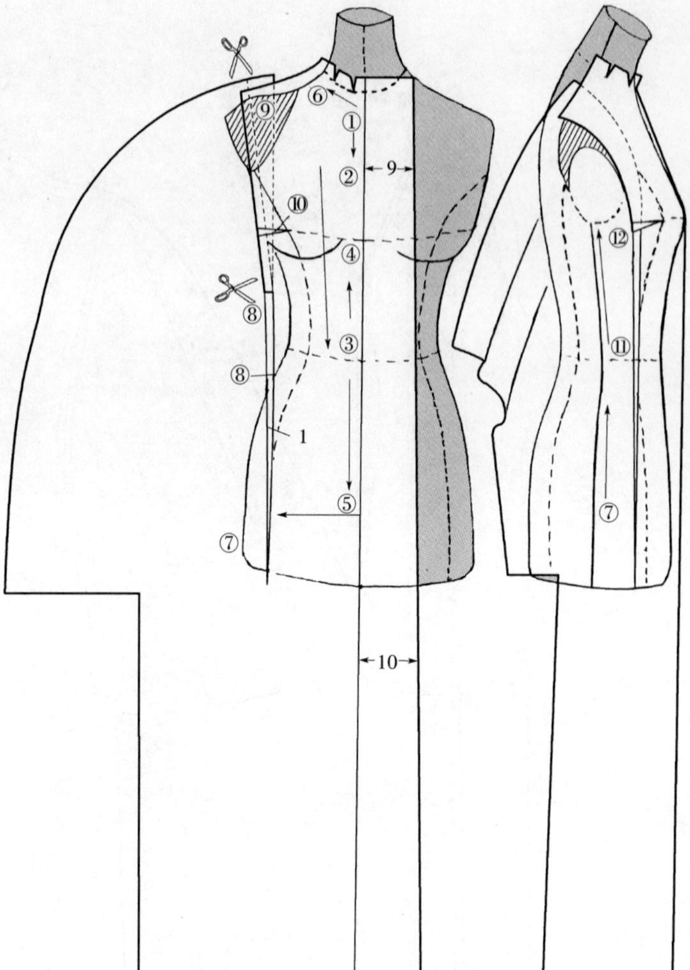

前片的操作方法

1. 在纸上画出前中心线与前门襟线，注意门襟上部宽 9cm,下部宽 10cm。
2. 将纸的前中心线对准人台的前中心线，依次固定点①、点②、点③、点④、点⑤。
3. 剪出前领口并打剪口，由点①向肩颈点推平固定点⑥，再由点⑤向侧边推，根据设计留出宽松量，在侧边固定点⑦。
4. 在侧腰节处竖直捏出一个 1cm 的直省 (⑧)，腰节线以上省量过大可将省从中间剪开。
5. 在侧边由点⑦向腰节推平固定点⑪、向腋下推平固定点⑫，拼合前片腰节以上胸省，拼合时前中片胸高点处可做一个小胸省。将前衣片胸量转到前胸省破缝处。胸部的小省(⑩)制作时吃缝进去。

后片的操作方法

1. 后片的操作方法同前片，以直线的一边对准人台的后中心线，依次固定点①、点②、点③、点④。
2. 捏出后腰节处直省，直省腰节以上从中间剪开，由点④向侧边推平固点⑤，由点⑤向上推平腰节处固定点⑥、腋下固定点⑦，拼合后片腰省断开的部分。
3. 在人台的侧中缝处将前后片拼合起来至肩端点，并将前后袖片平整固定在一起，拼合肩缝。
4. 从肩端点向下量 14cm 做记号，由记号点分别向前后片水平画 4cm 定前片点 *A*，后片点 *B*，从前片点 *A* 向侧缝量 12.5cm 定点 *C*，连接点 *A* 与点 *C*。

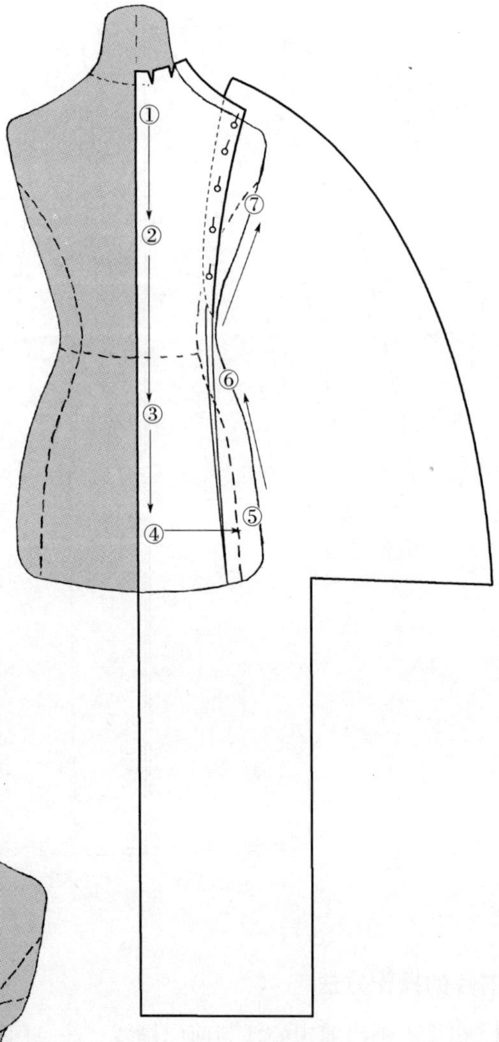

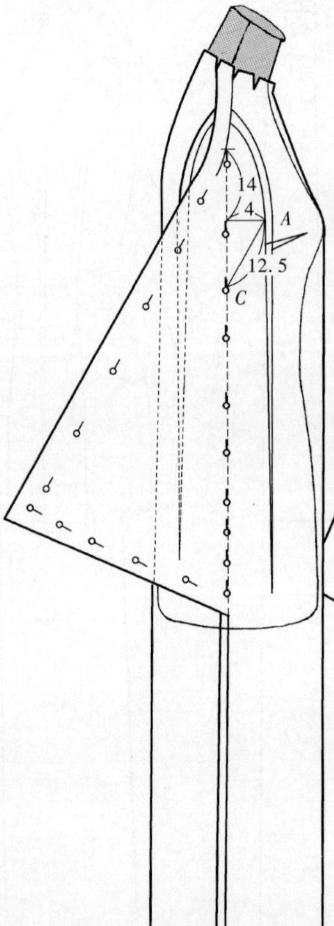

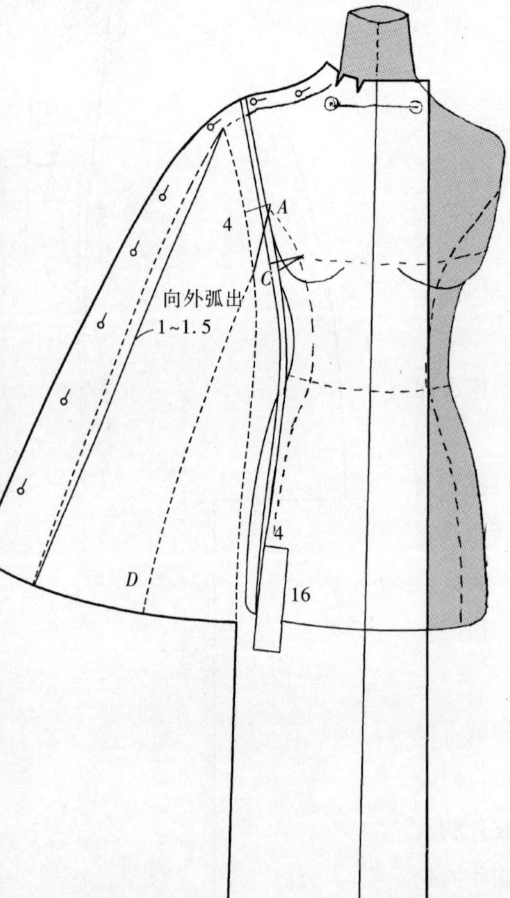

5. 在前片袖片上画出袖型，操作方法同前面章节，先设计袖子的角度，从肩端点按设计角度向下折出一直线，直线下端向里量出袖口尺寸做标记点 *D*，由点 *D* 与 *AC* 线连接为袖腋下拼合缝。按画出的袖型线拼合前后袖片，袖中拼合缝以折出的直线为准向外弧出 1 ~ 1.5cm 画圆顺。

6. 剪去袖片多余的纸量，剪开前片 *CA* 线，剪至点 *A* 处，剪开后片 *CB* 线，剪至点 *B* 处。在另一张纸上画出腋下三角插片，如图所示。将袖子抬起，将三角片与袖下剪开处固定。

7. 在人台上按珠针拼合的位置做板型标记，并在拼合处做对位标记。

8. 在人台上画出领口、口袋位置、扣位、腰节线、袖长线、衣长线。

【小礼服裙(一)】

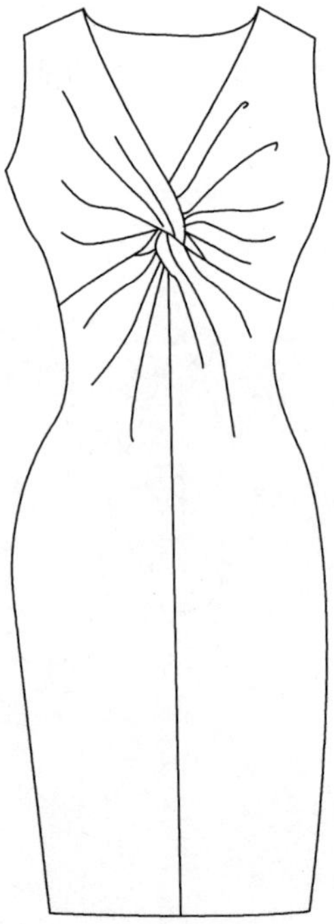

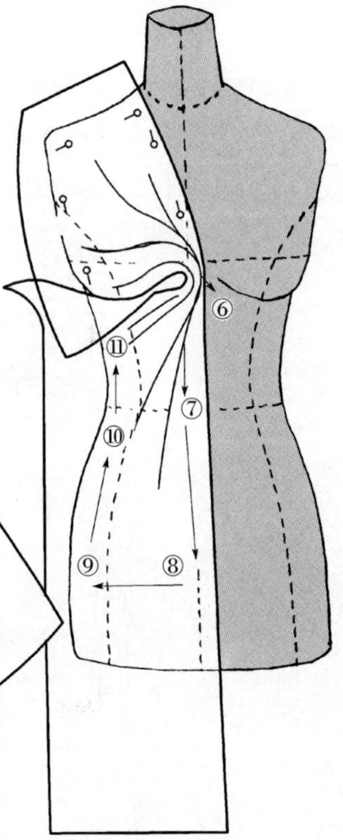

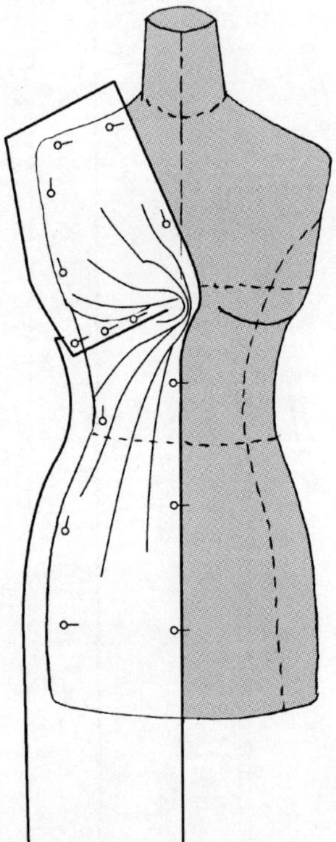

前片的操作方法

1. 将纸的一端放置在人台的肩部，如图所示依次固定点①、点②，由点②沿侧臂向下推平固定点③，由点③向胸下围推平固定点④。
2. 由点①斜下向人台前中心线处推平固定点⑤，将所有胸省量在人台前胸处固定成褶（点⑥）。
3. 将纸的一边以点⑥为起点向下推，沿人台前中心线依次固定点⑦、点⑧。
4. 由点⑧向侧边推平固定点⑨，由点⑨沿侧边向上推至腰节处固定点⑩、胸围下固定点⑪。
5. 拼合胸围下的接缝，将多余纸量剪去。

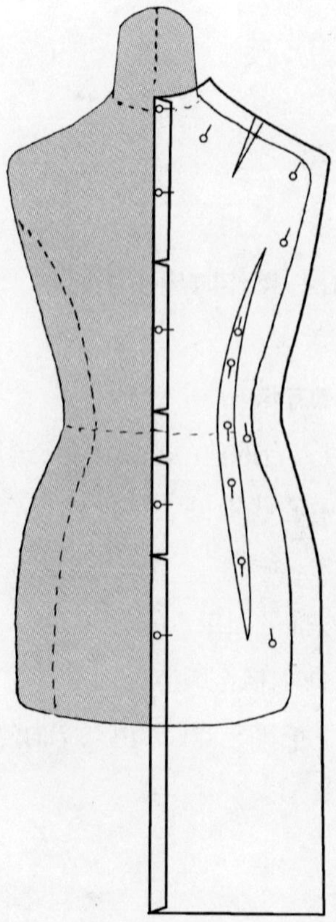

6. 后片的操作方法同前面所讲。后片后中心线有破缝、有后腰省、有肩省。

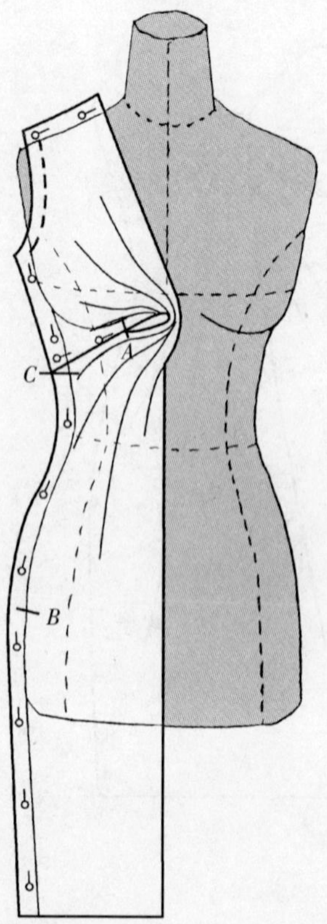

7. 做好后片后，拼合侧缝、肩缝，画出领口线和前中心线，如图所示做对位标记点 A、B、C。

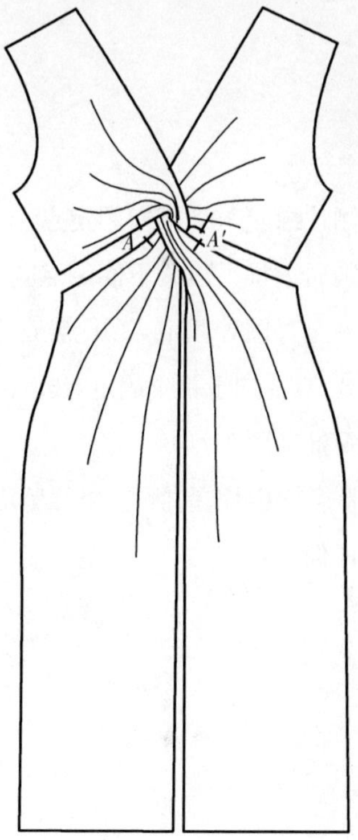

8. 左右前衣片缝合时，如图所示左右交叉后再按标记点 A 缝合。

【小礼服裙(二)】

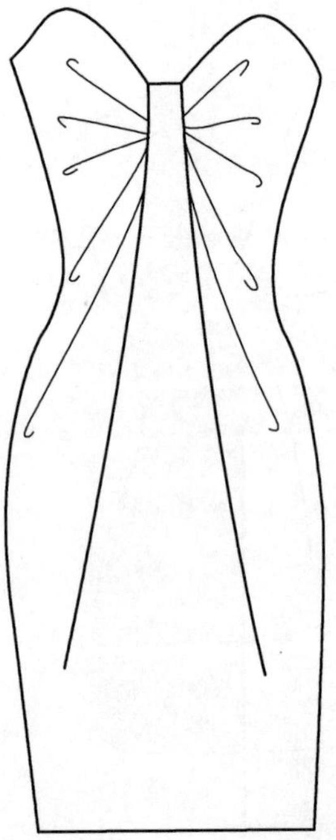

此款分里、外两层,操作时应由里向外。

里裙前片的操作方法

1. 将纸的一边过人台的前中心线放置,过人台前中心线的一边沿人台前中心线剪开,依次在人台前中心线上固定点①、点②、点③。
2. 由点③向侧边推平固定点④。
3. 由点③、点④向下推至腰节处固定点⑤、点⑥,由点⑤沿人台前中心线向下推平至点⑦,由点⑦向侧边、点⑥向下推平固定点⑧。

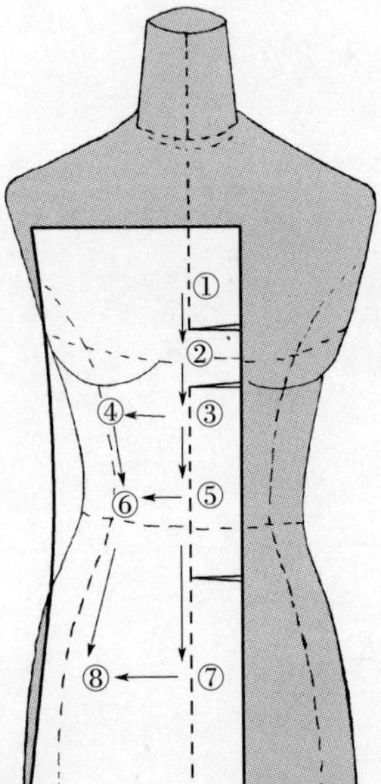

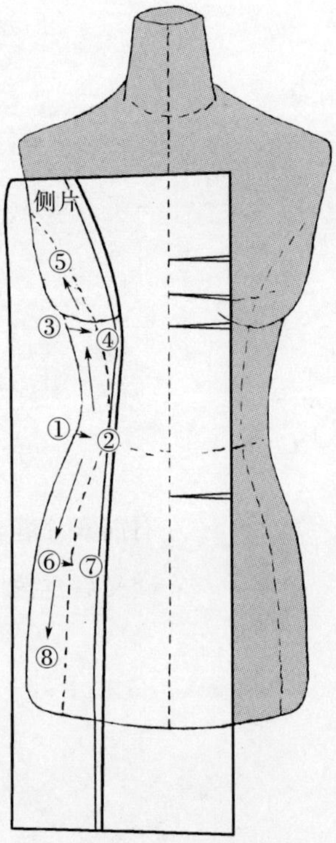

4. 侧片由腰节处横向固定点①、点②,然后分别向上推平至胸下固定点③、点④,向下推平至臀围处固定点⑥、点⑦,如图所示由点③、点④向上推平固定点⑤,由点⑥、点⑦向下推平固定点⑧。
5. 拼合前中片、前侧片,纸样紧覆在人台上,无任何松量。

里裙后片的操作方法

1. 将纸的一边过人台后中心线放置，在过人台后中心线的一边打剪口，剪至人台后中心线止。在人台后中心线上依次固定点①、点②，点②向侧边推平固定点③。
2. 由点②、点③分别向下推平固定点④、点⑤、点⑥、点⑦。
3. 后侧片与前侧片操作相同，先水平固定腰节，再分别向上、向下固定。
4. 拼合后中片与后侧片、后侧片与前侧片。注意，纸样紧贴人台无任何松量。
5. 画出前胸杯曲线，确定裙长，水平画出裙下摆，按照人台的前后中心线，描出纸样的前后中心线。

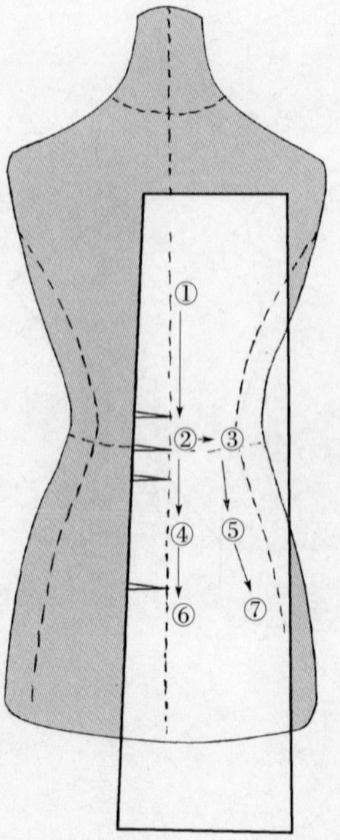

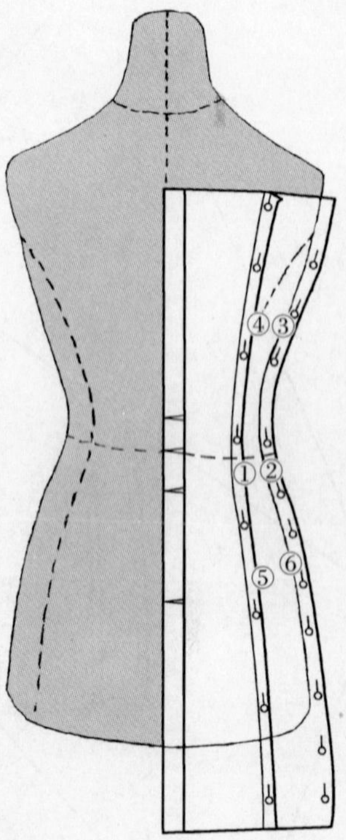

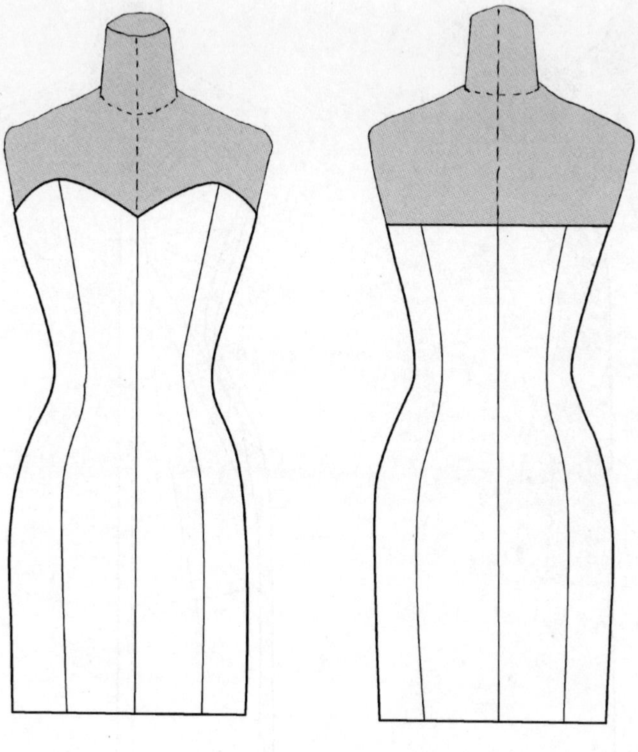

里裙为前面4片，后面4片；后中绱拉链，裙子紧覆人体无松量；前中心线、后中心线为曲线。

外裙的操作方法

1. 将另一张纸的一角斜放在前胸围处，如图所示，用珠针将纸的上端固定。
2. 先固定点①，然后捏出第一个褶固定在胸前。
3. 再固定点②，捏出第二个褶固定胸前。
4. 以此类推直到裙下摆处平整无余量。注意胸前各褶褶量大小均等为宜。
5. 按人台的前中心线在纸上描出外裙纸样的前中心线。
6. 将外裙与里裙的后片固定在一起，外裙与里裙为同一后片板。
7. 在外裙纸样上按里裙描出前胸杯曲线，用滚轮沿杯罩曲线压过，使里裙外裙同一标记，在侧缝做对位标记点 *A*、*B*、*C*。

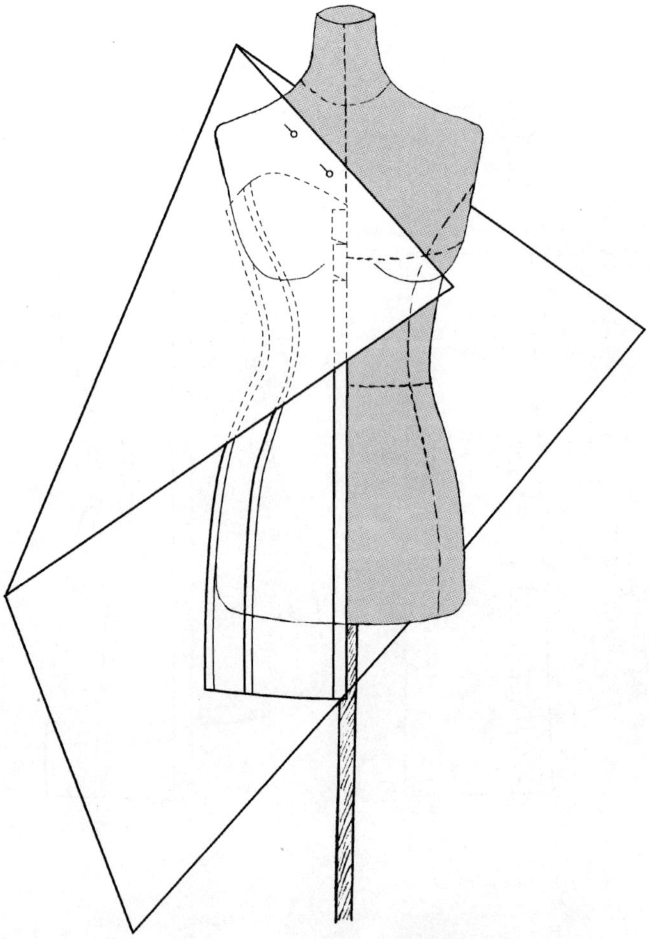

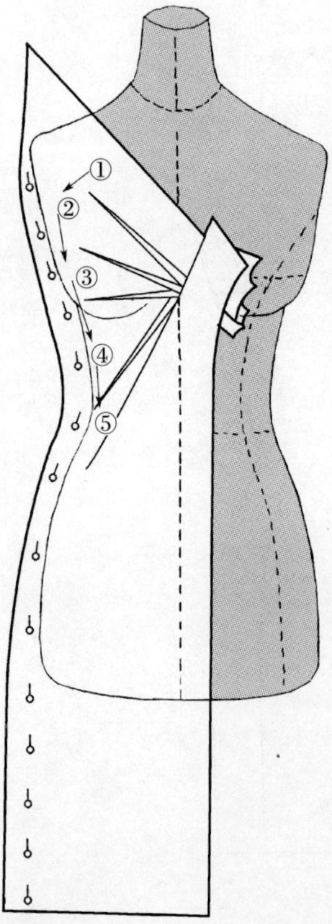

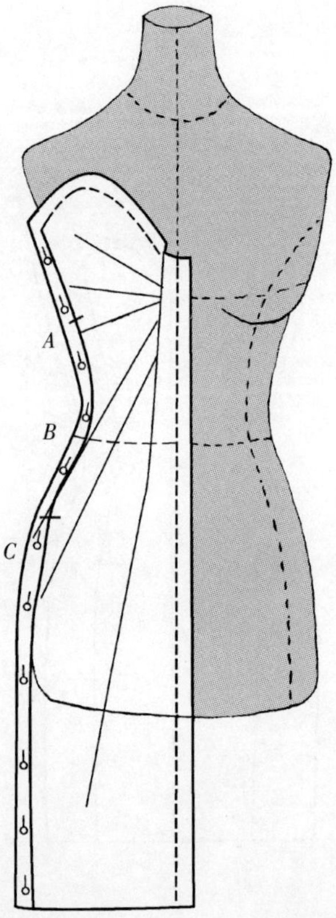

【小礼服裙(三)】

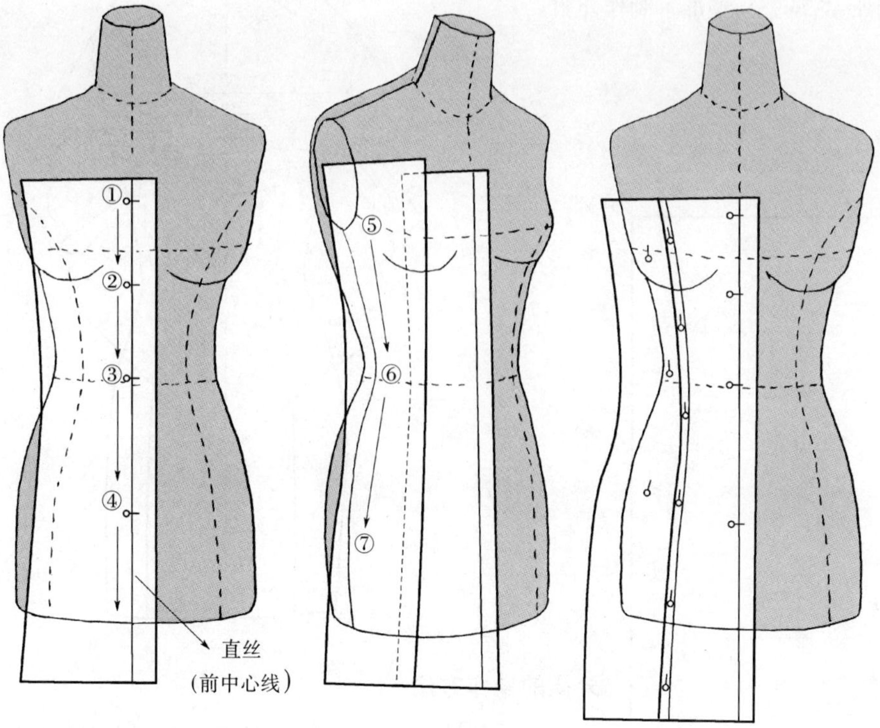

此款式也分为里、外两层。

里裙为紧身六片裙，外裙为斜丝打褶裙。

里裙的操作方法

1. 在纸上画出前中心线，并将纸的前中心线对准人台的前中心线，依次固定点①、点②、点③、点④。
2. 取另一张纸放置于人台的侧边，在纸的中间依次固定点⑤、点⑥、点⑦。
3. 拼合前中片与前侧片，纸样紧贴人台无任何松量。

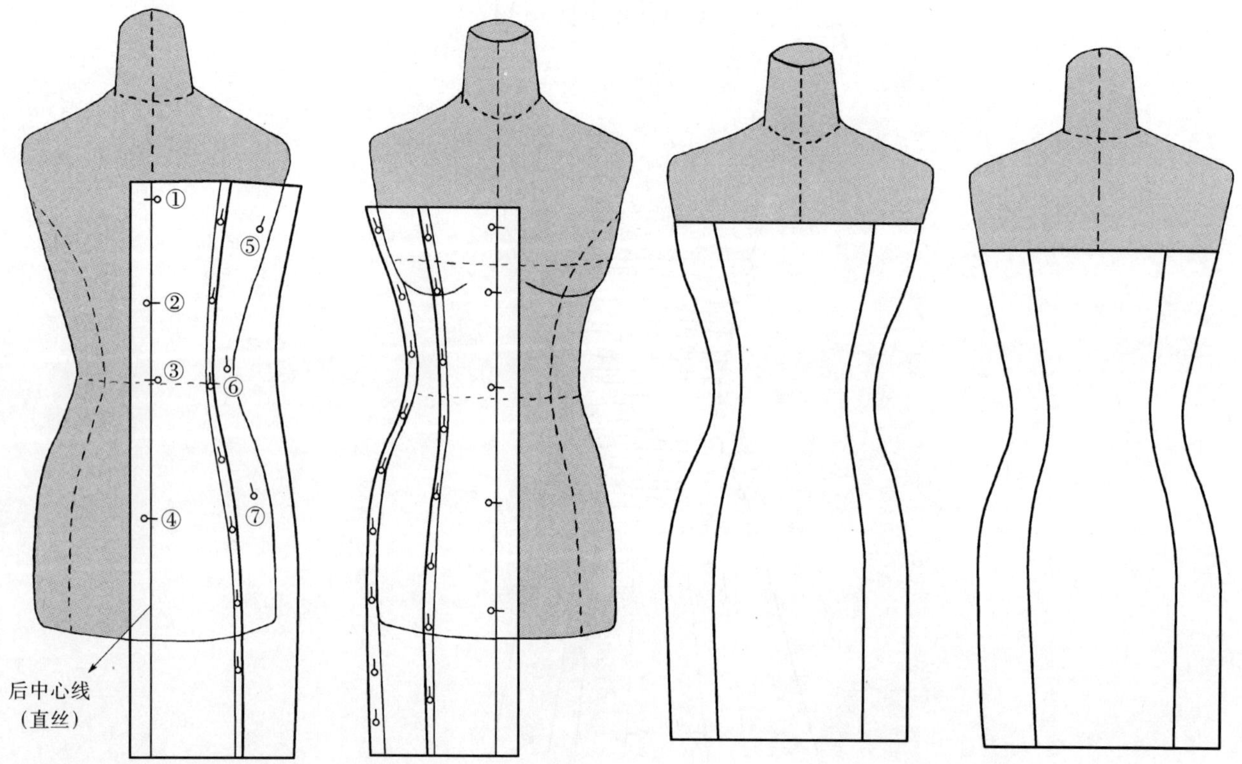

4. 后片的操作方法同前片。
5. 拼合前、后侧片。此款式前、后中心线为连折线，无破缝，前、后各三片。
6. 按板样用里布缝制成里裙，如图所示，调整板型准备制作外裙。

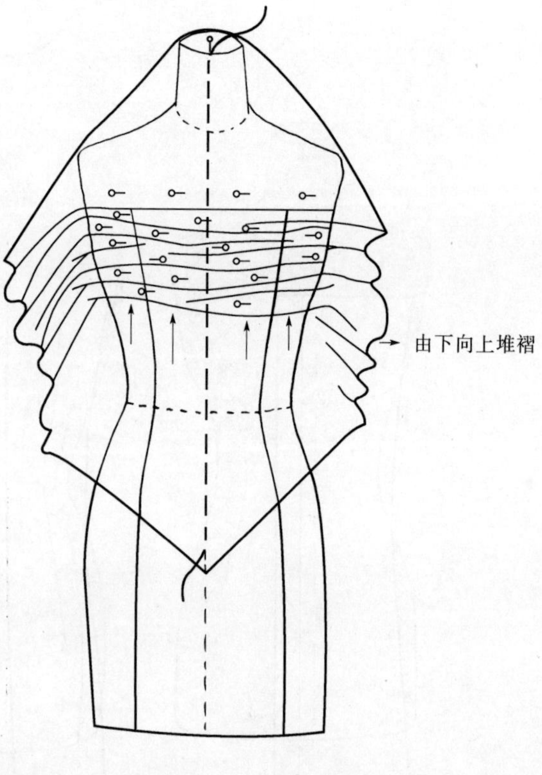

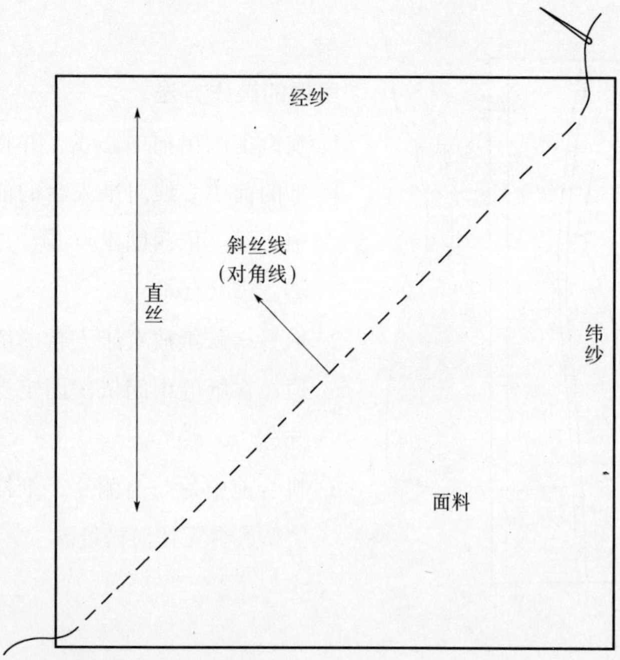

外裙的操作方法

1. 将一块纬纱、经纱等长的正方形面料对折，对折线用彩色线大针距标出，此线为斜纱线，也为外裙的前中心线。

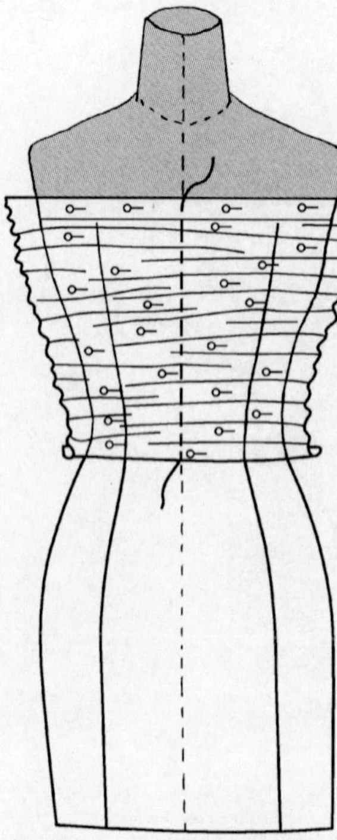

2. 将面料的斜丝线对准人台的前中心线，面料的上端固定在人台颈部。
3. 在里裙胸止口线上端 2cm 左右将面料平行固定在人台上，斜丝线始终与人台的前中心线重合。
4. 向上一点一点堆出所需要的褶量，每个褶用珠针固定在里裙上，直至面料的宽度不够前片尺寸为止。
5. 剪去胸止口线上端的面料及左右两边多余的面料，留 2~3cm 的缝份。外裙尺寸与里裙尺寸相同，水平剪去面料下端并把毛边折向里面。
6. 用另一块面料，操作方法相同继续操作，堆褶结束的部位，水平用珠针固定。
7. 后片堆褶大小、疏密操作方法同前片，堆褶结束部位与前片相同。
8. 用彩线按人台拼合的位置做样板标记。

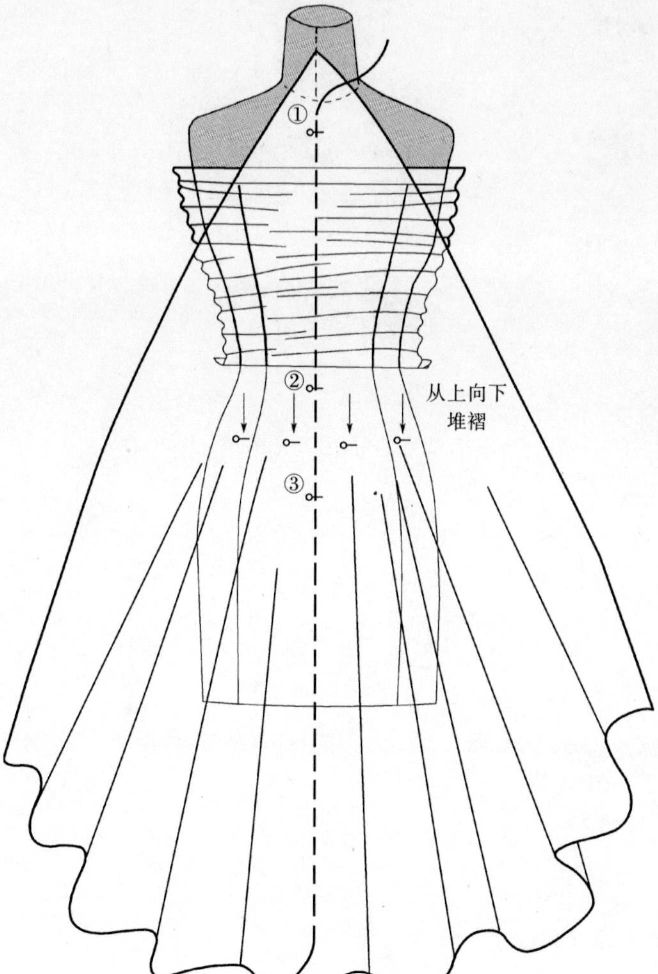

第四章

大师作品临摹篇

本章节精选 2003～2005 年世界顶级时装大师的设计作品。这些作品不仅体现了当今的时尚潮流，也体现了不同品牌的设计风格、板型特征，学习者不但要研究大师的作品，而且还要将品牌结构特征原汁原味地表现出来。

夏奈尔女装(Chanel)

此款式为2003年春夏夏奈尔（Chanel）高级成衣作品。此作品完全体现出夏奈尔服装的设计特点，粗纺的毛织面料、不强调胸腰部曲线的H型服装外观、瘦长圆肩的夏奈尔袖、十片鱼尾短裙，年轻又不失优雅。该款型是夏奈尔服装的代表，也是经过多年考验的经典之作。

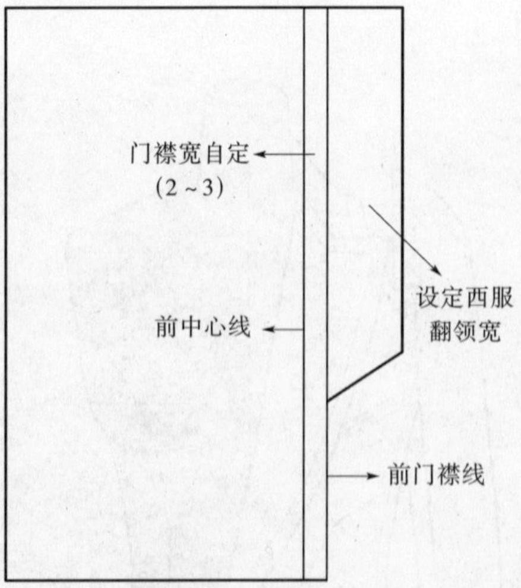

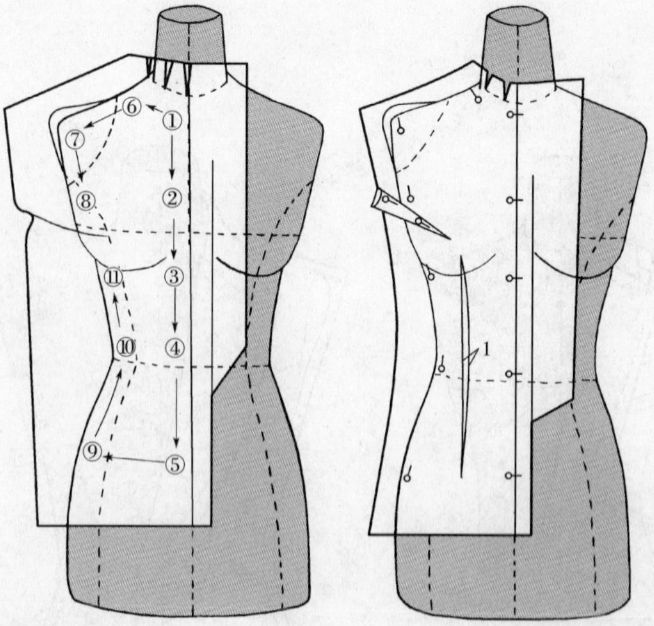

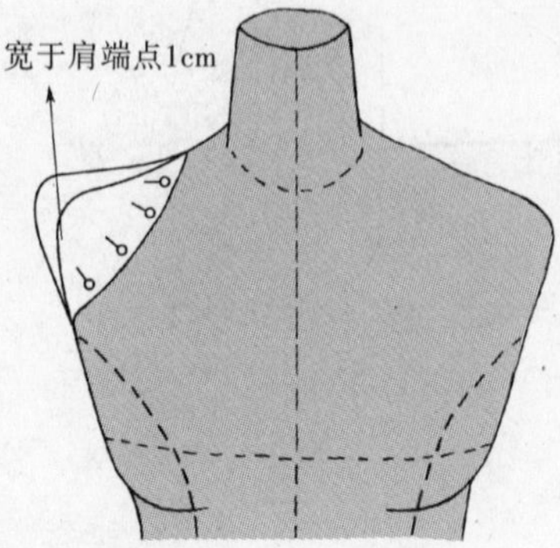

将垫肩固定在人台上。垫肩为圆肩，固定垫肩时，将垫肩垫出肩端点 1cm 固定

上衣的操作方法

1. 在纸上画出前中心线、前门襟线、翻领宽线。剪出前领口并沿人台领围线打剪口，将纸的前中心线对准人台的前中心线，依次固定点①、点②、点③、点④、点⑤。
2. 由点①沿人台领围线向肩部推平固定点⑥，由点⑥沿肩部推平固定点⑦，由点⑦向侧胸推平，在侧胸处捏合一个胸省，胸省位置处于口袋处。
3. 由点⑤向侧边推平固定点⑨，由点⑨沿侧边向上推固定点⑩、点⑪，并将腰间余量捏出一个 1cm 的腰间省。
4. 后片操作方法与前面章节所讲的后片操作方法相同，后中破缝，肩部有一小省，腰节处有一腰间省。
5. 拼合前、后衣片，肩缝与侧缝线成一条直线。
6. 按照图片在人台的纸样上画出口袋，口袋的大小、位置需要靠制板者的目测、审美和经验来确定。

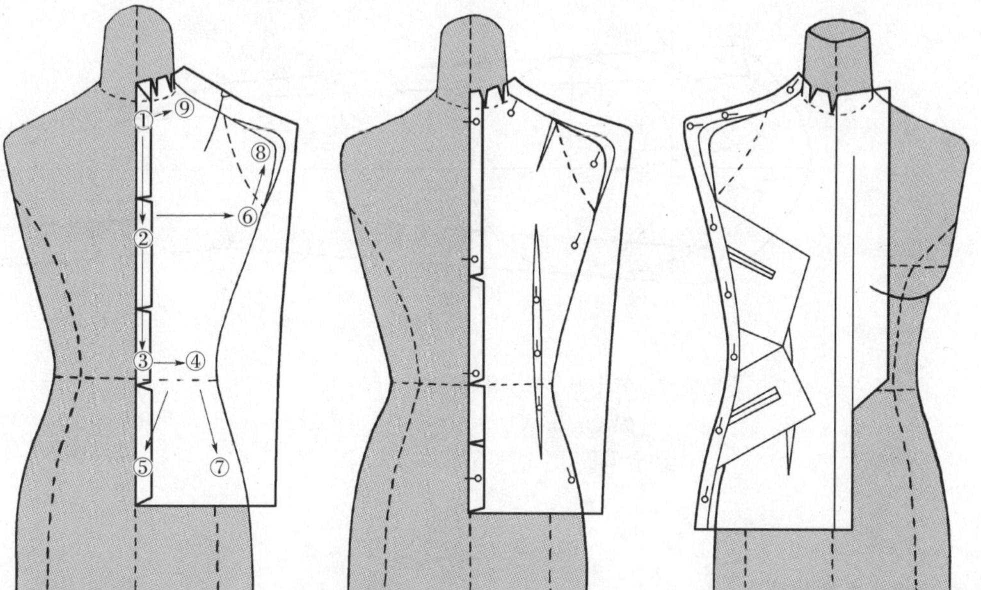

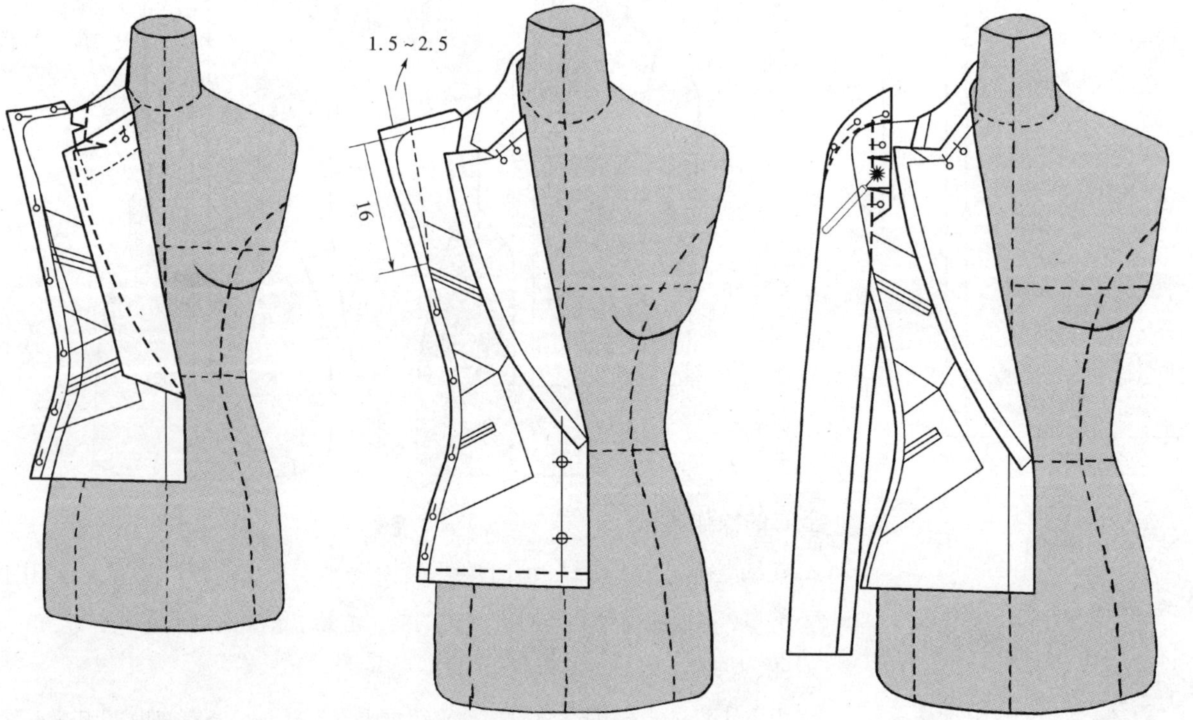

7. 画出西服领翻折线，制作西服领，并依照图片画出西服领的翻领。

8. 由肩端点向里缩进 1.5 ~ 2.5cm，向下量 16cm 画袖窿弧线。

9. 将平面制好的夏奈尔袖拼合固定在衣身的袖窿弧上，在前后袖片上各固定两个小省做吃量，并捏出袖肩省。

10. 用滚轮在袖山弧线上压过，使袖子的袖山弧线与衣身的袖窿弧线吻合。

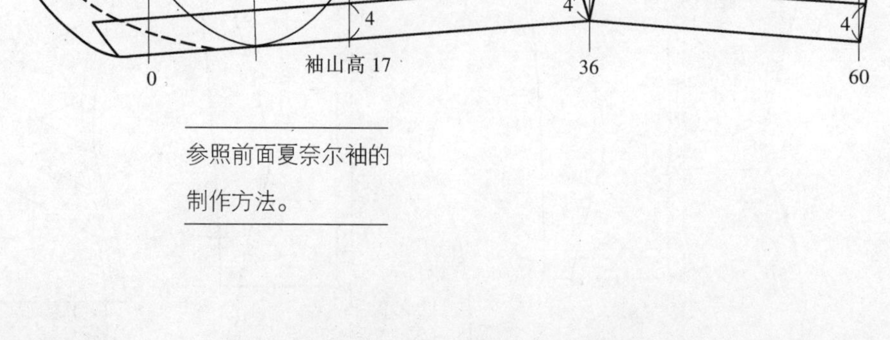

参照前面夏奈尔袖的
制作方法。

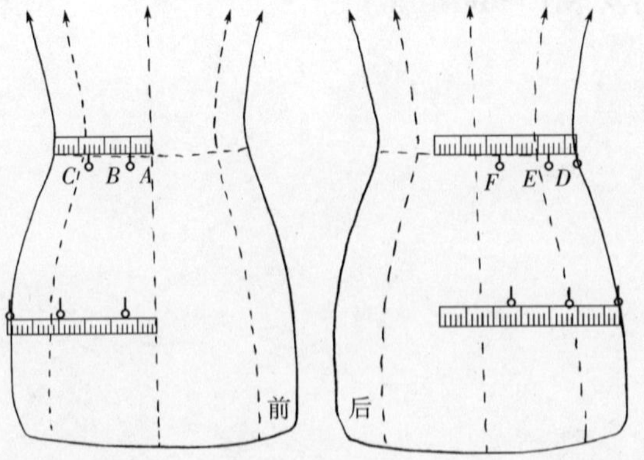

裙子的操作方法

1. 用软尺量出人台的腰节和臀围尺寸，前、后各均分成五等份，并用珠针在人台的前半边和后半边将各等分点（A、B、C、D、E、F）标注出来。

2. 在纸上画一条前中心线。注意，裙子的前中线为对折线。纸的前中心线对准人台的前中心线，依次固定点①、点②、点③。

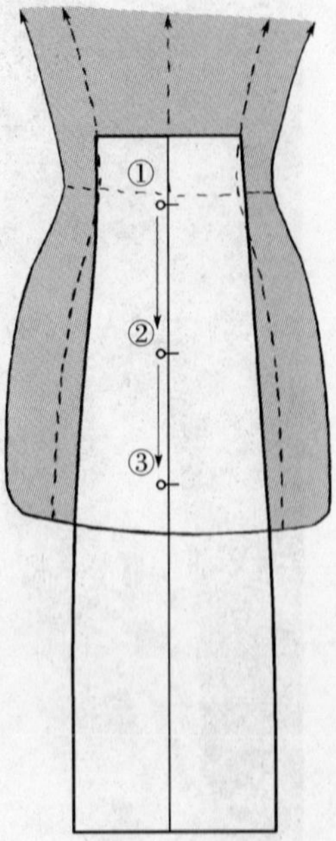

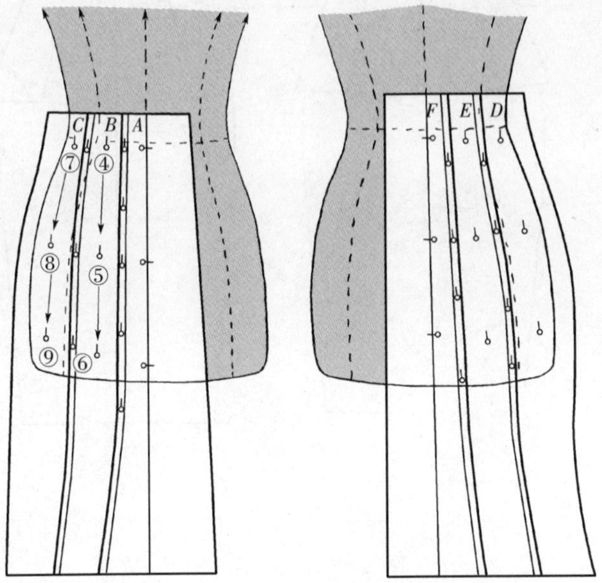

3. 取另外一条纸放置在前片 B 的位置，在腰节处固定点④，由点④向下推平依次固定点⑤、点⑥。
4. 取第三块纸放置在前片 C 的位置，操作方法同上，固定点⑦、点⑧、点⑨。
5. 按照在人台上做的各片分割记号，拼合前三片。
6. 后片操作方法同前片。注意后臀围、腰节处无太多松量，臀围以下大腿处略向里收。

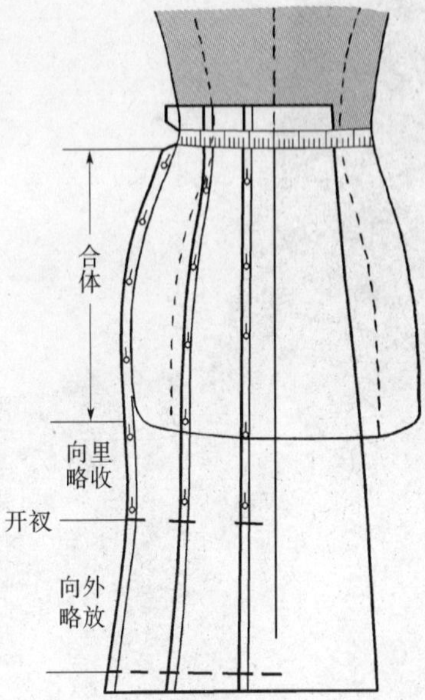

7. 下摆处成喇叭形，可不拼合。
8. 拼合前、后侧片，水平画出腰围线、裙摆开衩位置、裙长线。

瓦伦蒂诺女装(Valentino)

此款式为2003年春夏瓦伦蒂诺(Valentino)高级成衣的作品。作品造型简洁干练,设计既以实用主义为出发点,又不失精致典雅,本作品以胸省的转移和变化为设计重点。

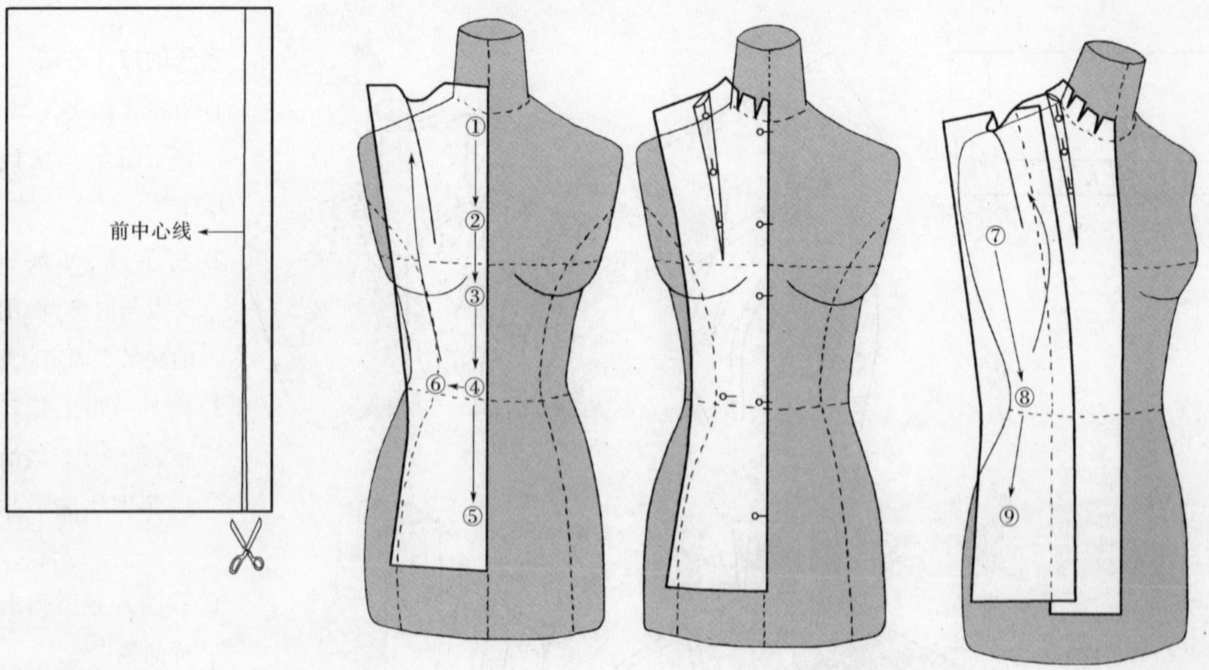

衣身的操作方法

1. 将纸的前中心线对准人台的前中心线，依次固定点①、点②、点③、点④、点⑤。
2. 由腰节向侧边推平固定点⑥，由点⑥向上将胸省量推到肩部,在肩上捏出一肩省。
3. 取另一张纸在人台侧边由上向下推平固定点⑦、点⑧、点⑨,由点⑧顺着胸高点向上推出胸省量,固定前侧片肩省。
4. 拼合前中片、前侧片。注意,两个肩省与拼合缝距离相等为宜。
5. 过人台后中心线将纸放置，在过人台后中心线的一边打剪口，剪口剪至人台后中心线。沿人台后中心线依次固定点①、点②、点③。
6. 固定腰节处点④后固定点⑤，并沿人台的后中心线折出纸样的后中心线。
7. 将另一张纸放置在人台侧边,由上向下固定。
8. 拼合后中片与后侧片，后片拼合线与前片拼合线在肩上对位。
9. 拼合侧缝及肩缝,画出领口线、腰节线、衣长线。

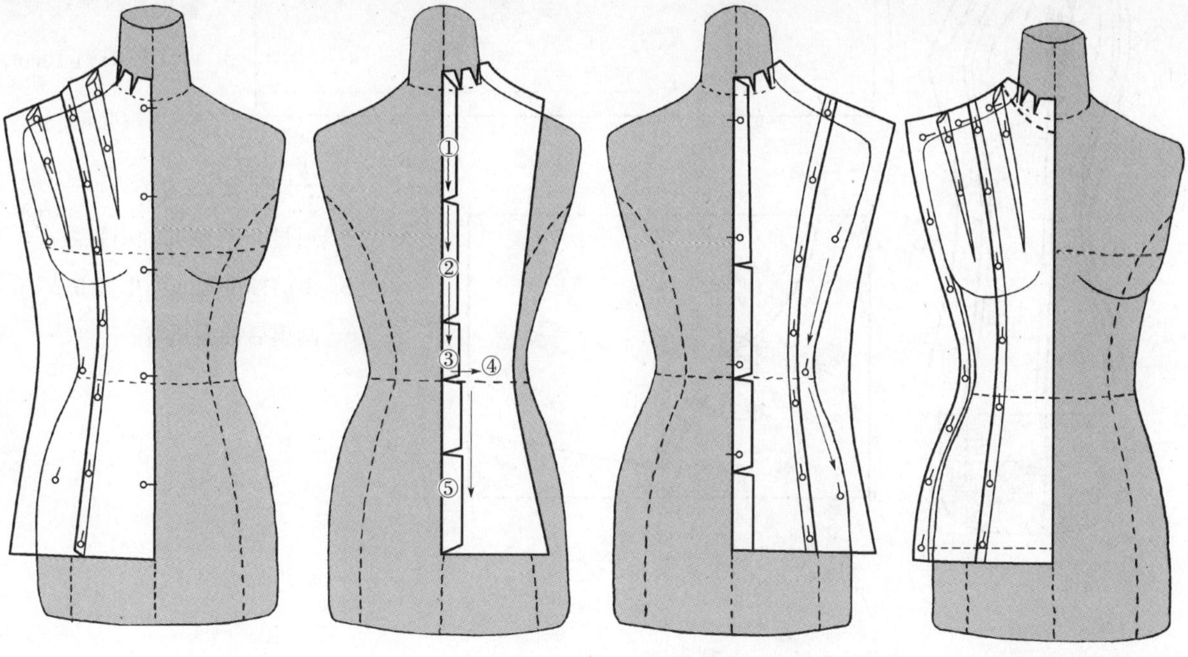

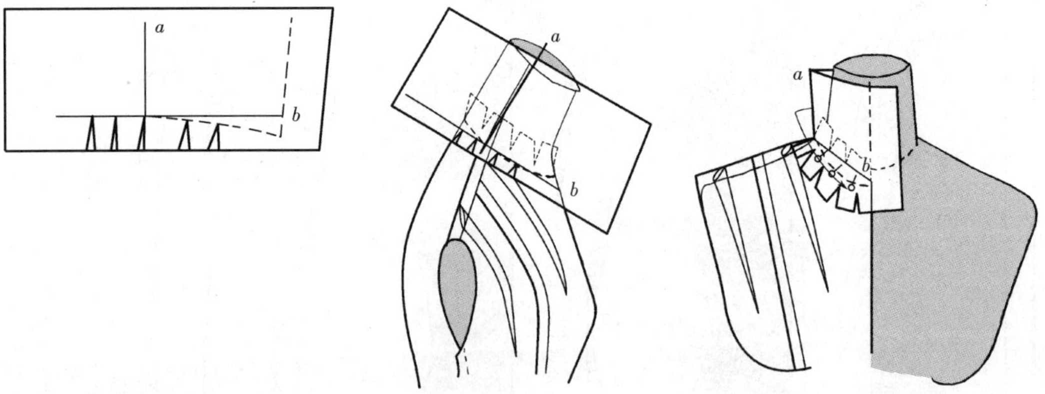

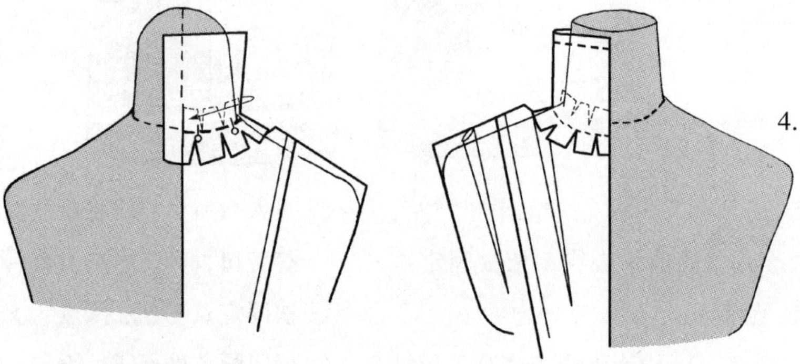

领子的操作方法

1. 在纸上画出 a 线、b 线，a 线与 b 线垂直。
2. 将 a 线、b 线的交叉点与肩缝、领围线的交叉点固定。
3. 向外拉出上领口宽度，将领下口线沿前后领围线推平并固定。
4. 按图片领型画出纸样的领口线。

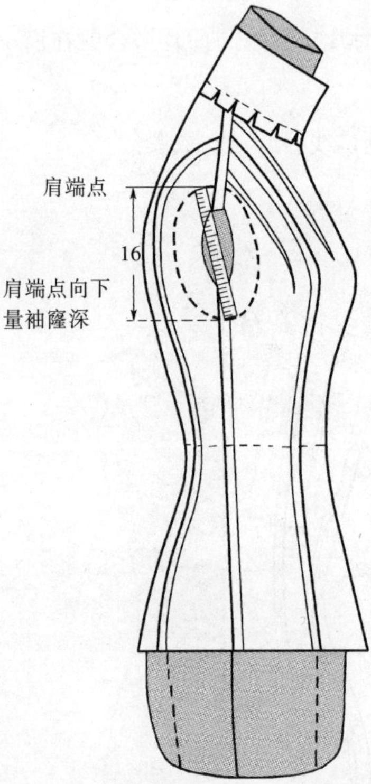

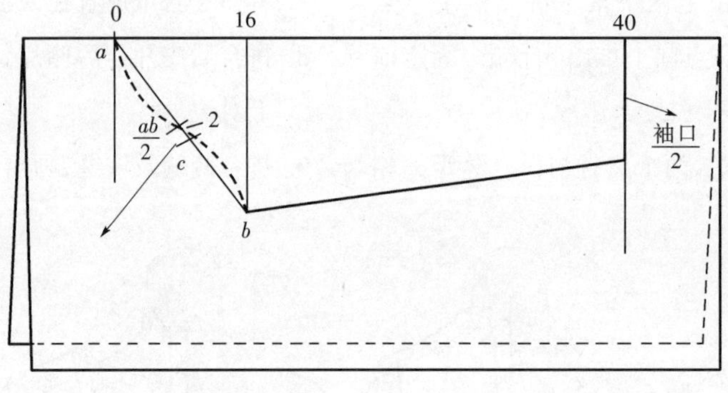

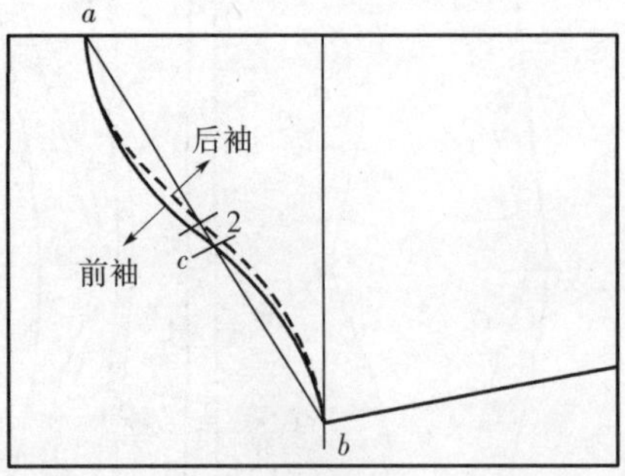

袖子的制作方法

1. 设定肩宽，在人台的纸样上量出袖窿深，画出袖窿弧线。
2. 量出袖窿弧线长。
3. 设定袖山高 16cm，$ab = \frac{1}{2}$ 袖窿弧线长。
4. $\frac{ab}{2}$ 向下 2cm 为 c 点。
5. 通过 c 点画前袖山弧线。
6. 由前袖山弧线向里弧 0.5～0.7cm，画出后袖山弧线。

撒丽女装(Sarli)

此款式是意大利著名高级时装设计师撒丽(Sarli)2003年春夏发布的时装作品。作品造型简洁，做工精美，通过腰省的变化体现款式的特点，外裙的蕾丝装饰使简单的直筒裙变得高雅华丽，腰间的饰带恰到好处地成为服装的装饰点，服装虽简洁却不失高雅。

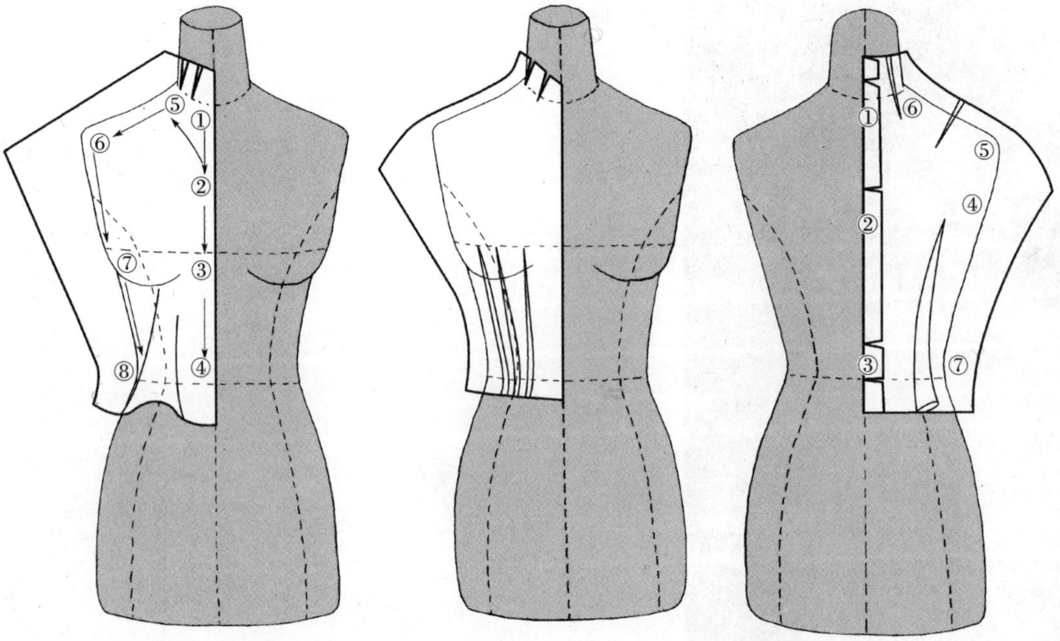

操作方法

1. 将纸的直线一边对准人台的前中心线，依次固定点①、点②、点③、点④。
2. 剪出前领口，并沿人台领围线打剪口，将胸省量从肩部向下一直推到腰间点⑧与点④之间。
3. 将腰间省量分成三个等份等距的小腰省。

4. 后片操作方法同收腰型制作方法，后中有破缝、有腰省、小肩省和后颈部小省。
5. 拼合侧缝、肩缝，在衣片上画出前后领口线、腰节分割线、正常绱袖袖窿弧线。
6. 根据图片画出小包袖的袖窿弧线，如图所示，小包袖的下袖窿弧线与绱袖的袖窿弧线在前后宽点 a、点 b 处重合。
7. 制作下腰片。用纸的直线一边对准人台的前中心线，上端过衣片腰分割线 2cm，在衣片腰分割线与人台前中心线的交叉处固定点①，由点①向下推平固定点②，由点①沿衣片腰分割线推平固定点③，将纸板向后推，由点③继续沿衣片腰分割线推平，在腰分割线上依次固定点④、点⑤，直至人台后中心线，沿人台后中心线折出腰片的后中心线。
8. 用滚轮沿腰片分割线压过，并标出对位点。
9. 在人台上画出领型，水平画出下摆。

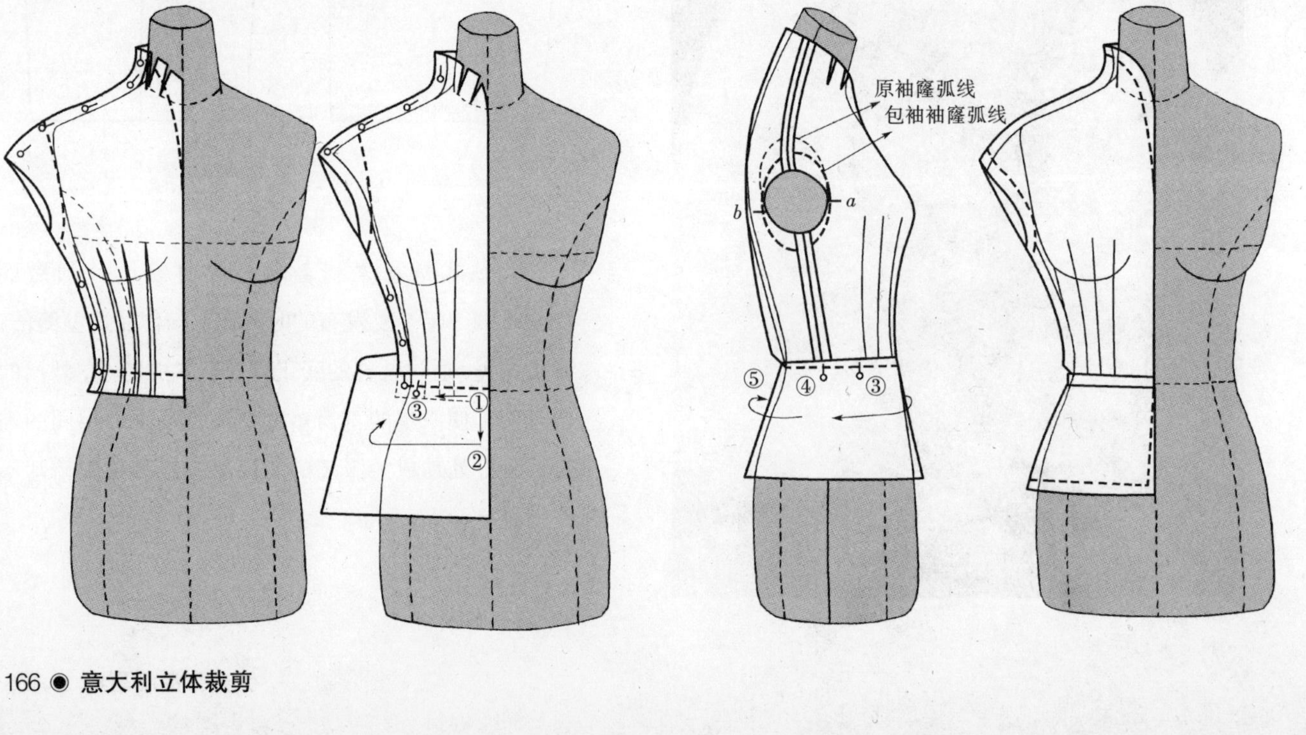

图伦泰女装(Torrente)

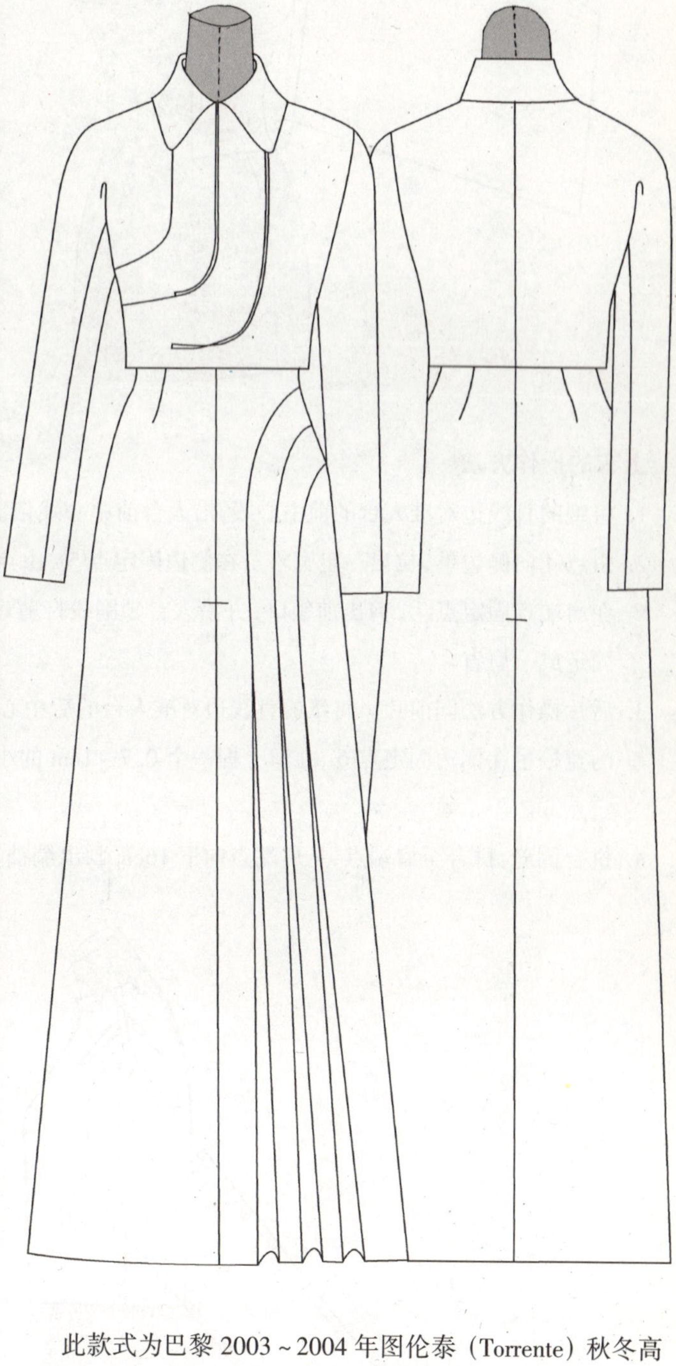

此款式为巴黎 2003 ~ 2004 年图伦泰 (Torrente) 秋冬高级时装发布会中的作品。服装在结构设计上大做文章,除采用不对称的设计,还运用左右不同的袖型,特别是在裤子上的设计,令人耳目一新,既传递了设计师在设计上的新意,又保持了服装的实用性。

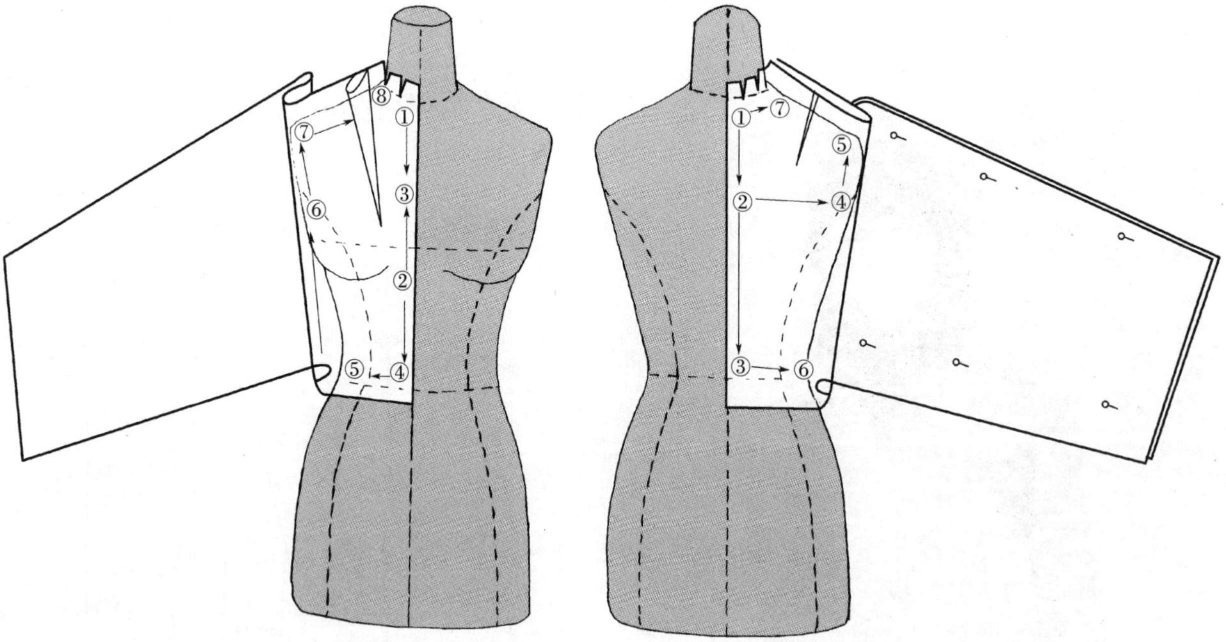

上衣的操作方法

1. 将纸的直线边对准人台的前中心线，沿人台前中心线依次固定点①、点②、点③、点④。
2. 由点④向侧边推，拉出一定宽松量在侧边固定点⑤，由点⑤向上抻直至侧胸处固定点⑥，由点⑥将胸省量推到肩部，在肩端点固定点⑦，剪出前领口，并沿人台领围线打剪口，由点①向肩颈点推平固定点⑧，将点⑦、点⑧之间的余量固定成一肩省。
3. 后片操作方法同前片。将纸的直线边对准人台的后中心线，沿人台后中心线固定点①、点②、点③，拉出与前片同样的宽松量在侧边固定点⑥，在肩上捏一个 0.7～1cm 的小肩省，由点②向侧臂推平固定点④，由点④向肩端点推平固定点⑤。
4. 拼合侧缝，拼合至肩端点，从肩端点向下 16cm 画出绱袖袖窿弧线。

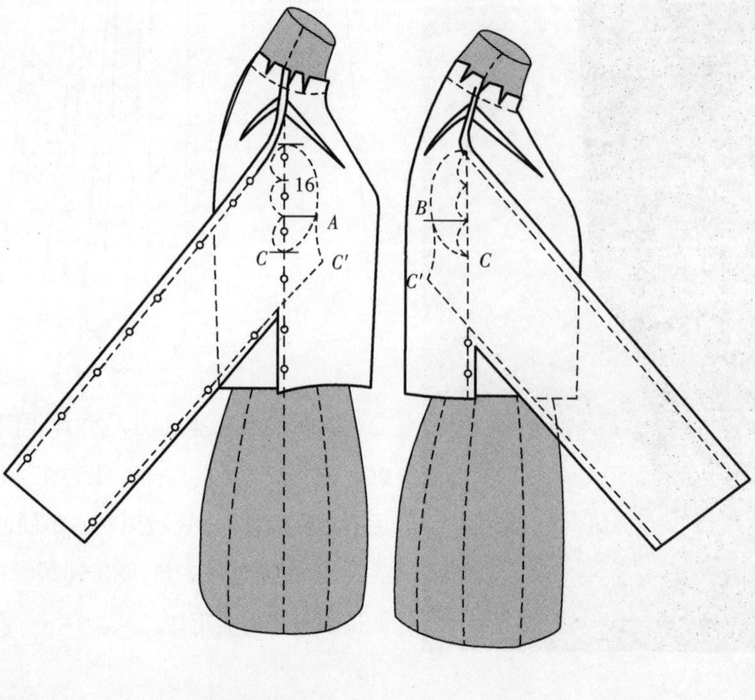

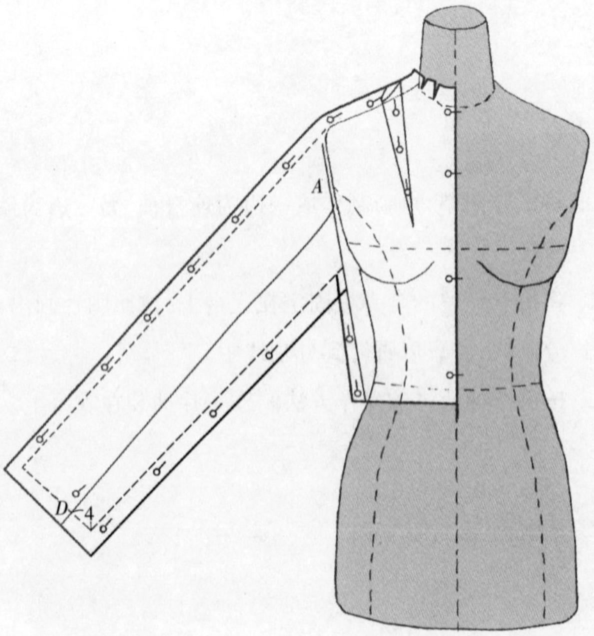

5. 从肩端点以 45°角向下折出一条直线，按插肩袖方法制作袖片，在袖窿高的$\frac{1}{3}$处水平画前片点 A、后片点 B，分别描出 A 点、B 点到侧缝的下袖窿弧线 AC、BC，并画出 AC、BC 的对称线 AC'、BC'。画出袖口尺寸，连接前、后 C' 点到袖口。
6. 从袖口里侧向上量 4cm 为点 D，连接 AD、BD。
7. 领子制作方法同前面一片领的制作。
8. 在人台上按珠针拼合的位置做板型记号。
9. 在另一张纸上拷贝腋下 AD 线下的小袖片后，如图所示将小袖从衣身上剪下。后片衣袖的修板同前片。

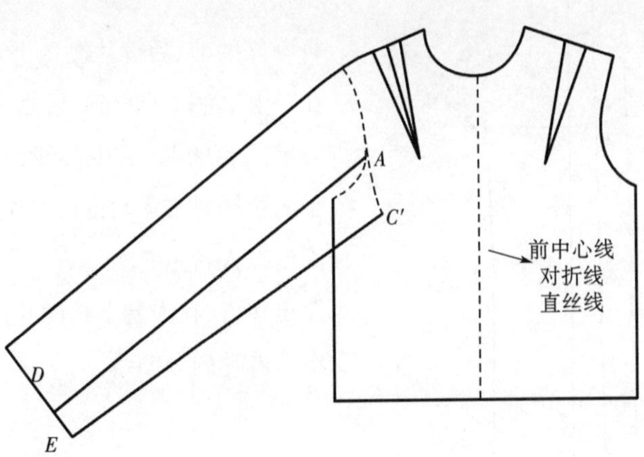

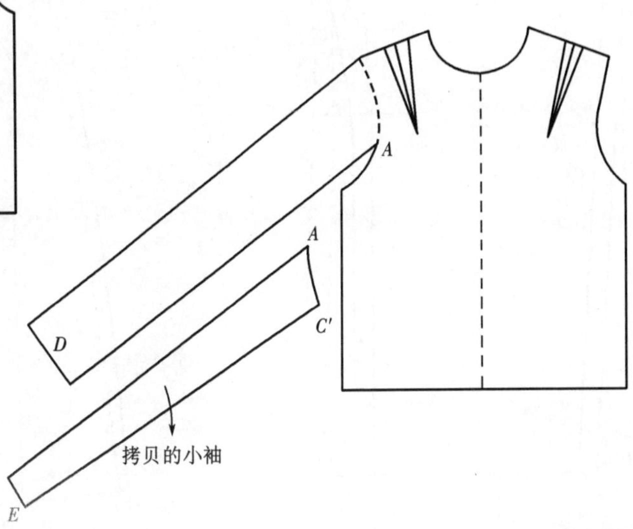

10. 将纸样修整，重新制作成一边为连身袖，另一边为绱袖的全身板。
11. 将拼合完整的全身板固定在人台上，按照图片画出上衣的分割线，注意肩省转到分割线中。
12. 按照前面所讲的操作方法制作一片袖装在衣身上。

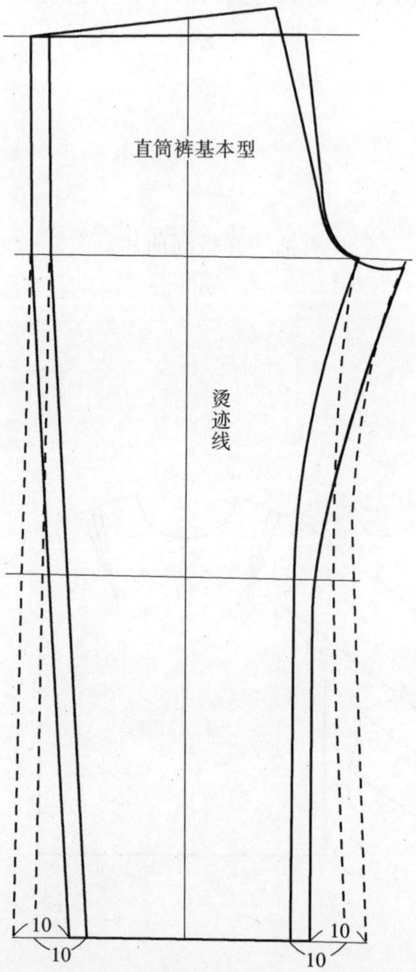

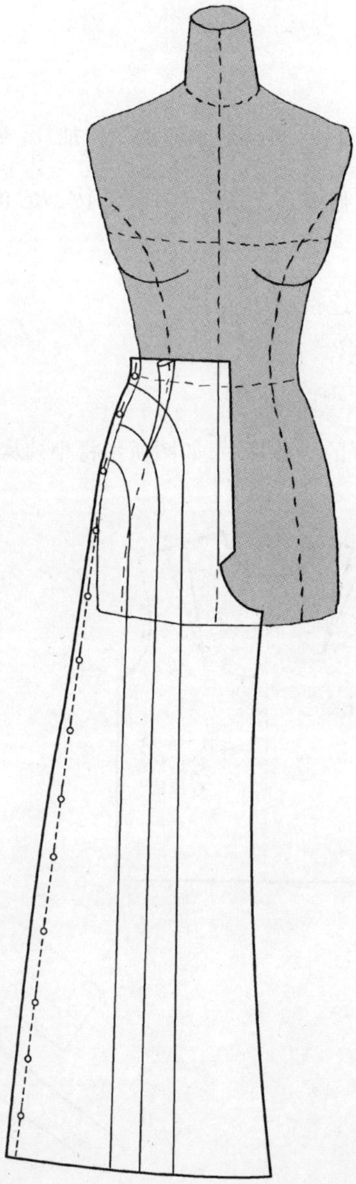

裤子的操作方法

1. 用基础直筒裤为原型，裤口两边各放10cm宽度，如图所示，将各线画圆顺。
2. 拷贝两份裤样，一份制成裤子的左腿板，一份制成裤子的右腿板。
3. 将画好的前、后裤片侧缝拼合在一起，将裤子的前、后裆线对准人台的前、后中心线，裤子的腰围对准人台的腰节线，固定在人台上。
4. 捏出腰省，在人台上按图片画出右裤片的分割线。

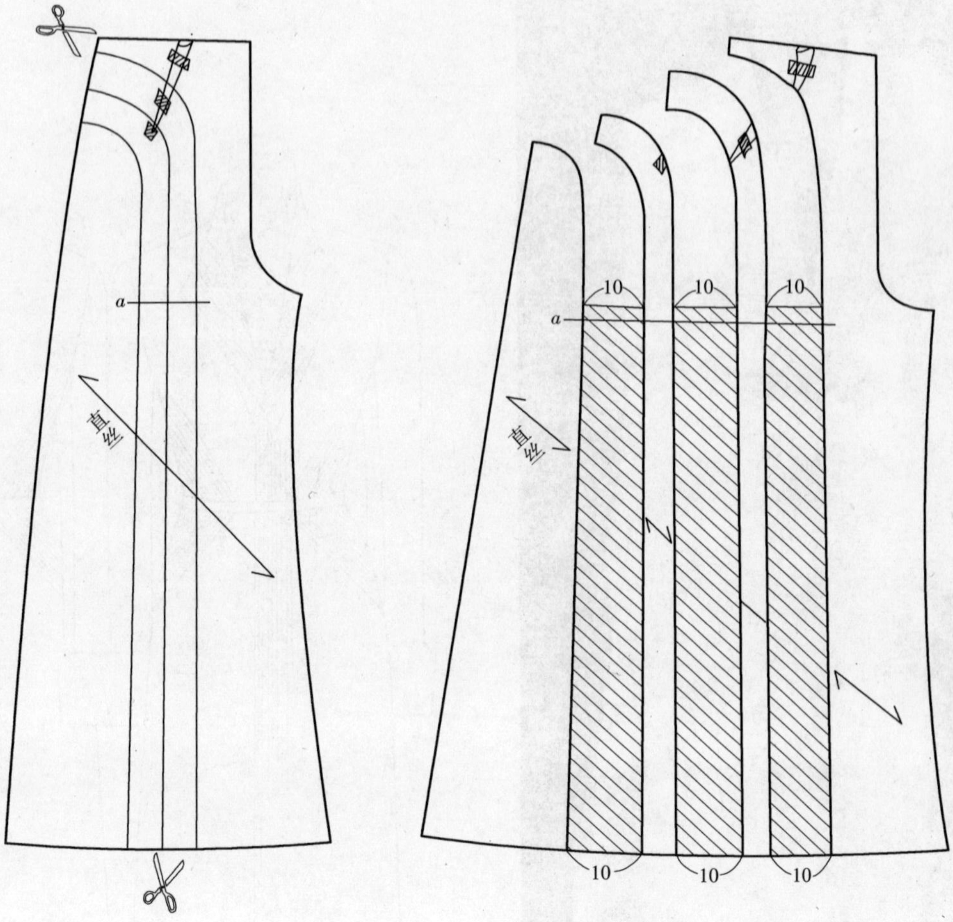

5. 取下前片裤样，在裤子分割线上做对位线 a，沿已画好的裤分割线将裤片剪开，并将裤腰省拼合。

6. 将各裤片沿分割线水平拉开各 10cm 用另一块纸补上，注意对位线 a 始终保持为一条直线。

7. 画出直丝线，为保持裤子悬垂感，最好用斜丝剪裁。

森英惠女装(Hanae Mori)

此款式是2003年法国巴黎高级时装设计师森英惠(Hanae Mori)的作品之一，作品通过对面料表面的分割设计，使服装显现出多样的变化，我们通过条纹的走向，分析出服装的分割结构。

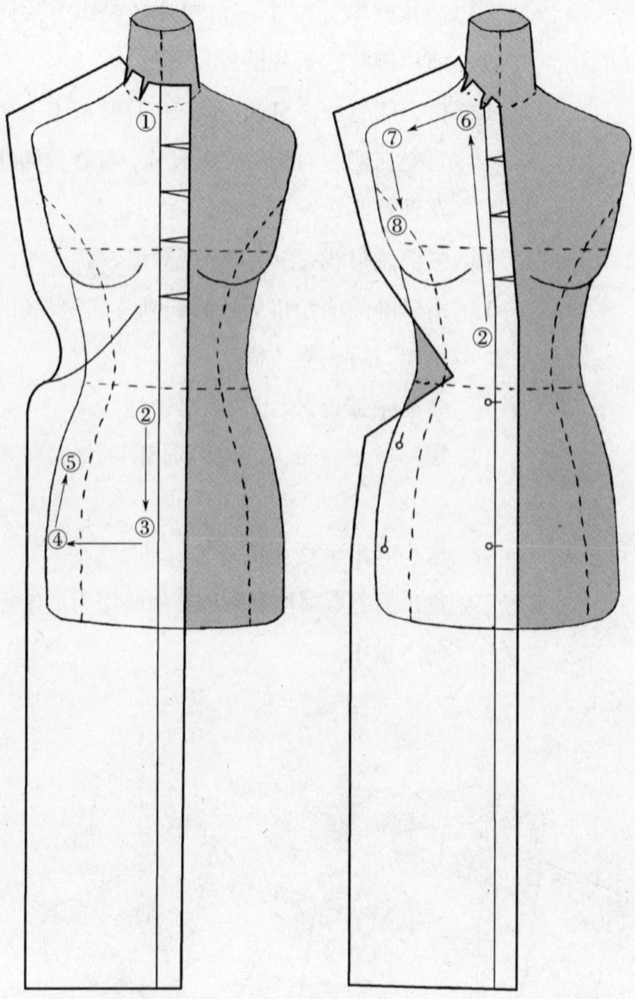

操作方法

1. 在纸上画出前中心线和前门襟线，前门襟宽 3cm。将纸的前中心线对准人台的前中心线，在颈部固定点①、腰节处固定点②，由点②向下推平固定点③。
2. 由点③向侧边推固定点④，由点④向上推固定点⑤。
3. 取下点①，在搭门上打剪口，由点②过胸围向颈部推平固定点⑥，纸样的前中心线偏离人台前中心线，向里进 1cm 左右。
4. 由点⑥沿肩部向侧胸推平，依次固定点⑦、点⑧，把胸省量全部推到腰节处，并按图将腰节处剪出 V 字形。

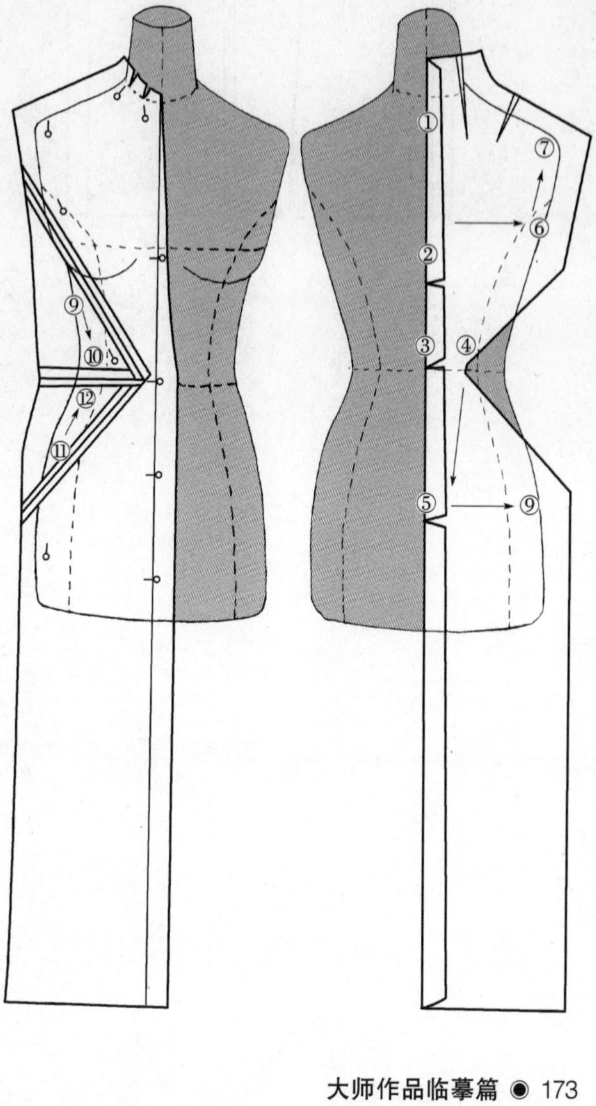

5. 取另外两张三角形的纸做侧腰片，如图所示，先将一个三角腰片在侧腰处固定，然后向下推平固定，方法同上再做另一个三角形侧腰片。
6. 按图片所示拼合两个三角裁片。
7. 制作后片。过人台后中心线放置纸板，沿人台后中心线固定点①、点②、点③。
8. 固定腰节处点④后，向下推平固定点⑤、由点⑤向侧边推平固定点⑨。
9. 沿人台的后中心线折出纸样的后中心线。
10. 在后领颈部捏出 0.7cm 小省，使颈部平整。肩部捏出 0.7cm 小省。
11. 由点②向侧边推平固定点⑥，由点⑥向肩推平固定点⑦，同前片位置，在腰节处剪出 V 字形。

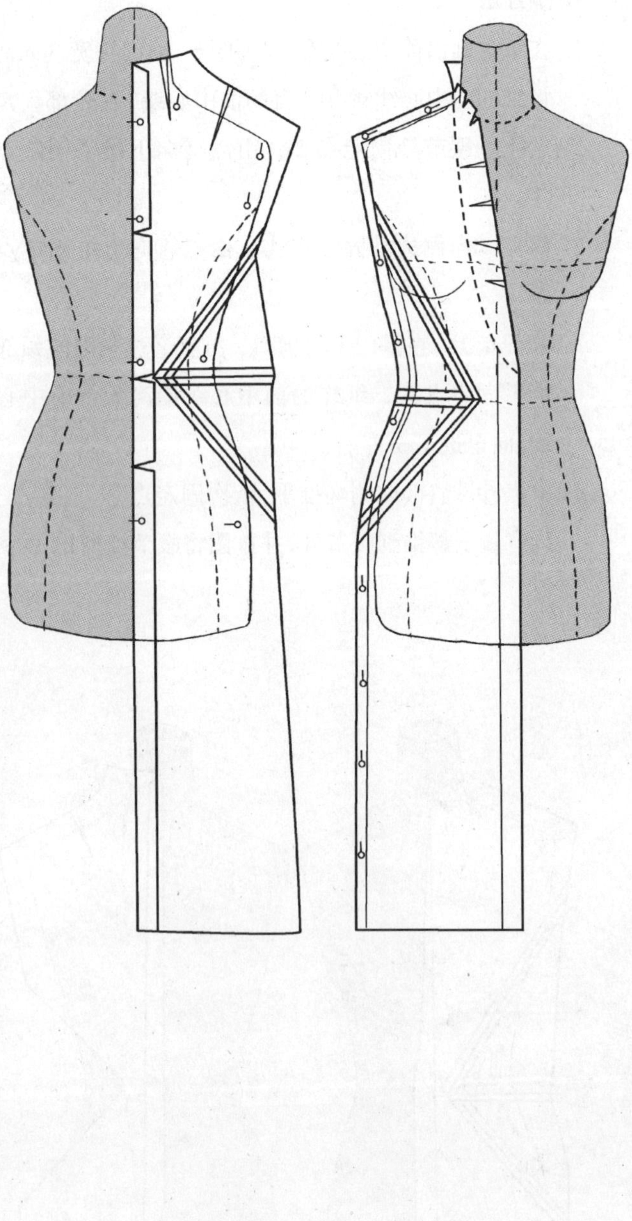

12. 后片腰节处两个三角腰片的操作方法同前片侧腰三角片的操作方法。
13. 拼合侧缝。注意前、后三角片腰节上下拼合处在侧缝对位，拼合肩缝，肩缝与侧缝在远处看成一条直线。
14. 画前领口线，用另一张纸做前领。
15. 沿已画的前领口弧线将前领片固定，领的上端与后领侧边固定。
16. 将前领翻折，依图片画出领型。
17. 用一条宽 2cm、长与腰围相同的纸做腰带板。
18. 水平画出下摆长度。
19. 量出肩宽，画袖窿弧线，袖窿深为肩端点向下量 17cm。

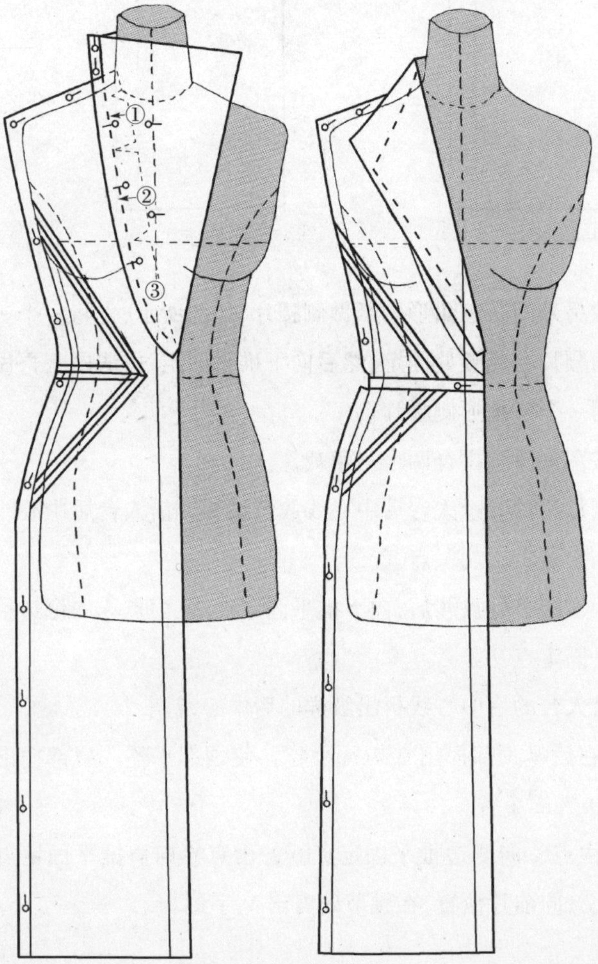

根据西装袖制作袖板。

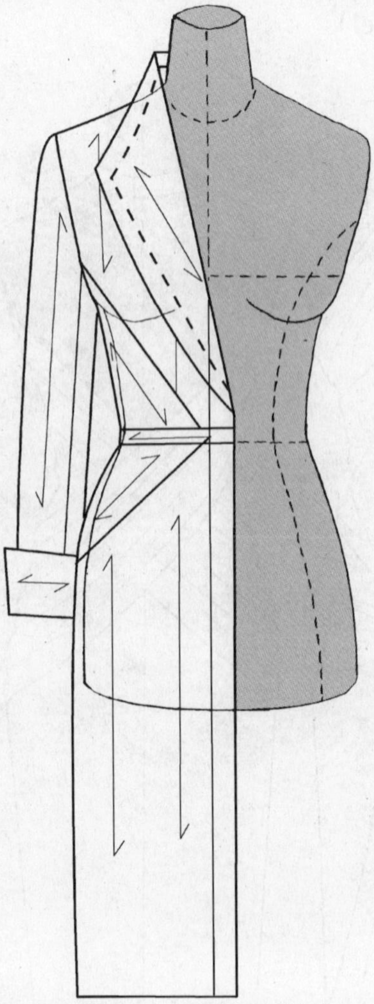

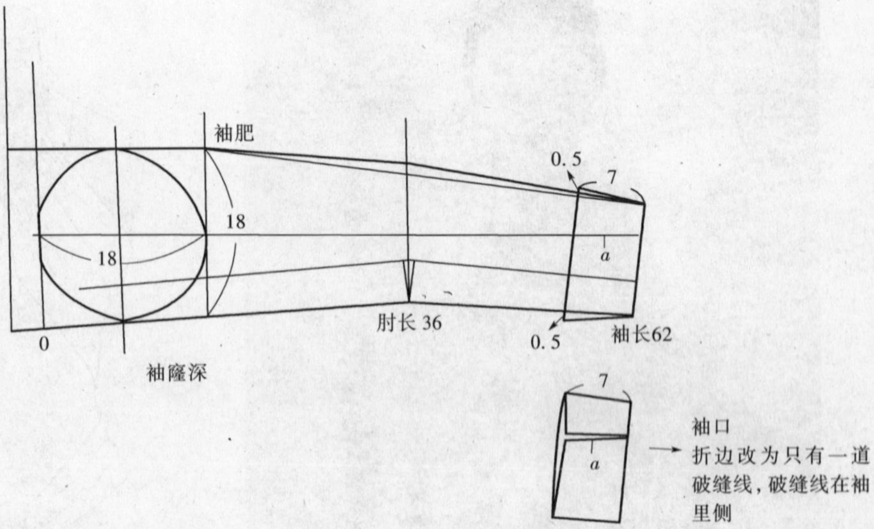

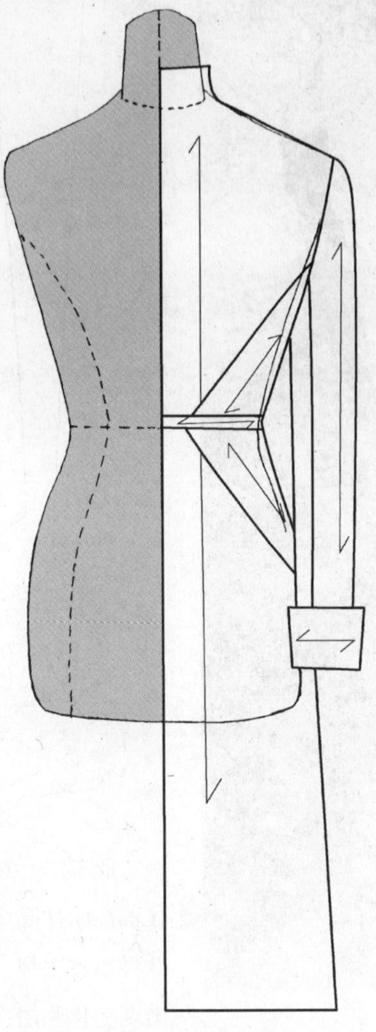

根据图片条纹在人台上画出面料的纱向。

夏奈尔礼服裙(Chanel)

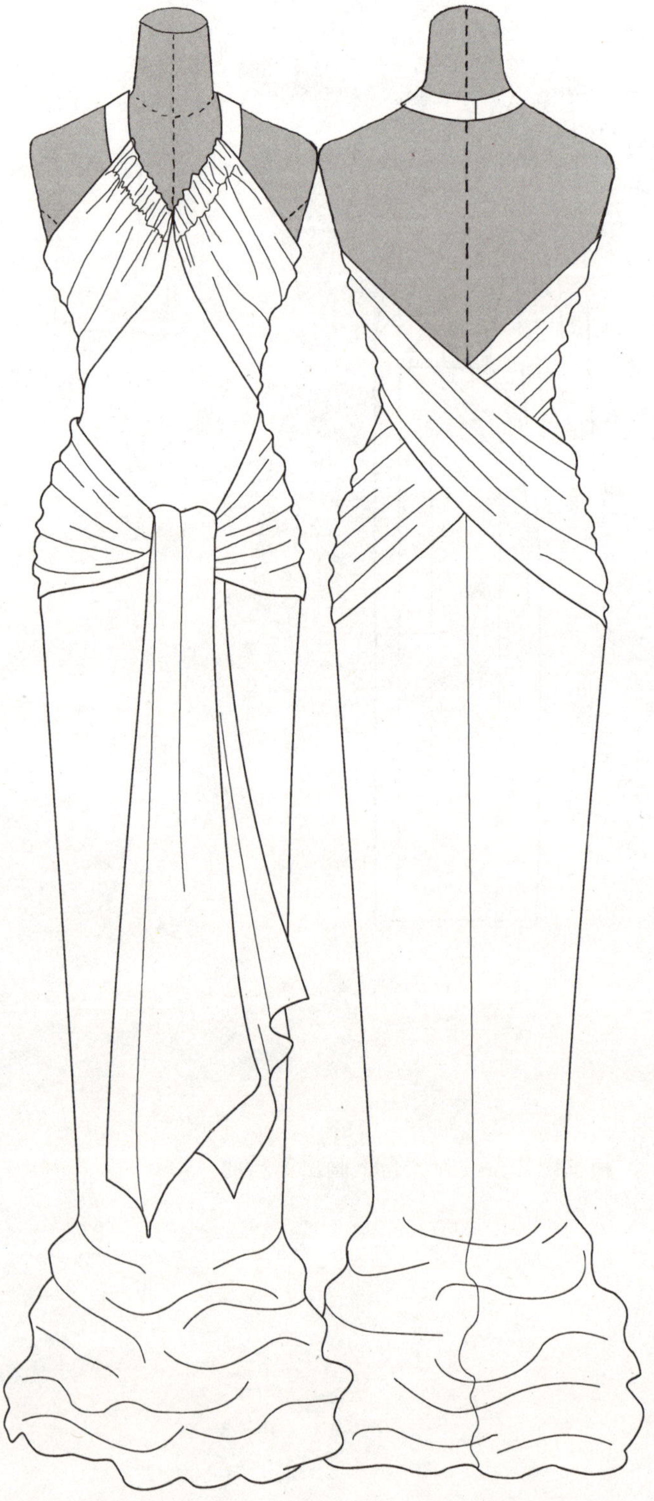

此款为2003～2004年秋冬高级时装发布会夏奈尔(Chanel)作品中的一件礼服裙，这一作品通过斜丝或面料的弹性将裙省去掉，使里裙线条简洁，通过外部缠绕的设计，使服装出现变化和层次。

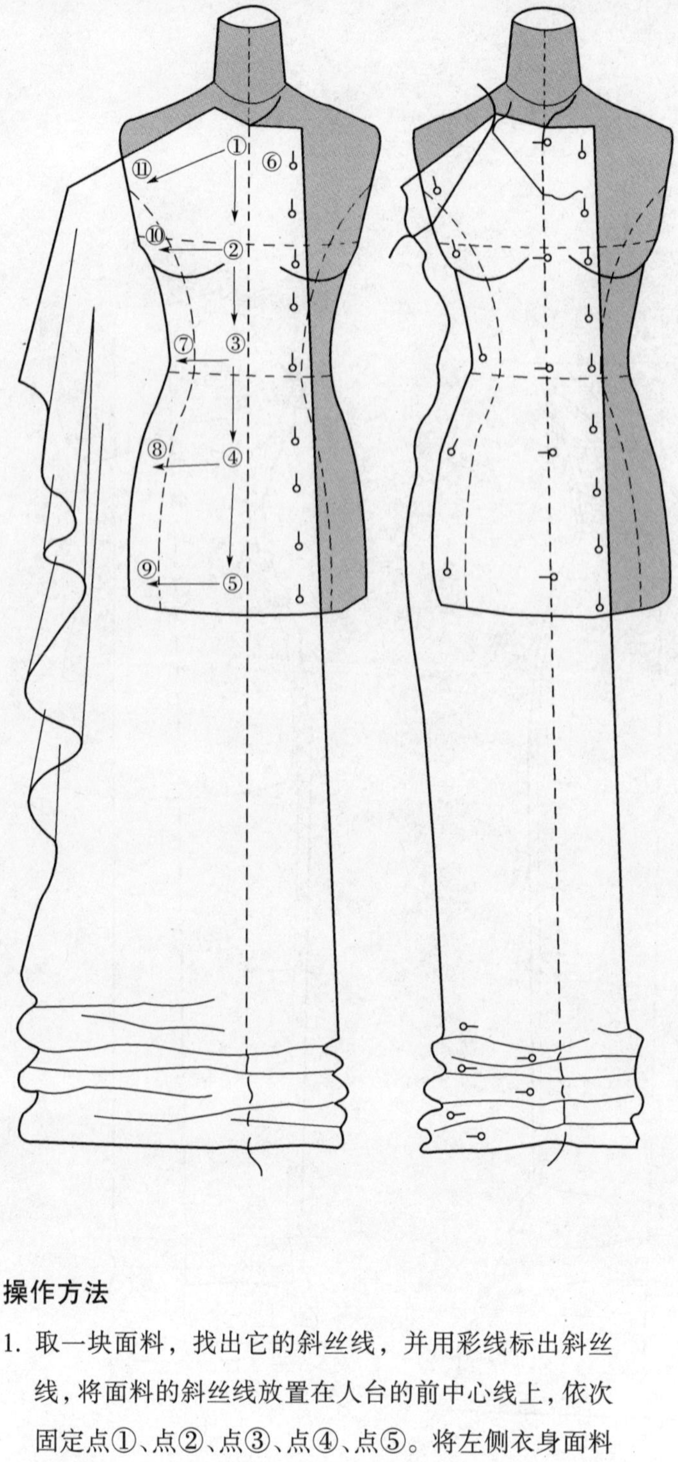

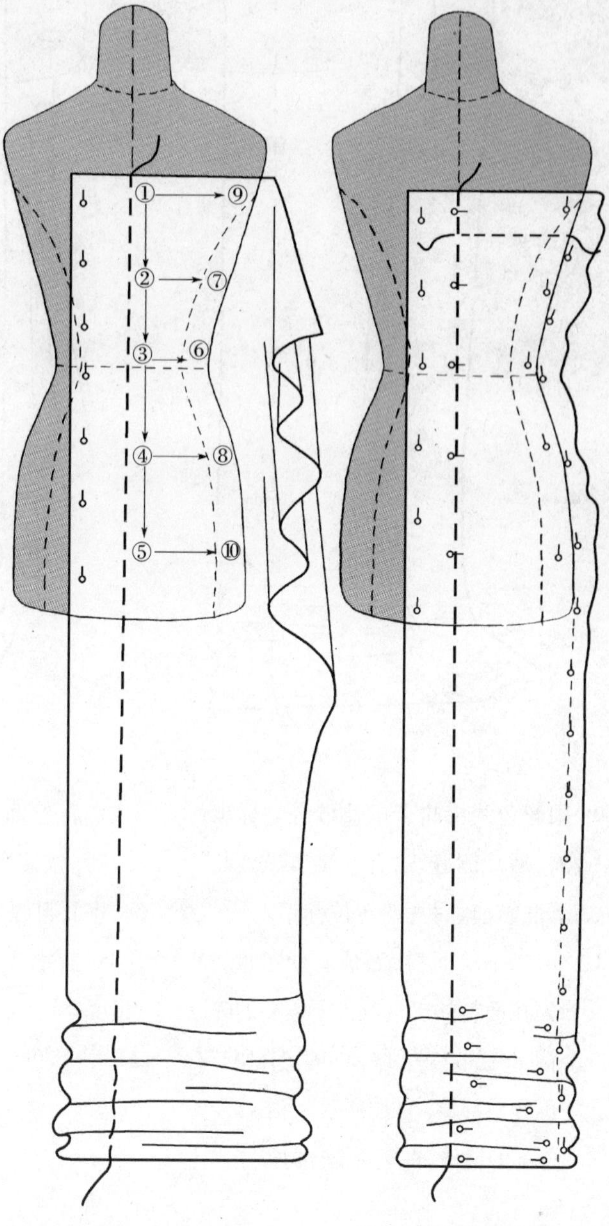

操作方法

1. 取一块面料，找出它的斜丝线，并用彩线标出斜丝线，将面料的斜丝线放置在人台的前中心线上，依次固定点①、点②、点③、点④、点⑤。将左侧衣身面料推平并用珠针固定在人台上，操作时防止面料偏斜。
2. 由点①、点②、点③、点④、点⑤分别横向推平，面料紧覆在人台上无任何松量，固定点⑦、点⑧、点⑨、点⑩、点⑪。
3. 将底边的裙褶用珠针固定，剪去多余的部分。
4. 用其他彩色线在面料上标记出领口和袖窿位置。
5. 如面料为弹力面料，那么找出面料的直丝线，用彩色线标记，将面料的直丝线对准人台的前、后中心线，其他操作方法同前面所讲。
6. 后片的操作方法同前片，将面料的斜丝线对准人台的后中心线，并沿后中心线依次固定，再由后中心线横向推平固定侧边。
7. 拼合侧缝，无松量，面料紧覆于人台上。
8. 用彩色线按前袖窿高度标出后片袖窿的高度。

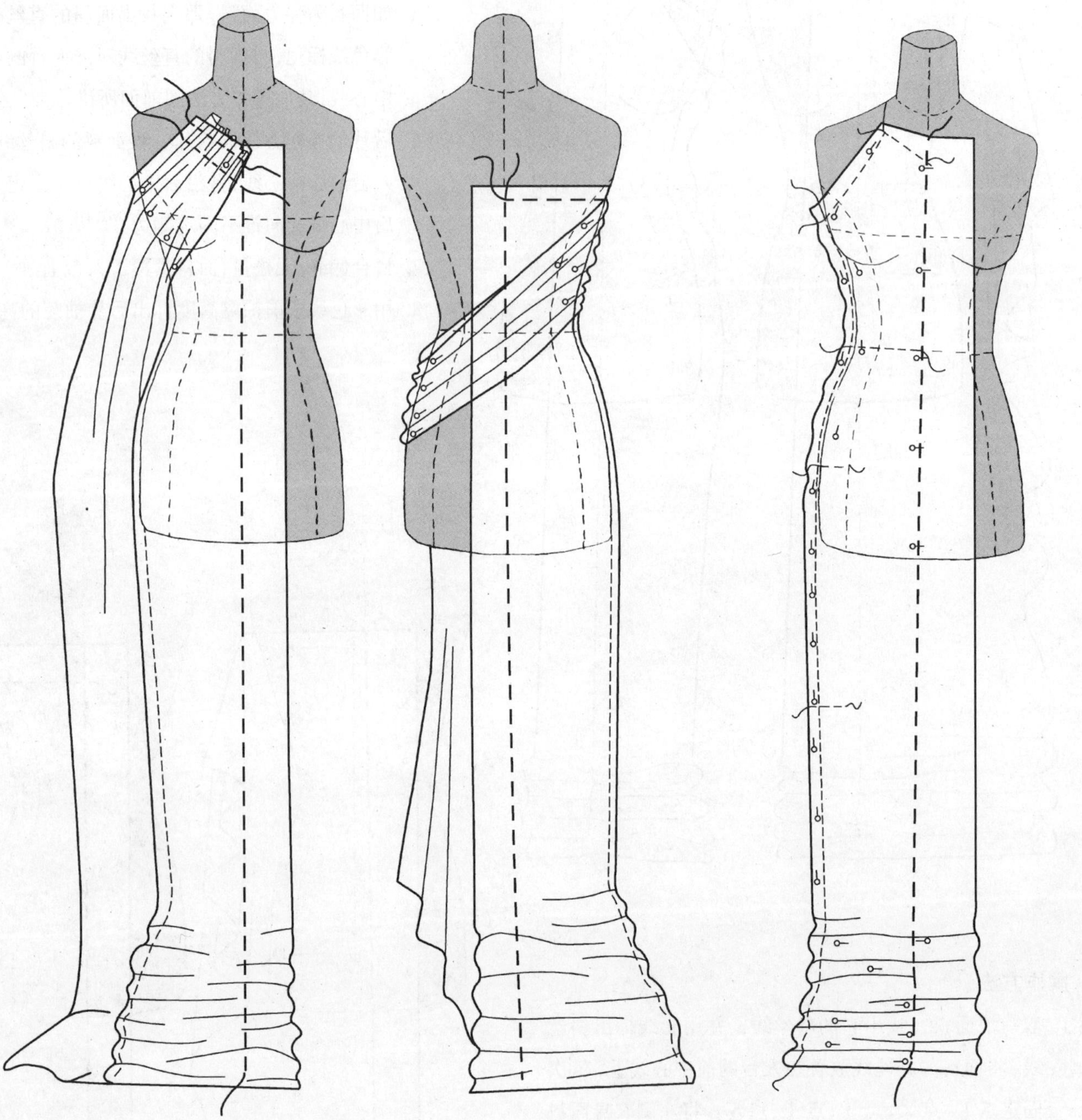

9. 用彩色线沿拼合的侧缝分别标出前、后片侧缝线，并在腰节、臀围、下摆做前、后片的对位标记。
10. 取另一块面料，裁成斜丝条状。先在面料的上端收出所需要的碎褶，将已收碎褶的一端固定在服装的领口部位，如图所示，留出2～3cm的缝份，将多余部分剪掉。
11. 将斜丝面料长条过胸部向后腰围，按照图片上碎褶的摆放位置将面料固定好，面料通过后腰围到前中，剪成与图片相等的长度。
12. 用彩色线标出领口的穿带位置。
13. 裁一条宽3cm的斜丝带子制作颈部的挂带。
14. 拼合下摆时，注意先固定好前、后片的裙下碎褶，前、后裙下碎褶高度相同，下摆拼合时要考虑行走所需的摆量，所以下摆略向外放出一定的松量。

雪莱礼服裙(Jean – Louis Scherrer)

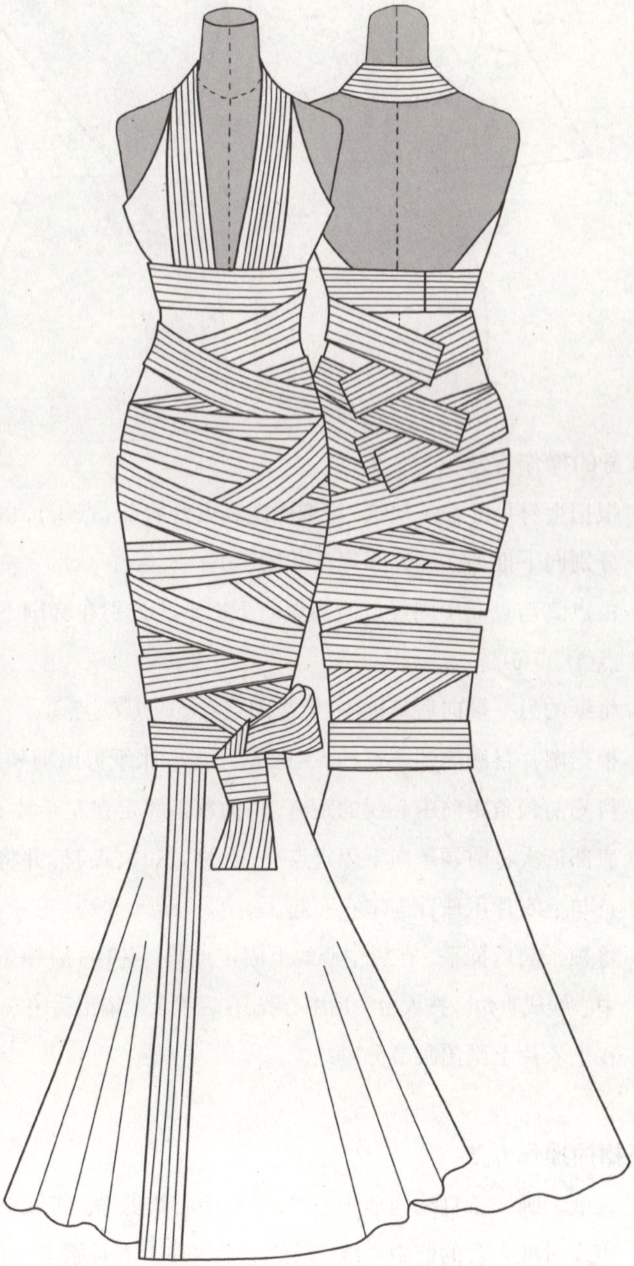

此款式是让·路易·雪莱(Jean – Louis Scherrer) 2003 ~ 2004 年秋冬高级时装发布会上的作品，款式设计特点是用红色绗缝宽带作为装饰，在服装上进行交叉缠绕设计。在制作此款服装时应先分析内部结构，然后再制作服装表面装饰，装饰带可在服装完成后穿在人台上再确定位置。注意，因图片只有前面款式，无后面结构，所以在制作时要根据前面的设计风格，设计出后面的结构，同时还要考虑功能性，如拉链位置等。

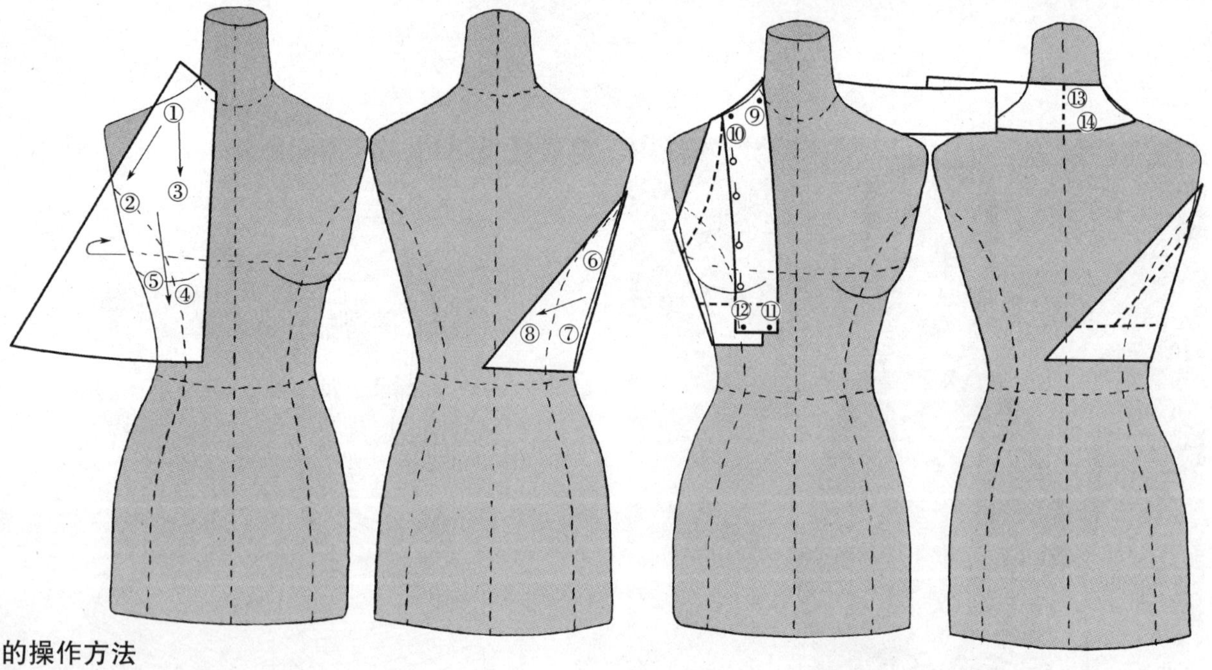

衣身的操作方法

1. 根据上身尺寸裁一块纸，将纸固定在人台肩部(点①)，由点①分别向下推平在胸部固定点②、点③。
2. 由点②与点③中间经过胸高点向下推平，分别在胸围下固定点④、点⑤。
3. 将纸的另一端向后身推平，依次固定点⑥、点⑦、点⑧。
4. 根据图片目测前领条宽约 5 ~ 6cm，用另一张纸剪出前领条。
5. 目测前领条距前中心线的距离，将前领条固定在左半片上，从肩部依次将前领条向下固定点⑨、点⑩、点⑪、点⑫，并将前领条与上衣片用珠针固定在一起。
6. 将领条向后推平，在后中心线上固定点⑬、点⑭，后领条与后中心线成直角。按人台的后中心线，在后领条上描出后中心线。
7. 在上衣片上画出腰节分割线。

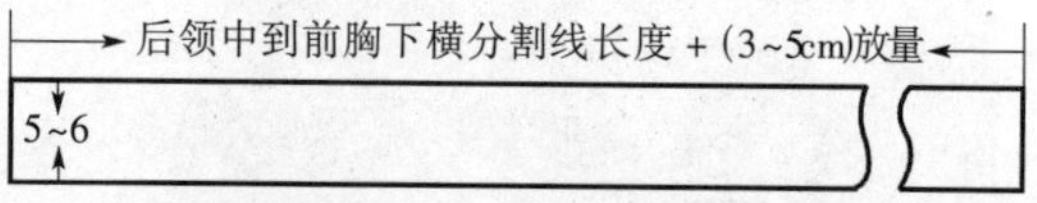

下裙的操作方法

1. 在纸上画一条直线为前中心线，沿前中心线剪净。将纸的前中心线对准人台的前中心线，纸的上端盖住上衣片腰节分割线，沿人台前中心线依次固定点①、点②、点③。
2. 由点③向侧边推平固定点④，由点④向腰节推平固定点⑤，由点⑤向上推平至上衣片腰节分割线处固定点⑥。
3. 将点①与点⑥之间的余量捏成一个腰省，并将下裙与上衣按上衣腰节分割线固定在一起。
4. 后片裙的操作方法同前片裙。
5. 拼合裙侧缝，在膝部裙侧缝向里收进 2 ~ 3cm。
6. 在人台的纸样上画出袖窿线，按衣身腰节分割线描出裙纸样的腰围线。

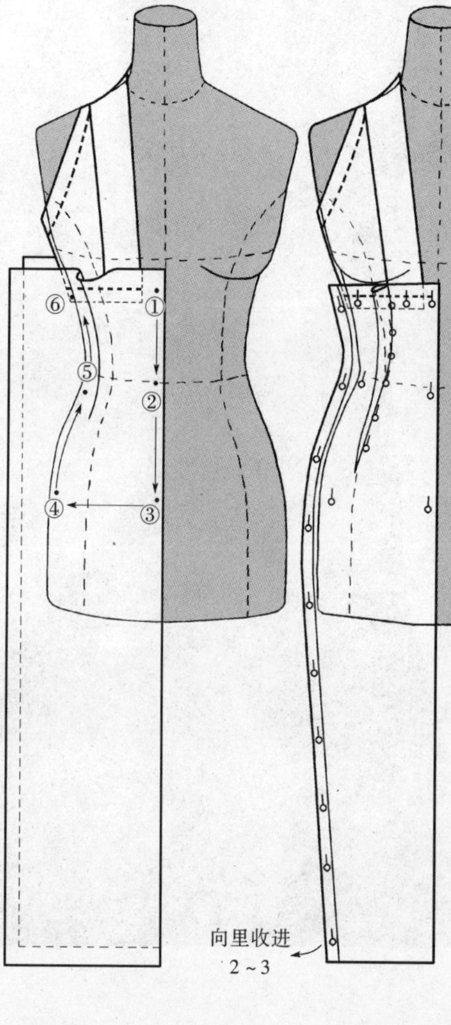

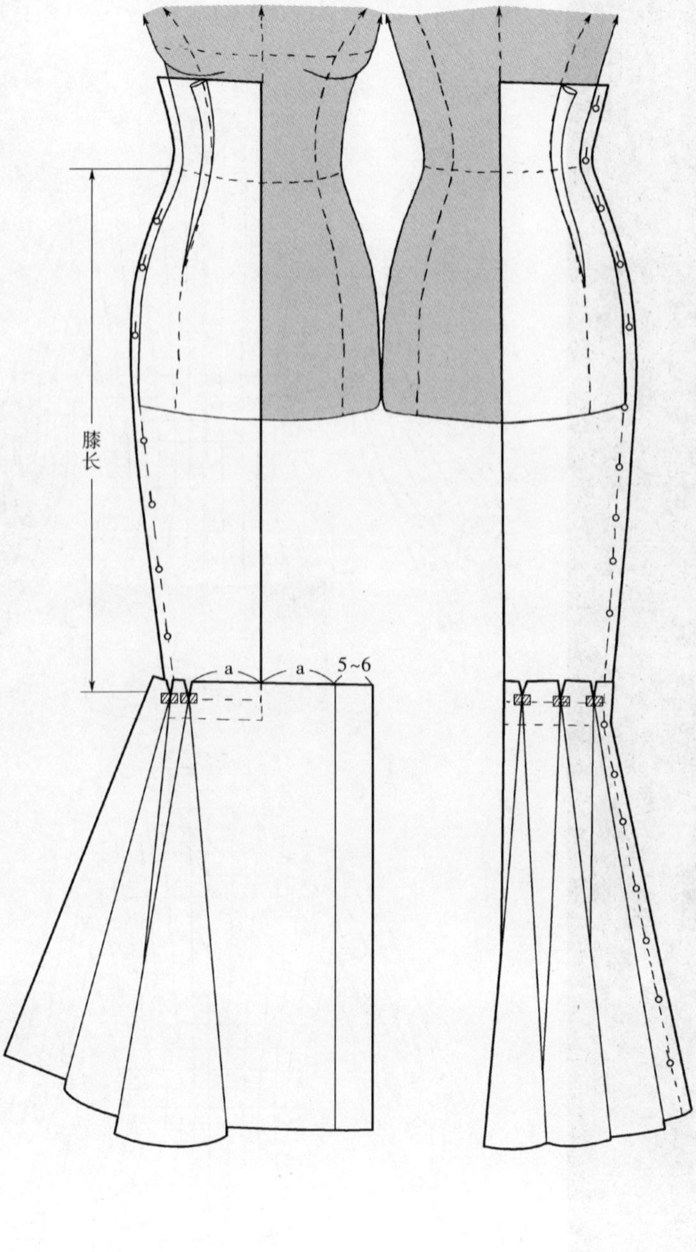

鱼尾裙摆的操作方法

1. 从人台腰节向下量至膝盖的位置定长度画一条平行线，在平行线上画出裙摆搭门和裙褶的位置，裙摆搭门宽和裙褶位置根据图片目测而定。
2. 参照前面“法式裙”的制作方法，制作出裙摆的裙褶。
3. 拼合前、后裙摆，裙摆侧缝线与裙侧缝线成一条直线。

装饰物的操作方法

1. 先把纸样制成白布样衣，调整板型。
2. 用白布剪裁正斜长斜条若干，宽 5 ~ 6cm。
3. 按照图片上斜条摆放，穿插方式、一条一条固定在下裙上，可在装饰一些斜条后，远距离观看是否与图片斜条摆放位置相同。缠绕在白布样裙上，注意留出拉链位置。
4. 在确定斜条的位置后，在人台标清斜条的位置和次序。

纪梵希女装(Givenchy)

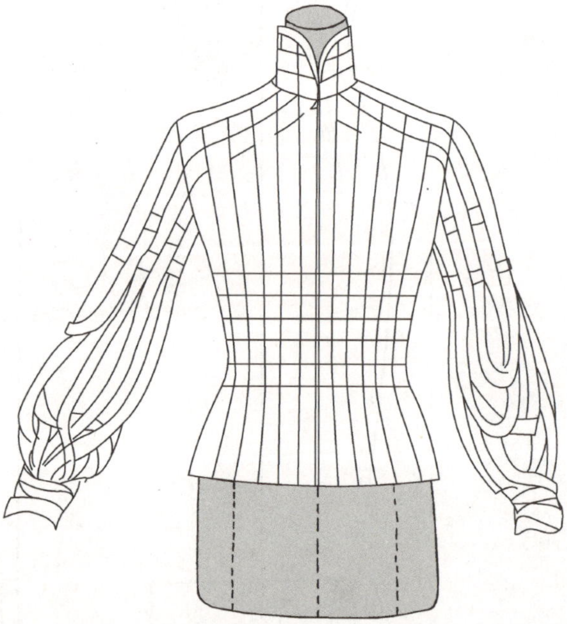

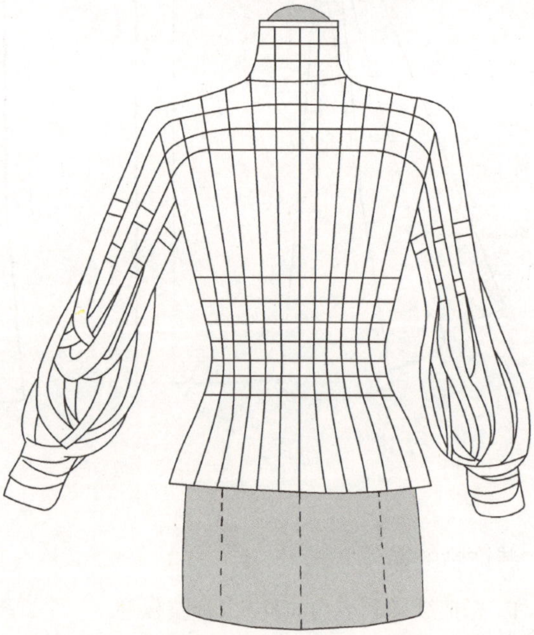

此款式为纪梵希（Givenchy）2003 ~ 2004 年秋冬高级时装发布会的作品。作品体现了世界一流的裁剪技术和工艺水平,.设计师亚历山大·迈可奎恩(Alexander. Mcqueen)不但是设计鬼才,也是服装结构设计大师，服装的分割与穿插形成的不仅仅是视觉上的美感，也是对服装结构设计的又一大胆挑战。

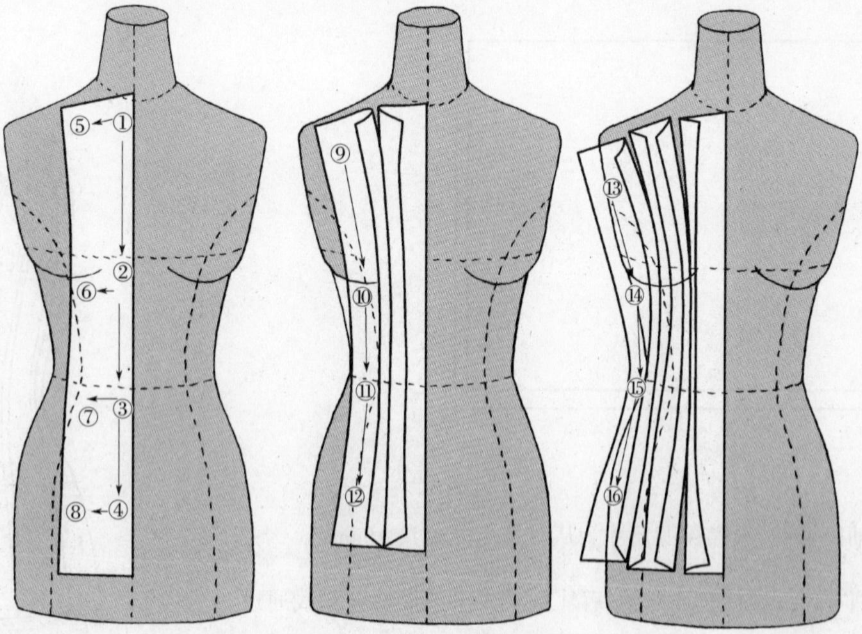

衣身的操作方法

1. 在一张纸上画一条直线，此线为前中心线。将纸的前中心线对准人台的前中心线，沿人台前中心线由上到下依次固定点①、点②、点③、点④。
2. 由点①、点②、点③、点④分别向侧边推平，固定点⑤、点⑥、点⑦、点⑧。
3. 取另一条纸在人台前右中位置放置，由上至下通过胸高点依次固定点⑨、点⑩、点⑪、点⑫。
4. 取第三条纸放在侧边位置，方法同前由上至下依次固定点⑬、点⑭、点⑮、点⑯。
5. 调整前面三片的尺寸，拼合前三片。
6. 将纸过人台后中线放置，方法同前片，依次固定好后面三片，拼合后，按人台的后中心线，折出后中片的后中心线。
7. 用软尺量出胸围、腰围、下摆尺寸，作6等份，按6等份的尺寸，分别调整各片尺寸，使前、后各片的尺寸均等。
8. 依图片结构画出插肩分割线和各衣片上更小的分割线。

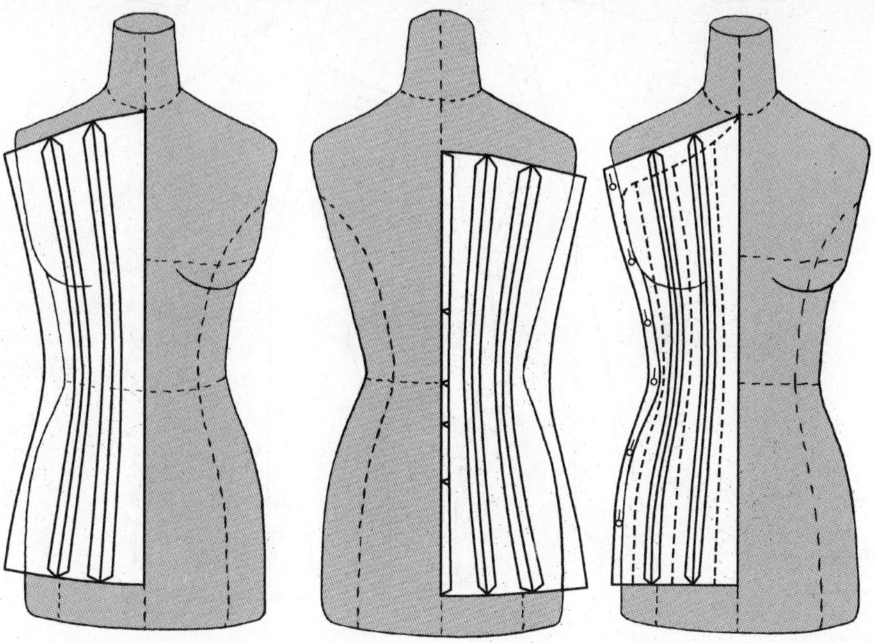

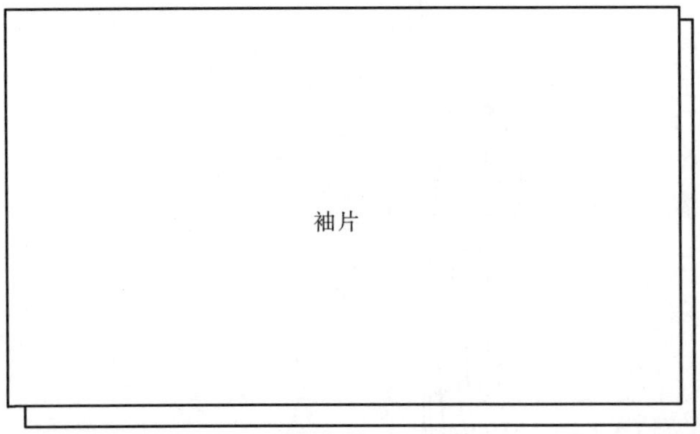

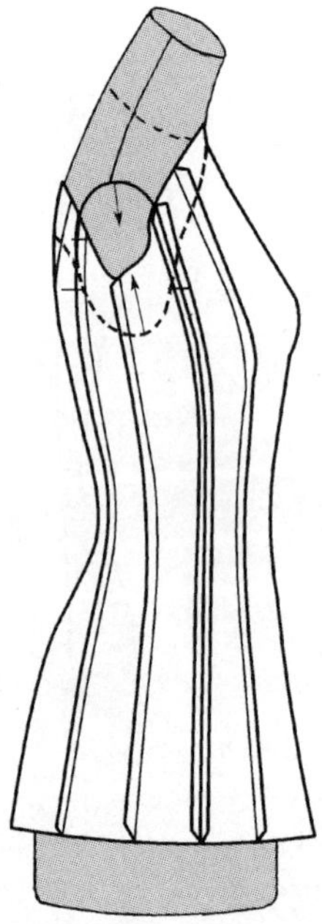

插肩袖的操作方法

1. 先画出衣片上的袖窿弧线，袖窿深的尺寸为从肩端点向下量15cm。
2. 在袖窿深$\frac{1}{3}$处水平画两点 A(前片)、B(后片)，衣身上的插肩分割线通过 A、B 两点与袖窿弧线圆顺相连。
3. 前袖片沿已画好的前袖插肩分割线固定点①，由点①向下抻平至人台右侧下角，固定点②。
4. 将纸围到侧边并按人台侧缝由上至下折出一条直线。
5. 在袖片的前颈部做一小省③，使领部平顺，省约0.5cm。固定点④。
6. 取另一张纸做后袖片，后袖片的操作方法同前片。先固定插肩袖分割线⑤，再将纸抻平固定在人台下摆⑥，人台后颈处固定点⑦，在后颈部捏一小省⑧，使颈部平整。
7. 将后袖片向侧边推平，按前袖片折出的直线与前袖片拼合。
8. 将前、后袖片拼合的部分摆平，用珠针固定成一体。

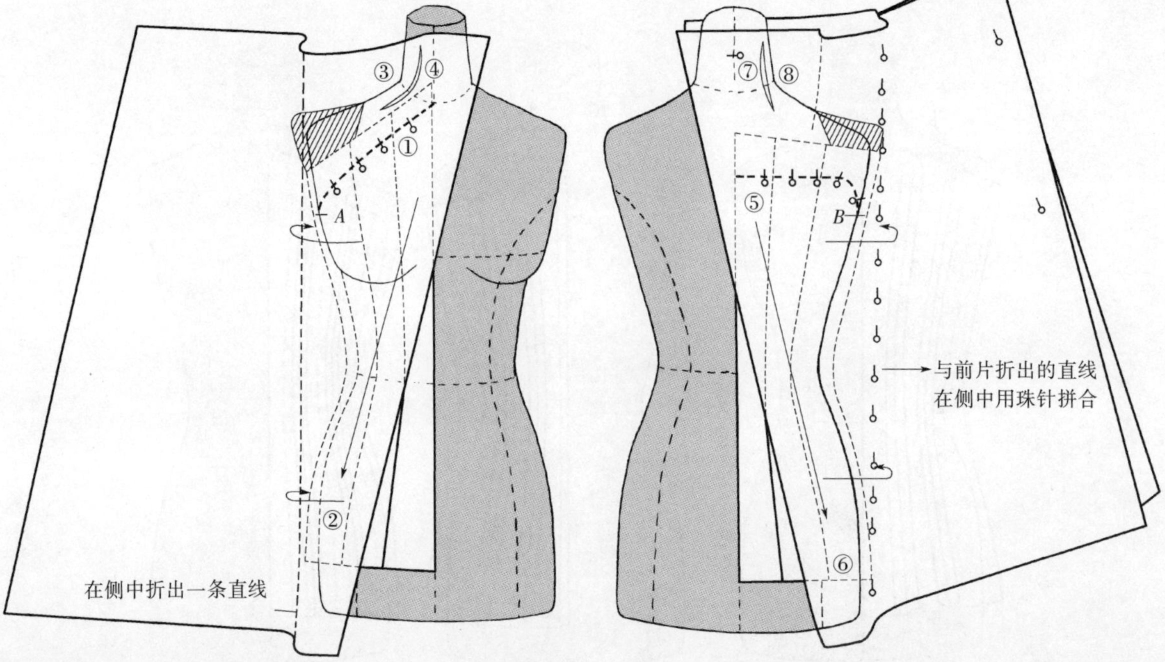

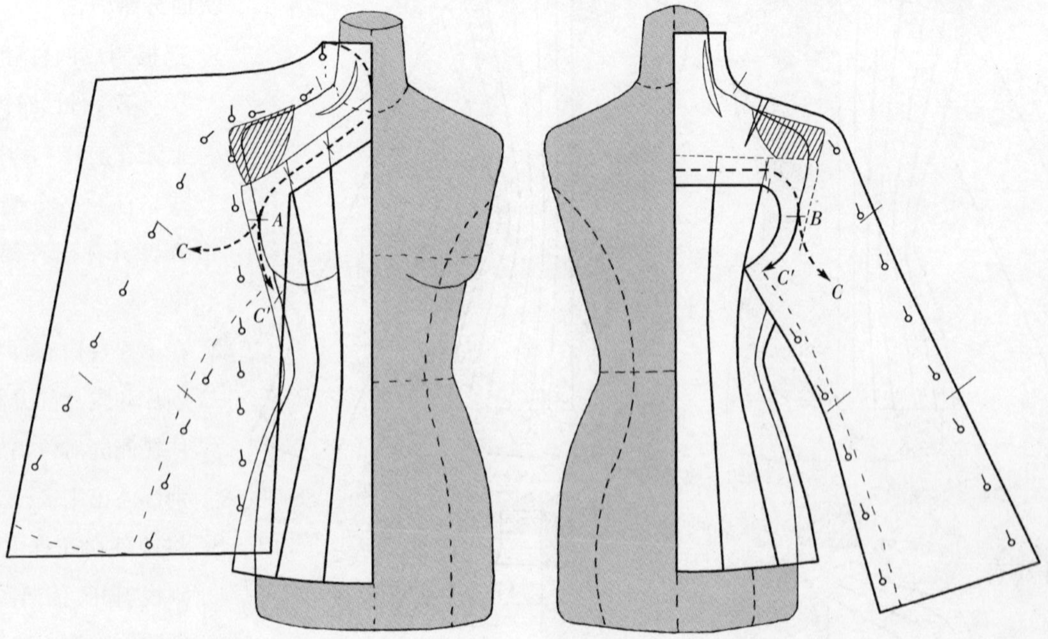

9. 描出 A 点、B 点以下的袖窿弧线，设定为 AC、BC，画 AC、BC 线的对称线 AC'、BC'。

10. 拼合袖片肩部与领部，注意肩颈转折的部分成圆弧形，后肩有 0.7cm 小肩省。

11. 从肩端点向下 45°角折出一条直线，直线下端向里量出袖口尺寸，下袖口分别与前、后 C' 点作连线。

12. 剪去袖片及腋下多余的纸量，拼合前、后袖片，并将袖子的下袖窿固定在衣身的下袖窿上。

13. 从肩端点向下量出袖长，水平剪出袖口，画出领上口曲线。用滚轮在前、后插肩分割线上压过，并做对位标记。

14. 将纸样取下做成净板，用白棉布制成布样衣，反复修板，直到板型合体，无一丝毛病。

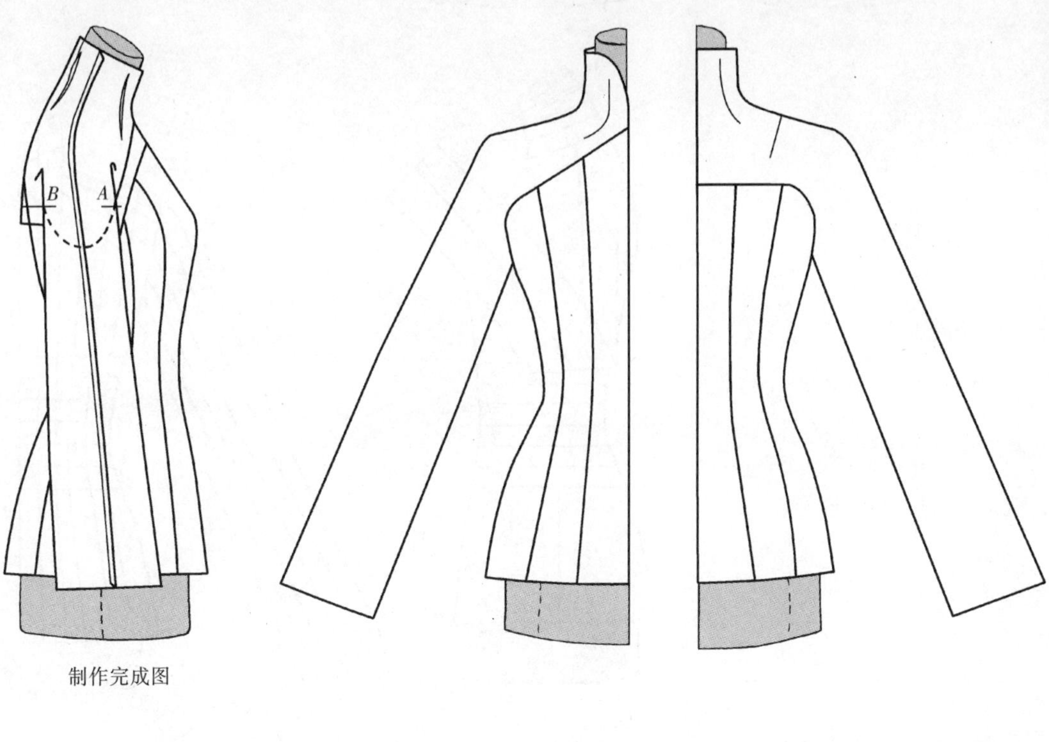

制作完成图

第一件样衣

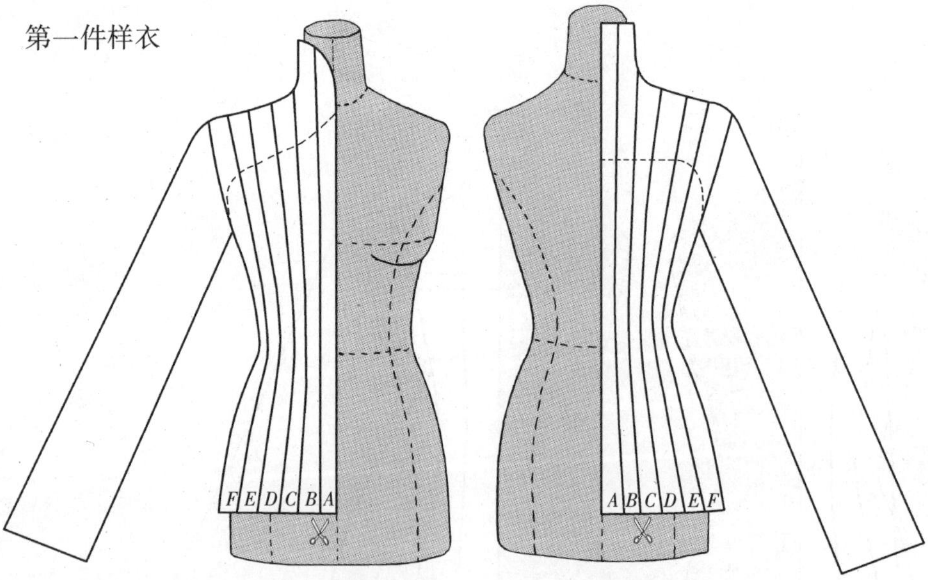

第二件样衣

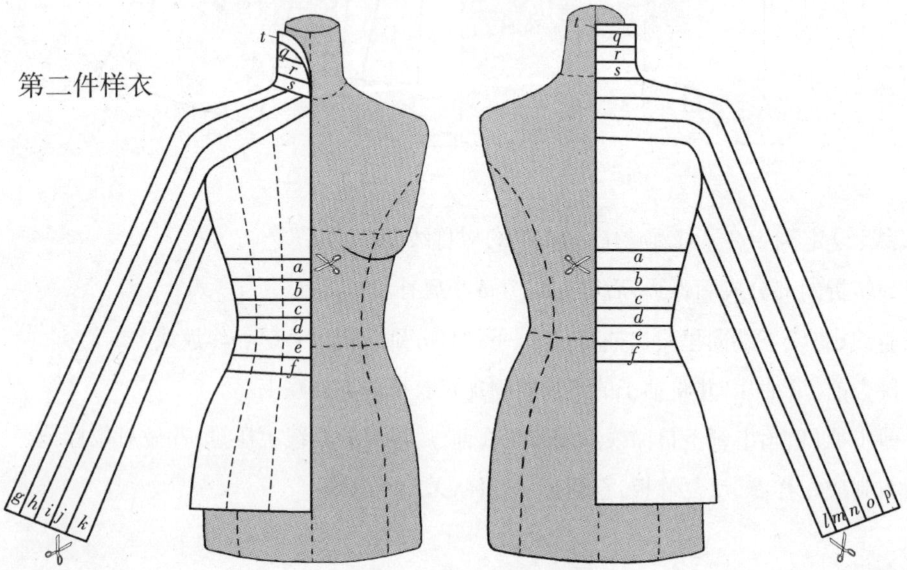

块面分割方法

1. 把板制成两件相同的白布样衣。第一件白布样衣穿在人台上先在前片、后片上画出分割线，注意各分割线在肩部对齐，并标出各裁片的排列顺序。
2. 在第二件白布样衣上做袖片、领片和腰片的分割线，注意腰片在侧缝对位，按排列顺序分别标注出来。
3. 将两件白布样衣按画出的分割线剪开，依照图片上的交叉方式再次将服装拼合起来。

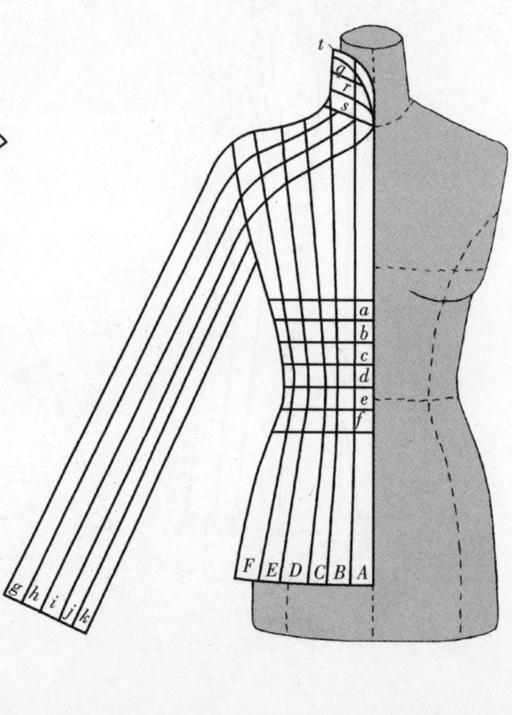

第五章

板型的调整

在进行单品制作或高级时装量身定做的时候，我们会遇到各种各样的人体尺寸，不可能为每个人体尺寸制作人体模型，那么我们就要选择与之近似的人台进行立体制板，在平面修板时参照人体尺寸进行少量调整。本章节介绍的是一些基本的修板方法，学习者可在实践中总结经验，不断提高。

【上衣的调整】

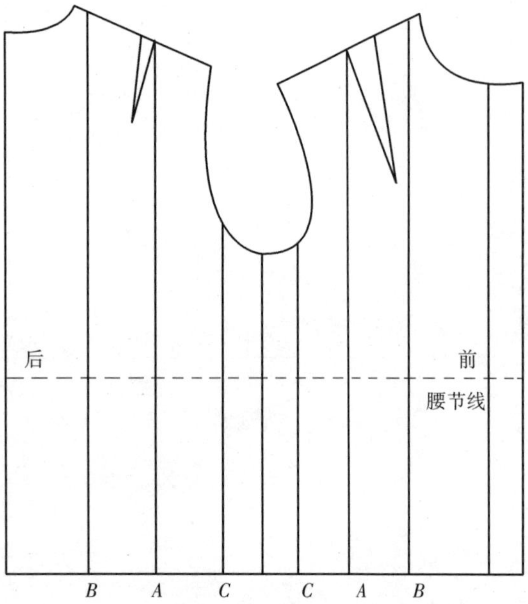

1. 衣身在放量时应首先确定放量的部位，如图所示，字母所标直线为放量的先后顺序，当然如特殊尺寸，可不必遵照以上的形式。

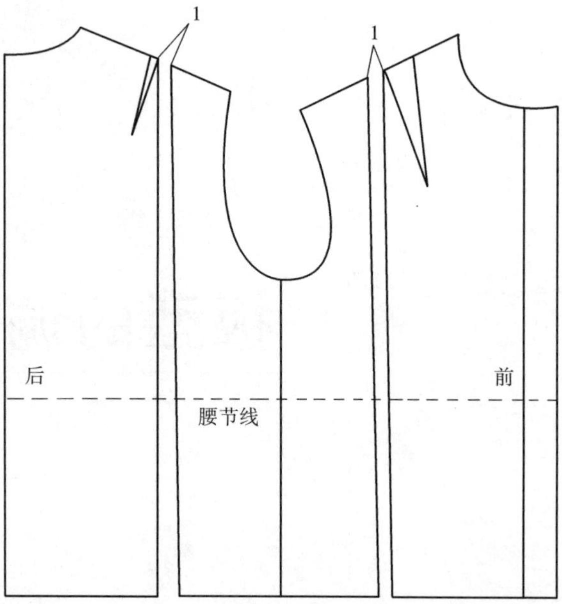

2. 如衣身肥度尺寸调整量不大，周身增加 4cm 时，可将调整量分成 4 份，在图上分割位置水平拉出所需量，拉出的量不超过 1cm，因为增加 4cm 左右胸点位置基本不变。

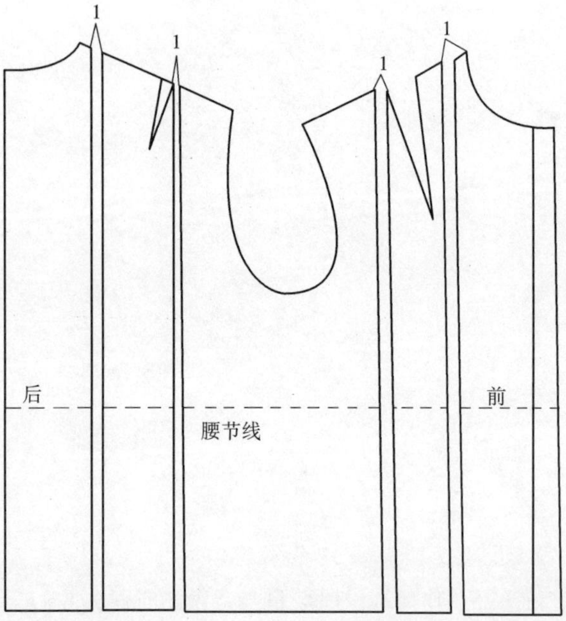

3. 如衣身的调整量在 8cm 时，可根据肩宽尺寸，选择图中的两个部位水平拉出同样的量。

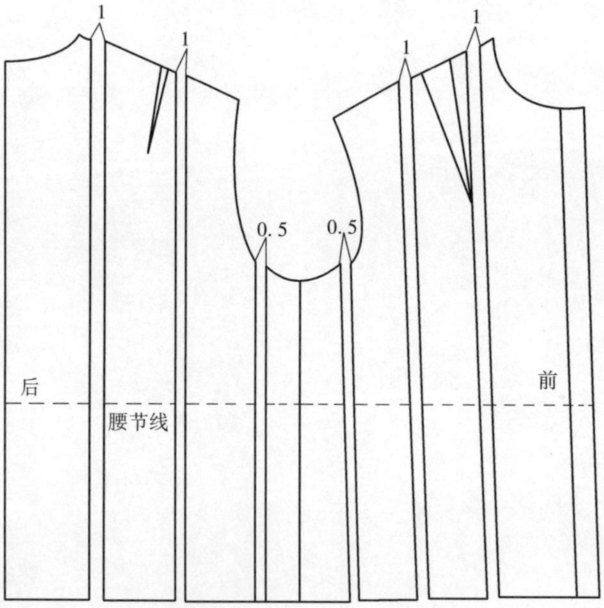

4. 如衣身的调整量在 10cm 时，可选择三个分割部位同时拉开，这样基本保持立体裁剪纸样的优势，如超过 10cm 则需要重新制板。

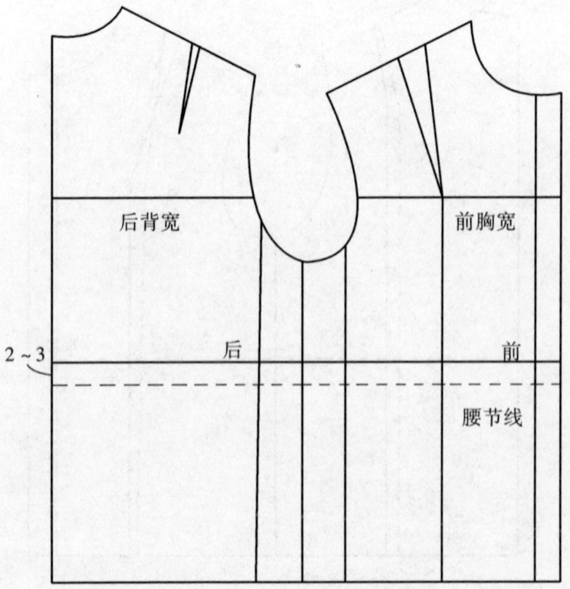

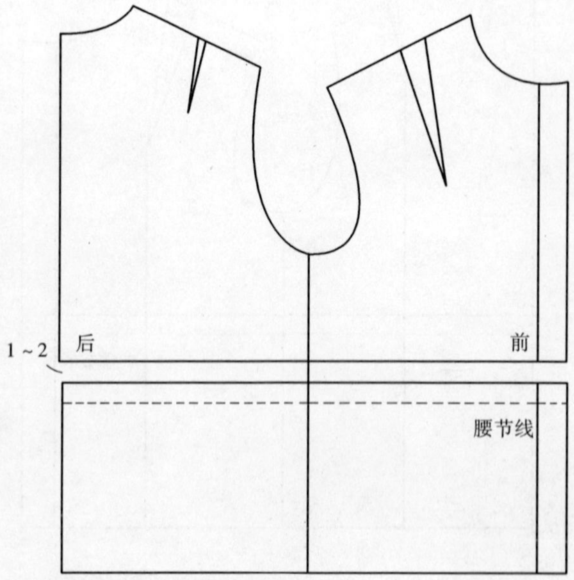

5. 如要调整腰节长，可在腰节线上 2～3cm 位置水平剪开，上下水平拉出所需的量，注意此处一般拉出为 1～2cm。或者将前胸宽、后背宽线断开，向上拉出所需的量。

6. 拉出腰节所需的量。

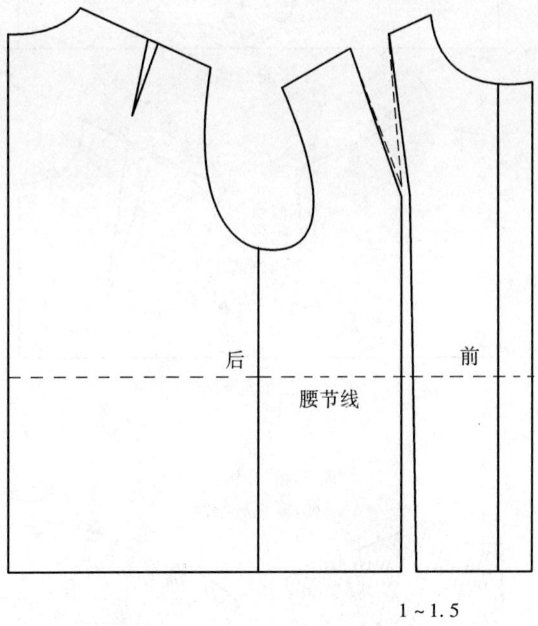

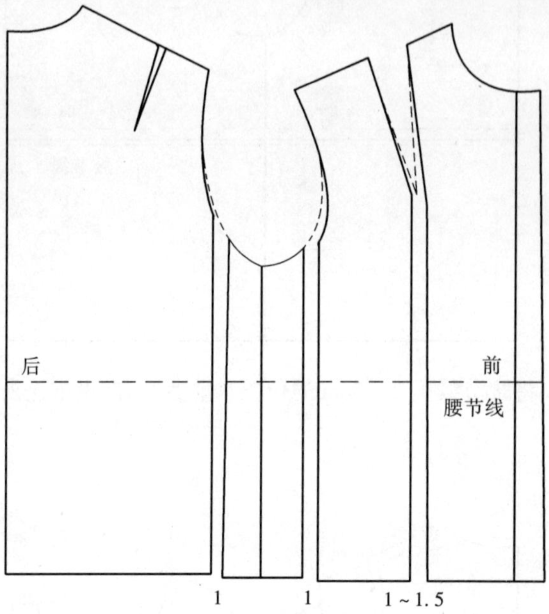

7. 如只调节前胸量，在肩宽、后背尺寸不变的情况下，剪开前胸省，水平拉开 1～1.5cm，按拉开的位置和胸高点重新画出肩省。

8. 如肩宽不变的情况，胸高和胸围增大可按照图上的方法操作。

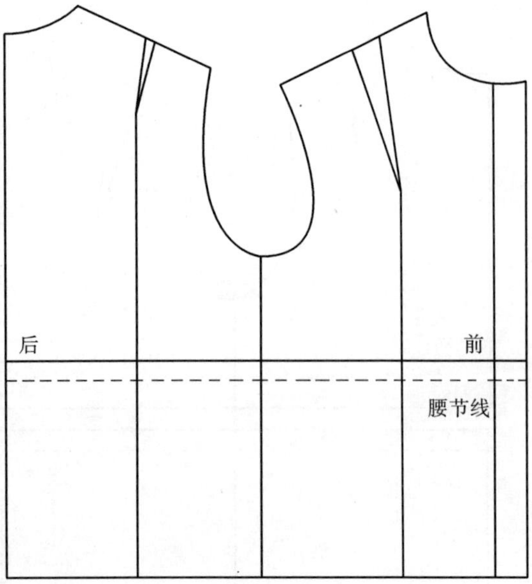

9. 如胸围和腰节变小时,衣身的分割方法如图所示。

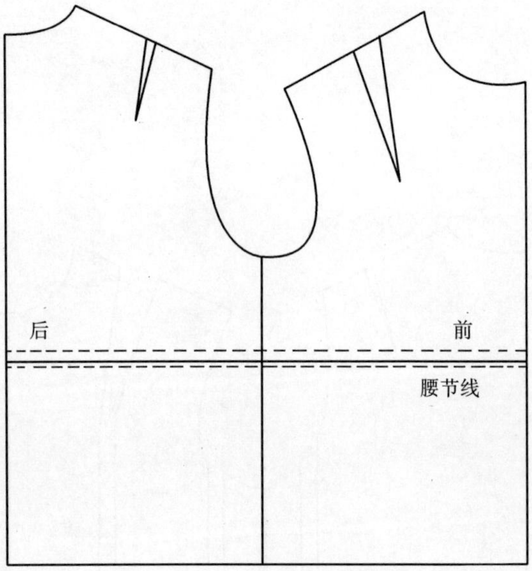

11. 将腰节线上 2 ~ 3cm 的位置水平剪开,向里推进所需的量。

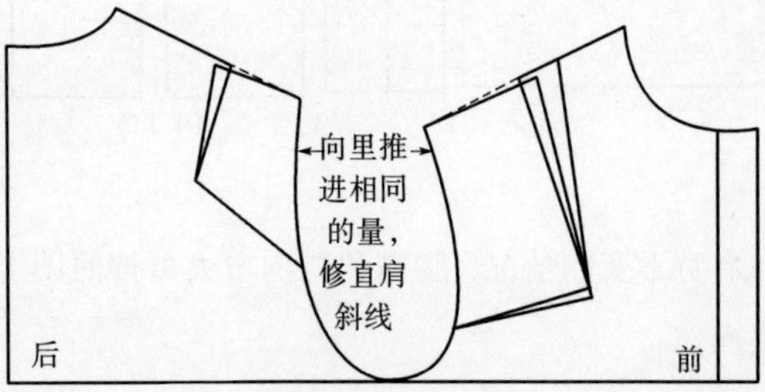

窄肩的调整

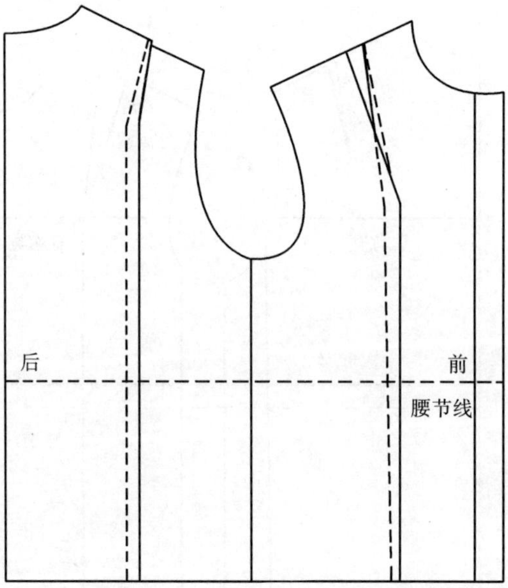

10. 沿肩省和胸省剪开向里推进，量出胸距重新画出胸省。

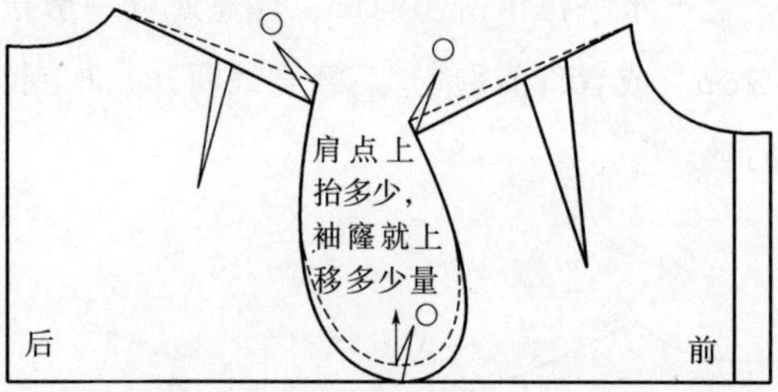

平肩的调整

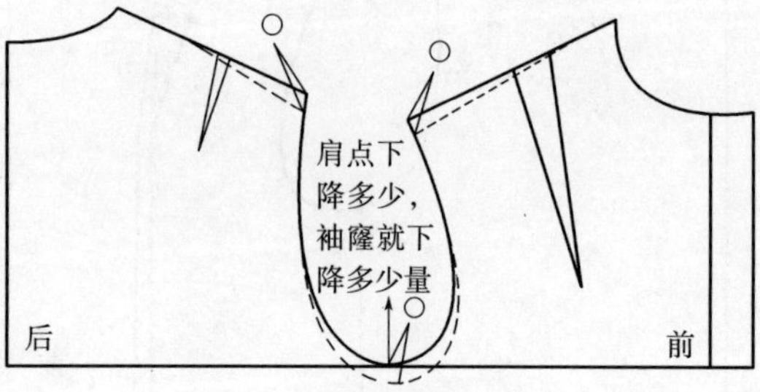

溜肩的调整

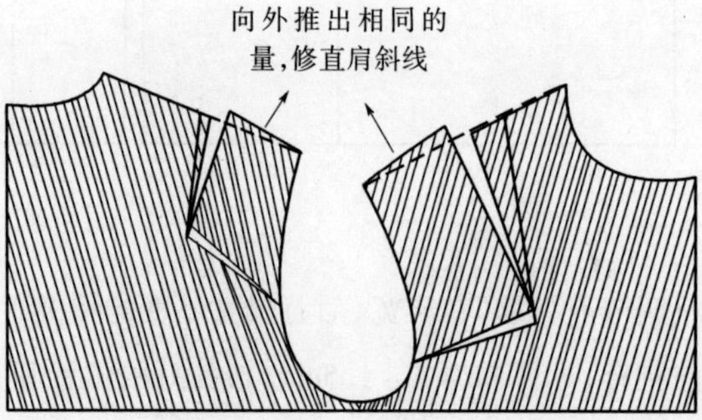

宽肩的调整

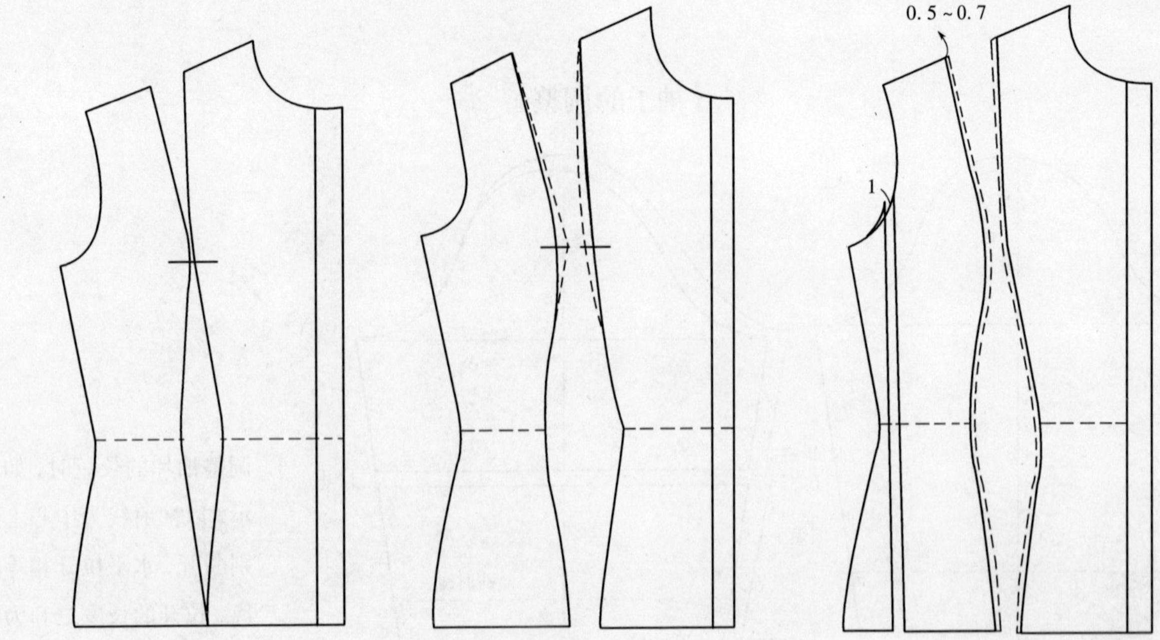

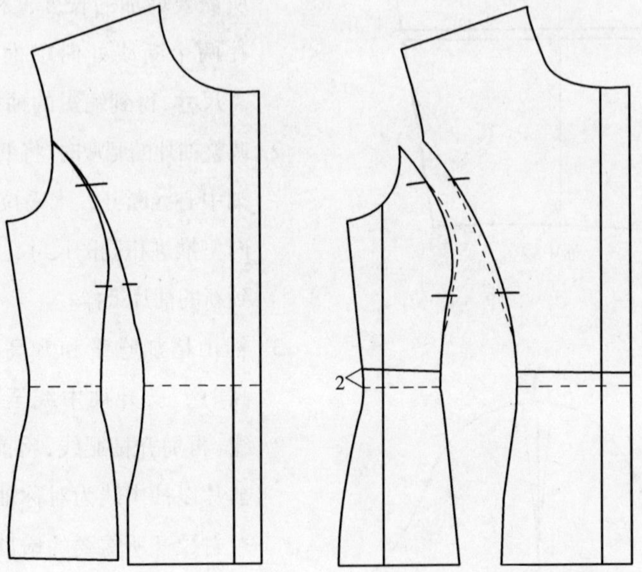

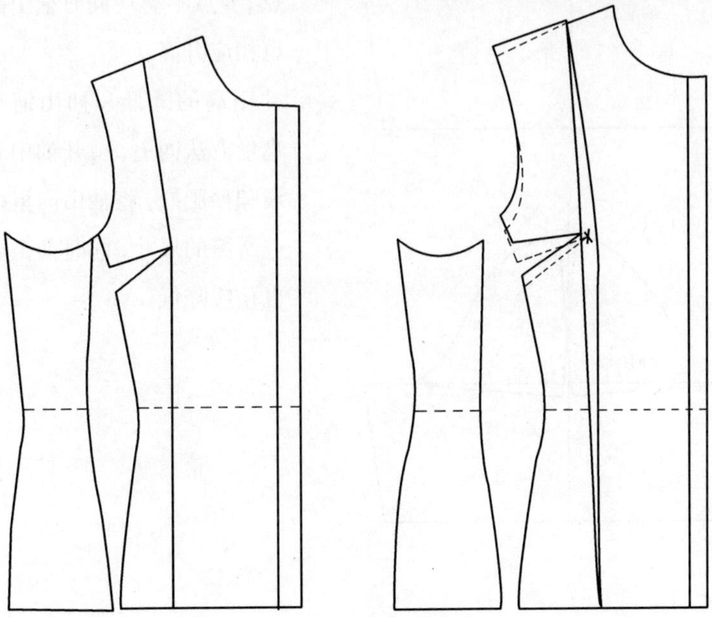

12. 四开身的调整方法，与公主分割线的调整方法相似，可在分割线之间单独调整胸围、腰围、下摆尺寸，注意，加量为每单片 0.5 ~ 0.7cm 之间，如加量过大，做另外分割加出调整量。
13. 加长腰节线的方法同前，注意几片同在一条水平线上，水平拉开。
14. 三开身增加胸量的方法如图所示，从肩点过腋下省省尖向下做分割，将腋下省向外拉出所需要的胸围量。
15. 按照原来的肩点、袖窿深画出新的肩斜线和袖窿弧线，按照胸高点水平向下移动腋下省。

【袖子的调整】

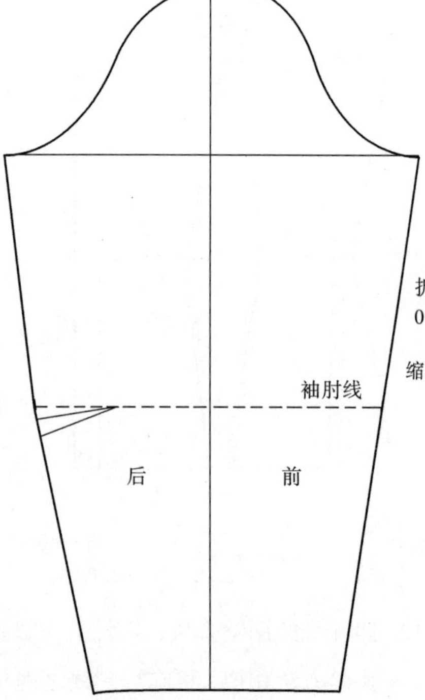

一片袖的基础原型

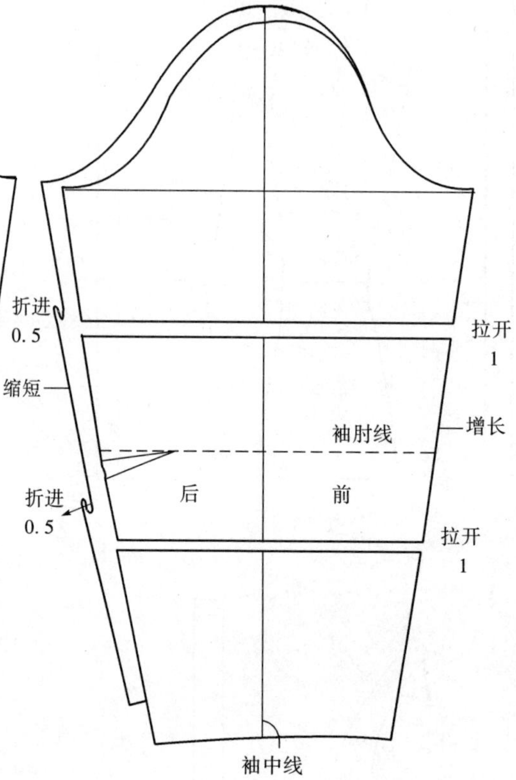

1. 调整袖片的长短时，如图所示，以袖肘线为中心上下分别断开，水平拉开相等的距离，拉开的长度之和为袖片所需要增加的长度；相反，在两个断线处向里推进所需尺寸，得到缩短的袖板。
2. 调整袖片的肥瘦时，将纸样沿袖中心线断开，水平拉开或向里推进相同的尺寸，则得到新的袖片纸样。
3. 袖山增加吃量和升高袖山高时，剪开袖中线至袖肥线，再剪开袖肥线，将前、后袖片以袖中线为对称轴，轴左右拉开所需要的增量（a 点、b 点不动)，同时袖山高也相应升高。
4. 袖山高的降低和袖山缩小吃量方法同上，剪开袖中心线和袖肥线，将袖山向里推进所需的尺寸，同时袖山高也相应降低。

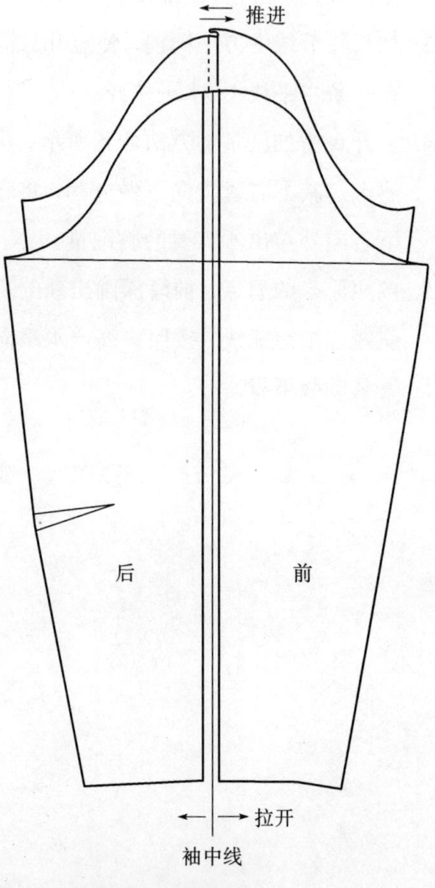

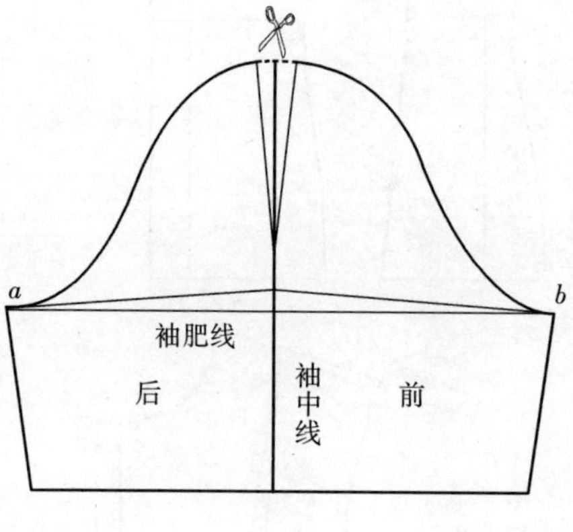

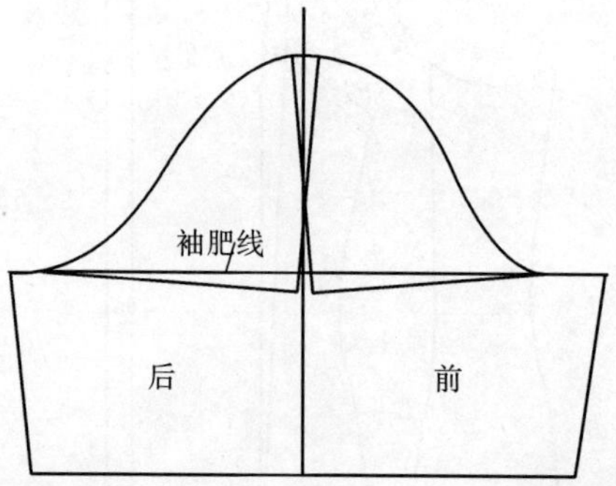

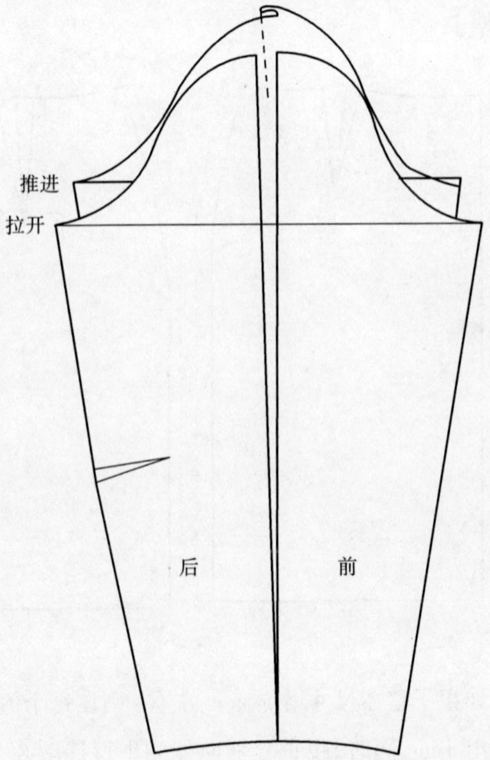

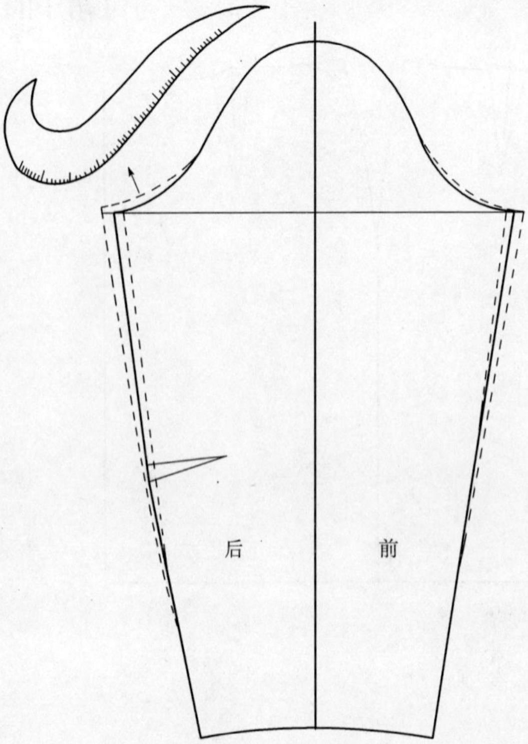

5. 调整袖山的吃量时，如图只调整袖山吃量，袖口尺寸基本保持不变，可将袖中线剪开至袖口，将袖山处拉开或推进所要的调整量，则得到袖山量的改变而袖型基本保持原貌。
6. 调整袖肥，袖山高不变时可在前、后袖缝处等量加出或减少所需要调整的尺寸，同时用曲线尺，圆顺新的袖山弧线。

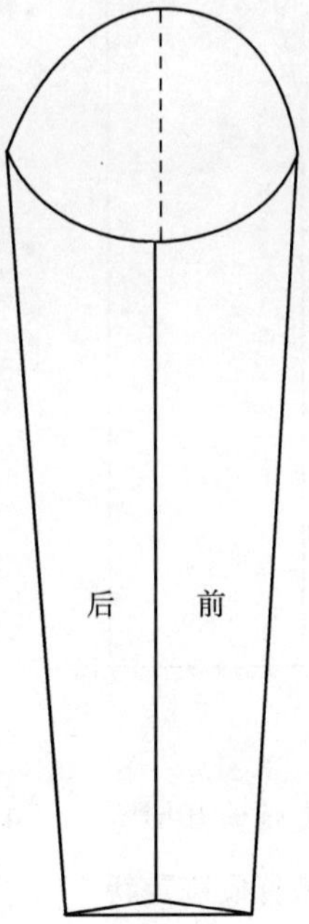

7. 画好新的袖山弧线后，将前、后袖的缝拼合起来，检查拼合后的袖山弧线是否圆顺。

【裙子的调整】

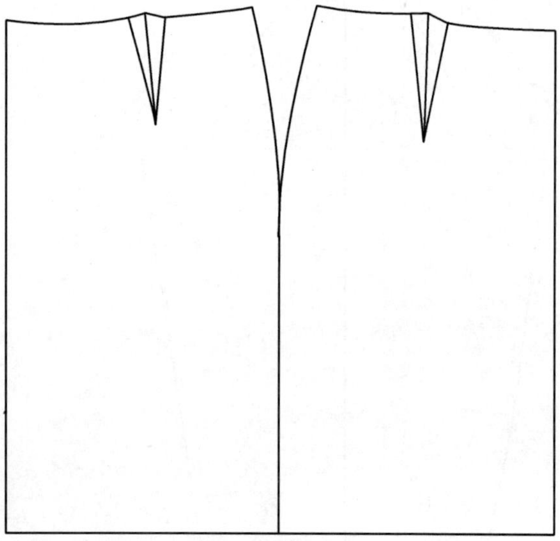

1. 一步裙的基本型。

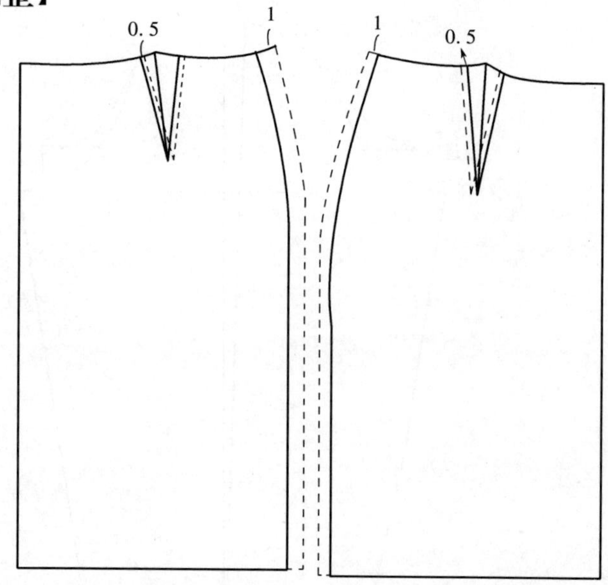

2. 如裙子整体尺寸增加 4cm 左右，则在每个侧边平行加出 1cm，同时，腰省分别向外侧平行移动 0.5cm，以此类推，如侧边增加 2cm 量，则腰省向外移动 1cm。

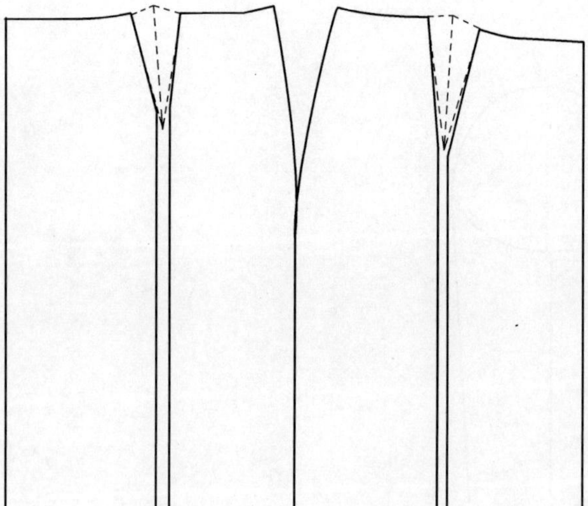

3. 在腰围不变的情况下，增大臀围尺寸，则剪开裙腰省，水平拉开所需的尺寸，按原来的腰省痕迹重新画出腰省。同理，如果缩小裙臀围或腰围，将剪开部分向里推进重新画出腰省，则得到新的裙板。

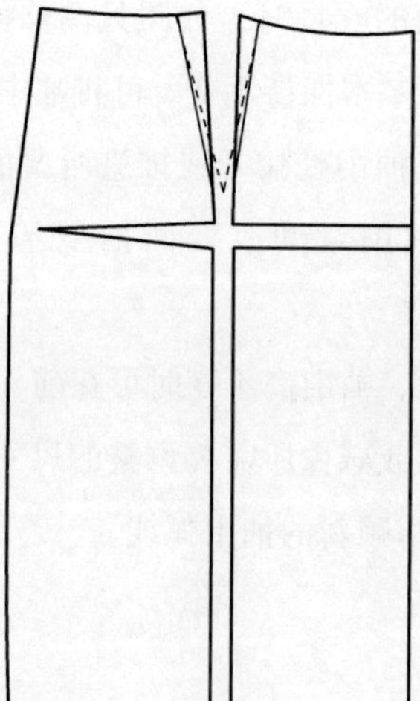

4. 如后臀或腹部过大，可在臀高线或腹高线上剪开，向上拉出所需尺寸，同时剪开腰省水平拉出横向宽度。

【裤子的调整】

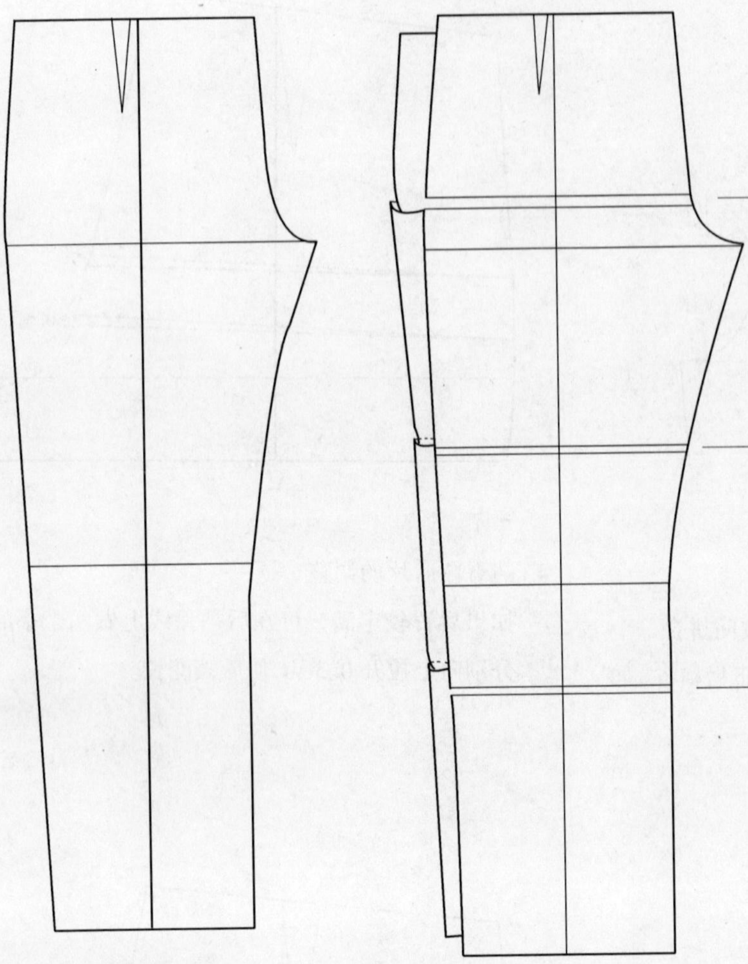

直筒裤基本型

1. 如果裤长变化量很大，则需将裤片分成三部分均匀拉开或缩短尺寸。
   如裤长变化量不大，则可只在立裆下调整。

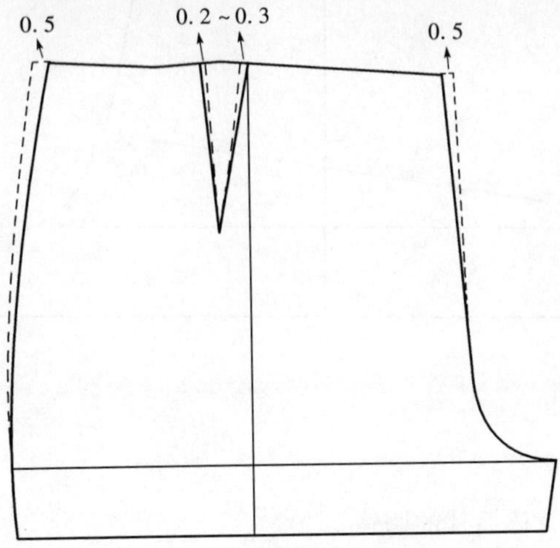

腰围的增大调整

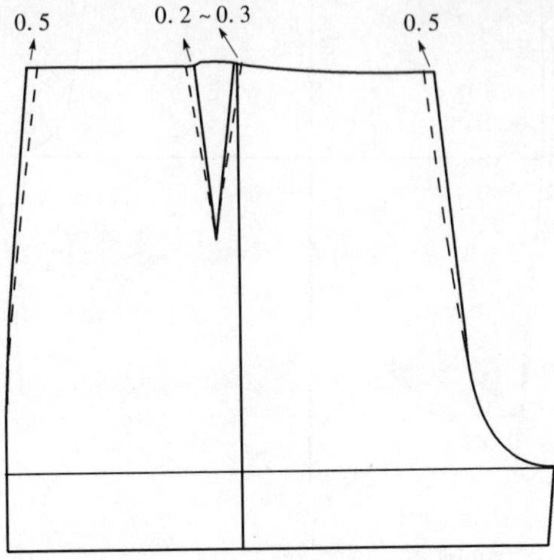

腰围的缩小调整(与增加调整相反)

2. 如腰围的增量在2cm以内,可直接在侧边均等份加出来。
   如腰围增量在2cm以上,则根据体型特征分别在侧边和前后腰省、前裆线处增加出来。

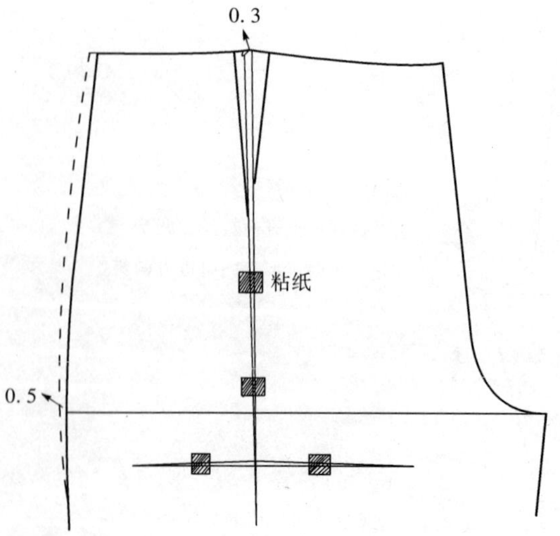

3. 臀围缩小的调整

如果臀围缩小量不超过 2cm，那么可在腰间拼合一个 0.3cm 大小的长省，过臀围线，在臀围线下做横省，如图所示，虚线部分为原裤纸板。

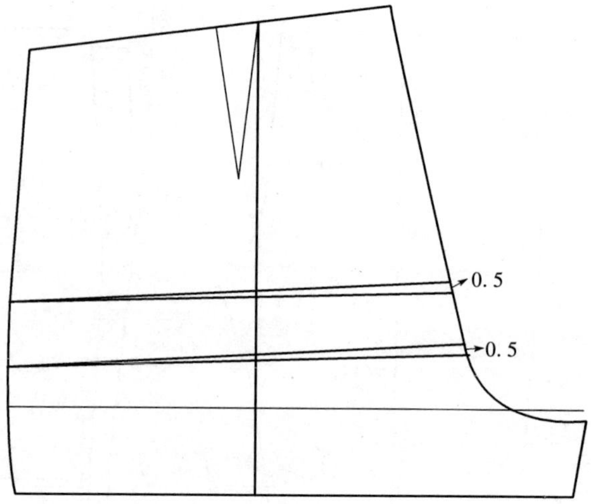

4. 凸臀体后片的调整

如果后臀较丰满，可在后裆弧线上做两个小的分割，分别向上拉开 0.5cm，使后裆变长。

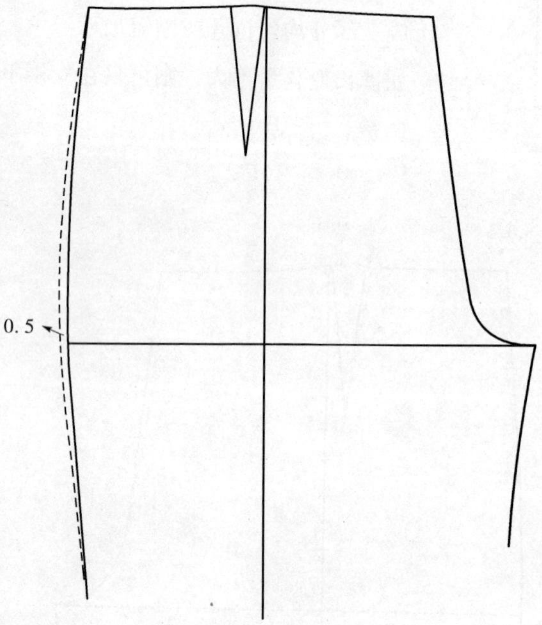

5. 臀围增大的调整

如图臀围增大不超过 2cm，那么可在侧边直接加出来，注意圆顺腰间和下腿部。

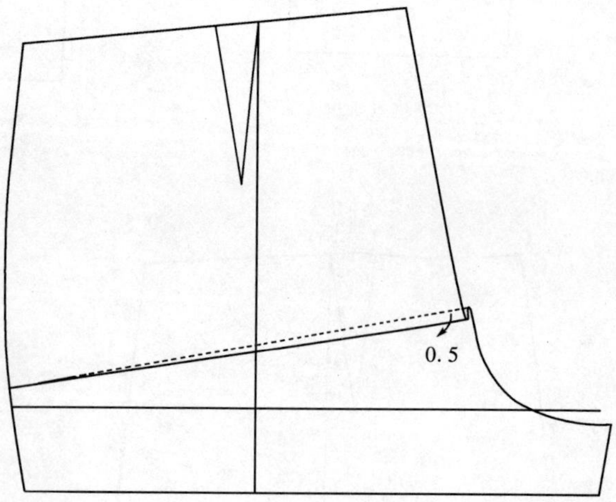

6. 平臀体后片的调整

如果后臀较平，可用缩短后裆长的方法来处理后裆弧线。